程序开发 微视频 讲解大系

Python

编程实战100例

微课
视频版

▪ 张 晓 编著 ▪

中国水利水电出版社
www.waterpub.com.cn
· 北京 ·

内 容 提 要

《Python 编程实战 100 例（微课视频版）》是一本系统讲解 Python 编程综合应用的实例教程、视频教程。本书结合 Python 的迅猛发展和广泛应用，通过 100 个实用的编程实例详细介绍了 Python 核心编程应用、字符界面编程、图形界面编程、Office 自动化编程、数据库应用开发、网络编程、爬虫小程序、多媒体处理、数据分析和人工智能等方面的广泛应用。这些实例模拟实战应用场景，实用典型，功能突出，以点带面，实例讲解同编程经验、技巧相融合，做到了一实例一解决方案，有利于读者快速掌握 Python 编程技术，并逐步提高综合运用这些技术实现复杂功能的能力。

《Python 编程实战 100 例（微课视频版）》配备了 1390 分钟的讲解视频，实例代码均提供了详细的注释，并提供源文件供读者练习操作，本书不仅可以作为广大编程爱好者提高 Python 编程水平的自学教材，还可以作为软件开发人员的参考资料。

图书在版编目（ＣＩＰ）数据

Python编程实战100例：微课视频版 / 张晓编著. -- 北京：中国水利水电出版社，2021.10（2023.5 重印）

ISBN 978-7-5170-9509-5

Ⅰ．①P… Ⅱ．①张… Ⅲ．①软件工具－程序设计

Ⅳ．①TP311.561

中国版本图书馆 CIP 数据核字(2021)第 053452 号

书　　名	Python 编程实战 100 例（微课视频版） Python BIANCHENG SHIZHAN 100 LI
作　　者	张晓 编著
出版发行	中国水利水电出版社 （北京市海淀区玉渊潭南路 1 号 D 座　100038） 网址：www.waterpub.com.cn E-mail: zhiboshangshu@163.com 电话：（010）62572966-2205/2266/2201（营销中心）
经　　售	北京科水图书销售有限公司 电话：（010）68545874、63202643 全国各地新华书店和相关出版物销售网点
排　　版	北京智博尚书文化传媒有限公司
印　　刷	三河市龙大印装有限公司
规　　格	190mm×235mm　16 开本　26.5 印张　669 千字
版　　次	2021 年 10 月第 1 版　2023 年 5 月第 3 次印刷
印　　数	6001—9000 册
定　　价	89.80 元

前　言

这个技术有什么前途

当今世界信息技术发展迅猛，已进入大数据和人工智能时代，开发环境和编程思想发生了翻天覆地的变化，原有的编程思维、软件建设体系渐显僵化之象，软件开发已进入新时代。新时代的编程语言必定要与时俱进，才更有生命力。最具代表性的编程语言就是 Python，Python 由于其开源性，聚集了世界上众多程序员的才智而大放异彩，如今的 Python 依然被无数程序员热烈追捧，已经成为主流的编程语言。

Python 在前端开发、后端开发、爬虫开发、人工智能、金融量化分析、大数据、物联网等方面应用非常广泛，随着大数据时代和人工智能时代的到来，Python 已成为数据分析、人工智能、机器学习、自然语言处理方面首选的开发语言。近年来很多互联网公司对前端开发、后端开发、测试、运维、数据分析等岗位的招聘条件中都要求应聘者具备 Python 相关的技能，甚至更多的企业直接招聘 Python 后端开发工程师。随着时代发展越来越快和市场需求越来越大，Python 的应用也会越来越广泛。

笔者的使用体会

Python 是一个免费、开源的软件。开源会让一些聪明的程序员在应用时能够解决遇到的 Bug，在开发时能够解决遇到的难题，从而不断优化 Python 的代码结构，不断完善它的性能，不断提供优秀的解决方案。可以说开源是使 Python 如此优秀的主要原因，将来它会与时俱进，变得更加优秀，因为它有众多有情怀、有才能的程序员持续调优、创新和改进着。

笔者刚接触 Python 就被它简单主义的思想所折服，它让程序员专注于业务流程和功能实现，而不是陷于语法理解的深坑久久不能跳出。Python 开发语言简洁、直观，近似于自然语言，阅读优秀的 Python 源码像读文章一样，让人赏心悦目，而编写 Python 代码更是如行云流水，只要心中有成形的业务流程，便可以流畅地写出，真可谓所想即所得，让高效开发、少出 Bug、快速上线成为现实，而不再只是美好的梦想。

另外，Python 不但有丰富的标准库，还有功能强大的第三方库，这些使得 Python 成为"功能齐全"的开发语言。它可以帮助程序完成各种功能，对于这些功能，程序员只需奉行"拿来主义"即可。用这些高质量的库功能解决自己的程序问题，既可以避免"重复造轮子"，也可以提高代码的质量，也给程序员留出学习思考的时间，何乐而不为呢？

这本书的特色

　　Python 语言的特点是易学难精，一些编程初学者学会了该语言的基本语法、基本操作之后，进入实际项目开发中就茫然困惑起来，无法用 Python 解决项目中的具体问题，提升过程遇到了天花板。为了给广大初学者一把钥匙，使大家能够快速掌握软件开发技术并投入实际应用，本书将能够组建成实际项目的应用程序分解成 100 个小的开发实例，在讲解每个实例时对所涉及的编程知识进行适当扩展，书中每一个实例都以完整实现一个功能、解决一个实际问题为基本标准，读者可以从这些编程实例中学到相关的知识和技术，最后举一反三，融会贯通，为将来进行大型项目的开发工作打下较为扎实的基础。

　　本书作者是长期在一线工作的软件开发人员，对程序开发的整体把握得心应手，熟知编程开发的重点和难点，知道应如何向程序员讲授 Python 的开发技术和理念，能够用简明的语言讲透每个编程实例的思路和业务流程，许多总结和提示能够起到点睛的作用。本书不但同读者交流了编程技术知识，而且在介绍编程实例的过程中也将 Python 开发理念融入其中，让读者在编程思想上也有所提升，真正契合 Python 编程思想上的"无招胜有招，重道不远术"的理念。

这本书包括什么内容

　　本书分成 14 个专题，将 100 个 Python 编程实例分在 14 个章节，这里用思维导图将本书的主要内容进行概括展示，如下页图所示。

作者介绍

　　张晓，山东能源信息管理人员、软件开发工程师。曾规划设计并参与实施了 IDC 机房的数据中心、异地容灾备份系统、私有云项目建设，也曾参与 SAP 实施工作。自入职以来，热衷于研究软件开发技术，曾用 C#、ASP.NET 语言开发过多个应用系统。接触 Python 后，爱不释手，之后的开发工作全部转为使用 Python 语言进行。

本书读者对象

● 掌握一些 Python 基础知识的人员，如基本数据类型、基本语法。
● 希望从事 Python 开发的程序员或编程爱好者。
● 有一定编程基础，需要提高 Python 编程水平的开发人员。

编　者

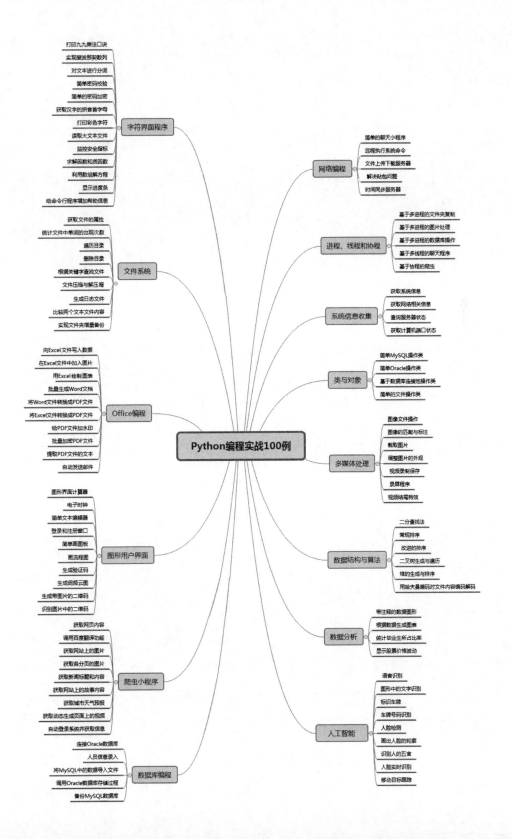

Python编程实战100例

字符界面程序
- 打印九九乘法口诀
- 实现斐波那契数列
- 对文本进行分词
- 简单密码校验
- 简单的密码加密
- 获取汉字的拼音首字母
- 打印彩色字符
- 读取大文本文件
- 监控安全指标
- 求解因数和质因数
- 利用数组解方程
- 显示进度条
- 给命令行程序增加帮助信息

文件系统
- 获取文件的属性
- 统计文件中单词的出现次数
- 遍历目录
- 删除目录
- 根据关键字查找文件
- 文件压缩与解压缩
- 生成日志文件
- 比较两个文本文件内容
- 实现文件夹增量备份

Office编程
- 向Excel文件写入数据
- 在Excel文件中加入图片
- 用Excel绘制图表
- 批量生成Word文档
- 将Word文件转换成PDF文件
- 将Excel文件转换成PDF文件
- 给PDF文件加水印
- 批量加密PDF文件
- 提取PDF文件的文本
- 自动发送邮件

图形用户界面
- 图形界面计算器
- 电子时钟
- 简单文本编辑器
- 登录和注册窗口
- 简单画板
- 画流程图
- 生成验证码
- 生成词频云图
- 生成带图片的二维码
- 识别图片中的二维码

爬虫小程序
- 获取网页内容
- 调用百度翻译功能
- 获取网站上的图片
- 获取各分页的图片
- 获取新闻标题和内容
- 获取网站上的故事内容
- 获取城市天气预报
- 获取动态生成页面上的视频
- 自动登录系统并获取信息

数据库编程
- 连接Oracle数据库
- 人员信息录入
- 将MySQL中的数据导入文件
- 调用Oracle数据库存储过程
- 备份MySQL数据库

网络编程
- 简单的聊天小程序
- 远程执行系统命令
- 文件上传下载服务器
- 解决粘包问题
- 时间同步服务器

进程、线程和协程
- 基于多进程的文件夹复制
- 基于多进程的图片处理
- 基于多进程的数据库操作
- 基于多线程的聊天程序
- 基于协程的爬虫

系统信息收集
- 获取系统信息
- 获取网络相关信息
- 查询服务器状态
- 获取计算机端口状态

类与对象
- 简单MySQL操作类
- 简单Oracle操作类
- 基于数据库连接池操作类
- 简单的文件操作类

多媒体处理
- 图像文件操作
- 图像的匹配与标注
- 截取图片
- 调整图片的外观
- 视频录制保存
- 录屏程序
- 视频结尾特效

数据结构与算法
- 二分查找法
- 常规排序
- 改进的排序
- 二叉树生成与遍历
- 堆的生成与排序
- 用哈夫曼编码对文件内容编码解码

数据分析
- 带注释的数据图形
- 根据数据生成图表
- 统计毕业生所占比率
- 显示股票价格波动

人工智能
- 语音识别
- 图形中的文字识别
- 标识车牌
- 车牌号码识别
- 人脸检测
- 画出人脸的轮廓
- 识别人的五官
- 人脸实时识别
- 移动目标跟踪

目　录

Python 编程实战 100 例（微课视频版）

第1章　字符界面程序

字符界面程序一般特指在终端命令行运行、没有图形界面的程序。这类程序往往是针对一个问题进行解决，代码的业务逻辑简单，目标明确。本章列举的实例都是采用字符界面输入和输出的形式，每个程序只实现一个功能或解决一个问题，让读者对 Python 语言的特点有所了解，并能体会到 Python 实用高效的语言特点。

1.1　实例 1 打印九九乘法口诀

1.1.1　编程要点

本节编程实例用到 print()函数，该函数的主要作用是在终端上格式化输出相应字符串和数字。样例代码及注释如下所示。

```
b = 'world'
# 以下代码打印出:hello world
print('hello', b)

x = -1.7777
# 格式化输出，%10.3f 设置输出 10 个字符宽，不足的部分在前面用空格填充，
# 保留 3 位小数，其中 f 表示输出的是浮点数
# 以下代码打印出:    -1.778
print('%10.3f' % x)

# 格式化输出，%010.3f 设置输出 10 个字符宽，不足的部分用 0 填充，
# 保留 3 位小数，其中 f 表示输出的是浮点数
# 以下代码打印出:-00001.778
print('%010.3f' % x)

# 格式化输出，其中-设置左对齐，输出 10 个字符宽，不足部分在后面用空格填充，
# 保留 3 位小数，其中 f 表示输出的是浮点数
# 以下代码打印出:-1.778
print('%-10.3f' % x)

# 格式化输出，其中+设置输出格式要显示正负号
# 以下代码打印出:+188.880000
print('%+f' % 188.88)  #
```

```
# 格式化输出，%s 表示以字符串形式输出，%d 是表示以数字的方式输出
# "编程是快乐的"以字符串的形式在终端上输出，对应前面的%s
# len('编程是快乐的')返回值以数字的形式输出，对应前面的%d
# 以下代码打印出:(编程是快乐的)的长度是:6
print("(%s)的长度是:%d" % ('编程是快乐的', len('编程是快乐的')))

# print()函数默认是换行的，要想不换行，要用 end 参数指定每行结尾要显示的值
# 以下两句代码打印出:不换行--不换行
print('不换行', end='')
print('--不换行')

# 以下代码打印：我是李明,年龄: 18
print("我是{0},年龄: {1}".format("李明", 18))
```

print()函数能够打印出各种格式的内容，这里不再一一列举。

1.1.2 代码实现：打印九九乘法口诀

打印九九乘法口诀比较简单，代码如下所示。

```
# for 循环，其中 range(1,10)取 1~9 之间的整数，不会取到 10
# range(1,10)相当于数学中的[1,10)，取值范围是前闭后开
for i in range(1, 10):
    # for 循环，取从 1 到 i 的整数
    for j in range(1, i + 1):
        # print()函数默认自带换行，可以添加第二参数 end=" "来阻止换行，
        # 并且 end=" "可以在每个乘法式子后面加一个空格
        print('{0}*{1}={2}'.format(j, i, i * j), end=" ")
    # 里层 for 循环完成后加一个换行，通过 print('')实现换行
    print('')
```

以上代码主要注意循环中取得整数的范围和顺序，另外，还要注意 print()函数的用法。以上代码运行后，在命令行终端打印出以下字符。

```
1*1=1
1*2=2 2*2=4
1*3=3 2*3=6 3*3=9
1*4=4 2*4=8 3*4=12 4*4=16
1*5=5 2*5=10 3*5=15 4*5=20 5*5=25
1*6=6 2*6=12 3*6=18 4*6=24 5*6=30 6*6=36
1*7=7 2*7=14 3*7=21 4*7=28 5*7=35 6*7=42 7*7=49
1*8=8 2*8=16 3*8=24 4*8=32 5*8=40 6*8=48 7*8=56 8*8=64
1*9=9 2*9=18 3*9=27 4*9=36 5*9=45 6*9=54 7*9=63 8*9=72 9*9=81
```

1.2 实例 2 实现斐波那契数列

斐波那契数列的特点是数列的第 1 项是 0，第 2 项是 1，从第 3 项开始每个数的值为其前两个数之和，用 Python 代码实现起来很简单。样例代码如下所示。

```python
# 定义函数
def fab(n):
    # 判断 n 的有效性
    if n<=0:
        return '传递的参数必须是大于 0 的正整数！'
    # 当 n 为 1 时，返回斐波那契数的第 1 个数 0
    elif n==1:
        return 0
    else:
        # 给前两个数赋值为 1
        a, b = 0, 1
        # 初始化一个列表变量，列表前两个值分别为 0 和 1
        fab_list = [0, 1]
        # 由于 fb_list 初始化时已经有两个数值，所以得到 n 个数只需循环 n-2 次即可
        for i in range(n - 2):
            # 以下语句实现后一个数等于前两个数的和
            a, b = b, a + b
            # 把前两个数的和加入到列表中
            fab_list.append(b)
        # 返回列表
        return fab_list
# 打印出包含 11 个斐波那契数的序列
print(fab(11))
```

以上代码中 a, b = b, a + b 语句实现后一个数等于前两个数的和，即 b = a + b 。然后，将前两个数中的后一个和这个和作为下次运算的前两个数，通过此循环可以得到一组斐波那契数列。本节代码运行后打印出 11 个斐波那契数，如下所示。

```
E:\envs\virtualenv_dir2\Scripts\python.exe E:/envs/testpy100/first//Fibonacci.py
[0, 1, 1, 2, 3, 5, 8, 13, 21, 34, 55]
```

1.3 实例 3 对文本进行分词

1.3.1 编程要点

本节编程实例用到字符串的分隔和排序功能，下面简要介绍一下相关的内容知识。

（1）实现字符串分隔的函数 split() 有两种用法，第一种用法样例如下所示。

```
# 生成一个字符串
vstring = '人生苦短，我用 Python!'
# 调用 split()函数，返回值是一个 list 类型的变量
vret = vstring.split('，')
# 以下语句打印出：['人生苦短', '我用 Python!']
print(vret)
# 以下语句打印出:2
print(len(vret))
# 参数中传入两个分隔符
vret2 = vstring.split('，!')
# 以下语句打印出：['人生苦短，我用 Python!']
# 请注意单引号的位置，可以看出并未把字符串分隔开
print(vret2)
# 以下语句打印出:1,说明字符串并没分隔开
print(len(vret2))
```

由以上样例代码可以看出，split()函数把传入参数（字符）当成一个整体的分隔符。

要想应用多个分隔符分别对字符串进行分隔，要用到 re 模块中的 split()函数，样例代码如下所示。

```
# 导入模块
import re
# 生成一个字符串
vstring = '人生苦短，我用 Python! Python 高效、优雅，很多人喜欢。ok'
# 调用 re 模块的 split()函数，它返回值是一个 list 类型的变量
# '[，!、。]'是第一个参数，请注意其格式
vret = re.split('[，!、。]', vstring)
# 以下语句打印出：['人生苦短', '我用 Python', 'Python 高效', '优雅', '很多人喜欢', 'ok']
print(vret)
# 以下语句打印出:6
print(len(vret))
```

可以看出 re.split()函数的第一个参数是一个正则表达式，第二个参数是要分隔的字符串，在这个字符串中凡是匹配到第一个参数指定的表达式的字符都可以成为分隔符，这样就实现了用多个分隔符分别来分隔字符串的功能。

（2）在 Python 中，字典类型的变量中的项（键值对）是无序排列的。当需要对字典型数据的项进行排序时（按键名或键值排序），要用到 sort()函数和 sorted()函数。这两个函数实现的功能是一样的，区别是 sort()函数直接根据原对象进行排序，即改变了原对象的排列形式；而 sorted()函数则重新生成一个排好序的对象，不会改变原对象。这里只列举 sorted()函数的样例，代码如下所示。

```
# 给一个字典变量赋值
dic = {'a': 100, 'b': 90, 'c': 200, 'd': 10, 'e': 88}
# 调用排序函数 sorted(),返回值 vret 是一个列表变量
vret = sorted(dic.items(), key=lambda item: item[1])
# 以下语句打印出:[('d', 10), ('e', 88), ('b', 90), ('a', 100), ('c', 200)]
print(vret)
```

从以上代码可以看到 sorted()函数第一个参数是参与排序的字典的各项，第二个参数是一个 key。key 通过一个 lambda 函数的返回值指定参与排序的数据项，lambda 函数中的 item 表示字典中的元

素项，每个元素项都由键名和键值组成，可以推导出 item[0]表示键名，item[1]表示键值。在以上代码中用 item[1]将键值返回给 key 表示以键值大小作为排序依据对字典中各项进行排序。

1.3.2　代码实现：对文本进行分词

本节编程实例的业务流程是将文本文件中的英文单词找出来（进行分词），并统计每个单词出现的次数。样例代码如下所示。

```python
# 导入正则表达相关的模块
import re
# 定义一个函数，通过该函数查找文本字符串中的每一个单词，
# 然后计算每个单词出现的次数，最后按照出现次数从多到少放到列表变量中
def get_char(txt):
    # 通过 re.split()函数将英文单词分别取出来，函数的第一个参数是分隔符，
    # 第一个参数指定以 "：" "；" "，" "。" """ 和空格（\s）以及 0 个或多个空格（\s*）作为分隔符，
    # 第二个参数是要拆分的字符串，
    # 通过以下代码把字符串分成一个个单词（以分隔符划分），
    # 将分隔出来的单词放到列表变量 vlist 中
    vlist = re.split('[:;,."\s]\s*', txt)
    # 生成字典变量
    vdic_frequency = dict()
    # 遍历列表变量 vlist
    for vchar in vlist:
        # 取出每个单词，并判断字典中是否存在一个元素项(键值对)，
        # 该项键名是以该单词命名
        if vchar in vdic_frequency:
            # 如果存在，将以单词命名的键的值加 1
            vdic_frequency[vchar] += 1
        else:
            # 不存在，增加一个以单词命名的键，并设置其键值为 1
            vdic_frequency[vchar] = 1
    # 对字典中的项按键值进行排序，并且是倒序排列（reverse=True）
    vdic_sort = sorted(vdic_frequency.items(), key=lambda item: item[1], reverse=True)
    return vdic_sort

# 主函数为 main
if __name__ == '__main__':
    # 打开文件，读出文件的文本
    # 其中 test.txt 文件是当前目录下的一篇英文文章，文本类型
    with open('test.txt', 'r') as f:
        vtext = f.read()
    # 调用排序函数
    vstr = get_char (vtext)
    print('列出文本中的英文单词：\n')
    # 在终端上打印文本中的单词
    print(vstr)
```

（1）get_char()函数的主要流程是：首先用 re 模块的 split()函数对字符串进行分隔，这里要注意的

是 split()函数的第一个参数实际上是一个正则表达式（因此需要掌握一些基础的正则表达式的写法），它能识别多个分隔符，以实现正确分离英文单词的目标。split()函数返回一个列表变量，这个列表变量中的每一项是一个单词；接着把单词从列表中取出来加入字典中，这个字典的键名用单词命名，键值（value）将用这个单词在字符串中出现的次数进行赋值，实现的方式是通过循环遍历列表统计出每个单词出现的次数，然后用统计出的数据修改字典；最后按字典的键值大小进行排序，排序的方式是倒序，排序结果是一个列表，列表的每一项是元组，元组由单词和该单词出现的次数两个值组成。

（2）主函数的流程是从一个文本文件中读入一个英文长字符串，然后调用 get_char()函数取得一个列表变量，再将这个列表变量的内容打印到终端，这样就看到了文本文件中的所有英文单词。

扫一扫，看视频

1.4　实例 4　简单密码校验

1.4.1　编程要点

密码校验的业务逻辑较为简单，主要用到判断字符性质的函数，这些函数调用方式列举如下。

（1）vbool=str.isdigit()函数判断字符串或字符是否是数字，其中 str 是字符串或字符，返回值 vbool 是布尔型变量，如果 str 是数字返回 True，否则返回 False。

（2）vbool=str. isalpha()函数判断字符串或字符是否是字母。

（3）vbool=str. isspace ()函数判断字符是否是空格。

（4）vbool=str. isupper()函数判断字符串或字符是否是大写字母。

（5）vbool=str. islowerr()函数判断字符串或字符是否是小写字母。

1.4.2　简单的密码校验

本小节编程实例对用户密码进行校验，验证密码是否符合设定的规则要求，以保证密码有一定强度。样例代码如下所示。

```python
# 判断字符串长度是否在 8 位以上
def check_len(pwd):
    if len(pwd) >= 8:
        return True
    else:
        return False
# 检查字符串是否是由大小写字母、数字、其他符号组成
def check(pwd):
    # 初始化一个列表变量
    check = [0, 0, 0, 0]
    for char in pwd:
        # 如果字符是小写，将 check[0] 的值置为 1
        if char.islower():
            check[0] = 1
        # 如果字符是大写，将 check[1] 的值置为 1
```

```python
        if char.isupper():
            check[1] = 1
        # 如果字符是数字，将 check[2] 的值置为 1
        if char.isdigit():
            check[2] = 1
        # 如果字符是其他字符，也就是字母、数字或空白字符之外的符号，将 check[3] 的值置为 1
        if not (char.isalpha() | char.isdigit() | char.isspace()):
            check[3] = 1
    # print(check)
    # 当列表中 4 个元素项的值都是 1，也就是各项和为 4，
    # 说明字符串符合四个条件（由大小写字母、数字和其他符号组成）
    # 当列表中 4 个元素项的和小于 4，说明不全符合条件
    if sum(check) < 4:
        return False
    else:
        return True
# 检查字符串是否包含重复的、4 位以上的子串，
# 这里只判断 4 位的子串是否有重复，
# 考虑到密码组成规则，当 4 位以上的子串重复时，必定有 4 位的子串重复
# 注意本函数当发现包含重复的 4 位以上的子串时返回的是 False
def check_rep(pwd):
    n = len(pwd)
    # 通过循环依次取出 4 个字符组成的子串，
    # 只要它后面的字符串包含有一个这样的子串，重复就为真
    for i in range(n - 4):
        # 取 4 个字符组成子串 str1
        str1 = pwd[i:i + 4]
        # 取在 str1 后面剩余的所有字符作为 str2
        str2 = pwd[i + 4::]
        # 如果在 str2 中存在一个 str1，说明重复
        if str1 in str2:
            return False
    return True


# 主函数 main
if __name__ == '__main__':
    msg = '''
    请设置密码，密码要求符合以下条件
    1.密码长度不小于 8 位
    2.密码必须由大小写字母、数字、其他符号组成
    3.密码中不能重复包含长度超过 4 的子串
    '''
    print(msg)
    while True:
        # 提示录入密码
        pwd = input('请录入密码：')
        # 如果录入 q，退出程序
```

```
        if pwd == 'q':
            print('退出程序...')
            break
        # 调用函数检查密码的位数
        vcheck1 = check_len(pwd)
        if not vcheck1:
            print('密码长度不够 8 位！请重新录入\n')
            continue
        # 调用函数检查密码是否是由大小写字母、数字和其他符号组成
        vcheck2 = check(pwd)
        if not vcheck2:
            print('密码必须由大小写字母、数字和其他符号组成！请重新录入\n')
            continue
        # 调用函数检查密码是否有重复子串
        vcheck3 = check_rep(pwd)
        if not vcheck3:
            print('密码包含两个以上重复子串（4 位以上的子串）！请查看并重新录入\n')
            continue
        print('密码正确')
        break
```

（1）代码开头定义了 check_len()、check() 和 check_rep() 三个函数。check_len() 函数用于检测密码的长度是否超过或等于 8 位。check() 函数用于检测密码是否是由大小写字母、数字和其他符号组成，该函数运用 islower()、isupper()、isdigit() 和 isspace() 等函数判断每个字符的性质，一旦有字符符合某个条件（具有某个性质），就把该函数生成的一个列表变量 check（该变量初始时，各元素项的值都设为 0）中对应项的值置为 1。check_rep() 函数检测密码是否包含子串。

（2）主函数 main 调用三个函数对密码依次检测，如果密码的设定不能通过校验，则给出提示信息，让用户重新录入，直至密码符合要求，提示"密码正确"，退出程序。

运行程序，录入密码进行校验，运行情况如下所示。

```
请设置密码，密码要求符合以下条件
1.密码长度不小于 8 位
2.密码必须由大小写字母、数字、其他符号组成
3.密码中不能重复包含长度超过 4 的子串

请录入密码：1@tT23
密码长度不够 8 位！请重新录入

请录入密码：test123T#test
密码包含两个以上重复子串（4 位以上的子串）！请查看并重新录入

请录入密码：test@123qw
密码必须由大小写字母、数字、其他符号组成！请重新录入

请录入密码：tTest@123#z
密码正确
```

1.5 实例 5 简单的密码加密

1.5.1 编程要点

信息系统一般都通过权限设置来防止用户非法或越权使用信息，密码防护是权限设置的重要组成部分，是信息安全的第一道防线。如果密码是明文存放，若被非授权人员获取密码存放的文件或数据表，信息的安全性将会受到影响。所以对密码加密是很有必要的，即使加密后的密码文件或数据表被人截获，对方也不可能轻易地知道原密码。

常见的加密方式有三种：MD5 加密、Base64 加密和 SHA1 加密。使用这些算法后，他人基本上无法通过计算还原出原始密码，这种方式相对较为安全。

本节编程实例通过对密码中的字符进行多次转换实现加密，这种加密方式也可以使得加密后的密码无法被反向破解。本节所讲的编程实例没有用到 MD5 加密、Base64 加密和 SHA1 加密这三种加密算法，所以只能称作最简单、直观的加密方式。实例 5 的目的是提供一种加密的小技巧，读者可通过阅读其他相关的代码扩展思路，从而达到举一反三的目的。

1.5.2 在终端进行简单的密码加密

本节编程实例主要通过对密码中的字符进行替换以达到加密的效果，这样加密后的密码是不能被反向破解的，即不能由加密后的字符反推出原密码。样例代码如下所示。

```python
# 形成密码前缀，实现方式是对密码中每个字符进行转换得到一个新字符串
def passwd_pre(pwd):
    vret = []
    # 取得密码的每一个字符，通过以下方式换成另一个字符
    for char in pwd:
        if char in 'abc':
            char = '!'
        elif char in 'def':
            char = '@'
        elif char in 'ghi':
            char = '#'
        elif char in 'jkl':
            char = '%'
        elif char in 'mno':
            char = '^'
        elif char in 'pqr':
            char = '&'
        elif char in 'stu':
            char = '*'
        elif char in 'vwx':
            char = '>'
```

```
        elif char in 'yz':
            char = '?'
        elif char in 'Z':
            char = 'a'
        elif char.isupper():
            # 对于大写字母，先通过 char.lower() 将其转换成小写字母，然后转成 16 位数值并加 1，
            # 最后再转换成字母，即把当前的大写字母转换成该字母的下一个字母的小写形式
            char = chr(ord(char.lower()) + 1)
        # 把转换后的字符加入到 vret 列表变量中
        vret.append(char)
    # 把列表中各项连接成字符串并返回
    return ''.join(vret)
# 该函数根据传入的密码和两个字符串，对密码中字符进行转换
# 主要功能是根据密码 pwd 中的每个字符，在字符串 str1 中找到对应的位置索引，
# 通过这个索引值在字符串 str2 中找到一个字符替换密码中的字符
def change_txt(pwd, str1, str2):
    # 初始化返回值
    vret = ''
    # 将字符串转为小写
    pwd = pwd.lower()
    for char in pwd:
        # 取得在 str1 中的索引值
        j = str1.find(char)
        # 在 str1 中没有这个字符，就后返回-1
        if j == -1:
            # 没有找到索引值，就保留字符原值
            vret = vret + char
        else:
            # 找到索引值，根据这个索引值在 str2 中取一个字符替换原字符
            vret = vret + str2[j]
    return vret
# 加密程序
def change_password(pwd):
    if pwd == None:
        return '-1'
    vret = ''
    # 取得一个字符串，作为转换后密码的前缀
    vpre = passwd_pre(pwd)
    vlen = len(pwd)
    # 调用函数对密码进行一次转换，函数的后两个参数决定返回值的内容
    vstr = change_txt(pwd, "1234567890abcdefghijklmnopqrstuvwxyz",
                "abcdefghijklmnopqrstuvwxyz1234567890")
    if vlen <= 4:
        vret = vpre + vstr[0:vlen]
    else:
        vret = vpre + vstr[0:4]
        # 调用函数对密码进行一次转换
```

```
        vstr = change_txt(pwd, "1234567890abcdefghijklmnopqrstuvwxyz",
                    "qwertyuiopasdfghjklmnbvcxz0987654321")
        if vlen <= 4:
            vret = vret + vstr[0:vlen]
        else:
            vret = vret + vstr[0:4]
            # 调用函数对密码进行一次转换
        vstr = change_txt(pwd, "1234567890abcdefghijklmnopqrstuvwxyz",
                    "1qaz2wsx3edc4rfv5tgb6yhn7ujm8ik9ol0p")
        if vlen <= 4:
            vret = vret + vstr[0:vlen]
        else:
            vret = vret + vstr[0:4]
            # 调用函数对密码进行一次转换
        vstr = change_txt(pwd, "1234567890abcdefghijklmnopqrstuvwxyz",
                    "pl0okm9ijn8uhb7ygv6tfc5rdx4esz3wa2q1")
        if vlen <= 4:
            vret = vret + vstr[0:vlen]
        else:
            vret = vret + vstr[0:4]
        return vret

# 主函数 main
if __name__ == '__main__':
    while True:
        pwd = input('请录入密码：')
        if pwd == 'q':
            print('退出程序...')
            break
        else:
            pwdnew = change_password(pwd)
            print('您录入的密码是：', pwd, '，该密码加密后为：', pwdnew)
```

（1）代码在开始定义了 passwd_pre()、change_txt()和 change_password()三个函数。passwd_pre()函数对密码的每个字符进行转换，其返回的值作为加密后密码的前缀；change_txt()函数实现对字符串中每个字符进行转换的功能；change_password()函数调用了 passwd_pre()函数，取得新密码的前缀，4 次调用 change_txt()函数取得 4 个字符串，并把这 4 个字符串追加到新密码中，这样就得到一个加密的密码。

（2）主函数取得用户录入的密码，调用 change_password()函数进行密码加密，然后把原密码与加密后的密码显示出来。以下是程序运行效果。

```
请录入密码：testT123@/
您录入的密码是：testT123@/，该密码加密后为：*4o347g87if8iz7sz
请录入密码：ttT22#liK
您录入的密码是：ttT22#liK，该密码加密后为：*444b777wiiiqzzzl
请录入密码：q
退出程序...
```

扫一扫，看视频

1.6 实例 6 获取汉字的拼音首字母

1.6.1 编程要点

获取汉字的拼音首字母是信息项目建设过程中经常用到的功能，实现这一功能一般有两种方式，最简单、最直接的方式是将所有汉字与拼音首字母组成一个对照表，用到时在这个表中查找；另一种方式是利用汉字的编码规则，按照汉字在编码表中的排列顺序取得拼音的首字母。

在 GBK 编码规则中，一级汉字按拼音顺序进行编码，二级汉字与拼音的对应关系没有规律；针对一级和二级汉字的情况，本节编程实例的解决方案是：一级汉字通过汉字编码排列顺序取得拼音首字母，二级汉字则通过建立对应表的方式取得拼音首字母。

1.6.2 代码实现：获取汉字的拼音首字母

本节编程实例实现获取汉字字符串的拼音首字母的功能，主要是利用汉字编码的规律进行获取。样例代码如下所示。

```python
# 读入文本文件
def read_txt(file):
    with open(file, 'r') as f:
        txt = f.read()
    return txt
# 根据传入的汉字字符串，转换为拼音首字母组成的字符串
def get_first_letter(str_hz):
    # 初始化返回值
    vret = ''
    for char in str_hz:
        # 把汉字编码设置成 gbk 编码格式
        vchar = char.encode('gbk')
        # 按照 gbk 编码规则，第 1 个字节的值小于 176，不是汉字
        if vchar[0] < 176:
            # 当不是汉字时，直接把原字符放在返回值 vret 的后面
            vret += char
        # 按照 gbk 编码规则，第 1 个字节的值在 176～215 之间，是一级汉字，
        # 一级汉字的编码是按拼音顺序进行编制的
        elif (vchar[0] >= 176 and vchar[0] <= 215):
            # "匝"是拼音以 z 开头的第一个汉字，也就是拼音在以 z 开头的一级汉字中"匝"编码最小
            if (vchar >= "匝".encode('gbk')):
                vret += 'z'
            elif (vchar >= "压".encode('gbk')):
                vret += 'y'
            elif (vchar >= "昔".encode('gbk')):
                vret += 'x'
```

```
        elif (vchar >= "挖".encode('gbk')):
            vret += 'w'
        elif (vchar >= "塌".encode('gbk')):
            vret += 't'
        elif (vchar >= "撒".encode('gbk')):
            vret += 's'
        elif (vchar >= "然".encode('gbk')):
            vret += 'r'
        elif (vchar >= "期".encode('gbk')):
            vret += 'q'
        elif (vchar >= "啪".encode('gbk')):
            vret += 'p'
        elif (vchar >= "哦".encode('gbk')):
            vret += 'o'
        elif (vchar >= "拿".encode('gbk')):
            vret += 'n'
        elif (vchar >= "妈".encode('gbk')):
            vret += 'm'
        elif (vchar >= "垃".encode('gbk')):
            vret += 'l'
        elif (vchar >= "喀".encode('gbk')):
            vret += 'k'
        elif (vchar >= "击".encode('gbk')):
            vret += 'j'
        elif (vchar >= "哈".encode('gbk')):
            vret += 'h'
        elif (vchar >= "噶".encode('gbk')):
            vret += 'g'
        elif (vchar >= "发".encode('gbk')):
            vret += 'f'
        elif (vchar >= "蛾".encode('gbk')):
            vret += 'e'
        elif (vchar >= "搭".encode('gbk')):
            vret += 'd'
        elif (vchar >= "擦".encode('gbk')):
            vret += 'c'
        elif (vchar >= "芭".encode('gbk')):
            vret += 'b'
        elif (vchar >= "啊".encode('gbk')):
            vret += 'a'
    # 二级汉字不按拼音顺序排列, 这里按对应的方式取得拼音首字母,
    # 实现方式是在一个字符串中保存二级汉字,
    # 在另一个字符串中保存二级汉字的拼音首字母,
    # 这两个字符串是一一对应关系
    elif vchar[0] > 215:
        # 从文本文件中读入二级汉字组成的字符串, second_txt 是保存二级汉字的文本文件
        second_ch = read_txt('second_ch.txt')
```

```
        # 从文本文件中读入二级汉字拼音的首字母组成的字符串，
        # 它与二级汉字的字符串一一对应
        second_en = read_txt('second_first_py.txt')
        # 在字符串中找出该汉字的索引位置
        index_ch = second_ch.find(char)
        # 根据索引位置取对应的拼音首字母，并加在返回值的后面
        vret += second_en[index_ch].lower()
        # 返回汉字拼音首字母组成的字符串
    return vret

# 主函数 main 测试返回的拼音首字母的正确性
if __name__ == '__main__':
    print('字符串：人生苦短，我用 Python! =======拼音首字母: ', get_first_letter('人生
苦短，我用 Python!'))
    print('字符串（二级汉字）：仟仉捯麇劁麇麒======拼音首字母: ', get_first_letter('仟仉
捯麇劁麇麒'))
```

（1）代码开头定义了 read_txt()和 get_first_letter()两个函数。read_txt()函数实现从文本文件中读取出字符串的功能；get_first_letter()函数根据传入的汉字字符串生成拼音首字母组成的字符串。get_first_letter()函数处理汉字的方式有两种：当汉字为一级汉字时，根据汉字编码的排序规律取得拼音首字母对应的字符，因为一级汉字编码是按照汉语拼音的顺序进行编制的；当汉字为二级汉字时，采用对应关系取得拼音的首字母，这里采用的方式是把二级汉字保存在一个文本文件中，把二级汉字对应的拼音首字母保存在一个文本中，当有二级汉字时，就把这两个文本读入字符串中，根据对应的索引关系取得该汉字的拼音首字母。

（2）get_first_letter()函数有一个知识点还需了解一下，当把一个汉字转化成 GBK 编码格式时，它会转化成一个字节串，这个字节串有两个字节，按照 GBK 编码规则，通过第一个字节编码值的大小和范围就可以区分出非汉字（码值小于 176）、一级汉字(码值在 176～215 之间)和二级汉字（码值大于 215）三种类型。

（3）主函数调用 get_first_letter()函数进行测试，并将运行结果打印在命令行终端，如下所示。

```
字符串：人生苦短，我用 Python! =======拼音首字母: rskd, wyPython!
字符串（二级汉字）：仟仉捯麇劁麇麒======拼音首字母: wzgjymq
```

扫一扫，看视频

1.7 实例 7 打印彩色字符

1.7.1 编程要点

在命令行终端不仅可以显示黑白字符，而且可以显示彩色字符，终端字符的颜色由转义序列控制，这个转义序列以\033（\033 是 Esc 键的八进制表示）开始。

控制字符颜色的转义序列格式是："\033 [显示方式;前景色;背景色 m"，以 "\003[" 开始，以英文字母 m 结束，中间是控制字符颜色的数字，用英文分号分隔。

● 显示方式的取值与含义如表 1-1 所示。

表 1-1　显示方式的取值与含义

取　值	含　义	取　值	含　义
1	高亮显示	22	非高亮显示
4	使用下划线	24	去下划线
5	闪烁	25	去闪烁
7	反白显示	27	非反白闪烁
8	不可见	28	可见
0	终端默认设置		

● 前景色的取值与含义如表 1-2 所示。

表 1-2　前景色的取值与含义

取　值	含　义	取　值	含　义
30	黑色	31	红色
32	绿色	33	黄色
34	蓝色	35	紫红色
36	青蓝色	37	白色

● 背景色的取值与含义如表 1-3 所示。

表 1-3　背景色的取值与含义

取　值	含　义	取　值	含　义
40	黑色	41	红色
42	绿色	43	黄色
44	蓝色	45	紫红色
46	青蓝色	47	白色

📢 提示

　　由于显示方式、前景色、背景色的取值不重叠，所以在设置字符颜色的转义序列时，只要给出相应的数值，系统会自动区分颜色的类型。

1.7.2　在终端打印彩色字符

本节编程实例中，只要把颜色组合格式书写正确，就可以在终端上打印出彩色字符。代码如下所示。

```
def color_set(str, sel_color):
    # 前景色数值，31：红色，32：绿色，33：黄色，34：蓝色，
    # 35：紫红色，36：青蓝色，37：白色。
    # 生成一个颜色字典，保存控制颜色的转义序列
```

```
    # 这里只设置了前景色，背景色默认
    color_dic = {'RED': '\033[31m',     # 红色
                 'GREEN': '\033[32m',    # 绿色
                 'YELLOW': '\033[33m',   # 黄色
                 'BLUE': '\033[34m',     # 蓝色
                 'FUCHSIA': '\033[35m',  # 紫红色
                 'CYAN': '\033[36m',     # 青蓝色
                 'WHITE': '\033[37m',    # 白色
                 'NORMAL': '\033[0m'}    # 终端默认颜色
    # 把颜色参数 sel_color 转成大写
    sel_color = sel_color.upper()
    # 如果在字典 color_dic 中找到定义好的颜色值
    if sel_color in color_dic.keys():
        # 设置字符串的颜色
        return '%s%s%s' % (color_dic[sel_color], str, color_dic['NORMAL'])
    else:
        print('没有找到对应颜色，采用终端默认颜色...')
        # 设置字符串默认颜色
        return '%s%s%s' % (color_dic['NORMAL'], str, color_dic['NORMAL'])

# 主函数 main
if __name__ == '__main__':
    # 设置字符串的颜色，并在终端上打印出来
    print(color_set('这一句话是红色', 'RED'))
    print(color_set('这一句话是绿色', 'green'))
    print(color_set('这一句话是黄色', 'yellow'))
    print(color_set('这一句话是蓝色', 'blue'))
    print(color_set('这一句话是紫红色', 'fuchsia'))
    print(color_set('这一句话是终端默认颜色', 'test'))
```

（1）color_set()函数把控制终端的转义序列放到一个字典中，该函数根据传入参数（sel_color）的内容在字典（color_dic）中找到控制字符颜色的转义序列格式，通过转义序列格式给字符串加上颜色，并返回该字符串。

（2）主函数通过调用 color_set()函数在终端上打印出带颜色的字符串。

扫一扫，看视频

1.8 实例 8 读取大文本文件

1.8.1 编程要点

本节编程用到 yield 语句，当一个函数中包含 yield 语句时，这个函数就成为一个生成器（generator）。如果按照常用方式调用该函数，该函数是不会执行任何代码的，可以通过 next()函数对其调用，调用时会按函数设定的流程执行，但是每遇到一个 yield 语句就会停下来并返回一个迭代值（例如，yield 8 中的 8 就是一个迭代值），再次调用 next()函数时会从这个 yield 语句的后一句代码开始继续执行。

函数语句中 yield 可以理解为一个特殊的 return，当用 next() 调用包含 yield 语句的函数时，该函数运行到 yield 语句就会中断并返回一个迭代值，下次再用 next() 时不是从该函数（包含 yield 语句的函数）的第 1 条语句开始执行，而是从 yield 的下一句代码开始执行。调动生成器函数（包含 yield 语句的函数）执行的不仅有 next() 函数，还有 send() 函数，用 for 循环也可以使生成器函数执行。需要注意的是，在 for 循环中会自动隐式调用 next() 函数。样例代码如下所示。

```python
# 定义一个包含 yield 语句的函数，这样该函数就成为一个生成器（generator）
def test():
    print('您好，程序现在开始执行...')
    # yield 语句表达式，这个表达式分为两部分，
    # 第一部分：first_rec 接收 send() 函数传入的值，
    # 第二部分：返回的迭代值是 1。
    first_rec = yield 1
    # 以下语句打印出：第 1 次收到内容-> 发送信息第 1 次
    print('第 1 次收到内容->', first_rec)
    # yield 语句表达式。
    second_rec = yield 2
    # 以下语句打印出：第 2 次收到的内容-> 发送信息第 2 次
    print('第 2 次收到的内容->', second_rec)
    # yield 语句表达式。
    three_rec = yield 3
    # 以下语句打印出：第 3 次收到的内容-> 发送信息第 3 次
    print('第 3 次收到的内容->', three_rec)
    yield 666
    print('已无返回值，程序结束！')


# 主函数 main
if __name__ == '__main__':
    # 以下语句取得函数体，并不执行
    test = test()
    # 要想 test() 函数执行，须用 next() 调用 test() 函数
    # 以下语句是从 test() 函数的第 1 条语句开始执行，到第 1 个 yield 语句停止，
    # 并取得 yeild 语句返回的迭代值
    # 因此 value_1 的值是 1
    value_1 = next(test)
    # send() 函数有两个功能，一是可向当前 yield 表达式传值，
    # 向 test() 函数中 first_rec 变量传递字符串：'发送信息第 1 次'
    # 二是执行 next() 函数的功能，从当前 yield 语句的下一句开始执行，
    # 直到遇到下一个 yield 语句才停止，在停止前取得 yield 返回的迭代值，
    # 因此 value_2 的值是 2
    value_2 = test.send('发送信息第 1 次')
    # 以下语句是向 test() 函数中的 second_rec 变量传递字符串：'发送信息第 2 次'
    # 并从当前 yield 语句的下一句开始执行，直到遇到下一个 yield 语句停止，
    # 在停止前取得遇到的 yield 语句返回的迭代值，因此 value_3 的值是 3
    value_3 = test.send('发送信息第 2 次')
    # 以下语句是向 test() 函数中 three_rec 传递字符串：'发送信息第 3 次'
    # 并从当前 yield 语句的下一句开始执行，直到遇到下一个 yield 语句停止，
```

```
# 在停止前取得遇到的 yield 返回的迭代值，因此 value_4 的值是 666
value_4 = test.send('发送信息第 3 次')
# 以下语句打印出：1 2 3 666
print(value_1, value_2, value_3, value_4)
# 用 next() 函数取得生成器的迭代值时，如果后面没有 yield 语句，则会报错，
# 因此这里用 try...except 代码块
try:
    # 执行 test=test() 后面的语句
    # 以下语句打印出：已无返回值，程序结束！
    next(test)
# 没有 yield 语句，会报异常，这里用 except 语句捕获异常
except Exception as e:
    print('迭代结束')
```

以上代码中要注意 send() 函数的应用。这个函数可以看作是 next() 函数的加强版，它比 next() 函数多了一个功能，就是能够把数据传递给 yield 表达式（yield 前面有等号形式的语句就是 yield 表达式，如 first_rec = yield 1 语句），而 next() 函数等价于 send(None)。

1.8.2　代码实现：读取大文本文件

本节编程实例运用 yield 语句建立一个生成器函数 read_block()，根据生成器函数的特性，通过循环用固定的、较小的字节数不断读取大文件的内容，分次将一个大文件的内容读取出来。若直接用 read() 函数一次性读取文件的全部内容，会因内存大量被占用而出现卡顿。样例代码如下所示。

```
# 定义一个读写大文本的函数
def read_block(fname):
    # 定义每次读出的字节数
    vsize = 512
    # 以二进制打开文件
    with open(fname, 'rb') as f:
        # 循环
        while True:
            # 按照指定的大小读出一段文本
            content = f.read(vsize)
            if content:
                # 返回取得的文本内容
                yield content
            else:
                return


# 主函数 main
if __name__ == '__main__':
    # 初始化函数，由于 read_block() 函数包含 yield 语句，函数不会立即执行
    # 其中 listener.log 是保存在当前目录下的一个日志文件，
    # 是一个文本类型的文件，该文件是超大尺寸文件
    read_ = read_block('listener.log')
```

```
    i = 0
    # for 循环默认调用 next() 函数
    for vcontent in read_:
        i += 1
        print('第' + str(i) + '段文本内容：')
        # 打印每段文本内容
        print(vcontent)
```

以上代码比较简单，不再进行解释。之所以在函数中应用 yield 语句，是因为生成器函数是"惰性"的，不会立即执行，只有通过 next() 或 send() 函数进行调用时才执行，因此合理使用 yield，不但可以节省空间（特别是程序中需要大量使用内存资源时效果更加明显），而且可以提高代码执行效率。

1.9 实例 9 监控安全指标

扫一扫，看视频

1.9.1 编程要点

在一些安全监控系统中，会将负责安全监测的仪器投放到生产场所，这些仪器将采集现场数据，并写入一个特定文件，供相关人员随时查看和响应，避免出现安全问题。本节编程实例会用到一个日志文件，这个文件的内容是各类安全监测仪器采集到的数据。监测仪器将采集到的信息以行的形式实时追加到该文件中，每行分为多列，分别代表不同意义。各列用 TAB 空格分隔，文件形式如下所示。

报警时间		系统序号	端口号	传感器	安装地点	报警信息
2017-06-07	00:10:20	10723	37-1	瓦斯	避险硐室舱内	越上限报警，数值：0.56%
2017-06-07	00:11:38	10723	37-1	瓦斯	避险硐室舱内	报警解除，数值：0.41%
2017-06-07	00:15:36	10733	37-11	瓦斯	避险硐室进风侧舱外	越上限报警，数值：0.56%
2017-06-07	00:16:54	10733	37-11	瓦斯	避险硐室进风侧舱外	报警解除，数值：0.38%
2017-06-07	00:20:18	10723	37-1	瓦斯	避险硐室舱内	越上限报警，数值：2.11%
2017-06-07	00:20:19	22249	17-1	风筒	3402W 轨道巷	报警解除，状态：开
2017-06-07	00:22:02	10723	37-1	瓦斯	避险硐室舱内	报警解除，数值：0.33%
2017-06-07	03:13:38	22261	16-4	CO	6405E 面回风	越上限报警，数值：76ppm
2017-06-07	03:18:01	22261	16-4	CO	6405E 面回风	报警解除，数值：20ppm

对安全影响较大的就是瓦斯、CO 的指标超限（文本中的"越上限报警"），因此用程序对每次写入的行进行自动化监控是有必要的，这样一旦监控仪器传送过来影响安全的信息，会立即进行警示。

本节编程实例采用执行生成器函数来监控日志文件内容变化的方法，用 yield 语句向主函数传送新写入行的信息。主函数采用循环的方式读取新增行的信息并进行分析，提取影响安全的信息并发出警告。

本节编程实例应用 seek() 函数读取日志文件，该函数的调用格式是 file.seek(offset,intval)，功能是将文件读取指针移动到指定位置。参数 offset 代表偏移量，表示从文件的某个位置（如文件的开头、结尾、当前位置）开始起再移动多少个字节到新位置；参数 intval 代表文件的位置，指定读取指针从哪个位置开始移动，其中 0 表示文件开头，1 表示当前读取指针的位置，2 表示文件的末尾。

1.9.2　代码实现：监控安全指标

本节编程实例代码主要对日志文件中新写入的数据进行提取分析，过滤出影响安全的数据并发出警告，数据恢复正常解除警报。样例代码如下所示。

```python
# 导入时间模块
import time
# 生成器函数，主要作用是返回文件最后一行的内容
def read_lastline(filename):
    # 打开文件
    with open(filename, encoding='gbk') as f:
        # 把读取位置定位到文件尾部
        line_ = f.seek(0, 2)
        # print(line_)
        while True:
            # 读取文件末尾新增加的行
            line_content = f.readline()
            # 如果没有写入内容，停止 0.5 秒
            if not line_content:
                time.sleep(0.5)
                # 重新回到循环开头
                continue
            # 如果新增行有内容，返回新增行的内容
            yield line_content
# 显示报警信息，从文件取出瓦斯、CO 有关信息，因为这些信息对安全生产有影响
# 其他信息对安全生产影响较小，自动过滤掉
def show(line_content):
    # 通过分隔函数 split() 将各字段放到列表中
    fields = line_content.split('\t')
    # print(fields)
    # 将瓦斯、CO 中越上限报警的信息取出来
    if ((fields[3] == '瓦斯' or fields[3] == 'CO') and fields[5][0:5] == '越上限报警'):
        # 显示警报，提醒注意
        print('警报！！！', fields[4], '：', fields[3], fields[5][0:-1], '发生时间：',
            fields[0][0:], ', 请立即处理!')
    # 将瓦斯、CO 中报警解除的信息取出来
    if ((fields[3] == '瓦斯' or fields[3] == 'CO') and fields[5][0:4] == '报警解除'):
        # 显示解除警报
        print('通告! ', fields[4], '：', fields[3], '超值危险报警解除，解除时间：',
            fields[0][0:])

# 主函数 main
if __name__ == '__main__':
    # 通过 for 循环调用生成器函数 read_lastline()
    for line in read_lastline('safe.log'):
        # 如果新增行内容不为空，调用 show() 函数
        if line.strip() != '':
```

```
# 显示报警相关内容
show(line)
```

（1）read_lastline()是一个生成器函数，它打开文件后把读取指针放到日志文件最后，然后通过一个循环，每隔 0.5 秒读取一次，如果有新行增加，通过 yield 语句返回该行内容并等待主函数读取，一旦被读取后，函数等待读取下一个写入的新行并返回给主函数，如此不断地向主函数提供日志新写入的内容。

（2）show()函数把每行的内容按列进行分隔，并将各列的内容放到列表中，在列表信息找到有关瓦斯、CO 的信息，再看"报警信息"列是否有"越上限报警"字样，如果有，就在命令行终端上打印出相应的警报信息和警报的数据。该函数还有解除警报的功能，在查看"报警信息"列时，如果列的内容有"报警解除"字样，在命令行终端上打印出对应生产地点报警解除的信息。

（3）主函数通过循环语句调用生成器函数，取得新写入的日志文件行信息，再调用 show()函数提取瓦斯、CO 有关的信息发送给用户。

（4）本节代码在命令行终端发出警报和提示，实际生产系统中会采用声、光、电等形式提示用户，这里的代码只是在业务逻辑层面、原理上说明安全指标监控的流程和思路。程序运行时，命令行终端显示的信息如下所示。

> 警报！！！ 避险硐室进风侧舱外 ： 瓦斯 越上限报警，数值：0.56% 发生时间： 17-06-07 00:15:36，请立即处理！
> 通告！ 避险硐室进风侧舱外 ： 瓦斯 超值危险报警解除，解除时间： 17-06-07 00:16:54
> 警报！！！ 避险硐室舱内 ： 瓦斯 越上限报警，数值：2.11% 发生时间： 17-06-07 00:20:18，请立即处理！
> 通告！ 避险硐室舱内 ： 瓦斯 超值危险报警解除，解除时间： 17-06-07 00:22:02

1.10 实例 10 求解因数和质因数

扫一扫，看视频

1.10.1 简要说明

求一个整数的因数实际上是把这个整数分解成两个或多个整数相乘的过程，那么求解一个整数的质因数就是从这些因数中找出质数来。求解因数的编程思路是：通过遍历的方式，测试每个整数是否为因数。

1.10.2 代码实现：求解因数和质因数

本节编程实例实现求解一个整数的因数和质因数的功能。代码中有三个函数，功能分别是判断一个整数是否是质数、取得一个整数的因数、取得一个整数的质因数，主函数通过调用这三个函数取得计算结果，代码如下所示。

```
# 判断一个整数是否是质数
# 参数 num 是一个整数
```

```python
def is_prime(num):
    # 非整数直接返回 False
    if type(num) != int:
        return False
    # 1 不是质数
    if num == 1:
        return False
    # 通过循环取得 2、3、4、…至该整数的前一个整数，
    # 用传入的整数（num）依次除以这些整数，
    # 如果都不能整除就判定为质数
    for i in range(2, num):
        # 如果有一个能整除，就返回 False
        if num % i == 0:
            return False
    return True
# 取得一个整数的因数
# 参数 num 是一个整数，要求得它的因数
def get_factor(num):
    # 设置从 2 开始查找或测试是否是因数
    factor = 2
    # 先返回 1 和本身这两个因数
    yield 1
    yield num
    # 将传入参数(要分解因式的整数)的值保存到 org_num
    org_num = num
    # 通过两个循环取得一个整数（传进来的参数）的因数。
    # 根据一个整数的因数的特点：两个因数相乘必定小于等于这个整数，
    # 因此外层循环条件设定要测试数值（测试该数是否因数）的平方
    # 小于等于将要求解其因数的整数，
    # 在外层循环中，当内层循环完成一次后，
    # 用 num = org_num 语句，将 num 恢复为传入参数(要分解因式的整数)的原值，
    # 并且每次给测试数值加 1，这样在内层循环对指定数值进行测试
    #
    # 内层循环查看测试数值是否被 num 整除，
    # 如果能整除则返回测试数值和商，这时测试数值与商都是因数，
    # 接着将商赋值 num，进行入下次循环继续对商求因数
    while factor * factor <= num:
        # 设置循环条件是 num 能整除 factor
        while not num % factor:
            # 通过 yield 语句返回当前 factor 的值
            yield factor
            # 取得商并赋值给 num，num //=factor 等价于 num=num//factor
            # 运算符" / "就表示正常的除法，有小数部分则返回浮点结果
            # 运算符" // "表示整数除法，只返回商的整数部分
            # 下面这个语句得到 num 的值是一个整数，因此 num 也是一个因数
            num //= factor
            if num > 1:
```

```
            # 通过 yield 语句返回商
            yield num
        # 将传入参数(要分解因式的整数)的值传给 num,
        # 为内层循环做好数据准备
        num = org_num
        # 取得下一个要测试是否是因数的值
        factor += 1
# 获取质因数的函数
def get_prime_factor(num):
    # 初始化一个列表,用来保存质因数
    list_prime = []
    # 从 2 开始检测
    factor = 2
    # 如果传入的整数本身就是质数,直接返回本身
    if is_prime(num):
        list_prime.append(num)
        return list_prime
    # 将传入参数(要分解因式的整数)的值保存到 org_num
    org_num = num
    # 通过循环取得因数,再判断该因数是否是质数
    # 如果质数就加入列表
    while factor * factor <= num:
        while num % factor == 0:
            # 取得商并赋值给 num, num //=factor 等价于 num=num//factor
            num //= factor
            # 判断是因数是否是质数
            if is_prime(factor):
                list_prime.append(factor)
            # 判断商是否是质数
            if is_prime(num):
                list_prime.append(num)
        # 将传入参数(要分解因式的整数)的值传给 num,为内层循环的下一次循环做好准备
        num = org_num
        factor += 1
    # 返回列表
    return list_prime
# 主函数 main
if __name__ == '__main__':
    int_num = input('请录入一个要分解因数的整数:')
    # 转化成整数
    int_num = int(int_num)
    # 调用函数取得因数,函数 get_factor(int_num)返回的是一个可迭代对象
    # 需通过 list()函数转化为列表变量
    list_factor = list(get_factor(int_num))
    # 通过 set()函数去重,然后再转化成列表变量
    list_factor = list(set(list_factor))
    # 对列表变量中的项进行排序
```

```
list_factor.sort()
# print(list_factor)
# 打印出结果
print('整数', int_num, '的因数是：', list_factor)
# 调用函数取得因数，函数 get_prime_factor(int_num) 返回的是一列表变量
list_prime_factor = get_prime_factor(int_num)
# 通过 set() 函数去重，然后再转化成列表变量
list_prime_factor = list(set(list_prime_factor))
# 对列表变量中的项进行排序
list_prime_factor.sort()
# 打印出结果
print('整数', int_num, '的质因数是：', list_prime_factor)
```

（1）is_prime()函数判断传入的参数（一个整数）是否是质数，采用的方法是在从 2 开始到该参数前一个整数（即这个参数减 1 的整数）的范围内，逐个测试其中的每个整数能否被传入的参数整除，如果没有整数能被该参数整除，则该参数就是质数。

（2）get_factor()函数求解传入参数（一个整数）的因数，实现方式是首先将 1 和参数本身这两个显而易见的因数通过 yield 语句返回，然后把从 2 开始到这个参数前一个整数范围内的所有整数取出，依次测试是否能被传入的参数整除。如果能整除，就通过 yield 语句返回这个整数和整除得到的商，由此可见，get_factor()函数得到的因数是有重复值的。

（3）get_prime_factor()函数求解传入参数（一个整数）的质因数，实现方式是首先调用 is_prime()函数判断传入参数是否是质数，如果是，将它放到质因数列表中并返回这个列表；如果传入的参数不是质数，把从 2 开始到这个参数前一个整数范围内的所有整数取出，依次测试是否是因数、是否是质数，如果两个条件都满足，就将这个数放到质因数列表中，函数最后返回这个列表。

（4）主函数的功能是提示用户录入一个整数，然后调用函数求出这个整数的因数和质因数，代码中用 list()函数把变量转换成列表，用 set()函数进行了去重，用 sort()函数进行了排序。

代码运行后，当用户录入一个整数，程序会在终端上打印出计算结果，如下所示。

```
请录入一个要分解因数的整数：399
整数 399 的因数是： [1, 3, 7, 19, 21, 57, 133, 399]
整数 399 的质因数是： [3, 7, 19]
```

扫一扫，看视频

1.11　实例 11　利用数组解方程

1.11.1　编程要点

本节编程实例用到 Numpy 这个数学计算库，这个库是第三方库，需要通过 pip 命令进行安装。

Numpy 中使用最多的数据类型是多维数组（ndarray），生成 Numpy 数组有多种方式，下面分别列举和说明。

（1）由 Python 的列表类型数据转化为 Numpy 数组，样例代码如下所示。

```
import numpy as np
# 列表类型数据
vlist=[1,2,3,4]
# 由列表类型转换为 Numpy 数组
a=np.array(vlist)
# 以下语句打印出的结果是:[1 2 3 4]
print(a)
```

（2）由 Python 的元组转化为 Numpy 数组，样例代码如下。

```
import numpy as np
# 元组类型数据
vtuple = ('a','b','c')
# 由元组转换为 Numpy 数组，用到的函数是 asarray()
varray = np.asarray(vtuple)
# 以下语句打印出的结果是:['a' 'b' 'c']
print(varray)
```

（3）列表的元组、元组的元组、元组的列表等形式的数据也可以转化为 Numpy 数组，以下是元组的列表类型转换成数组的样例。

```
import numpy as np
# 元组的列表类型
vlist_tuple = [('Tom','Rose','Jonh'),('A','B')]
# 转换成 Numpy 数组
varray = np.asarray(vlist_tuple)
# 以下语句打印出的结果是:[('Tom', 'Rose', 'Jonh') ('A', 'B')]
print(varray)
```

（4）用 varray=numpy.arange(start, stop, step, dtype)生成数组，函数的返回值 varray 是一个 Numpy 数组对象（ndarray 对象）。参数 start 表示数组的起始值，默认为 0；参数 stop 表示数组的终止值（这个值不包含在数组中）；参数 step 表示数组中相邻两个值的间隔，一般称为数组的步长，默认为 1；参数 dtype 表示数组中元素的数据类型。样例代码如下所示。

```
import numpy as np
# 生成数组，设置了起始值、终止值、步长等参数
varray = np.arange(0,10,2)
# 以下语句打印出的结果是:[0 2 4 6 8]
print(varray)
```

还有许多方法能生成 Numpy 数组，如利用 linspace()、ones()、eye()、zeros()等函数，这里不再一一列举。

本节编程代码中用到了矩阵的乘法，矩阵可以用 Numpy 的多维数组表示，矩阵的乘法常见的主要有两种，分别是星乘(*)和点乘(dot)，下面分别介绍。

（1）星乘的算法主要有两种情况。

● 第一种，当两个矩阵的形状相同时，其星乘的算法是：两个矩阵对应位置上的元素相乘形成一个新的矩阵，即在两个矩阵中，下标相同的元素相乘得到的积成为新矩阵的元素。样例代

码如下所示。

```
import numpy as np
# a 是一个两行两列的多维数组
a = np.array([[1,2],[3,4]])
# b 是一个两行两列的多维数组
b = np.array([[5,6],[7,8]])
# 数组 a 和 b 星乘
c=a*b
# 打印出 c 的样式
print(c)
'''
打印出来的结果如下所示：
[[ 5 12]
 [21 32]]
'''
```

以上代码中多维数组 c 可以用这个式子说明形成过程，即[[1*5,2*6],[3*7,4*8]]。

● 第二种，当两个矩阵的形状不同时，一般情况下要求在两个矩阵行数相等、其中一个矩阵列数为 1 的情况下才能相乘。星乘的算法是：单列矩阵的列与另一个矩阵的列分别相乘。

```
import numpy as np
a = np.array([[1],[2]])
b = np.array([[5,6],[7,8]])
c=a*b
print(c)
'''
打印出来的结果如下所示：
[[ 5  6]
 [14 16]]
'''
```

以上代码中多维数组 c 可以用这个式子说明形成过程，即[[1*5,1*6],[2*7,2*8]]。

（2）点乘（dot）也称为矩阵乘，是按照数学上的矩阵乘法规则作运算，要求第一个矩阵的列数与第二个矩阵的行数相同。矩阵乘的具体算法是：第一个矩阵的行号与第二个矩阵的列号相同的元素两两相乘再求和，每个和成为新矩阵的一个元素，这个元素的下标中的行号取第一个矩阵中参加运算（相乘再求和）的元素的行号，列号取第二个矩阵参加运算的元素的列号。矩阵乘运算公式可以概括地理解为一个矩阵的行乘以另一个矩阵的列的和。样例代码如下所示。

```
import numpy as np
a = np.array([[1,2],[3,4]])
print(a)
b = np.array([[5,6],[7,8]])
print(b)
'''
打印出 b 的结构如下：
[[5 6]
 [7 8]]
```

```
'''
# a 和 b 矩阵乘，把积赋值给 c
c=np.dot(a,b)
print(c)
'''
打印出来的结果如下所示：
[[19 22]
 [43 50]]
'''
```

以上代码中多维数组 c 可以用这个式子说明形成过程，即 [[1*5+2*7,1*6+2*8],[3*5+4*7,3*6+4*8]]。

本节代码还包括逆矩阵的运用。求逆矩阵的方法在 Numpy 中很简单，就是调用线性应用的相关函数，函数调用格式为 x_inv = np.linalg.inv(x)，其中 x 为原矩阵，返回值 x_inv 是 x 的逆矩阵。在矩阵运算中，逆矩阵与其对应的原矩阵进行点乘（矩阵乘）的积为 1，这个调用方法后面代码中要用到，至于数学原理，请自行参考高等数学及其相关资料。

1.11.2　三元一次方程求解

本节程序是一个通过矩阵求解多元一次方程的例子，代码如下所示。

```
# 导入数学计算库 numpy
import numpy as np
'''
方程组为：
x+y+z=26
x-y=1
2x-y+z=18
'''
# 生成未知数系数的三维数组，注意位置对应
W=np.array([[1,1,1],[1,-1,0],[2,-1,1]])
# 由方程的值形成的数组
result=np.array([26,1,18])
# 求得 W 逆矩阵 W_inv
W_inv=np.linalg.inv(W)
# 由方程未知数（x、y、z）形成的数组：vxyz=np.array([x,y,z]),
# 得到以上方程式的矩阵乘法等式：W*vxyz=result,
# 让等式两边点乘 W 的逆矩阵,
# 得到等式：np.dot(W_inv,W*vxyz)=np.dot( W_inv,result),
# 其中 W_inv 是 W 的逆矩阵，np.dot()是矩阵点乘函数,
# 由于矩阵与其逆矩阵相乘得 1，进一步推导出 vxyz= np.dot( W_inv,result).
# 求得 vxyz 的值，即求得该方程组的解
vxyz=np.dot(W_inv,result)
# 打印出求得的系数
v=list(vxyz)
print('得到的值：')
```

```
print('x=%d'%v[0])
print('y=%d'%v[1])
print('z=%d'%v[2])
```

（1）以上代码用于求解一个三元一次方程，实际这个程序可以求解更多元的方程，该代码仅提供了一个多元一次方程的解题思路。

（2）代码首先通过 Numpy 生成一个二维数组，可以看作是一个 3 行 3 列的矩阵，这个矩阵中每一个元素按位置对应三元一次方程未知数的系数，把这个系数组成的数组赋值给 W。另外，用每个方程的值（方程等号右边的值）按对应位置生成一个一维数组，并把这个数组赋值给 result 变量。语句 vxyz=np.array([x,y,z]) 将方程的未知数生成一个数组赋值给 vxyz，这样就可以由方程式推导出一个矩阵乘法形成的等式：W*vxyz=result，即系数矩阵星乘未知数等于方程值的等式。从等式上看只要消掉 W 就可以得到 vxyz（未知数 x、y、z）的值。

（3）由于矩阵没有除法运算，即不能在等式两边除以 W，因此需要转换一下思路解决这个问题。矩阵与其逆矩阵点乘（矩阵乘）的值为 1，由此得到等式：np.dot(W_inv,W*vxyz)=np.dot(W_inv,result)，其中 W_inv 是 W 的逆矩阵；最后推得 vxyz 的值为 W_inv 与 result 点乘的结果，对应语句为 vxyz=np.dot(W_inv,result)，这样就求得了未知数的值。

（4）代码最后打印出未知数的求解值。

1.11.3　运行程序

启动程序后，程序在终端屏幕上打印出各个未知数的解，如下所示。

```
得到的值：
x=10
y=9
z=7
```

这个程序可以进一步扩展，例如增加未知数的个数，随着未知数不断增多，会逐渐感受到程序解方程的效率。

扫一扫，看视频

1.12　实例 12　显示进度条

1.12.1　编程要点

在 Python 中 sys.stdout 是标准输出流，这个标准输出流是终端窗口，它与 Python 的 print() 函数有一定的关联关系，print(obj) 实质就是调用 sys.stdout.write(obj+'\n')。样例代码如下所示。

```
import sys
# 打印出 "人生苦短，我用 Python"，并换行
print('人生苦短，我用 Python')
# write()参数最后加上'\n'时，与上一句的 print 的换行效果是等价的
```

```
sys.stdout.write('人生苦短，我用 Python'+'\n')
```

sys.stdout.write()函数先将要打印的内容放到缓冲区中，当缓冲区满了或程序结束才会输出，并不能立即将要打印的内容输出到终端。如果需要强制输出到终端，可以使用 sys.stdout.flush()语句刷新缓冲区，实现立即打印输出。

1.12.2　在终端显示进度条

本节编程实例的主要功能是显示一个进度条，并在进度条右端显示进度百分比；在代码中我们用■组成进度条，这样在终端显示的进度条较为直观、形象。样例代码如下所示。

```
import sys
# 导入进程暂停包 sleep
from time import sleep
# 定义一个进度条类，对进度条属性和功能进行封装
class ProgressBar(object):
    # 初始化函数，设置进度条的总长度，最初长度，组成进度条的字符（默认为■）
    def __init__(self,len,bar_char='■'):
        # 初始化进度条的总长度
        self.total_len = len
        # 设置组成进度条的字符
        self.bar_char =bar_char
        #设置进度条起始长度为 0
        self.cur_len = 0
        # 把终端输出对象 sys.stdout 赋值给 self.write_direction
        self.write_direction = sys.stdout
        # 如果未给进度条总长度赋值，直接退出
        if not self.total_len:
            return
        #设置 vstr 为 45 个 "-"
        vstr='-'*45
        # 在终端上打印出相关信息，下面的语句等价于：print('\n'+ vstr+'进度条演示'+vstr)
        self.write_direction.write('\n'+ vstr+'进度条演示'+vstr+'\n')
    # 显示进度条的函数，show_len 是进度条最新长度
    def show(self,show_len):
        # 如果进度条最新长度大于进度条总长度，设置进度百分比为 100
        if show_len>self.total_len:
            percent_int=100
        else:
            # python 语法中"/"是正常除法，返回的是浮点类型的商
            # "//"返回的是整数类型的商，可以理解为获取商的整数部分
            #以下语句取得进度条最新长度与进度条总长度的百分比的整数值
            percent_int=(show_len*100)//self.total_len
    # 要显示的进度条，这个进度条由 percent_int 个 self.bar_char（进度条字符）组成
    cur_string=("%s"% (self.bar_char))*(percent_int)
    # 进度条与后面要显示的百分比之间的内容，由（100-percent_int）个空格组成
```

```
        blank=' '*(100-percent_int)
        # 通过 sys.stdout 对象的 write()函数向终端写入内容（内容暂时存在内存里），
        # 其中\r 表示从当前开头重新覆盖地写
        self.write_direction.write('\r'+ cur_string+blank+str(percent_int)+'%')
        # 通过 flush()函数将内存的内容写到终端上
        self.write_direction.flush()
        # 将传入的进度条长度保存在 self.cur_len 中
        self.cur_len =show_len
        # 如果长度达到总长度，传入回车字符进行换行
        if percent_int == 100:
            self.write_direction.write("\n")
    # 处理进度条每次增加长度的函数，new_len 是每次增加的长度
    def add_bar_len(self,new_len):
        # 将进度条当前长度增加 new_len
        self.cur_len = self.cur_len +new_len
        # 显示进度条
        self.show(self.cur_len)


# 主函数 main
if __name__ == "__main__":
    # 实例化进度条类，生成进度条对象，并设置总长度为 200
    progressbar_obj = ProgressBar(len=200)
    # 循环 20 次，每次增加 10，完成循环后，长度正好为 200
    for i in range(20):
        sleep(0.6)
        # 每次增加长度 10
        progressbar_obj.add_bar_len(10)
```

（1）代码中建立了一个类 ProgressBar 来实现进度条的各项功能。类中的__init__()函数进行了初始化，主要设置进度条的总长度、初始长度、组成进度条的字符，还将终端输出对象 sys.stdout 赋值给类的 self.write_direction 属性（也可称作类变量），这个属性用来控制进度条如何在终端上显示。类中 show()函数接收进度条的参数（show_len），这个参数表示进度条的长度。函数通过这个参数显示进度条的长度和计算进度百分比，基本流程是根据初始化函数中设置的进度条总长度，以及传给 show()函数的长度，通过 percent_int=(show_len*100)//self.total_len 取得当前的进度百分比，并取得该百分比的整数值。然后把这个整数值作为进度条当前长度，相当于把进度条的总长度变成了相对值，也就是将进度条的长度设为了一个相对值 100，show()函数还通过 blank=' '*(100-percent_int)语句设置了存在于进度条与进度百分比数值之间显示的空格数，这样使得进度百分比的显示位置固定不变。show()函数较为关键的语句为 self.write_direction.write('\r'+ cur_string+blank+str(percent_int)+'%')，这条语句将进度条样式打印在终端上，其中 writer()函数参数中的\r 可以使要显示的字符串从当前行行首重新覆盖地写一遍（即把这一行原来显示的内容进行替换）。类中 add_bar_len()函数接收进度条新增的长度，计算出进度条当前新的长度，然后调用 show()函数，将进度条长度的变化在终端上显示出来。

（2）主函数 main()的主要流程是：首先实例化 ProgressBar，并初始化进度条的总长度，然后通过循环不断调用类对象的函数 add_bar_len()，向其传递进度条新增的长度，使得进度条不断变化。

要注意的是进度条新增长度与循环次数的关系，两者相乘应等于进度条的总长度。

程序运行后，在终端上会显示一个不断增长的进度条和不断增加的百分比数，如图 1.1 所示。

图 1.1　终端上显示的进度条

1.13　实例 13 给命令行程序增加帮助信息

扫一扫，看视频

1.13.1　编程要点

给命令行程序增加帮助信息要用到 optparse 模块，这个模块是 Python 的标准模块，在代码中通过 import optparse 导入就可以使用。这个模块主要用两个函数为命令行程序提供帮助信息，简要介绍如下。

（1）optparse.OptionParser()函数，其调用方式是：parser_obj = optparse.OptionParser(usage = None, prog=None, version =None, descripiton=None)，该函数的功能是生成一个命令行解析器。其中返回值 parser_obj 是生成的命令行解析器对象。参数的具体介绍如下。

● 参数 usage 是字符串类型，在命令行程序传递参数出错或显示帮助信息时，会显示该参数指定的内容。

● 参数 prog 是字符串类型，用%prog 可以显示 prog 的值。

● 参数 version 是字符串类型，可以用来设置命令行程序的版本号。

● 参数 descripiton 是字符串类型，用来描述命令行程序的功能。

（2）parser.add_option ()函数，其调用方式是：parser_obj.add_option(short_arg, long_arg, type=None, dest =None, action=None, help=None)，该函数的功能是为命令行程序的一个参数生成帮助信息。其中 parser_obj 表示命令行解析器对象。参数的具体介绍如下。

● 参数 short_arg 是字符串类型，由一个 "-" 和单个字母组成并放在英文引号中间（如 "-f"），在调用命令行程序时，该参数后可跟一个命令行程序的参数，如 python test.py -f file1.txt 命令。

● 参数 long_arg 是字符串类型，由两个 "-" 和多个字母组成并放在英文引号中间（如 "--file"），在调用命令行程序时，该参数后可跟一个命令行程序的参数，如 python test.py -file file1.txt 命令。

● 参数 type 将命令程序的参数转换成 type 指定的数据类型，该参数值共 6 个选项，分别是 int、long、string、float、complex 和 choice，其中 string 是默认类型。

● 参数 dest 是字符串类型，设置一个变量名，命令行程序的参数的值存放在这个变量中。

● 参数 action 设置如何处理命令行程序的参数。当 action 的参数值为 store 时，它将命令行程序的参数的值存在参数 dest 指定的变量中；当 action 的参数值为 store_true 时，保存一个布尔型 True 值到参数 dest 指定的变量中；当 action 的参数值为 store_false 时，保存一个布尔型 False 值到参数 dest 指定的变量中。action 的参数值 store_true 和 store_false 用于处理命令行程序无参数值的情况。

● 参数 help 是字符串类型，为当前命令行程序的参数增加帮助信息。

1.13.2 代码实现：给命令行程序增加帮助信息

本节编程实例主要介绍如何为命令行程序（自身程序）增加帮助信息，也讲解命令行程序的参数值，代码如下所示。

```python
from optparse import OptionParser
import sys
# 设置命令行程序帮助信息，这里的命令行程序就是代码本身生成的程序
def set_parse():
    # 设置命令行程序的简介
    usage_info = "\n 命令调用方式: python %prog [options] arg\n" \
                "python %prog [-d|--day] 星期几\t 得出这个日期是否工作\n" \
                "python %prog [-e|--eval] 表达式\t 计算表达式的值\n" \
                "python %prog [-q|--quit]\t 直接退出程序"
    # 生成一个命令行程序解析器对象，
    # 参数 usage 设置命令行程序的简单介绍
    # 参数 prog 一般设置命令行程序的名字
    # 参数 version 设置程序的版本号
    parser_obj = OptionParser(usage=usage_info,
                        prog="test_optparse.py",
                        version="%prog  ver 0.8")
    # 为命令行程序的参数设置帮助信息，
    # 将这个命令行程序的值存放在解析器对象的 options.dayname 中
    parser_obj.add_option("-d", "--day", dest="dayname",
                    action="store", help="DAYNAME 为星期几")
    parser_obj.add_option("-e", "--eval",action="store",
                    dest="expression",help="EXPRESSION 为数学计算表达式")
    parser_obj.add_option("-q", "--quit",action="store_false",
                    dest="verbose",help="直接退出程序")
    # 通过 parse_args()来解析命令行程序的命令和参数，
    # parse_args()返回两个值 (options, args)，
    # 其中 options 保存命令行程序的参数值，
    # 如 options.dayname 保存命令行上-d 后面的参数值，
    # 如果在命令行上输入 "python test_optparse.py -d 星期六" 命令，
    # 会将 "星期六" 这个值存在 options.dayname 中。
    # args 保存着命令行程序的位置参数，是一个列表类型的变量
    (options, args) = parser_obj.parse_args()
    # 返回值
    return options,args
# 根据命令行程序的参数值打印出不同的信息
def test_day(week_day):
    if week_day=='星期六' or week_day=='星期天':
        print('今天休息, 不用上班')
```

```
    else:
        print('今天上班，好好工作吧')
# 根据命令行程序的参数（一个表达式），计算出表达式的值
def fun_eval(exp):
    try:
        value=eval(exp)
        print(exp,'的值是：',str(value))
    except Exception as e:
        print('表达式错误！')


# 主函数 main
if __name__ == "__main__":
    # 调用函数取出命令行程序解析器对象中 options 和 args 值
    options, args=set_parse()
    # 如果命令行程序后面跟着-q，退出程序
    if options.verbose:
        print('退出程序')
        sys.exit()
    # 如果命令行程序后面还有位置参数，则打印出这些参数值
    if len(args)>1:
        print('本程序的位置参数是：',args)
    # 如果命令行程序的-d 后面跟着参数，
    # 把这个参数的值传递给函数 test_day()
    if options.dayname:
        #调用函数
        test_day(options.dayname)
    # 如果命令行程序的-d 后面跟着数学表达式，
    # 把这个表达式传递给函数 fun_eval()
    if options.expression:
        # 调用函数
        fun_eval(options.expression)
```

（1）set_parse()函数主要为命令行程序设置简介内容，为命令行程序的参数设置帮助信息。这个函数显示了为命令行程序设置帮助信息的步骤：第一步通过 OptionParser()函数生成一个 OptionParser 对象；第二步使用 add_option()函数为命令行程序的参数添加帮助信息；第三步用 parse_args()来解析程序的命令行程序，将相应程序的简要介绍、参数的帮助信息进行保存，以供 OptionParser 对象的内部函数调用。

（2）test_day()函数和 fun_eval()函数根据命令行程序的不同参数值执行不同的功能，主要用于演示如何取得命令行上的参数的值。

（3）主函数根据命令行上的不同参数，调用了 test_day()和 fun_eval()函数在终端上打印相应的信息，还可根据命令行上是否有-q 来决定是否立即退出程序。

1.13.3 测试效果

对程序进行测试的目的，主要是查看代码的编写是否正确，程序功能是否能达到预想的效果。下面列举出了不同命令的运行情况，读者可结合运行结果进一步理解本节的代码。

（1）当在终端执行 python test_optparse.py -h 命令时，程序在终端上打印出帮助信息，如下所示。

```
Usage:
命令调用方式: python test_optparse.py [options] arg
python test_optparse.py [-d|--day] 星期几      得出这个日期是否工作
python test_optparse.py [-e|--eval] 表达式      计算表达式的值
python test_optparse.py [-q|--quit]    直接退出程序

Options:
  --version              show program's version number and exit
  -h, --help             show this help message and exit
  -d DAYNAME, --day=DAYNAME
                         DAYNAME 为星期几
  -e EXPRESSION, --eval=EXPRESSION
                         EXPRESSION 为数学计算表达式
  -q, --quit             直接退出程序
```

（2）当在终端执行 python test_optparse.py --version 命令时，程序在终端上打印出版本信息，如下所示。

```
test_optparse.py  ver 0.8
```

（3）当在终端执行 python test_optparse.py –d 星期六 --eval 2+6 命令时，程序在终端上打印出调用相应函数处理后的信息，如下所示。

```
今天休息，不用上班
2+6 的值是：8
```

（4）当在终端执行 python test_optparse.py -q 命令时，程序直接退出。

第 2 章 文 件 系 统

文件系统是操作系统管理软件资源的重要系统之一，它负责对文件和文件夹进行存储、检索和设置权限等。本章主要介绍与文件、文件夹操作相关的编程方法，通过本章学习，可以掌握一些常规文件系统的编程方法。

2.1 实例 14 获取文件的属性

获取文件的属性，一般用 os.stat()函数，该函数返回包含文件状态信息的对象，因此可以通过这个对象取得文件的各类属性，代码如下所示。

```python
# 导入时间模块
import time
# 导入操作系统模块
import os
# 将时间戳转化为中文时间格式
def timestamp_to_string(timestamp):
    #将时间戳转化为本地的时间戳
    vtime=time.localtime(timestamp)
    #将时间戳转化为中文时间格式
    vdatetime=time.strftime('%Y-%m-%d %H:%M:%S',vtime)
    return vdatetime
# 将字节数转化为以 M 为计量单位的数值
def bytetoM(size):
    vsize=size/float(1024*1024)
    return round(vsize,2)
# 主函数 main
if __name__=='__main__':
    # 通过 os.stat()函数取得文件的信息
    fileinfo = os.stat("./binary_tree.docx")
    print("binary_tree.docx 的信息: ")
    print('文件建立时间: ', timestamp_to_string (fileinfo.st_ctime))
    print('文件的大小: ',bytetoM(fileinfo.st_size),'M')
    print('文件修改时间: ', timestamp_to_string (fileinfo.st_mtime))
    print('文件访问时间: ', timestamp_to_string (fileinfo.st_atime))
```

以上代码运行后，在命令行终端打印出以下信息。

```
binary_tree.docx 的信息:
```

```
文件建立时间：  2020-07-12 14:54:45
文件的大小：  0.02 M
文件修改时间：  2020-07-12 15:16:36
文件访问时间：  2020-07-12 15:16:36
```

扫一扫，看视频

2.2　实例 15 统计文件中单词的出现次数

2.2.1　编程要点

本编程实例用到了列表生成式和排序函数，下面简单介绍一下其用法。

（1）列表生成式是一种创建 list 对象的方式，主要结构是在一对中括号中编写一个表达式，这个表达式一般包含一个 for 循环语句，稍复杂一点的可能包含另外的 for 循环语句或 if 判断语句等。列表生成式的调用格式是 list_obj=[element for element in Iterable_obj if condition_statement]，其中 list_obj 是生成式的列表对象；element 是列表中的元素，它通过 for element in Iterable_obj 循环获得值；Iterable_obj 是可迭代对象；如果有 if 语句，element 要满足条件才能加入到列表对象中。下面列举几例，说明一下列表生成式与用常规方式生成列表的等价关系。

● 单循环的生成方式，等价关系的代码如下所示。

```
# 生成一个列表，列表中存放 0～87 之间的整数
list_obj = []
for x in range(0,88):
  list_obj.append(x)
# 下面语句与前面 3 句语句等价
list_obj =[x for x in range(0,88)]
```

● 单循环带有 if 判断语句的生成方式，等价关系的代码如下所示。

```
# 生成一个列表，列表中存放 0～87 之间的偶数
list_obj = []
for x in range(0,88):
  if x%2 == 0:
    list_obj.append(x)
# 下面语句与上面 4 句语句等价
list_obj = [x for x in range(0,88) if x%2==0]
```

● 双循环的生成方式，等价关系的代码如下所示。

```
list_obj =[]
for x in range(1,10):
  for y in range(11,20):
    z = x+y
    list_obj.append(z)
#下面的语句与上面 5 句语句等价
list_obj = [x+y for x in range(1,10) for y in range(11,20)]
```

当然列表生成式还有其他编写方式，但万变不离其宗，读者可以根据以上介绍举一反三。

（2）在 Python 中排序函数主要用 sort()和 sorted()。两者的不同之处是 sort()函数对要排序的对象直接进行排序，也就是改变了原对象；sorted()函数则是返回一个依据原对象进行排序的新对象，也就是不改变原对象。

- sort()函数的调用格式是 iterable_obj.sort(key=None, reverse=False)，其中 iterable_obj 是可迭代的数据对象，参数 key 默认为空，当有值时一般为 lambda 函数，用来指定将待排序数据对象元素中的其中一项作为排序的依据。例如 obj.sort(key=lambda x : x[1])，lambda 后面的 x 代表 obj 的元素(x 可以任意取名，只要与冒号后面的语句有对应关系即可)，冒号后面的 x[1] 指定以 obj 的第 2 项的值为依据进行排序；参数 reverse 默认为 False，当设为 True 时逆向排序。

- sorted()函数的调用格式是 new_iterable_obj=sorted(iterable_obj,key=None, reverse=False)，其中 new_iterable_obj 是依据 iterable_obj 排序后的新对象；参数 iterable_obj 是原对象；其他参数的意义与 sort()函数相同。

2.2.2　代码实现：统计文件中单词的出现次数

本节编程实例首先建立一个类，类中包含对文本文件中的单词进行统计的函数，这样就可以通过实例化该类来统计指定文件中单词的出现次数了，代码如下所示。

```python
# 导入正则模块库
import re
# 定义一个类
class CounterWord:
    # 初始化
    def __init__(self, file_name):
        # 设置要统计单词的文件名
        self.filename=file_name
        # 初始化一个字典，用来保存各单词出现的次数，形如{'word1': 17, 'word2': 7...}
        self.dict_count = {}
    # 定义一个统计函数
    def count_word(self):
        # 以读取的方式打开文本文件
        with open(self.filename,'r') as f:
            # 循环读取文件的每一行，防止因文件过大而造成卡顿
            for line in f:
                # 定义一个空的列表变量words，用于依次保存文件中每行的单词
                words=[]
                # 用列表生成式把每行的各个单词加入进来
                words = [s.lower() for s in re.findall("\w+", line)]
                #print(words)
                #通过循环统计单词的出现次数
                for word in words:
                    # 采用累加法计算单词的出现次数
```

```
                                  # self.dict_count[word]是以单词命名的字典键
                                  # self.dict_count.get(word, 0)表示如果字典中没有 word 代表的键，就返回 0
                                  # self.dict_count.get(word, 0) + 1 表示每发现一次该单词就加 1
                                  self.dict_count[word] = self.dict_count.get(word, 0) + 1
                    # 取出现次数在前 num 的单词
                    def top_number(self, num):
                        # 通过 sorted()对字典进行排序，排序按键值大小排（key=lambda item: item[1])
                        # 排序的方式是逆序 reverse=True
                        # 对排好序的字典进行切片，取前 num 个
                        return sorted(self.dict_count.items(), key=lambda item: item[1], reverse=True)[:num]
         #主函数 main
         if __name__ == '__main__':
             # 生成 CounterWord 实例对象
             counter_obj = CounterWord("test_count.txt")
             # 调用函数进行统计
             counter_obj.count_word()
             # 取出现次数最多的前 6 个单词
             top_num_6=counter_obj.top_number(6)
             print('test_count.txt','中出现次数前 6 的单词统计如下：')
             # 通过循环打印出次数排在前 6 的单词
             for word in top_num_6:
                 print(word[0],'出现：',word[1],'次')
```

（1）以上代码定义了一个类，这个类有三个函数，__init__()函数表示初始化。count_word()函数打开文本文件，通过一行行循环读入文件的内容，再通过列表生成式把每一个单词取出加入到列表变量 words 中，在内层循环中通过计算依次将每个单词出现的次数加入到字典 self.dict_count 中。top_number()函数根据传入的参数，先对字典进行排序，单词出现的次数存放在字典的键值中，lambda 函数指定字典按键值大小进行排序（key=lambda item: item[1]），然后依据每个单词的出现次数进行逆序排列（reverse=True），最后函数对排好序的字典按传入的参数值进行切片并返回。

（2）主函数实例化 CounterWord 类后，调用两个函数，取得在文件中出现次数最多的 6 个单词，最后通过循环把这些单词和出现的次数打印到终端上，如下所示。

```
test_count.txt 中出现次数前 6 的单词统计如下：
you 出现： 33 次
to 出现： 19 次
the 出现： 10 次
who 出现： 10 次
those 出现： 9 次
have 出现： 8 次
```

扫一扫，看视频

2.3 实例 16 遍历目录

Python 中的 os.walk()函数可以称得上是一个高效的目录、文件遍历器，其调用格式是 ret_tuple=os.walk(path,topdown=True)。该函数返回一个元组，元组每项包含三种数据类型，分别指正

在遍历的目录（字符串）、当前目录下的子目录（列表类型）和当前目录下的文件（列表类型）。参数 path 是字符类型，表示目录的绝对或相对路径；参数 topdown 指定遍历方向，当 topdown=True 时，表示从当前目录开始，向下对子目录进行遍历；当 topdown=False 时，表示从最底层的目录向上进行遍历。

本节编程实例，通过 os.walk()函数对目录进行遍历，并打印出目录结构信息，代码如下所示。

```python
# 导入模块
import os
# 定义一个元组
ret_tuple=()
# 遍历目录 testdir,os.walk()函数返回一个元组（tuple）
# 元组中每一项包含三个数据类型，第 1 个是字符型，表示当前正在遍历的目录
# 第 2 个是列表类型，表示当前目录下的子目录
# 第 3 个是列表类型，表示当前目录下的文件
ret_tuple=os.walk('.\\testdir',topdown=True)
#print(ret_tumple)
print('\\testdir 的目录结构如下所示：')
# 通过循环，从上层目录开始,取得每层目录名(cur_dir),
# 取得每层包含的子目录(list_dir),取得每层包含的文件(list_file)
for cur_dir,list_dir,list_file in ret_tuple:
    # 显示当前目录名
    print('当前目录:',cur_dir)
    if len(list_dir)>0:
        # 显示当前目录中的子目录
        print('包含的子目录: ',list_dir)
    if len(list_file)>0:
        # 显示当前目录中的文件
        print('当前目录下的文件: ', list_file)
    # 打印分隔符
    print('='*66)
```

以上代码主要注意 os.walk()函数返回的数据类型，其返回类型是一个元组，是一种可迭代的数据类型。这个元组中每一项由三种数据类型组成，一种是字符串代表当前正在遍历的目录，一种是列表代表当前目录包含的子目录，另一种也是列表代表当前目录下的文件。程序运行时会在终端打印出目录结构信息，如下所示。

```
\testdir 的目录结构如下所示:
当前目录: .\testdir
包含的子目录: ['Lyric', 'Temp']
当前目录下的文件: ['aabbcc.txt', 'roottest.docx']
==================================================================
当前目录: .\testdir\Lyric
当前目录下的文件: ['test.docx', 'test1.txt']
==================================================================
当前目录: .\testdir\Temp
当前目录下的文件: ['newtest.txt', 'ppttest.pptx']
==================================================================
```

2.4　实例 17　删除目录

在 Python 中删除文件用 os.remove()函数和 os.unlink()函数；删除目录用 os.rmdir()函数。os.rmdir()函数只有当目录为空时才能被删除，否则抛出异常；如果要删除一个带有子目录或文件的目录，一般采用递归方法，从目录的最下层依次删除文件、删除子目录，直到删除整个目录。

只有目录为空时才能被直接删除，所以本节实例代码采用递归方式依次把每层的目录清空，然后删除。代码如下所示。

```python
# 导入模块
import os
# 删除目录的函数
def del_dir(path):
    # 取得当前目录的子目录或文件
    list_dir_file = os.listdir(path)
    # 取得目录下各项（子目录、文件）
    for file_dir in list_dir_file:
        # 每个项的路径
        down_path=os.path.join(path,file_dir)
        # 如果是目录应递归调用本身，即调用 del_dir()函数继续判断
        if os.path.isdir(down_path):
            # 递归调用
            del_dir(down_path)
        else:
            # 如果是文件直接删除
            os.remove(down_path)
    # 取当前目录下各项（重新取一次）
    list_dir_file = os.listdir(path)
    # 判断当前目录经过递归调用是否为空
    if len(list_dir_file)==0:
        # 如果为空，直接删除目录
        os.rmdir(path)


# 主函数 main
if __name__=='__main__':
    # testdir 是一个非空目录，包含有多级子目录和文件
    # 这个目录可以通过复制计算机中的任意目录或自行创建进行测试
    del_path='./testdir'
    # 判断该目录是否是文件
    if os.path.isfile(del_path):
        # 是文件直接删除
        os.remove(del_path)
    else:
        # 调用删除目录的函数
        del_dir(del_path)
```

以上代码主要部分是 del_dir()函数，该函数的业务流程是：先从当前目录向下层目录依次删除其下的文件，然后从最下层向上依次删除已空的目录。这种先自上而下后自下而上的运行方式是通过递归调用实现的，因此需要按照递归调用的顺序认真梳理才能理解清楚代码。

2.5 实例 18 根据关键字查找文件

扫一扫，看视频

本节编程实例实现的功能是遍历一个目录，查找并列举出所有包含关键字的文件，代码如下所示。

```python
import os
# 定义一个根据关键字查找文件的函数
def search_file(search_path,key_word):
    # 如果传入的 search_path 不是文件夹名，直接退出
    if not os.path.isdir(search_path):
        print('查找的不是文件夹，退出')
        return
    # 通过循环取得目录下的文件或子目录
    for field_or_dir in os.listdir(search_path):
        # 将上级目录与其下的文件或子目录连接起来形成一个路径
        path_join = os.path.join(search_path,field_or_dir)
        # 判断是否是目录
        if os.path.isdir(path_join):
            # 如果是目录，就递归调用本函数
            search_file(path_join,key_word)
        # 如果是文件，就判断关键字是否包含在文件名中
        elif key_word in os.path.basename(path_join):
                # 打印出文件名包含关键字的文件的路径
                print (os.path.abspath(path_join))
# 主函数 main
if __name__ == '__main__':
    search_path=input('请录入要查找的目录:')
    key_word=input('请录入要查找的文件的关键字:')
    print('文件夹[',search_path,']中包含[',key_word,']关键字的文件列举如下:')
    # 调用函数查找文件
    search_file(search_path,key_word)
```

以上代码主要用 os.path.isdir()函数来判断给出的路径字符串是不是文件夹，如果是文件夹，就用递归调用；如果是文件，就判断该文件名中是否包含关键字；如果包含，则在终端上打印出该文件的绝对路径。

程序运行时，根据提示录入目录名和关键字，程序通过遍历该目录，在终端上打印出包含关键字的文件的绝对路径，如下所示。

```
请录入要查找的目录：./学习 python
请录入查找文件的关键字：思维
文件夹[ ./学习 python ]中包含[ 思维 ]关键字的文件列举如下：
E:\envs\testpy100\file_operate\根据关键字查找文件\学习 python\python 重点\关于 python
的思维导图.txt
```

```
E:\envs\testpy100\file_operate\根据关键字查找文件\学习python\python重点\培养python
编程思维.pptx
E:\envs\testpy100\file_operate\根据关键字查找文件\学习python\思维导图.txt
E:\envs\testpy100\file_operate\根据关键字查找文件\学习python\报表生成\报表思维模式.txt
E:\envs\testpy100\file_operate\根据关键字查找文件\学习python\日期文件\思维概念.txt
E:\envs\testpy100\file_operate\根据关键字查找文件\学习python\日期文件\认识思维，见证思
维.pptx
E:\envs\testpy100\file_operate\根据关键字查找文件\学习python\认知思维.docx
```

2.6 实例 19 文件压缩与解压缩

扫一扫，看视频

2.6.1 编程要点

在 Python 中与文件压缩和文件解压缩有关的函数主要有 ZipFile()、read()、write()、setpassword()、extract() 和 extractall()，其中 ZipFile() 函数的功能是生成一个压缩文件对象（压缩文件句柄），其他函数如 read()、write() 和 extract() 等都是调用这个对象进行使用，现简介如下。

（1）ZipFile() 函数的调用格式是：zipfile_obj=zipfile.ZipFile(filename,mode,comptype, allowZip64)。该函数生成一个压缩文件对象，其中 zipfile 是 Python 中压缩模块的名字。

● zipfile_obj 是压缩文件对象。
● 参数 filename 是文件夹压缩后的名称，扩展名是.zip。
● mode 表示打开压缩文件的方式，有三个选项，分别是 r(读模式)、w（写模式，如果存在压缩文件就重写，不存在就新建一个）、a(以添加模式打开)。
● 参数 comptype 指定压缩方法，有两个选项，分别是 zipfile.ZIP_DEFLATED（压缩）和 zipfile.ZIP_STORED（只打包不压缩）。
● 参数 allowZip64 是布尔类型，当设置为 True 时，可以创建大于 2G 的 zip 文件，该参数默认值是 True。

（2）read() 函数的调用格式是 zipfile_obj.read(filename)。该函数的功能是从压缩包里解压缩出指定的文件，其中 zipfile_obj 是由 ZipFile() 函数生成的压缩文件对象。参数 filename 是要解压缩的文件。

（3）write() 函数的调用格式是 zipfile_obj.write(filename, comptype)。该函数的功能是把一个指定文件添加到 zipfile_obj 指向的压缩文件中。

● 参数 filename 表示指定文件的路径和名字。
● 参数 comptype 指定压缩方法,有两个选项,分别是 zipfile.ZIP_DEFLATED 和 zipfile.ZIP_STORED。

（4）extract() 函数的调用格式是 zipfile_obj.extract(list_filename, path)。该函数的功能是将 zipfile_obj 指向的压缩文件解压缩到 path 指定的目录中

● 参数 list_filename 指定要解压缩的文件名称或文件名列表。
● 参数 path 指定了解压缩后文件的保存目录，不给出此参数则默认保存到当前目录。

文件解压缩操作与文件读写操作类似，可以对照文件操作系统中的函数理解文件压缩模块中的函数。

2.6.2　在终端实现文件压缩与解压缩

本节编程实例演示了压缩文件夹、获取压缩文件的相关信息和解压缩文件等功能，对文件压缩的常见编程方法进行了演示。代码如下所示。

```python
import zipfile
import os
# 获取压缩文件的信息
def get_zipinfo(zipfile_name):
    # 以读的方式打开压缩文件
    zfile_obj = zipfile.ZipFile(zipfile_name, "r")
    # 获取压缩文件内所有文件的信息，返回zipfile_info列表
    zipfile_info=zfile_obj.infolist()
    # 关闭压缩文件对象
    zfile_obj.close()
    return zipfile_info
# 压缩一个文件
def zip_file(path):
    # 设置压缩文件的路径和名字
    zipname=os.path.basename(path) + ".zip"
    # 生成一个压缩文件对象，以写方式打开
    zipfile_obj = zipfile.ZipFile(zipname, "w",zipfile.ZIP_DEFLATED)
    print('正在压缩文件...')
    # 依次将文件、文件夹进行压缩
    for cur_dir, list_dir, list_file in os.walk(path, topdown=False):
        # 如果是文件夹，依次对文件夹进行压缩
        for dir_file_name in list_dir:
            dir_name= os.path.join(cur_dir, dir_file_name)
            print("正在压缩文件夹：",dir_name)
            # 在压缩对象中加入文件夹
            zipfile_obj.write(dir_name)
        # 如果是文件，依次对文件进行压缩
        for dir_file_name in list_file:
            file_name = os.path.join(cur_dir, dir_file_name)
            print("正在压缩文件： ", file_name)
            # 在压缩对象中加入文件
            zipfile_obj.write(file_name)
    # 关闭压缩文件对象
    zipfile_obj.close()
# 解压缩一个文件
def extract_zipfile(path):
    print('正在解压缩文件...')
    # 生成一个压缩文件对象，以读的方式打开
    zfile_obj = zipfile.ZipFile(path, "r")
    # 开始解压缩
    zfile_obj.extractall()
    # 关闭压缩文件对象
```

```
        zfile_obj.close()
        print('文件解压缩完成！')
# 主函数
if __name__ == "__main__":
    # testdir 目录可以通过复制计算机中的任意目录或自行创建进行测试
    path_name='testdir'
    # 调用函数进行压缩
    zip_file(path_name)
    # 打印分隔线
    print('-'*60)
    # testdir.zip 为目录压缩后文件名
    zip_name='testdir.zip'
    # 调用函数读取压缩文件的信息
    zip_info=get_zipinfo(zip_name)
    # 通过 for 循环打印出压缩文件的信息
    for info in zip_info:
        #print(info)
        print('文件(目录)名：',info.filename,',压缩前尺寸：', round(info.file_size/1024,0),
        'K,压缩后尺寸：',round(info.compress_size/1024,0),'K')
    print('-' * 60)
    # 调用函数对压缩文件进行解压缩
    extract_zipfile(zip_name)
```

（1）以上代码包含 3 个自定义函数，其中 get_zipinfo()函数通过 zfile_obj.infolist()函数获取压缩文件的信息，这个函数返回的信息是一个列表类型；zip_file()函数通过遍历目录中的子目录与文件，对每个文件及目录进行压缩，根据压缩的规律，在遍历函数 os.walk()中设置参数 topdown=False，使其从目录结构底层开始遍历，对应语句是 for cur_dir, list_dir, list_file in os.walk(path, topdown=False): ；extract_zipfile()函数实现了对压缩文件的解压缩。

（2）在代码中要注意的是，读、写压缩文件像操作普通文件一样，完成相关业务以后一定要及时关闭压缩文件对象（句柄）。

程序要压缩的文件夹 testdir 的结构如图 2.1 所示，这个文件夹是一个测试用例，读者可以通过复制计算机中的任意文件夹或者自行建立文件夹运行以上程序。

运行以上程序会在终端上打印出相关信息，如下所示。

图 2.1　文件夹 testdir 的结构

```
E:\envs\virtualenv_dir2\Scripts\python.exe
E:/envs/testpy100/file_operate/test_zipfile.py
正在压缩文件...
正在压缩文件：  testdir\Lyric\test.docx
正在压缩文件：  testdir\Lyric\test1.txt
正在压缩文件：  testdir\reports\reporttest1.txt
正在压缩文件：  testdir\Temp\newtest.txt
正在压缩文件：  testdir\Temp\ppttest.pptx
正在压缩文件夹：  testdir\Lyric
```

```
正在压缩文件夹：  testdir\reports
正在压缩文件夹：  testdir\Temp
正在压缩文件：  testdir\aabbcc.txt
正在压缩文件：  testdir\roottest.docx
--------------------------------------------------------
文件(目录)名：  testdir/Lyric/test.docx ，压缩前尺寸：  12.0 K，压缩后尺寸：  9.0 K
文件(目录)名：  testdir/Lyric/test1.txt ，压缩前尺寸：  1094.0 K，压缩后尺寸：  2.0 K
文件(目录)名：  testdir/reports/reporttest1.txt ，压缩前尺寸：1094.0 K，压缩后尺寸：2.0 K
文件(目录)名：  testdir/Temp/newtest.txt ，压缩前尺寸：  144.0 K，压缩后尺寸：  0.0 K
文件(目录)名：  testdir/Temp/ppttest.pptx ，压缩前尺寸：  43.0 K，压缩后尺寸：  32.0 K
文件(目录)名：  testdir/Lyric/ ，压缩前尺寸：  0.0 K，压缩后尺寸：  0.0 K
文件(目录)名：  testdir/reports/ ，压缩前尺寸：  0.0 K，压缩后尺寸：  0.0 K
文件(目录)名：  testdir/Temp/ ，压缩前尺寸：  0.0 K，压缩后尺寸：  0.0 K
文件(目录)名：  testdir/aabbcc.txt ，压缩前尺寸：  3.0 K，压缩后尺寸：  0.0 K
文件(目录)名：  testdir/roottest.docx ，压缩前尺寸：  13.0 K，压缩后尺寸：  9.0 K
--------------------------------------------------------

正在解压缩文件...
文件解压缩完成！

Process finished with exit code 0
```

2.7 实例 20 生成日志文件

扫一扫，看视频

2.7.1 编程要点

　　日志对用户，尤其是开发人员来讲，其重要性不言而喻。当程序出现故障时，开发人员可以通过日志记录快速定位到程序出现问题的位置。在 Python 中用 logging 库模块处理和记录日志。

　　日志划分为五种级别，分别是 DEBUG、INFO、WARNING、ERROR 和 CRITICAL，这五种级别依次增高。当设置了一个日志级别后，logging 库模块只输出大于或者等于设置的日志级别的信息。

　　控制日志输出方式的主要函数是 basicConfig()，它的调用格式是 logging.basicConfig (filename=filename_str, filemode=filemode_str, format=format_str, datefmt="...", level=level_name)，它的主要功能是设置日志文件的存储位置、写入日志文件的模式、日志文件内容与格式、日志级别等。参数 filename 设置日志文件的名称；参数 filemode 设置写入日志文件的模式，如 r、w 和 a 等；参数 datefmt 设置日志内容里面的日期时间格式；参数 level 设置日志输出级别；参数 format 设置日志输出的内容和格式，较为复杂，其主要的格式如下所示。

- %(asctime)s：打印生成日志的时间，这个时间指记录这条日志的时间。
- %(name)s：打印日志对象的名字。
- %(levelname)s：打印日志级别的名称。
- %(pathname)s：打印生成日志的文件名（完整路径）。
- %(filename)s：打印生成日志的文件名（程序名）。

- %(funcName)s：打印生成日志的当前函数名。
- %(lineno)d：打印生成日志的行号。
- %(message)s：打印日志的内容。

下面用一个日志的简明样例进行说明。

```python
import logging
# 创建一个 FileHandler 对象，
# 为了解决中文乱码问题，将文件编码设置为"utf-8"。
handler = logging.FileHandler(filename="test.log", encoding="utf-8")
# 进行日志相关设置，将日志输入到 test.log 文件中，
# 通过 format 设置日志文件的内容和格式，
# 通过 datefmt 设置日期时间的显示格式，
# 通过 level 设置了日志输出级别
logging.basicConfig(handlers=[handler],
                    format="时间：%(asctime)s||文件名：%(filename)s||行号：%(lineno)d"
                    "||级别：%(levelname)s||内容：%(message)s",
                    datefmt="%Y-%m-%d %H:%M:%S", level=logging.INFO)
logging.debug('这是一条 debug 级别的日志信息')
logging.info('这是一条 info 级别的日志信息')
logging.warning('这是一条 warning 级别的日志信息')
logging.error('这是一条 error 级别的日志信息')
logging.critical('这是一条 critical 级别的日志信息')
try:
    print('这是一个错误的语句',66/0)
except Exception as e:
    # exception()可将参数中的内容写到日志文件
    logging.exception("出现错误，错误信息是"+str(e))
```

（1）以上代码用 logging.basicConfig()函数对日志的输出格式及方式进行相关配置。在指定日志文件名时没有使用参数 filename，而是生成一个 FileHandler 对象 handler，然后将这个对象 handler 转为列表类型再传给该函数的 handlers 参数（因为 handlers 参数只接收可迭代的对象），这样做的目的是能够设置日志文件的汉字编码形式，防止日志文件出现中文乱码。

（2）由以上代码可以知道，logging.debug()、logging.info()、logging.warning()、logging.error()和 logging.critical()函数都可以将日志信息写入文件，而且 logging.exception()也可以写入 ERROR 级别的日志。由于 logging.basicConfig()函数设置的日志输出级别是 INFO(level=logging. INFO)，所以日志文件中 DEBUG 级别的信息没有写入。以上代码运行产生一个 test.log 日志文件，内容如下所示。

```
时间：2020-08-01 18:08:27||文件名：pre_logging.py||行号：14||级别：INFO||内容：这是一条 info 级别的日志信息
时间：2020-08-01 18:08:27||文件名：pre_logging.py||行号：15||级别：WARNING||内容：这是一条 warning 级别的日志信息
时间：2020-08-01 18:08:27||文件名：pre_logging.py||行号：16||级别：ERROR||内容：这是一条 error 级别的日志信息
时间：2020-08-01 18:08:27||文件名：pre_logging.py||行号：17||级别：CRITICAL||内容：这是一条 critical 级别的日志信息
时间：2020-08-01 18:08:27||文件名：pre_logging.py||行号：22||级别：ERROR||内容：出现错误，错误信息是 division by zero
```

```
Traceback (most recent call last):
  File "C:/User/hp/DeskTop/publish2/python_program/生成日志文件/pre_logging.py",
line 19, in <module>
    print('这是一个错误的语句',66/0)
ZeroDivisionError: division by zero
```

可以看到当程序出现错误时，不仅可以将错误信息写入日志，还可以将出错的追踪信息
（Traceback）也写入日志。

2.7.2 在终端生成日志文件

本节编程实例演示了在程序运行中如何将日志信息写入文件，代码如下所示。

```python
# 导入模块库
import logging
# 建立一个类
class CreateLogger:
    # 初始化函数，参数 filename 用来指定日志文件名，
    # 参数 formatter 传入日志格式化字符串，
    # 参数 level 设置日志输出级别
    def __init__(self,filename,formatter,level):
        self.filename=filename
        self.farmatter=formatter
        self.level=level
    # 建立一个 logger 对象
    def create_logger(self,logger_name):
        # 创建一个 logger（记录器）
        log_obj = logging.getLogger(logger_name)
        # 设置日志输出级别
        log_obj.setLevel(self.level)
        # 创建一个文件 handler，用于写入日志信息
        handler = logging.FileHandler(self.filename, mode='w', encoding="utf-8")
        # 设置 handler 的日志输出级别
        handler.setLevel(self.level)
        # 将格式化字符串转换成 logging 认可的形式
        formatter=logging.Formatter(self.formatter)
        # 设置 handler 的日志输出格式
        handler.setFormatter(formatter)
        # 将 handler 加入 logger（记录器）
        # 这样记录器就可以将日志输出到指定的文件中
        log_obj.addHandler(handler)
        #返回记录器对象
        return log_obj
#主函数 main
if __name__=='__main__':
    #设置格式化字符串
    v_formatter="时间：%(asctime)s|| 文件名：%(filename)s||行号：%(lineno)d" \
```

```
                "||级别：%(levelname)s||内容：%(message)s"
#指定日志文件
v_filename='test_logging.log'
#指定日志输出级别
v_level=logging.DEBUG
#实例化类
logger=CreateLogger(v_filename,v_formatter,v_level)
#生成日志记录器
logger_obj=logger.create_logger('test')
#输出相应的日志
logger_obj.debug('这是一条 debug 级别的日志信息')
logger_obj.info('这是一条 info 级别的日志信息')
logger_obj.warning('这是一条 warning 级别的日志信息')
try:
    open('不存在.jpg','rb')
except Exception as e:
    # exception()可将参数中的内容写到日志文件
    logger_obj.exception("出现错误，错误信息是"+str(e))
```

（1）代码建立了一个写日志的类 CreateLogger，其中 create_logger()函数生成一个日志记录器（logger），这个日志记录器由 log_obj = logging.getLogger(logger_name)语句生成，是负责记录日志信息的对象，这个对象通过 setLevel()函数设置日志输出级别，通过 addHandler()函数添加一个 Handler（如果这个 Handler 是一个 FileHandle 就可以指定日志文件），通过 setFormatter() 设置日志信息的内容和格式。文件 handler 的日志输出方式和 logger 是非常相似的，所用到的函数几乎一样。

（2）CreateLogger 类进一步完善后可以作为通用类供各种程序使用，这样就能通过类的实例化对象来制定日志输出的内容和方式。

（3）主函数实例化类后，先通过实例化对象构建日志记录器 logger_obj，然后直接向日志文件写入信息，接着用异常处理语句写一句出错的代码，测试是否能将出错信息成功写入日志。运行程序，发现已按照预定方式生成了日志文件，其内容如下所示。

```
时间：2020-08-01 20:53:49,644|| 文件名：create_logfile.py||行号：45||级别：DEBUG||内容：这是一条 debug 级别的日志信息
时间：2020-08-01 20:53:49,652|| 文件名：create_logfile.py||行号：46||级别：INFO||内容：这是一条 info 级别的日志信息
时间：2020-08-01 20:53:49,653|| 文件名：create_logfile.py||行号：47||级别：WARNING||内容：这是一条 warning 级别的日志信息
时间：2020-08-01 20:53:49,653|| 文件名：create_logfile.py||行号：52||级别：ERROR||内容：出现错误，错误信息是[Error 2] No such file or directory: '不存在.jpg'
Traceback (most recent call last):
  File "C:/User/hp/DeskTop/publish2/python_program/生成日志文件
/create_logfile.py", line 49, in <module>
    open('不存在.jpg','rb')
FileNotFoundError: [Error 2] No such file or directory: '不存在.jpg'
```

日志文件内容是按照程序运行顺序写入的，读者可对照日志文件内容去理解代码流程。

2.8　实例 21　比较两个文本文件内容

2.8.1　编程要点

本节比较两个文本文件内容的编程实例将用到 Python 中的 difflib 标准库模块，这个模块中的函数可以对文本字符串进行比较，并将比对结果以文本或 HTML 页面的形式展示出来，下面给出这种比对方式的样例代码。

（1）以文本的形式展示文本字符串不同之处的样例代码如下所示。

```
import difflib
if __name__ =='__main__':
    # 生成多行字符串
    str1="""
    text 1:
    a b c d e f g h
    o o o o o o o o
    1 2 3 4 5 6 7 8
    """
    str2 ="""
    text 2:
    a k c d e f g h
    o o o o o o o o
    1 2 3 9 5 6 7 8
    """
    # 将字符串按行放到列表变量 str1_line 中,
    # 因为 compare()函数只能对列表中的元素（每个元素都是一个字符串）进行比较
    str1_line = str1.splitlines()
    #print(str1_line)
    str2_line = str2.splitlines()
    # 生成一个 Differ 对象
    diff_obj = difflib.Differ()
    # compare()函数两个参数都是列表类型，列表中的每个元素都是一行字符串,
    # compare()函数对两个列表参数中相同索引值的字符串行进行比较。
    # 返回值 diffs 是一个生成器对象(generator)
    diffs = diff_obj.compare(str1_line, str2_line)
    # 将 diffs 转化成列表变量
    list_diffs=list(diffs)
    # 打印出两个字符串的不同之处
    print("\n".join(list_diffs))
```

以上代码运行后，在终端上打印出两个字符串的不同之处，如下所示。

```
-     text 1:
?          ^

+     text 2:
```

```
?          ^

-    a b c d e f g h
?        ^

+    a k c d e f g h
?        ^


     o o o o o o o o
-    1 2 3 4 5 6 7 8
?          ^

+    1 2 3 9 5 6 7 8
?            ^
```

可以看到输出内容由不同的符号标识出每行字符串的比较情况，详细说明如下。

● -：标识列表中内容不同的两个字符串中的一行，-后面是第一个列表中字符串的内容。

● +：标识列表中内容不同的两个字符串中的一行，+后面是第二个列表中字符串的内容。

● 前面空白：标识列表中两个字符串中内容相同的行。

● ?：在内容不同的字符串的下方的开头，后面用其他符号指出两个字符串不同之处。

● ^：跟在?后，指出不同内容的字符串中差异字符的位置。

（2）以 HTML 网页的形式展示文本字符串不同之处的样例代码如下所示。

```python
import difflib
if __name__=='__main__':
    # 生成多行字符串
    str1="""
    text 1:
    a b c d e f g h
    o o o o o o o o
    1 2 3 4 5 6 7 8
    """
    str2 ="""
    text 2:
    a k c d e f g h
    o o o o o o o o
    1 2 3 9 5 6 7 8
    """
    # 将字符串按行放到列表变量 str1_line 中,
    # make_file()函数只能对列表中的元素（每个元素都是一个字符串）进行比较
    str1_line = str1.splitlines()
    #print(str1_line)
    str2_line = str2.splitlines()
    # 生成一个 HtmlDiffr 对象
    diff_obj = difflib.HtmlDiff()
    # make_file()函数的两个参数都是列表类型，列表中的每个元素都是一行字符串,
    # make_file()函数对两个列表参数中相同索引值的字符串行进行比较
```

```
# 返回值 diff_html 是一段 HTML 源代码
diff_html = diff_obj.make_file(str1_line, str2_line)
# 将 diff_html 中的 HTML 源代码写入文件中
with open('./diff.html','w') as fp:
    fp.write(diff_html)
```

以上代码运行后，在当前目录生成一个名为 diff.html 的文件，该文件以网页的形式指出两个字符串中各行的不同之处，用浏览器打开这个文件，网页显示如图 2.2 所示。

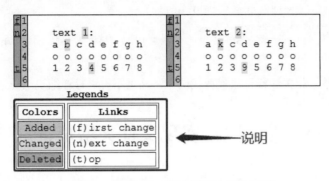

图 2.2　显示两个字符串不同之处的网页

图 2.2 所示的网页中用两个方框列出了参与对比的字符串内容，并用不同颜色标识出不同之处。另外，在两个方框下面的 Legends 部分给出了样例说明，由此可以看出用网页展示更加直观。

2.8.2　以 HTML 网页的形式比较两个文本文件内容

本节编程实例是将两个文件的不同之处写到一个页面中，通过页面可以更加直观地看到文件的不同之处，代码如下所示。

```
import difflib
import sys
# 读取文件内容，并将文件内容按行放到列表变量中
def file_to_line(filename):
    # 读取文件内容
    with open(filename,'r') as fp:
        text=fp.read()
    # 将文件内容按行放到列表中并返回
    return text.splitlines()
# 主函数 main
if __name__=='__main__':
    #以下两个文件读者可在当前目录下自建并使用
    file1=input('请录入要比较的第 1 个文件：')
    file2=input('请录入要比较的第 2 个文件：')
    try:
        str1_line=file_to_line(file1)
        str2_line=file_to_line(file2)
```

```
    except Exception as e:
        print('读取文件出现错误，退出',e)
        sys.exit()
    # 生成 HtmlDiff 对象
    htmldiff_obj=difflib.HtmlDiff()
    # 将比对结果写入 HTML 代码中
    html_code=htmldiff_obj.make_file(str1_line,str2_line)
    # 将 HTML 代码写到文件中保存
    with open('file_diff.html','w') as fp:
        fp.write(html_code)
    print('已将',file1,'和',file2,'两个文件的比较结果放到 file_diff.html 中，请用浏览器
    打开该文件查看。')
```

以上代码较为简单，相关注释已放置在代码中，这里不再进行详细说明。

扫一扫，看视频

2.9　实例 22　实现文件夹增量备份

2.9.1　编程要点

实现文件夹的增量备份首先要知道源文件夹与目标文件夹的不同之处。本节编程实例用 filecmp 模块中的 dircmp()函数比较两个文件夹，该函数支持子文件的递归比较。函数运行后会将比较结果放到一个对象中，这个对象包含着比较结果的详细信息，可通过调用该对象的属性或方法获取相应的信息。样例代码如下所示。

```
import filecmp
dir1 = "./testdir"
dir2 = "./testdir_dest"
# dircmp()函数返回一个对象，该对象包含两个文件夹比较的结果
ret_obj = filecmp.dircmp(dir1, dir2)
print('-------ret_obj 各种属性值-------')
print(dir1, '文件夹下的文件、文件夹列表:', ret_obj.left_list)
print(dir2, '文件夹下的文件、文件夹列表:', ret_obj.right_list)
print('两个文件夹下都有的文件、文件夹列表:', ret_obj.common)
print('仅在', dir1, '下有的文件、文件夹列表:', ret_obj.left_only)
print('仅在', dir2, '下有的文件、文件夹列表:', ret_obj.right_only)
print('两个文件夹下都有的文件夹列表:', ret_obj.common_dirs)
print('两个文件夹下都有的文件列表:', ret_obj.common_files)
print('两个文件夹下匹配的文件列表:', ret_obj.same_files)
print('两个文件夹下不匹配的文件列表:', ret_obj.diff_files)
print('-------ret_obj 各种不同报告内容------')
# report()函数报告两个文件夹下的第一层级比较结果
print('-------ret_obj.report()返回的报告------')
print(ret_obj.report())
# report_partial_closure()函数报告两个文件夹下的第一层级和第一级子文件夹比较结果
```

```
print('-------ret_obj.report_partial_closure()返回的报告------')
print(ret_obj.report_partial_closure())
# report_full_closure()函数报告两个文件夹下的所有层级的比较结果
print('-------ret_obj.report_full_closure()返回的报告------')
print(ret_obj.report_full_closure())
```

以上代码需要注意的是 ret_obj = filecmp.dircmp(dir1, dir2)语句返回的 ret_obj 对象，在通过属性名获取其属性值时（如 ret_obj.left_list），得到的是两个文件夹下的第一层级的比较结果，而不会取两个文件夹再下一个层级的比较结果。

2.9.2 文件夹增量备份的实现

文件夹增量备份程序充分利用了 filecmp 中 dircmp()函数提供的较为强大的功能和属性，通过递归等方法，将源文件中的新增的、变化的文件和文件夹复制到目标文件夹，达到了增量备份的效果。样例代码如下所示。

```
import os
import filecmp
import shutil
# get_diff()函数的功能是将两个文件夹进行比较，
# 取出只有源文件夹有的文件夹放到列表变量 new_dirs 中
# 取出只有源文件夹有的文件放到列表变量 new_files 中
# 取出两个文件夹都有但发生变化的文件放到列表变量 change_files 中
# new_dirs、new_files 和 change_files 是主函数中已经定义好的变量
# 参数 origin_dir 是源文件夹
# 参数 dest_dir 是目标文件夹
def get_diff(origin_dir,dest_dir):
    # 比较两个文件夹
    diff_obj= filecmp.dircmp(origin_dir,dest_dir)
    # 取出两个文件夹中不匹配的文件，即文件夹 origin_dir 中已发生变化的文件，
    # 由于 diff_obj 对象 diff_files 属性只取当前文件夹下（第一层下）发生变化的文件，
    # 所以函数后半部分通过递归调用本函数，将各层子文件夹逐一进行比较
    # 通过 for 循环取出不匹配的每一个文件，并将其加入 change_files 列表
    for diff_file in diff_obj.diff_files:
        # 取得不匹配的文件的绝对路径（注意：只取源文件夹中文件的绝对路径）
        full_diff_file= os.path.abspath(os.path.join(origin_dir, diff_file))
        change_files.append(full_diff_file)
    # 取出文件夹 origin_dir 独有的文件和文件夹，
    # 可以理解为这些是 origin_dir 新生成的文件和文件夹
    # diff_obj 对象的 diff_files 属性只取 origin_dir 文件夹下（第一层级下）独有的文件和文件夹
    new_file_dir=diff_obj.left_only
    # 从 origin_dir 独有的文件夹、文件集合(new_file_dir)中循环取出每一个成员
    for file_dir in new_file_dir:
        # 获取绝对路径
        full_name=os.path.abspath(os.path.join(origin_dir,file_dir))
        if os.path.isdir(full_name):
```

```python
                # 如果是文件夹，加入列表变量 new_dirs
                new_dirs.append(full_name)
            else:
                # 如果是文件，加入列表变量 new_files
                new_files.append(full_name)
    # 取出两个文件夹中同名的子文件夹
    same_dirs=diff_obj.common_dirs
    # 如果存在同名的子文件夹
    if len(same_dirs)>0:
        # 循环取出每一个同名的子文件夹
        for one_dir in same_dirs:
            # 组合成源文件夹绝对路径，即 origin_dir 文件下的子文件夹的绝对路径
            sub_dir1=os.path.abspath(os.path.join(origin_dir,one_dir))
            # 组合成目标文件夹绝对路径，即 dest_dir 文件下的子文件夹的绝对路径
            sub_dir2 = os.path.abspath(os.path.join(dest_dir, one_dir))
            # 递归调用，再对同名子文件夹进行比较
            get_diff(sub_dir1,sub_dir2)
# 函数 copy_dir() 将源文件夹（实际上是源文件夹中独有的子文件夹）中的
# 所有内容（文件和子文件夹）复制到目标文件夹，
# 函数通过递归调用将每层文件夹、文件都复制到目标文件夹对应位置
# 参数 origin_dir 是源文件夹绝对路径
# 参数 dest_dir 是目标文件夹绝对路径
# 参数 new_origin_dir 是源文件夹中子文件夹的绝对路径，这个子文件夹仅源文件夹中有
def copy_dir(origin_dir,dest_dir,new_origin_dir):
    # 将源文件夹中 new_origin_dir 子文件夹的前缀地址换成目标文件夹的地址，
    # 这样生成了一个 new_origin_dir 复制到目标文件夹中的对应地址
    new_dest_dir = new_origin_dir.replace(origin_dir, dest_dir)
    # 按 new_dest_dir 在目标文件夹中的保存地址生成文件夹
    os.mkdir(new_dest_dir)
    # 遍历源文件夹中的子文件夹 new_origin_dir
    for file_or_dir in os.listdir(new_origin_dir):
        # 取出子文件（new_origin_dir）下的每一个文件或文件夹的绝对路径
        full_name=os.path.abspath(os.path.join(new_origin_dir,file_or_dir))
        # 如果是文件，就复制到目标文件夹中的对应位置
        if os.path.isfile(full_name):
            # 通过替换文件路径的前缀形成该文件在目标文件夹的对应路径，
            # 即用目标文件夹地址替换文件路径中源文件夹地址部分
            new_dest_file=full_name.replace(origin_dir,dest_dir)
            # 将文件复制到目标文件夹对应的位置
            shutil.copy(full_name,new_dest_file)
        else:
            # 如果是文件夹，就递归调用本函数
            copy_dir(origin_dir,dest_dir,full_name)
# 将源文件中的文件复制到目标文件夹中对应的位置
def copy_file(origin_dir,dest_dir,origin_file):
    # 通过替换文件路径的前缀形成该文件在目标文件夹的对应路径，
    # 即用目标文件夹地址替换文件路径中源文件夹地址部分
```

```
        dest_file = origin_file.replace(origin_dir, dest_dir)
        # 将文件复制到目标文件夹对应的位置
        shutil.copy(origin_file, dest_file)

# 主函数 main
if __name__=='__main__':
    print('开始文件增量备份……')
    # 建立列表变量用来保存源文件夹中独有的子文件夹
    new_dirs = []
    # 建立列表变量用来保存源文件夹中独有的文件
    new_files = []
    # 建立列表变量用来保存源文件夹和目标文件中不同的文件
    change_files=[]
    # 取得源文件夹的绝对路径
    origin_dir=os.path.abspath("./testdir")
    # 取得目标文件夹的绝对路径
    dest_dir = os.path.abspath("./testdir_dest")
    # 调用函数取出只有源文件夹有的文件夹放到列表变量 new_dirs 中
    # 取出只有源文件夹有的文件放到列表变量 new_files 中
    # 取出两个文件夹都有的但发生变化的文件放到列表变量 change_files 中
    get_diff(origin_dir,dest_dir)
    #print(new_files)
    # 循环取出源文件夹中独有的每一个子文件夹,
    # 调用函数 copy_dir()将它们复制到目标文件夹对应位置
    for new_dir_one in new_dirs:
        copy_dir(origin_dir,dest_dir, new_dir_one)
    # 取出两个文件夹中都有的但发生变化的文件,
    # 调用函数 copy_file()将它们复制到目标文件夹对应位置
    for file_one in change_files:
        copy_file(origin_dir,dest_dir, file_one)
    # 取出源文件中独有的每一个文件,
    # 调用函数 copy_file()将它们复制到目标文件夹对应位置
    for file_one in new_files:
        copy_file(origin_dir,dest_dir, file_one)
    print('文件夹增量备份完成!')
```

（1）get_diff()函数是这段程序中较为重要的一个函数。该函数实现两个功能，第一个功能：首先通过 diff_obj= filecmp.dircmp(origin_dir,dest_dir)代码语句生成一个包含 origin_dir、dest_dir 两个文件夹比较结果的对象 diff_obj，然后通过 diff_obj 的 diff_files 属性取得两个文件夹中不匹配的文件的集合放到列表变量 change_files 中，通过 diff_obj 的 left_only 属性以及文件属性判断语句将源文件夹 origin_dir 独有的文件夹放到列表变量 new_dirs 中，将源文件夹 origin_dir 独有的文件放到列表变量 new_files 中；由于 diff_obj 的属性只能给出两个文件夹下的第一层文件与文件夹不同情况，因此该函数的第二个功能是找出两个文件夹下同名的子文件夹，再把两个文件夹中的同名子文件夹作为递归调用本函数的参数，在各层子文件夹中取出不匹配的文件（源文件夹和目标文件夹都有但发生改变的）、各层子文件夹中独有的文件（只有源文件夹有）、各层子文件夹中独有文件夹（只有源文件夹有）分别追加到 change_files、new_files、new_dirs 三个变量中。

（2）copy_dir()函数的功能是将源文件夹中的所有内容（各层级的文件和子文件夹）复制到目标文件夹，这个文件夹在程序中指源文件夹中独有的子文件夹。由于要实现备份功能，就需要将这个子文件夹中的所有内容全部复制到目标文件夹的对应位置，采用的方式是将该文件夹下面的文件和文件夹的绝对路径前缀部分（即路径中源文件夹地址部分）替换为目标文件夹的地址，先在目标文件夹中对应位置建立子文件夹，然后通过 shutil.copy()函数复制文件到目标地址对应位置。考虑到源文件这个子文件夹下可能还有多层的子文件夹，因此在函数中使用了递归调用，将其下的每一层子文件中的文件复制到目标文件夹对应的位置。

（3）主函数的主要业务流程是：生成三个 change_files、new_files、new_dirs 列表变量，通过调用 get_diff()函数将两个文件夹同名但在源文件夹中发生变化的文件、源文件夹新产生的文件、源文件夹新产生的子文件夹分别放到这三个列表变量中，接着调用 copy_dir()函数将源文件夹新产生的子文件夹整体复制到目标文件夹对应的位置，调用 copy_file()函数将源文件夹中发生变化的文件复制到目标文件夹对应位置并覆盖同名的文件，调用 copy_file()函数将源文件夹新产生的文件复制到目标文件夹对应的位置。

（4）需要注意的是在主函数和其他函数中，对于要操作的文件和文件夹都采用了绝对路径，这样既能保证文件和文件夹定位准确，又能保证在复制过程中不会发生目标位置错乱的情形。

（5）采用增量备份可以减少大量的 I/O 操作次数，节约了计算机资源，提高了备份效率。当要备份的文件夹中文件和文件夹数量很多、文件尺寸很大时，效果更加明显。

第 3 章　Office 编程

本章主要介绍 Python 针对 Office 编程方面的内容，内容包括与 Word、Excel、PDF 等办公软件有关的操作、转换、生成的方法，目的是让读者通过编程方式提高自动化办公水平，提高办公效率。

3.1　实例 23　向 Excel 文件写入数据

3.1.1　准备工作

本编程实例需要操作 Excel 文件，用到两个库模块，分别是 openpyxl 和 xlrd，其安装命令如下所示。

```
pip install openpyxl
# xlrd 1.2.0 版本支持扩展名为 xlsx 的文件，所以这里指定版本号
pip install xlrd ==1.2.0
```

📢 提示

这两个模块只能操作扩展名为.xlsx 的文件而不能操作扩展名为.xls 的文件。

由于 Pandas 库中 DataFrame 有着二维的数据结构，与 Excel 文件中表格结构相似，因此本编程实例主要是通过使用 DataFrame 对象生成数据并写入 Excel 文件中，程序还用到 Numpy 库对数据进行操作、计算，因此也需要安装 Pandas、Numpy 这两个库模块，安装方式也是通过 pip 命令安装。

3.1.2　基础知识介绍

本编程实例主要用到 Pandas 库，这个库主要有两种数据类型，分别是 Series 和 DataFrame。Series 是一维数据结构，DataFrame 是二维数据结构。

数据类型 Series 可以理解为是一个带标签的数据序列，其结构与 Python 中的字典数据类型相似。Series 数组中的内容可以是任何数据类型，在 Series 中的标签统称为 index（索引），类似于 Python 的字典数据类型中的 key（关键字）。

1. 创建 Series 对象的三种方式

（1）由 Python 的字典类型生成，代码如下所示。

```
# 导入相关库模块
import pandas
```

```
# 生成一个字典
dic = {'sex': '男','age':12, 'score': 99}
# 生成 Series 对象
series = pandas.Series(dic)
print(series)
```

其中 print(series)语句在终端上打印出变量 series 的结构与内容，如下所示。

```
sex        男
age        12
score      99
dtype: object
```

（2）由 Python 的列表类型生成，有两种方式，一种带 index 参数，另一种不带 index 参数。不带 index 参数的代码样例如下所示。

```
# 生成一个列表
vlist=['好','name',1,2,3]
# 生成 Series 对象
series=pandas.Series(vlist)
print(series)
```

其中 print(series)语句在终端上打印出变量 series 的结构与内容，如下所示。

```
0        好
1        name
2        1
3        2
4        3
dtype: object
```

可以看出，生成 Series 对象的函数不带 index 参数，Pandas 会自动为 Series 中的数据加上索引标签。

生成 Series 对象的函数带 index 参数，样例代码如下所示。

```
# 生成一个列表
vlist=['好','name',1,2,3]
# 生成 Series 对象，生成函数带 index 参数
series=pandas.Series(vlist,index=['a','b','c','d','e'])
print(series)
```

其中 print(series)语句在终端上打印出变量 series 的结构与内容，如下所示。

```
a        好
b        name
c        1
d        2
e        3
dtype: object
```

（3）由 Numpy 的数组生成 Series 对象，代码如下所示。

```
# 导入相关库模块
import pandas
import numpy
varray=numpy.random.randint(1,10,size=5)
series = pandas.Series(varray, index=['a', 'b', 'c', 'd', 'e'])
print(series)
```

其中 print(series)语句在终端上打印出变量 series 的结构与内容，如下所示。

```
a    6
b    5
c    6
d    8
e    9
dtype: int32
```

2. Series 对象的索引操作和切片操作

（1）Series 可以看作是带标签的一维数组，其索引操作可以用索引数值，也可以用标签名，样例代码如下所示。

```
dic = {'sex': '男','age':12, 'score': 99}
series = pandas.Series(dic)
# 以下语句使用索引序号，使 vsex 得到的值为男
vsex=series[0]
# 以下语句使用标签，使 vage 得到的值为 12
vage=series['age']
```

（2）Series 对象的切片操作可以用索引数字，也可以用标签名。样例代码如下所示。

```
dic = {'sex': '男','age':12, 'score': 99}
series = pandas.Series(dic)
# 使用索引数值进行切片，返回一个 Series 对象
v1=series[0:2]
# 使用标签名进行切片，返回一个 Series 对象
v2=series['sex':'score']
print(v1,'\n',v2)
```

print(v1,'\n',v2)语句返回内容如下所示。

```
sex      男
age      12
dtype: object
sex      男
age      12
score    99
dtype: object
```

数据类型 DataFrame 可以理解成带标签的二维数据结构，它包含多个列，每列的数据类型必须相同，各列之间的数据类型可以不同。其实它就是由一个或多个 Series 对象组成的字典，但这些 Series 对象中每一个 Series 对应位置的元素的数据类型必须一致。

3. 创建 DataFrame 对象的四种方式

（1）由列表类型生成 DataFrame 对象。要求列表中的每一项是一个字典类型数据，每个字典形成 DataFrame 的一行，键名相同的键值归为一列，列标签为字典的键名，行标签由 pandas.DataFrame() 函数中的 index 参数指定，样例代码如下所示。

```
# 包含字典的列表
list_dic = [{'name': 'xiaoming', 'sex': '男'}, {'name': 'xiaohong', 'sex': '女',
'age': 20}]
# 生成 DataFrame 对象
df=pandas.DataFrame(list_dic, index=['no.1', 'no.2'])
print(df)
```

print(df)语句返回内容如下所示，可以看出当列表中的某一个字典没有相应的键时，在生成 DataFrame 对象后要用空值（NaN）填补。

	name	sex	age
no.1	xiaoming	男	NaN
no.2	xiaohong	女	20.0

（2）由字典类型生成 DataFrame 对象。字典要求每一个键值是一个列表，而且列表的长度要一致，字典中每个列表形成 DataFrame 对象的一列，字典的键名为列标签，行标签由 pandas.DataFrame() 函数中的 index 参数指定，样例代码如下所示。

```
# 字典类型，每个键值为一个列表类型
dic_list={'name': ['Tom','Jone','LiMing','Wang'],'age':[11,23,13,16]}
# 生成 DataFrame 对象，index 指定每行的标签名
df1=pandas.DataFrame(dic_list, index=['a', 'b', 'c', 'd'])
print(df1)
```

print(df1)语句返回内容如下所示。

	name	age
a	Tom	11
b	Jone	23
c	LiMing	13
d	Wang	16

（3）由 Series 组成的字典生成 DataFrame 对象。字典中每个 Series 对象形成 DataFrame 对象的一列，字典的键名生成列标签，字典中 Series 对象的标签生成 DataFrame 的行标签。样例代码如下所示。

```
# 生成 Series 对象
series1=pandas.Series([100,99,66],index=['数学','物理','化学'])
series2=pandas.Series([66,92,88],index=['数学','物理','化学'])
# 把生成的两个 Series 对象加入到字典中
dic={'Tom':series1,'LingMin':series2}
#生成 DataFrame 对象
df2=pandas.DataFrame(dic)
print(df2)
```

print(df2)语句返回内容如下所示。

```
        Tom     LingMin
数学     100     66
物理     99      92
化学     66      88
```

（4）由两级字典创建 DataFrame 对象。一级字典键名作为列标签，每个二级字典中的键值形成一列，二级字典键名形成行标签。样例代码如下所示。

```
# 两级字典
dic2level={'Tom':{'数学':99,'物理':88,'化学':66},'LingMin':{'数学':77,'物理':66,'化学':100}}
# 生成 DataFrame 对象
df3=pandas.DataFrame(dic2level)
print(df3)
```

print(df3)语句返回内容如下所示。

```
        Tom     LingMin
数学     99      77
物理     88      66
化学     66      100
```

🔊 **提示**

一般情况下各二级字典的键数、键名保持相同。

4．DataFrame 对象的索引和切片操作

DataFrame 对象的索引和切片操作可以用标签，也可以用索引数值，操作方式较多。需要注意的是涉及行索引和行切片操作一般要用到 loc 或 iloc，具体内容请参考以下样例代码及注释。

```
# 定义一个两级字典
dic2level={'Tom':{'数学':99,'物理':88,'化学':66},'LingMin':{'数学':77,'物理':66,'化学':100},'Wang':{'数学':77,'物理':66,'化学':100}}
# 由字典生成 DataFrame 对象
df3=pandas.DataFrame(dic2level)
# df3.index 取得行标签
# 以下语句打印出：Index(['数学', '物理', '化学'], dtype='object')
print(df3.index)
# df3. columns 取得列标签
# 以下语句打印出：Index(['Tom', 'LingMin'], dtype='object')
print(df3.columns)
'''
 使用 values 可以查看 DataFrame 对象中的数据值,
 以下语句要在终端上打印一个数组，其内容如下所示
 [[ 99  77  77]
  [ 88  66  66]
  [ 66 100 100]]
'''
```

```
print(df3.values)
# 列标签可以取得某列的数据，获取方式有以下两种
vcolumn1=df3.Tom
vcolumn2=df3['Tom']
# 要获取多列数据时，要用以下形式，注意这里用到两级中括号
vcolumns=df3[['Tom','LingMin']]
# 要对 DataFrame 类型的对象按行进行索引操作时，
# 如果用行标签当作参数，需要使用 loc 属性
# 以下语句取得第一行的数据并打印到终端上
print(df3.loc['数学'])
# 要对 DataFrame 类型的对象按行进行索引操作时，
# 如果用索引数值取得某一行数据时，要使用 iloc 属性，
# 以下语句取得第一行的数据并打印到终端上
print(df3.iloc[0])
'''
以下语句是切片操作，取得第 1、2 行上的第 1、2 列的数据并打印到终端上，内容如下所示
      Tom    LingMin
数学   99     77
物理   88     66
'''
print(df3.iloc[0:2,0:2])
# 以下语句是切片操作，取得第 1、2 行上的第 1、2 列的数据并打印到终端上
print(df3.loc['数学':'物理','Tom':'LingMin'])
```

3.1.3　通过 DataFrame 向 Excel 文件写入数据

　　由于 DataFrame 是一个二维的标签数组，与 Excel 表格的结构十分相似，因此可以使用 Pandas 的 DataFrame 模块向 Excel 文件写入数据，代码如下所示。

```
# 导入相应的模块
import pandas as pd
from pandas import DataFrame,Series
import numpy as np
# 生成一个 DataFrame 对象，DataFrame 对象由字典类型数据转化而成
# 字典的每个键值是一个列表类型
emp_info=DataFrame(data={"姓名":["张三","李四","王五","赵六","赵七","钱八"],
                        "物理":np.random.randint(0,100,size=6),
                        "化学":np.random.randint(0,100,size=6),
                        "数学":np.random.randint(0,100,size=6)},
                        index=np.arange(1,7))
#print(emp_info)
# 保存为 Excel 文件，DataFrame 类型的数据可以直接保存到 Excel 文件中
emp_info.to_excel("./emp.xlsx")
# 打开该文件，并把第一列设为索引，用 index_col=0 设置
# pandas 模块的 read_excel()可以直接读取 Excel 数据
vfile=pd.read_excel('./emp.xlsx',index_col=0)
```

```
# 将文件的内容读入到 DataFrame 对象 df 中
df=pd.DataFrame(vfile)
# axis=1 表示按行的方向进行计算，这里 sum(axis=1)表示将同一行的数据进行求和
sum_score=df.sum(axis=1)
# 按行求平均分值
avg_score = df.mean(axis=1)
# 最后增加"总分"和"平均分"列，防止新计算出的列值参与到 DataFrame 对象中的运算
# 在 DataFrame 对象的 df 中增加一个"总分"列，用来保存每位成员的成绩总分
df["总分"] = sum_score
# 在 DataFrame 对象的 df 中增加一个"平均分"列，用来保存每位成员的成绩平均分
df["平均分"] = avg_score
# 将 DataFrame 对象 df 数据保存到文件中
df.to_excel('./emp.xlsx')
```

（1）以上代码业务逻辑较为简单，首先导入 Pandas、Numpy 两个库模块，通过 DataFrame()函数生成一个 DataFrame 对象，该函数的 data 参数是一个字典类型的数据，其键值为列表类型的数据；函数通过 index 参数设置了行标签为 1～7。

（2）代码通过 emp_info.to_excel("./emp.xlsx")语句把 DataFrame 对象中的数据保存到文件中，这个语句实际上是调用了 openpyxl 库中操作 Excel 表格文件的相关函数进行文件保存，由于 DataFrame 二维结构与 Excel 表格的结构相似，因此这个数据保存在 Excel 表格中，数据会保持原来的结构。

（3）代码还演示了把文件内容读入 DataFrame 对象中。首先通过 vfile=pd.read_excel('./emp.xlsx',index_col=0)语句读取 Excel 内容到 vifle 变量，然后将读入的内容传参给 DataFrame()函数，将其转换成 DataFrame 类型的对象；代码通过语句 df["总分"]=df.sum(axis=1)和 df["平均分"]=df.mean(axis=1)在 DataFrame 对象中增加"总分"和"平均分"两列，其中 axis=1 表示在行方向上进行计算，axis=0 表示在列方向上进行计算。

3.1.4 运行程序

运行该程序，将会在程序所在目录下生成一个 Excel 文件 emp.xlsx，打开这个文件，可以看到数据已正确写入，其中还包括新增的两列数据"总分"和"平均分"，如图 3.1 所示。

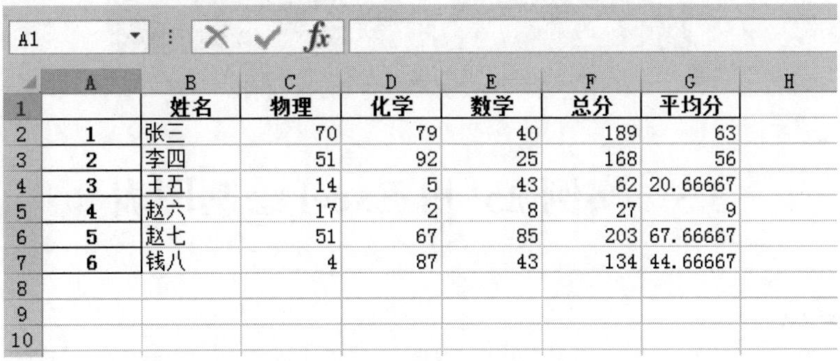

	A	B	C	D	E	F	G	H
1		姓名	物理	化学	数学	总分	平均分	
2	1	张三	70	79	40	189	63	
3	2	李四	51	92	25	168	56	
4	3	王五	14	5	43	62	20.66667	
5	4	赵六	17	2	8	27	9	
6	5	赵七	51	67	85	203	67.66667	
7	6	钱八	4	87	43	134	44.66667	
8								
9								
10								

图 3.1　emp.xlsx 文件的内容

3.2　实例 24　在 Excel 文件中加入图片

本节编程实例将会用第三方模块库 OpenPyXL 操作 Excel 文件，读者可通过 pip 命令进行安装。

在 Excel 文件中加入图片的代码比较简单，流程是先将图片读入内存，然后打开 Excel 文件的工作簿，再打开一个工作表，将图片写入指定的单元格，代码如下所示。

```python
# 导入第三方库 openpyxl
import openpyxl
# 导入图片操作模块
from openpyxl.drawing.image import Image
# 将图片读入，flower.jpg 是一张用于测试的图片
img=Image('./flower.jpg')
# 打开工作簿，text.xlsx 文件是一个空的电子表格文件
wb =openpyxl.load_workbook('./test.xlsx')
# 打一个 Sheet 表
ws=wb.get_sheet_by_name('Sheet1')
# 添加图片到指定的单元格
ws.add_image(img,'c3')
# 保存文件
wb.save('./test.xlsx')
```

以上代码运行后，在单元格 C3 位置加入了一张图片，如图 3.2 所示。

图 3.2　加入图片后的 Excel 文件

3.3　实例 25　用 Excel 绘制图表

3.3.1　编程要点

本节编程实例用到 OpenPyXL 库模块，安装方法参考 3.1 节内容。

程序要实现的功能是，利用电子表格中的数据生成一个柱状图。

（1）生成柱状图首先要取得所需数据，也就是在电子表格中指定生成柱状图的数据；需要指定柱子的高度数据，这些数据是电子表格矩形框范围中一系列单元格中的数据。另外，还需为柱状图 X 轴上刻度内容、X 轴和 Y 轴标题等方面提供数据，实现这些功能要用 OpenPyXL 的 Reference() 函数来划定提取数据的单元格区域。

Reference() 函数的调用格式为：sel_data=openpyxl.chart.Reference(sheetname,min_col=mincol, min_row=minrow,max_col=maxcol,max_row=maxrow)，该函数的功能为：在一个表格文件内选中一个以起始单元格和终止单元格为对角线的矩形框中的多个单元格。参数 sheetname 指 Excel 文件中工作表（sheet）的名字，min_col 和 min_row 表示起始单元格的列和行，max_col 和 max_row 表示终止单元格的列和行。min_col、min_row、max_col 和 max_row 在电子表格中划出一个范围，这个范围就是生成柱状图所需的数据，注意行和列的起始值都是从 1 开始，返回值 sel_data 保存着这个工作表上选中的范围。

（2）设置柱状图外观的相关函数简介。

chart_obj =openpyxl.chart.BarChart() 语句生成一个柱状图对象；返回值 chart_obj 是一个柱状图对象。

chart_obj.add_data(sel_data,titles_from_data=True) 语句的功能是：为柱状图对象传递数据。参数 sel_data 是生成柱状图的数据，这些数据就是 Reference() 函数划定范围内的数据；如果 sel_data 数据中包含了列名，也就是列标题也在选中的范围内，那么就需要设置 titles_from_data=True；chart_obj 是一个柱状图对象。

chart_obj.set_categories(sel_data) 语句的功能是：设置柱状图 X 轴刻度的内容，这个内容也是取自表格文件中单元格的数据。参数 sel_data 是一个范围，这个参数也是由 Reference() 函数指定范围内的数据；chart_obj 是一个柱状图对象。

sheet.add_chart(chart_obj, position) 语句的功能是：在表格文件相应的位置添加柱状图。参数 chart_obj 是柱状图对象，参数 position 表示柱状图左上角所在的位置，用单元格位置表示，例如 A9 表示第一列第九行的单元格。

（3）柱状图主要属性介绍。

属性 type 设置柱状图方向，bar 表示横向，col 表示纵向，如下所示。

```
# 设置纵向柱状图
chart_obj.type='col'
# 设置横向柱状图
chart1.type = 'bar'
```

属性 title 设置柱状图标题，例如 chart_obj.title='学生成绩'，设为 None 则不显示标题。

属性 style 设置柱状图的配色风格，例如 chart_obj.style=10。

3.3.2　生成学生成绩的柱状图

用程序打开一个包含学生成绩的 Excel 文件，根据文件中的数据（可以参考图 3.3 中的数据）生成柱状图来表示每个学生各科的成绩，代码如下所示。

```
import openpyxl
# 参考图 3.3，在程序所在目录下新建一个包含学生成绩的 emp_score.xlsx 文件，然后打开该文件
wb=openpyxl.load_workbook('./emp_score.xlsx')
# 打开当前活动的 sheet
sheet=wb.active
# 选中在柱状图上要显示的数据
sel_data=openpyxl.chart.Reference(sheet,min_col=2,min_row=1,max_col=4,max_row=7)
# 设定 X 轴刻度上要显示的内容
titlex=openpyxl.chart.Reference(sheet,min_col=1,min_row=2,max_row=7)
# 生成柱状图对象
chart_obj=openpyxl.chart.BarChart()
# 设置柱状图为纵向柱状
chart_obj.type='col'
# 设置柱状图显示样式
chart_obj.style=9
# 设置柱状图标题
chart_obj.title='学生成绩'
# 设置 X 轴标题
chart_obj.x_axis.title='姓名'
# 设置 Y 轴标题
chart_obj.y_axis.title='成绩'
#print(sel_data,titlex)
# 加载数据，sel_data 中的数据也包含了列标题，
# 因此需要设置 titles_from_data=True
chart_obj.add_data(sel_data,titles_from_data=True)
# 加载 X 轴上的刻度内容
chart_obj.set_categories(titlex)
# 在 A9 单元格中添加柱状图
sheet.add_chart(chart_obj,'A9')
wb.save('./emp_score.xlsx')
```

以上代码非常直观，首先由 load_workbook()函数打开文件，通过 sheet=wb.active 选中当前活动的工作表（sheet），接着用 Reference()函数选中生成柱状图的数据，然后设定柱状图各类属性，最后把柱状图添加到表格文件中并保存。

3.3.3　运行程序

运行程序后，到当前目录中找到 emp_score.xlsx 文件，打开后可以看到柱状图已添加到文件中，如图 3.3 所示。

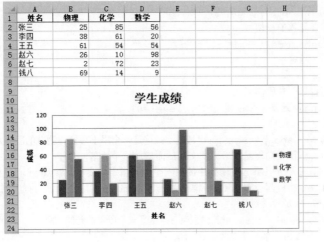

图 3.3　学生成绩的柱状图

3.4　实例 26 批量生成 Word 文档

3.4.1　编程要点

Python 对 Word 文档的操作需要用到第三方库模块 python_docx，可以通过 pip install python_docx 命令进行安装。

本节编程实例主要用到 python_docx 库中的函数，通过这些函数对 Word 文档中的标题、段落、表格和图片等进行操作，做出格式符合需求的文档，现简介如下。

（1）doc=Document(filename)，Document()函数的功能是打开一个 Word 文档，或新建一个 Word 文档。参数 filename 指明要打开的 Word 文档的地址及文件名，当 filename 为空时，则新建一个空白文档；返回值 doc 是一个 Word 文档对象。

（2）doc.save(filename)，save()函数的功能是保存 Word 文档。参数 filename 是指要保存的文档名，其中 doc 是由 Document()函数生成的文档对象。

（3）doc.add_heading('content', level=i)，add_heading()函数的功能是在文档中生成一个标题。第一个参数是一个字符串，表示标题的内容；第二个参数 level 用来设置标题的级别，i 的取值范围为 0～9，数字越大，标题的级别越小，字体也越小。标题也是段落的一种形式。

（4）对段落操作函数的解释，将通过在样例代码中添加注释的方式进行介绍，如下所示。

```
# 导入操作 Word 文档的库模块
from docx import Document
# 导入英寸、像素点相关的模块
from docx.shared import Inches,Pt
# 导入段落对齐相关的库模块
from docx.enum.text import WD_ALIGN_PARAGRAPH
# 设置字体时需要导入的模块 qn
```

第 3 章 Office 编程

```python
from docx.oxml.ns import qn
# 设置字体颜色需要导入的模块 RGBColor
from docx.shared import RGBColor
# 新建一个 word 文档对象
vdoc=Document()
# 添加标题，标题也是一种段落形式
vdoc.add_heading('这是一个标题测试', level=0)
# 增加一个段落
vparagraph = vdoc.add_paragraph('段落 2：这是一个用于替换、测试的段落。')
# add_paragraph() 函数功能是在 Word 文档后面增加一个段落，
# 段落的内容为 add_paragraph() 函数中的第一个参数指定的文本，参数 style 指定段落的格式，
# 其中 List Bullet 将段落设置为无序列表，List Number 将段落设置为有序列表，
# 返回值 vparagraph 是段落对象。
vparagraph = vdoc.add_paragraph('段落 3：这是一个段落的开始部分，',style='List Bullet')
# add_run() 函数在段落尾部添加文本
vparagraph.add_run('这是段落第二句话，')
vparagraph.add_run('这是段落第三句话。')
vparagraph2 = vdoc.add_paragraph('段落 4：这是另一个段落，这是另一个段落，这是另一个段落，这是另一个段落。')
# 在段落 vparagraph2 尾部添加文本，返回值 run 称为内联对象，可以理解为要添加文本的对象句柄
# 设置内联对象 run 的字体为粗体
run=vparagraph2 .add_run('这句话字体是粗体，')
run.bold = True
# 给内联对象设置斜体
run1=vparagraph2.add_run('这句话字体是斜体，')
run1.italic = True
# 给内联对象设置下划线
run2=vparagraph2.add_run('这句话有下划线，')
run2.underline = True
# 设置字体为方正黑体
run3=vparagraph2.add_run('这句话的字体是方正黑体')
run3.font.name=u'方正黑体'
# 取得内联对象 run3 中的元素对象
run_el = run3._element
# 设置汉字字体必须用以下语句格式
run_el.rPr.rFonts.set(qn('w:eastAsia'), '方正黑体')
# 设置字体大小
run3.font.size = Pt(16)
# 设置字体颜色为红色
run3.font.color.rgb = RGBColor(255,0, 0)
# 取得段落的 paragraphs 属性，返回文档中所有段落的列表
# 返回值 paragraphs_list 是一个列表类型
paragraphs_list=vdoc.paragraphs
# 通过 paragraph_format 属性取得相应段落格式对象
vformat =paragraphs_list[3].paragraph_format
# 设置首行缩进 0.6 英寸
vformat.first_line_indent = Inches(0.6)
```

```
# 段落左缩进 10 磅
vformat.left_indent = Pt(10)
# 设置行间距 18 磅
vformat.line_spacing = Pt(18)
# 设置段落前间距 16 磅
vformat.space_before = Pt(16)
# 设置段落后间距 16 磅
vformat.space_after = Pt(16)
'''
段落对齐类别：
居中对齐：WD_ALIGN_PARAGRAPH.CENTER
左对齐：WD_ALIGN_PARAGRAPH.LEFT
右对齐：WD_ALIGN_PARAGRAPH.RIGHT
居中对齐：WD_ALIGN_PARAGRAPH.JUSTIFY
'''
# 设置段落左对齐
vformat.alignment = WD_ALIGN_PARAGRAPH.LEFT
# 取得文档中所有段落的列表
paragraphs_list=vdoc.paragraphs
# 通过设置段落的 text 属性，把这一段内容替换了，
# 这里被替换的段落是第二个段落，因为索引是从 0 开始。
paragraphs_list[1].text="这一段内容替换了，替换的是段落 2"
# 打印出"这一段内容替换了，替换的是段落 2"这句话
print(paragraphs_list[1].text)
# 取得第四个段落
paragraph_4=paragraphs_list[3]
# 在第四个段落前面加入一个段落
p_paragraph = paragraph_4.insert_paragraph_before('在段落 4 前面加入的一段。')
# 保存文件
vdoc.save('./word_paragraph.docx')
```

以上代码生成的 Word 文档的内容形式如图 3.4 所示。

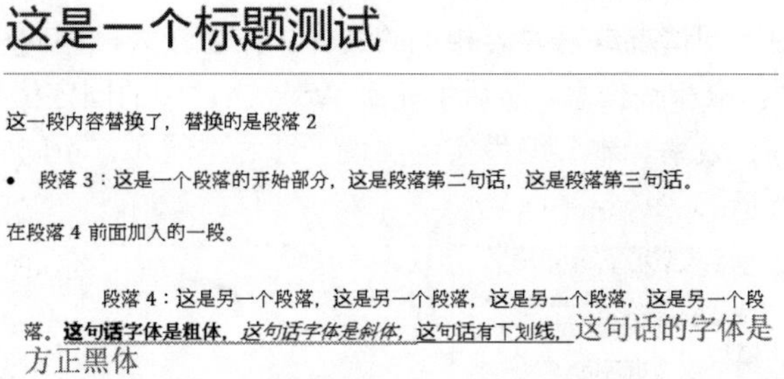
这是一个标题测试

这一段内容替换了，替换的是段落 2

- 段落 3：这是一个段落的开始部分，这是段落第二句话，这是段落第三句话。

在段落 4 前面加入的一段。

段落 4：这是另一个段落，这是另一个段落，这是另一个段落，这是另一个段落。**这句话字体是粗体，** *这句话字体是斜体，* 这句话有下划线，这句话的字体是方正黑体

图 3.4　生成的文档的段落样式

（5）语句 section=document.add_section()的功能是增加章节对象，其中 document 是 Word 文档对象，增加章节默认增加一个新页；返回值 section 是一个章节对象。章节对象主要有高度、宽度、边距等属性，这些属性的单位是像素，列举如下。

- section.page_heigh：表示章节的高度。
- section.page_width：表示章节的宽度。
- section.left_margin：表示章节的左边距。
- section.right_margin 表示章节的右边距。
- section.top_margin：表示章节的上边距。
- section.bottom_margin：表示章节的下边距。

（6）语句 document.add_page_break() 的功能是增加分页。

（7）语句 document.add_picture(path, width=None, height=None) 的功能是在文档中加入图片，其中 document 是 Word 文档对象；参数 path 是图片的路径；参数 width 设置图片在文档中的宽度；参数 height 设置图片在文档中的高度。

📢 提示

宽度与高度的单位一般是英寸或厘米，而且宽度和高度一般只指定一个，另一个按比例缩放。样例代码如下所示。

```python
from docx import Document
# 导入英寸相关的模块
from docx.shared import Inches
# 导入厘米相关的模块
from docx.shared import Cm
# 按图片原始大小显示，其中 test.jpg 是位于当前目录下的图像文件
document.add_picture('test.jpg')
# 设置图片宽度为 3 英寸，高度按比例缩放
document.add_picture('test.jpg', width=Inches(3))
# 设置图片宽度为 10 厘米，高度按比例缩放
document.add_picture('test.jpg', width=Cm(10))
```

3.4.2 通过编程批量生成 Word 文件

在日常工作中，某些公文如通知书、请柬等，结构大部分一致，只是少量的内容不同，如人名、地点、时间等。这时针对不同情况编写内容相似的文件工作量较大，因此可以通过使用程序先在数据库、电子表格等数据源提取相关信息，然后填充到 Word 文件中的固定位置，这样就会自动地批量生成文档，大大提高了办公效率。本节编程实例实现了针对不同人、不同岗位批量生成面试通知书的功能。样例代码如下所示。

```python
# 导入操作 Word 模块
from docx import Document
# 导入英寸、磅相关的模块
from docx.shared import Inches,Pt
# 导入段落对齐相关的库模块
from docx.enum.text import WD_ALIGN_PARAGRAPH
# 设置字体时需要导入的模块 qn
from docx.oxml.ns import qn
# 设置字体颜色需要导入的模块 RGBColor
```

```python
from docx.shared import RGBColor
# 人员信息列表
info=[
        {'name':'李明','send_type':'电子邮件','offer':'企划'},
        {'name':'张三','send_type':'学校推荐','offer':'信息管理'},
        {'name':'李四','send_type':'电话沟通','offer':'软件开发'},
        {'name':'王五','send_type':'电子邮件','offer':'经营管理'},
        {'name':'赵六','send_type':'网站表格','offer':'广告推广'}]
for person_info in info:
    # 新建一个 word 文档对象
    vdoc=Document()
    # 新建第一个段落
    p0 = vdoc.add_paragraph()
    # 设置本段对齐方式为居中
    p0.alignment = WD_ALIGN_PARAGRAPH.CENTER
    # 创建段落格式对象
    p0_format = p0.paragraph_format
    # 段前距离 8 磅
    p0_format.space_before = Pt(8)
    # 段后距离 32 磅
    p0_format.space_after = Pt(32)
    # 加入文字，这里是文章的标题
    run0 = p0.add_run('面试通知书')
    # 设置西文字体
    run0.font.name = u'黑体'
    # 设置中文字体，中文字体与西文字体一致
    run0.element.rPr.rFonts.set(qn('w:eastAsia'),u'微软雅黑')
    # 设置字体大小为 22 磅
    run0.font.size = Pt(21)
    # 设置加粗
    run0.font.bold = True


    # 增加一个段落
    p1 = vdoc.add_paragraph()
    # 将人员姓名加入到文本中，person_info.name 是人员姓名
    run1 =p1.add_run(person_info['name']+' 先生/女士：您好!')
    # 设置西文字体
    run1.font.name = u'仿宋'
    # 设置中文字体
    run1.element.rPr.rFonts.set(qn('w:eastAsia'),u'仿宋')
    # 设置字体大小为 16 磅
    run1.font.size = Pt(16)
    # 设置加粗
    run1.font.bold = True


    # 增加一个段落
    p2 = vdoc.add_paragraph()
    # 设置首行缩进，由于本段字体大小为 16 磅，所以设置首行缩进 32 磅（两个字的宽度）
```

```
p2.paragraph_format.first_line_indent=Pt(32)
```

设置内容，内容中相关部分用从人员信息列表中取出的数据进行替换
```
run3 = p2.add_run('我公司人力资源部通过'+person_info['send_type']+'获得了您的简历，
感谢您对我公司的信任和选择。''经过人力资源部初步筛选，我们认为您基本具备'+person_info['offer']
+'岗位的任职资格，因此正式通知您来我公司参加面试。')
```
设置西文字体
```
run3.font.name = u'仿宋'
```
设置中文字体
```
run3.element.rPr.rFonts.set(qn('w:eastAsia'), u'仿宋')
```
设置字体大小为 16 磅
```
run3.font.size = Pt(16)
```

增加一个段落
```
p3 = vdoc.add_paragraph()
```
设置首行缩进，由于本段字体大小为 16 磅，所以设置首行缩进 32 磅（两个字的宽度）
```
p3.paragraph_format.first_line_indent = Pt(32)
```
设置段落内容
```
run3 = p3.add_run('具体要求如下。')
```
设置西文字体
```
run3.font.name = u'仿宋'
```
设置中文字体
```
run3.element.rPr.rFonts.set(qn('w:eastAsia'),u'仿宋')
```
设置字体大小为 16 磅
```
run3.font.size = Pt(16)
```

增加一个段落
```
p4=vdoc.add_paragraph()
```
设置首行缩进，由于本段字体大小为 16 磅，所以设置首行缩进 32 磅（两个字的宽度）
```
p4.paragraph_format.first_line_indent = Pt(32)
run4=p4.add_run('（1）面试时间：2020 年 6 月 8 日上午 10 点；')
```
设置西文字体
```
run4.font.name = u'仿宋'
```
设置中文字体
```
run4.element.rPr.rFonts.set(qn('w:eastAsia'),u'仿宋')
```
设置字体大小为 16 磅
```
run4.font.size = Pt(16)
```

增加一个段落
```
p5=vdoc.add_paragraph()
```
设置首行缩进，由于本段字体大小为 16 磅，所以设置首行缩进 32 磅（两个字的宽度）
```
p5.paragraph_format.first_line_indent = Pt(32)
run5=p5.add_run('（2）面试地点：公司三楼 306 房间；')
run5.font.name = u'仿宋'
run5.element.rPr.rFonts.set(qn('w:eastAsia'),u'仿宋')
run5.font.size = Pt(16)
```

增加一个段落

```
p6=vdoc.add_paragraph()
# 设置首行缩进，由于本段字体大小为 16 磅，所以设置首行缩进 32 磅（两个字的宽度）
p6.paragraph_format.first_line_indent = Pt(32)
run6=p6.add_run('（3）携带资料：个人简历、身份证、学历证书及其他相关材料的原件及复印件；')
run6.font.name = u'仿宋'
run6.element.rPr.rFonts.set(qn('w:eastAsia'),u'仿宋')
# 设置字体大小为 16 磅
run6.font.size = Pt(16)


# 增加一个段落
p7=vdoc.add_paragraph()
# 设置首行缩进，由于本段字体大小为 16 磅，所以设置首行缩进 32 磅（两个字的宽度）
p7.paragraph_format.first_line_indent = Pt(32)
run7=p7.add_run('（4）联系人:孙丽，联系电话：133×××7869。')
run7.font.name ='仿宋'
run7.element.rPr.rFonts.set(qn('w:eastAsia'),u'仿宋')
# 设置字体大小为 16 磅
run7.font.size = Pt(16)


# 增加一个段落
p8 = vdoc.add_paragraph()
# 创建段落格式对象
p8_format = p8.paragraph_format
# 段前距离 80 磅
p8_format.space_before = Pt(80)
# 设置本段对齐方式为居右
p8.alignment = WD_ALIGN_PARAGRAPH.RIGHT
run8 = p8.add_run('××公司人力资源部')
run8.font.name = '仿宋'
run8.element.rPr.rFonts.set(qn('w:eastAsia'), u'仿宋')
# 设置字体大小为 16 磅
run8.font.size = Pt(16)


# 增加一个段落
p8 = vdoc.add_paragraph()
# 设置本段对齐方式为居右
p8.alignment = WD_ALIGN_PARAGRAPH.RIGHT
run8 = p8.add_run('2020 年 6 月 1 日')
run8.font.name = '仿宋'
run8.element.rPr.rFonts.set(qn('w:eastAsia'), u'仿宋')
# 设置字体大小为 16 磅
run8.font.size = Pt(16)
# 保存文件，按人员名字生成文件
vdoc.save('./notice_dir/notice_'+person_info['name']+'.docx')
```

（1）以上代码主要用到段落 paragraph 与内联对象 run，程序中将这些对象进行组合、设置，形成最终文档。代码较为直观，在编写代码过程中，主要关注文档内容设置是否能与预想的形式对应，需要边调试，边观察结果。

（2）代码主要业务流程为：从列表中提取人员信息，然后将相关的数据信息放到 Word 文档对应的位置上，实现批量生成不同内容的文档。在实际工作中，数据源可以是数据库、电子表格、文本文档，可以根据实际情况灵活拓展。程序运行后生成的 Word 文件样式如图 3.5 所示。

面试通知书

李明 先生/女士：您好！

　　我公司人力资源部通过电子邮件获得了您的简历，感谢您对我公司的信任和选择。经过人力资源部初步筛选，我们认为您基本具备企划岗位的任职资格，因此正式通知您来我公司参加面试。

　　具体要求如下。

　　（1）面试时间：2020 年 6 月 8 日上午 10 点；

　　（2）面试地点：公司三楼 306 房间；

　　（3）携带资料：个人简历、身份证、学历证书及其他相关材料的原件及复印件；

　　（4）联系人:孙丽，联系电话：133×××7869。

×× 公司人力资源部

2020 年 6 月 1 日

图 3.5 程序运行后生成的 Word 文件样式

扫一扫，看视频

3.5　实例 27 将 Word 文件转换成 PDF 文件

3.5.1　编程要点

将 Word 文件转换成 PDF 文件需要调用 Windows COM 组件（win32com）的服务进程，要用到第三方库 pypiwin32，可以通过 pip install pypiwin32 命令安装。

本节编程实例主要用到三个函数，介绍的内容如下。

（1）sever_process=win32com.client.DispatchEx(com_name)，DispatchEx()函数的功能是启动一个 Windows COM 组件的服务进程。返回值 sever_process 是服务进程对象；参数 com_name 是字符类型，表示在系统中注册过的 COM 组件服务的名称，例如 Word.Application 表示 Word 服务名，Excel.Application 表示 Excel 服务名，PowerPoint.Application 表示 PPT 服务名。

（2）doc =sever_process.Documents.Open(doc_name,ReadOnly= 1)，Open()函数调用 Word 的 COM 组件服务打开一个 Word 文档，其中 sever_process 是 Word 的服务进程对象。返回值 doc 是一个读入内存的 Word 文档对象；参数 doc_name 是 Word 文档的文件名，这个文件名必须指定绝对路径；参数 ReadOnly= 1 表示以只读方式读入文档。

（3）doc.SaveAs(file_name, FileFormat = intval)，SaveAs()函数的功能是把一个 Word 文件转换成另一种文件格式，如 PDF 格式进行保存，其中 doc 是一个读入内存的 Word 文档对象。参数 file_name 表示转成相应格式后的文件名，这个文件名必须指定绝对路径；参数 FileFormat 表示 Word 文档要转换成哪一种格式的文件，该参数是一个整数类型。现将一些常见参数的数值与文件格式的对应关系列举出来，如表 3.1 所示。

表 3.1　FileFormat 参数值与文件格式的对应关系

数　　值	名　　称	文 件 格 式
0	wdFormatDocument	Microsoft Word 格式
1	wdFormatTemplate	Word 模板格式
2	wdFormatText	Microsoft Windows 文本格式
3	wdFormatTextLineBreaks	Windows 文本格式，并且保留换行符
7	wdFormatUnicodeText	Unicode 文本格式
8	wdFormatHTML	标准 HTML 格式
11	wdFormatXML	可扩展标记语言 (XML) 格式
17	wdFormatPDF	PDF 格式

3.5.2　通过编程将 Word 文件转换成 PDF 文件

该程序流程比较简单，主要思路是通过调用 Word 服务打开一个 Word 文档，然后按照一定格式另存为一个 PDF 文件。样例代码如下所示。

```
from win32com import client
# 导入操作系统相关模块
import os
# Word 文档转换成 PDF 文件的函数，注意文件的路径要用绝对路径
def docx2pdf(doc_name, pdf_name):
    try:
        # 调用 Word 服务（Word.Application）
        w_process = client.DispatchEx("Word.Application")
        # 判断 pdf 文件是否存在，如果存在就删除
        if os.path.exists(pdf_name):
            os.remove(pdf_name)
        # 以只读方式打开 Word 文档，ReadOnly=1 是为了保持原 Word 文件不被修改
        vdoc = w_process.Documents.Open(doc_name,ReadOnly = 1)
        # 通过设置 FileFormat = 17 把 Word 文档另存为 PDF 文件
        vdoc.SaveAs(pdf_name, FileFormat = 17)
        # 关闭打开的 Word 文档
        vdoc.Close()
        # 关闭 Word 服务进程
        w_process.Quit()
        return pdf_name
    except:
```

```
        return -1
# 主函数
if __name__=='__main__':
    # 取得当前程序所在路径，并在当前路径的目录下新建一个 test.docx 文件，自定义文件内容
    basepath=os.getcwd()
    # 必须用 Word 文档的绝对路径，其中 test.docx 是用来测试的任意一个 Word 文件
    doc_name=os.path.join(basepath,'test.docx')
    # PDF 文件的绝对路径
    pdf_name=os.path.join(basepath,'test.pdf')
    # 调用转换函数
    vre=docx2pdf(doc_name, pdf_name)
    if vre!=-1:
        print('Word 文档转换成 PDF 文档成功。')
    else:
        print('Word 文档转换成 PDF 文档失败！')
```

（1）代码主要部分是转换函数 docx2pdf()，该函数通过 w_process = client.DispatchEx("Word.Application")语句实现了 Windows COM 组件（win32com）调用 Word 服务进程 的功能，接着用这个进程打开一个 Word 文档，最后通过 vdoc.SaveAs(pdf_name, FileFormat = 17)语句将 Word 文档转换成 PDF 文件并保存。

（2）在主函数中，要注意的是传入 docx2pdf()函数的文件路径必须是绝对路径。

提示

在编程中一定要记得关闭程序打开的进程，例如本函数中的 vdoc.Close()和 w_process.Quit()语句，分别关闭了打开的 Word 文档和 Word 服务进程。

扫一扫，看视频

3.6 实例 28 将 Excel 文件转换成 PDF 文件

将 Excel 文件转换成 PDF 文件也需要调用 Windows COM 组件的服务进程，所以要通过 pip install pypiwin32 命令安装第三方库（如果已安装，则忽略这一步）。

本节编程实例主要思路是通过调用 Excel 服务打开一个 Excel 文档，然后按照一定格式另存为一个 PDF 文件，代码如下所示。

```
# 导入 Windows 中 COM 组件相关库模块
from win32com import client
# 导入操作系统相关模块
import os
# 调用 Excel 服务
xlApp = client.DispatchEx("Excel.Application")
# 取得当前程序所在路径，并在当前路径的目录下新建一个 exceltest.xls 文件，自定义文件内容
basepath = os.getcwd()
# 必须用 Excel 文档的绝对路径
excel_name = os.path.join(basepath, 'exceltest.xls')
# 设置 PDF 文件的绝对路径
```

```
pdf_name = os.path.join(basepath, 'excel.pdf')
# 打开 Excel 文件
books = xlApp.Workbooks.Open(excel_name)
# 生成 PDF 文件
books.ExportAsFixedFormat(0, pdf_name)
# 关闭服务
xlApp.Quit()
```

以上代码比较简单明了，相关注释已放到代码中，这里不再赘述。

3.7 实例 29 给 PDF 文件加水印

扫一扫，看视频

3.7.1 编程要点

本节编程实例要用到第三方库 PyPDF2，安装方式是在命令行终端输入 pip install PyPDF2 命令。

PyPDF2 库中有两个最常用的函数 PdfFileReader() 和 PdfFileWriter()，这两个函数分别用于读取 PDF 和写入 PDF，其中 PdfFileReader() 的传入参数可以是一个打开的文件对象，也可以是表示文件路径的字符串。而 PdfFileWriter() 无须参数，它生成一个 PDF 写对象，当要保存文件时，必须给这个写对象传入一个以写方式打开的文件对象。样例代码如下所示。

```
# 导入模块
import PyPDF2
# 在程序当前目录下新建 input.docx 文件，自定义文件内容，运用 3.5.2 小节的方法将其转换为 PDF
# 文件 input.pdf（或者通过设置保存类型转换为 PDF 文件）
# 要读入的 PDF 文件名
read_pdf_name = "input.pdf"
# 读入文件
read_pdf = PyPDF2.PdfFileReader(read_pdf_name)
# 取出读入的 PDF 文件的第 1 页
page_one = read_pdf.getPage(0)
# 生成一个 PDF 文件写对象
writer = PyPDF2.PdfFileWriter()
# 在写对象中加入一页 PDF
writer.addPage(page_one)
# 打开文件
with open("test.pdf", "wb") as f:
# 将写对象中的 PDF 页面写到文件中
    writer.write(f)
```

以上代码的流程是打开一个已存在的 PDF 文件，从中读取第一页，然后将这一页保存到新的 PDF 文件中。

给 PDF 文件加水印的实现思路是把带水印的 PDF 页面与要加水印的 PDF 文件的每一页合并（通过 mergePage() 函数），其中带水印的 PDF 页面如图 3.6 所示。

图 3.6 所示的带水印的 PDF 文件可以用 Word 生成，例如利用 3.5.2 小节介绍的方法将 Word 文件转换成 PDF 文件，这样就可以在程序中应用这个 PDF 给另一个 PDF 文件加水印了。

3.7.2　通过编程给 PDF 文件加水印

在 PDF 文件中加上水印很简单，主要流程是读取一页作为水印的 PDF 文件，然后再读入要加水印的 PDF 文件，通过循环把作为水印的 PDF 页面依次加到要添加水印的文件中。样例代码如下所示。

图 3.6　带水印的 PDF 页面

```python
# 导入 PDF 的读写函数
from PyPDF2 import PdfFileWriter, PdfFileReader
# 定义一个在 PDF 文件中加水印的函数
# 参数 pdf_original 是需要加水印的文件
# 参数 pdf_watermark 是带水印的文件（只有一页）
# 参数 pdf_result 是 pdf_original 加了水印后形成的文件
def create_watermark(pdf_original,pdf_watermark,pdf_result):
    # 把带水印的文件读入
    watermark=PdfFileReader(pdf_watermark)
    # 取出带水印文件的第 1 页
    waterpage=watermark.getPage(0)
    # 读入要加入水印的 PDF 文件
    vreader=PdfFileReader(pdf_original)
    # 取得要加入水印的文件的页数
    n = vreader.getNumPages()
    #print(n)
    # 生成一个 PDF 文件写对象
    vwriter=PdfFileWriter()
    # 通过循环给第一页加上水印
    for i in range(n):
        # 取得 PDF 文件的一页
        onepage=vreader.getPage(i)
        # 通过 mergePage()函数将水印加到该页面
        onepage.mergePage(waterpage)
        # 在写对象中加入一页
        vwriter.addPage(onepage)
    # 以读方式打开一个文件
    with open(pdf_result,'wb') as f:
        # 通过写对象将内容写到打开的文件中
        vwriter.write(f)
# 主函数
if __name__=='__main__':
    # 在程序当前目录下，自建一个需要加水印的 PDF 文件 test.pdf，一个带水印的 PDF 文件 water.pdf
    # 调用函数，生成包含水印的 PDF 文件
    create_watermark('test.pdf','water.pdf','result.pdf')
```

要注意的是 PDF 是二进制数据类型，在打开一个 PDF 格式的文件时需要显式指定以二进制格式写入文件内容，即 wb。以上代码主要用到 PyPDF2 模块中的读写函数 PdfFileReader()和 PdfFileWriter()，流程简单明了，相关注释都放在代码中，这里不再详细介绍。代码运行效果如图 3.7 所示。

第十四章 人工智能相关

本章主要介绍一部分与人工智能相关的编程实例，如车牌识别、人脸识别、语音识别和图文识别等，这些内容涉及人工智能。人工智能研发需要投入大量的人力、物力和时间，非一己之力所能为之。好在有许多大公司把人工智能的成果共享出来，这无疑是程序员的福音。程序员可以通过调用接口在自己的程序中实现人工智能的某些功能，好似站在巨人肩膀上，事半功倍。

14.1 实例 92 语音识别

本节编程实例实现的功能是当人们对着麦克风说一句话后，程序对这句话进行语音识别，并把这句话的内容翻译成一句文本返回。

14.1.1 准备工作

本节编程实例要用到录音、播放、生成 wav 文件等功能，所以要用 pyaudio 库实现音频操作的主要功能。pyaudio 库一个跨平台的音频 I/O 库，在命令行终端通过 pip 命令安装该音频库，如下所示。

pip install pyaudio

本节编程实例还需要通过发送 URL 请求的方式调用百度语音识别相关的接口，这里用 requests 库调用百度语音识别的功能，主要是因为 requests 库是 Python 的 HTTP 库，简单易用，安装命令如下所示。

pip install requests

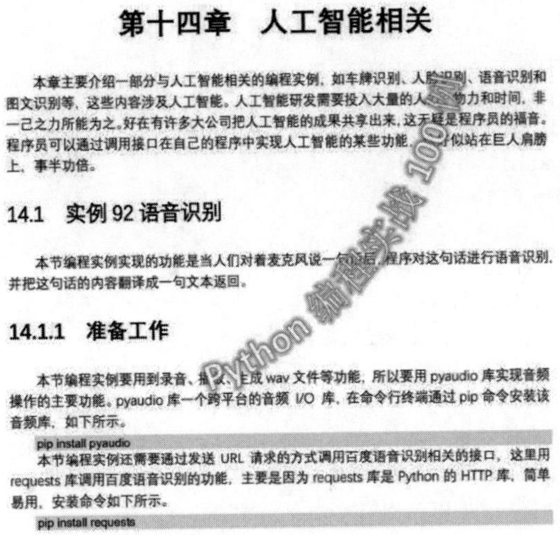

图 3.7 加入水印的 PDF 文件

3.8 实例 30 批量加密 PDF 文件

扫一扫，看视频

本节编程实例主要实现 PDF 文件批量加密功能，其中对 PDF 加密是通过调用第三方模块库 PyPDF2 中的 encrypt()函数实现的。样例代码如下所示。

```
import PyPDF2
import os
# 如果参数 pathname 指定的文件夹不存在，就新建一个
def create_dir(pathname):
    if not os.path.exists(pathname):
        os.mkdir(pathname)
# 取得 path 文件夹下的 PDF 文件
def get_filename(path):
    # 新建一个列表变量，用来存储 PDF 文件的绝对路径
    list_filename=[]
    # 遍历文件夹下的文件
    for filename in os.listdir(path):
        # 只获取 PDF 文件名
        if filename.endswith('.pdf'):
            # 将路径和文件名连接起来，
```

```
                        # 注意：在 Windows 操作系统中，join() 连接参数的字符是 "\\"，即两个反斜杠
                        filename_full=os.path.join(path,filename)
                        # 将文件绝对路径加入到列表变量中
                        list_filename.append(filename_full)
            return list_filename
# 定义一个加密 PDF 文件的函数
# 参数 list_file 是需要加密的 PDF 文件列表
# 参数 outpath 是加密后 PDF 文件的存放文件夹
# 参数 passwd 是加密的密码
def set_pass(list_file,outpath,passwd):
    # 如果文件夹不存在，就新建一个
    create_dir(outpath)
    for file in list_file:
        # 读入 PDF 文件
        file_obj=open(file,'rb')
        # 建立一个 PDF 文件读对象
        pdf_reader_obj=PyPDF2.PdfFileReader(file_obj)
        # 建立一个 PDF 文件写对象
        pdf_writer_obj=PyPDF2.PdfFileWriter()
        # 循环读入 PDF 文件的每一页
        for page_index in range(pdf_reader_obj.numPages):
            # 根据页号取得一页 PDF 内容
            page_obj=pdf_reader_obj.getPage(page_index)
            # 在 PDF 文件写对象中将这一页加入
            pdf_writer_obj.addPage(page_obj)
        # 将文件加密
        pdf_writer_obj.encrypt(passwd)
        # 由于 join() 连接参数的字符是 "\\"，
        # 所以下面的语句取出 PDF 的文件名（不包括路径），以 "\\" 分隔路径字符串
        filename=file.split('\\')[-1]
        # 以写的方式打开文件，这个文件要存放在 outpath 指定的文件夹中
        file_out=open(os.path.join(outpath,filename),'wb')
        # 将加密后的 PDF 写对象存放在相应文件夹中
        pdf_writer_obj.write(file_out)
        file_obj.close()
        file_out.close()
# 主函数 main
if __name__=='__main__':
    # 请在程序当前目录下自行建立 pdf_dir 文件夹和 pdf_dir 文件夹下的 PDF 文件
    files=get_filename('.\pdf_dir')
    set_pass(files,'.\pdf_pass','test')
```

（1）create_dir()函数的功能是如果传入的参数（pathname）指定的文件夹不存在，就新建一个。

（2）get_filename()函数的功能是在指定文件夹中找到所有 PDF 文件（以扩展名作为判断标准），然后将其绝对路径加入到列表中并返回。

（3）set_pass()函数的功能是对传入的 PDF 文件依次加密并存放到指定的文件夹。编写代码要注意的是 PdfFileReader()和 PdfFileWriter()两个函数的用法，它们都依赖文件的 open()函数，

PdfFileReader()需要从一个打开的 PDF 文件中获取数据，PdfFileWriter()则需要向一个打开的 PDF 文件中写入数据。

（4）以上代码在 Python 3 以上版本运行时会报编码转换错误的信息，这时打开 Python 安装目录下的/lib/site-packages/PyPDF2/utils.py 文件，找到 r=s.encode('latin-1')这句代码，将其改为 r=s.encode ('utf-8')，即可解决编码出错的问题。

3.9 实例 31 提取 PDF 文件的文本

3.9.1 编程要点

本节编程实例要用到第三方模块库 pdfminer3k，通过 pip install pdfminer3k 命令安装。pdfminer3k 模块代码采用延迟分析的策略，减轻了计算机的资源和内存消耗。提取 PDF 文件中的文本主要用到 pdfminer3k 的 5 个类，下面简要说明。

● PDFParser 类的主要功能是通过解析将 PDF 文件中的内容提取出来，并形成具有一定结构的数据。

● PDFDocument 类的主要功能是将 PDFParser 类提取出来，数据按一定的格式存储到内存中。

● PDFPageInterpreter 类的主要功能是处理每一个页面上的内容，为 PDFPageAggregator 类对页面内容进行转换做好基础。

● PDFPageAggregator 类的主要功能是对页面内容进行转换，把页面布局中各类对象进行转换，转换成 Python 可识别的数据类型。

● PDFResourceManager 类的主要功能是存储管理 PDF 上各种内容对象，如字体、图像等。

● LAParams 类的主要功能是与其他类结合，根据相关参数进行相应操作。

其中 PDFParser 与 PDFDocument 两个类必须配合使用，才能将 PDF 文件进行分析后取出数据，然后按照一定结构存储在内存中。这两个类使用方式较为固定，首先要实例化两个类，用 PDFParser 类的实例化对象分析并提取 PDF 文件的内容，然后将它与 PDFDocument 的实例化对象互相关联，这样使得 PDFDocument 类的实例化对象就能按照一定结构保存 PDF 文件的内容。样例代码如下所示。

```python
from pdfminer.pdfparser import PDFParser, PDFDocument
# 参考 3.7.1 小节，建立一个 PDF 文件，自定义文件内容，设置文件名为 test.pdf
filename = "test.pdf"
# 读入文件，生成一个文档对象 pf
fp = open(filename, 'rb')
# 用文档对象作为参数实例化 PDFParser，生成一个 PDF 分析器对象
parser_obj = PDFParser(fp)
# 实例化 PDFDocument，生成一个文档对象
doc_obj = PDFDocument()
# 以下两句代码将分析器与文档对象关联
# 只有关联了才能将 PDF 分析器提取的文件数据进行结构化、层次化处理，
# 然后按照一定格式存储在内存中
# PDF 文档对象与 PDF 分析器相互关联
```

```
parser_obj.set_document(doc_obj)
doc_obj.set_parser(parser_obj)
# PDF 文档对象必须经过初始化，才能对其使用，参数可传递 PDF 文件的密码
# PDF 文件无密码无须传递
doc_obj.initialize()
print(doc_obj)
```

LAParams、PDFPageAggregator、PDFResourceManager 和 PDFPageInterpreter 四个类也是配合起来使用。PDFPageAggregator 类的实例化对象能把 PDF 每一页的布局信息提取出来，但生成 PDFPageAggregator 类对象需要组合 PDFResourceManager 和 LAParams 两个类的实例化对象。样例代码如下所示。

```
from pdfminer.pdfinterp import PDFResourceManager, PDFPageInterpreter
from pdfminer.converter import PDFPageAggregator
from pdfminer.layout import LAParams
# 创建 PDF 资源管理器，通过实例化 PDFResourceManager 来实现
# PDF 资源管理器（PDFResourceManager 的实例化对象）管理 PDF 文件每个页面上的内容资源
resourcemanger_obj = PDFResourceManager()
# 创建一个 PDF 参数分析器，通过实例化 LAParams 类来实现
# PDF 参数分析器（LAParams 类的实例化对象）对 PDF 文件每个页面上的页面元素进行分析
laparams_obj = LAParams()
# 创建一个 PDF 聚合器，参数是 PDF 资源管理器和 PDF 参数分析器
# PDF 聚合器（PDFPageAggregator 的实例化对象）主要对每个页面的不同元素进行转换，
# 转换成 Python 能识别的类型
Aggregator_obj = PDFPageAggregator(resourcemanger_obj, laparams=laparams_obj)
```

PDFResourceManager 和 PDFPageAggregator 类的实例化对象可以作为参数实例化 PDFPageInterpreter 类的对象，这个对象可以理解为页面解释器，它可以对页面进行处理，为 PDF 聚合器（PDFPageAggregator 的实例化对象）进一步取得页面的布局数据做好前期准备工作。样例代码如下所示。

```
# 创建一个 PDF 页面解释器，页面解释器对页面进行相关处理后，
# PDF 聚合器（PDFPageAggregator 的实例化对象）才能取得页面的布局与结构
interpreter_obj = PDFPageInterpreter(resourcemanger_obj, Aggregator_obj)
```

PDF 聚合器提取到的页面数据是一个树状结构。这个树的根部（即树状结构的最顶层）是 LTPage（代表一个 PDF 页面）；第二层则可能包含 LTTextBox（代表页面上一个矩形区域内文本框）、LTLine（代表页面上一条分隔线）、LTFigure（代表页面中 PDF Form 对象的使用区域）、LTImage（代表页面上一个图形对象）和 LTRect（代表页面上的矩形框，它框内可以有图片或者图表）等子对象；第三层及以下我们只介绍与文本有关的对象，LTTextLine 是隶属于 LTTextBox 的子对象，它在树状结构的第三层上，代表页面上单个文本行，这个文本行可以水平也可以垂直；LTTextLine 下层也就是树的第四层上包含 LTChar（代表文本中的字母）和 LTText（代表在文本中的字符）等子对象。

3.9.2　PDF 文件的文本提取

　　本节代码通过运用 pdfminer 模块库的几个类，实现对 PDF 文件进行读取、解析、存储和提取等操作，提取其中的文本内容。样例代码如下所示。

```python
from pdfminer.pdfparser import PDFParser, PDFDocument
from pdfminer.pdfinterp import PDFResourceManager, PDFPageInterpreter
from pdfminer.converter import PDFPageAggregator
from pdfminer.layout import LAParams, LTTextBox

# 定义一个能够取出 PDF 文件中的文本内容并写入一个文件中的函数
def gettext(pdfname,txtname):
    try:
        # 读入文件，生成一个文件对象 fp
        fp = open(pdfname, 'rb')
        # 以写的方式打开一个文本文件，编码格式为 utf-8
        outfp=open(txtname,'w',encoding='utf-8')
        # 用文件对象实例化 PDFParser，生成一个 PDF 分析器对象
        parser_obj = PDFParser(fp)
        # 实例化 PDFDocument，生成一个文档对象
        doc_obj = PDFDocument()
        # 以下两句代码将分析器与文档对象关联
        # 只有关联了才能将 PDF 分析器提取的文件数据进行结构化、层次化处理
        # 然后按照一定格式存储在内存中
        # PDF 文档对象与 PDF 分析器相互关联
        parser_obj.set_document(doc_obj)
        doc_obj.set_parser(parser_obj)
        # PDF 文档对象必须经过初始化，才能对其使用，参数可传递 PDF 文件的密码，
        # PDF 文件无密码无须传递
        doc_obj.initialize()
        # 创建 PDF 资源管理器，通过实例化 PDFResourceManager 来实现
        # PDF 资源管理器对 PDF 文件中每个页面上的内容资源进行管理
        resourcemanger_obj = PDFResourceManager()
        # 创建一个 PDF 参数分析器，通过实例化 LAParams 类来实现
        # PDF 参数分析器对 PDF 文件每个页面上的页面元素进行分析
        laparams_obj = LAParams()
        # 创建一个 PDF 聚合器，参数是 PDF 资源管理器和 PDF 参数分析器
        # PDF 聚合器主要对每个页面的不同元素进行转换，转换成 Python 能识别的类型
        aggregator_obj = PDFPageAggregator(resourcemanger_obj, laparams=laparams_obj)
        # 创建一个 PDF 页面解释器，页面解释器对页面进行相关处理后，
        # PDF 聚合器才能取得页面的布局与结构
        interpreter_obj = PDFPageInterpreter(resourcemanger_obj, Aggregator_obj)
        #print('aaaa')
        # 循环遍历列表，每次处理一个 page 的内容
        for one_page in doc_obj.get_pages():
            # PDF 页面解释器对一个页面进行处理
            interpreter_obj.process_page(one_page)
```

```
        # get_result()函数返回的是一个 PDF 页面的 LTPage 对象
        layout_obj = aggregator_obj.get_result()
        # 这里 layout_obj 是一个 LTPage 对象，它是页面结构最顶层的对象，
        # 它包含 LTTextBox，LTFigure，LTImage，LTLine 等子对象，
        # 通过循环可取得 LTPage 包含的子对象。
        for page_obj in layout_obj:
            # 由于只要求取得文本内容，所以只取子对象中的 LTTextBox 对象
            if isinstance(page_obj, LTTextBox):
                # 通过 get_text()取得 LTTextBox 中的文本，
                # 为防止乱码出现，先对取得的文本按 utf-8 进行一次编码，
                # 然后再用 utf-8 解码一次
                result=page_obj.get_text().strip().encode('utf-8').decode('utf-8')
                # 将文本写入文件中
                outfp.write(result+'\n')
    # 关闭 PDF 文件
    fp.close()
    # 关闭 PDF 聚合器对象
    aggregator_obj.close()
    # 把缓存区的内容写到文件中
    outfp.flush()
    # 关闭文件
    outfp.close()
except Exception as e:
    print("PDF 文件转化为文本文件出错，错误信息为：%s",e)
# 主函数 main
if __name__=='__main__':
    # 自建以下两个文件
    # 调用函数
    gettext('test.pdf','outtext.txt')
```

（1）代码中的主要部分是 **get_text()**函数，它的功能是将 PDF 的文本内容取出来写入一个文本文件。这个函数代码语句的编写基本上采用较为固定的模式，一般是先用 **PDFParser** 类的实例化对象将 PDF 文件进行分析，由 **PDFDocument** 类的实例化对象根据分析结果，按照一定的结构存储到内存中。在获取文本时采用一页页顺次取得的方式，代码中通过 **PDFDocument** 类的实例化对象的 **get_pages()** 取得页面列表，再从这个列表中取出每一页，对应的语句是 for one_page in doc_obj.get_pages()；取得 PDF 文件的每一页后，先用 **PDFPageInterpreter** 的实例化对象将每一页进行处理，使得每一页上的内容资源都能用树状结构进行描述，从而使 **PDFPageAggregator** 实例化对象能够在这个页面上遍历树的层次结构，取得想要获取的对象，然后把这个对象转换成 Python 可识别的数据类型。

（2）要想较好地理解以上代码，需要知道 **PDFPageInterpreter** 实例化对象对 PDF 的每个页面进行处理后形成的树状结构的主要内容。该树状结构的最顶层是 **LTPage** 根结点，顶层以下的每层都有许多子结点，每个结点代表 PDF 页面不同类型的资源，如图 3.8 所示。

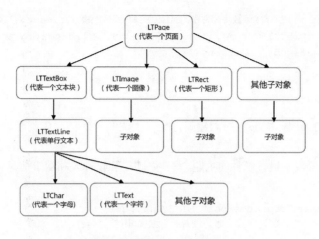

图 3.8　PDF 页面树状结构示意图

　　以上示意图可以帮助读者理解代码,读者也可以根据这个示意图以及本节代码介绍,举一反三,写出获取 PDF 文件中其他内容的代码, 如获取图片、报表、矩形和字体等。

3.10　实例 32　自动发送邮件

扫一扫,看视频

3.10.1　编程要点

　　Python 发送邮件要用到 smtplib 和 email 两个模块,这两个模块是 Python 自带的标准库,无须安装。smtplib 模块对 SMTP 协议进行了封装,使得 Python 可以利用这个邮件传输协议控制邮件从源地址向目标地址发送的方式;email 模块对邮件包含格式、不同类型邮件对象进行了封装,使 Python 能够发送包含文本、图像、音频和视频等各种对象。

　　(1) smtplib 模块主要控制邮件的发送,它的应用方法比较固定,主要有 4 步。

● 创建与 SMTP 服务器的连接。

● 用邮箱账号和密码登录 SMTP 服务器(QQ 邮箱是利用授权码进行登录的)。

● 发送邮件(邮件的内容由 email 模块生成)。

● 断开与 SMTP 服务器的连接。

样例代码如下所示。

```
import smtplib
# 生成连接对象,参数分别是邮件服务器名和端口号
con=smtplib.SMTP_SSL('smtp.163.com',465)
# 使用用户名和密码登录, 这里密码用星号隐藏了
con.login('zx9253','*******')
#这里的省略部分是生成邮件内容的语句,邮件内容由 email 模块设置
...
# 发送邮件, 第 1 个参数是发送者的邮箱, 第 2 个参数是列表类型, 表示接收者的邮箱,
```

```
# 第 3 个参数通过 as_string()函数将邮件中的 MIMEText 或 MIMEMultipart 对象转换成字符串形式发送
con.sendmail('zx9253@163.com',['zx9253@163.com', 'zhangxiaohao321@sina.com'],
             mail_obj.as_string())
# 断开连接
con.quit()
print('发送邮件成功...')
```

（2）email 模块的应用，能够掌握创建邮件头、生成两种邮件主体类型、给邮件增加附件等编码方式即可。

● 创建邮件头主要表示设置邮件的主题、发件人邮箱和收件人邮箱等信息。样例代码如下所示。

```
# 导入模块
from email.mime.multipart import MIMEMultipart
# 生成一个邮件对象，由于邮件包含文本、图片、HTML、附件等内容，
# 所以这里用 MIMEMultipart()生成邮件对象，以支持多种数据格式
mail_obj=MIMEMultipart()
# 生成邮件表头的内容，需要用 utf-8 进行编码
mail_header=Header('邮件自动发送测试','utf-8').encode()
# 设置邮箱的主题
mail_obj['Subject']=mail_header
# 发送者邮箱，格式："邮箱号 <邮箱号>"
mail_obj['From']='zx9253@163.com <zx9253@163.com>'
# 接收者邮箱，可以是多个邮箱，各邮箱间用；分隔
mail_obj['To']='zx9253@163.com;zhangxiaohao321@sina.com'
```

以上代码生成的邮件头如图 3.9 所示。

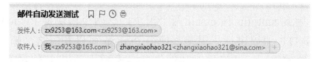

图 3.9 邮件头样式

● 创建文本型邮件。首先通过 MIMEText()函数构造一个 MIMEText 对象，该函数的第一个参数是设置邮件主体的内容，如果给这个函数的第二个参数设定为 plain，这样生成的邮件主体就是文本类型。样例代码的主要部分如下所示。

```
import smtplib
# 导入邮件相关模块
from email.mime.multipart import MIMEMultipart
from email.mime.text import MIMEText
from email.header import Header
# 生成连接对象，参数分别是邮件服务器和端口号
con=smtplib.SMTP_SSL('smtp.163.com',465)
# 使用用户名和密码登录，这里密码用星号隐藏了
con.login('zx9253','xtayjatq123')
# 生成一个邮件对象，由于邮件包含文本、图片、HTML 和附件等内容，
# 所以这里用 MIMEMultipart()生成邮件对象，以支持多种数据格式
mail_obj=MIMEMultipart()
```

```
# 省略了建立邮件头的语句
...
# 通过 MIMEText 设定邮件内容为文本,参数 plain 指定邮件内容为文本类型
mail_text=MIMEText('这是一封自动发送的邮件,请查收','plain','utf-8')
# 加入邮件对象
mail_obj.attach(mail_text)
#省略
...
```

以上代码生成的邮件主体是文本类型,如图 3.10 所示。

图 3.10　邮件文本内容

● 创建 HTML 页面型邮件。首先通过 MIMEText() 函数构造一个 MIMEText 对象,如果给这个函数的第二个参数设定为 html,这样就能生成主体内容为 HTML 页面的邮件。样例代码主要部分如下所示。

```
# 一段 HTML 文本
html_content = '''
    <div>
    <h2>去搜索</h2>
    <h3><a href="http://www.baidu.com" >打开百度</a></h3>
    </div>
    '''
# 把 HTML 文本生成邮件认可的对象
html = MIMEText(html_content, 'html', 'utf-8')
# 加入到邮件主体中
mail_obj.attach(html)
```

以上代码生成的邮件主体是 HTML 页面,如图 3.11 所示。

图 3.11　邮件中的 HTML 页面

● 生成邮件的附件。首先以二进制方式读入附件，接着通过 **MIMEText()**函数生成邮件对象，此时要设置该函数的第二个参数内容为 **base64**，用来指定附件以数据流的形式读入，另外附件读入后要设置这个对象的 Content-Disposition 属性。样例代码主要部分如下所示。

```
# 以二进制形式读入附件
with open('backup_01.docx', 'rb') as f:
    doc = f.read()
    # 以数据流的形式读入文件
    doc = MIMEText(doc, 'base64', 'utf-8')
    # 以下语句设置文件以附件形式加到邮件中，通过 filename 指定附件的名字
    doc['Content-Disposition'] = 'attachment;filename="test.docx"'
    # 加入到邮件中
    mail_obj.attach(doc)
```

以上代码用一个 Word 文件作为邮件附件，如图 3.12 所示。

图 3.12　邮件中的附件

3.10.2　通过编程实现自动发送邮件

自动发送邮件的代码编写模式较为固定，主要流程是首先生成邮件的头信息、邮件的主体和邮件的附件等对象，接着把这些对象依次加入到邮件中，最后发送到对方的邮箱中。样例代码如下所示。

```
import smtplib
# 导入邮件相关模块
from email.mime.multipart import MIMEMultipart
from email.mime.text import MIMEText
from email.mime.image import MIMEImage
from email.header import Header
# 主函数 main
if __name__=='__main__':
    # 生成连接对象，参数分别是邮件服务器名和端口号
    con=smtplib.SMTP_SSL('smtp.163.com',465)
    # 使用用户名和密码登录，这里密码用星号隐藏了
    con.login('zx9253','***********')
    # 生成一个邮件对象，由于邮件包含文本、图片、HTML 和附件等内容，
    # 所以这里用 MIMEMultipart()生成邮件对象，以支持多种数据格式
    mail_obj=MIMEMultipart()
    # 生成邮件表头的内容
    mail_header=Header('邮件自动发送测试','utf-8').encode()
    # 设置邮件的主题
    mail_obj['Subject']=mail_header
    # 设置发送者邮箱
    mail_obj['From']='zx9253@163.com <zx9253@163.com>'
    # 设置接收者邮箱
    mail_obj['To']='zx9253@163.com;zhangxiaohao321@sina.com'
```

```
# mail_text=MIMEText('这是一封自动发送的邮件，请查收','plain','utf-8')
# mail_obj.attach(mail_text)
# 生成一段 HTML 文本
html_content='''
<div>
<h2>去搜索</h2>
<h3><a href="http://www.baidu.com" >打开百度</a></h3>
</div>
<div>
<image src="cid:img_src"></image>
</div>
'''
# 把 HTML 文本生成邮件认可的对象
html=MIMEText(html_content,'html','utf-8')
# 加入到邮件主体中
mail_obj.attach(html)
# 在程序当前目录下新建 backup_01.docx 文件，添加 2 张图片，分别命名为 test3.png、test2.png
# 打开一个图片文件
with open('test3.png','rb') as f:
    img=f.read()
    # 生成邮件认可的图片对象
    img_src=MIMEImage(img)
    # 设置图片的 Content-ID 值，
    # 这个值与 HTML 的<image src="cid:img_src"></image>语句中的 cid 的值相对应，
    # 这样可以把图片放到 HTML 的对应位置
    img_src.add_header('Content-ID','<img_src>')
    # 加入到邮件中
    mail_obj.attach(img_src)
with open('test2.png','rb') as f:
    img2=f.read()
    img_2=MIMEImage(img2)
    # 指定图片类型与文件名，以下语句设置图片文件以附件形式加到邮件中
    img_2['Content-Disposition']='attachment;filename="flower.png"'
    # 加入到邮件中
    mail_obj.attach(img_2)
with open('backup_01.docx','rb') as f:
    doc=f.read()
    # 以数据流的形式读入文件
    doc=MIMEText(doc,'base64','utf-8')
    # 以下语句设置文件以附件形式加到邮件中
    doc['Content-Disposition'] = 'attachment;filename="test.docx"'
    # 加入到邮件中
    mail_obj.attach(doc)
# 发送邮件
con.sendmail('zx9253@163.com',['zx9253@163.com', 'zhangxiaohao321@sina.com'],
            mail_obj.as_string())
# 断开连接
con.quit()
print('发送邮件成功...')
```

（1）发送邮件，首先要连接邮件服务并登录，发送邮件的服务器一般以 smtp 开头，如 smtp.163.com，端口号一般采用 465。为了防止接收方误认为是垃圾邮件，一般采用 smtplib.SMTP_SSL()函数连接邮件服务器，而不是用 smtplib.SMTP()函数连接服务器。

（2）代码生成一个网页类型的邮件，并且带有两个附件，相关代码已注释，读者可参考注释或上一节介绍。

代码运行后，可以在邮箱中收到信件，效果如图 3.13 所示。

图 3.13　发送到接收方的邮件样式

第 4 章　图形用户界面

图形用户界面（Graphical User Interface，GUI）采用图形方式来显示应用程序的操作界面。在图形用户界面方式下，用户看到的和操作的都是图形对象，提升了程序的易用性、直观性、友好性。Python 中有不少优秀的 GUI 框架，为图形用户界面的开发提供了很多选择。由于 tkinter 是一个轻量级的跨平台 GUI 开发工具，是 Python 的标准图形用户界面模块，不需要单独安装工具包，因此本章的程序界面一般采用 tkinter 库进行代码编写。

4.1　实例 33 图形界面计算器

4.1.1　编程要点

本章主要介绍如何应用 tkinter 库模块进行图形界面的编程，它是 Python 自带的库模块，可以跨平台使用。创建图形界面之前，还是需要一些基础知识准备的，现简单介绍如下。

（1）创建一个窗口。样例代码如下所示。

```python
import tkinter as tk
# 导入图片操作模块
from tkinter import PhotoImage
# 建立一个根窗口
win=tk.Tk()
win.title('这是第一个窗口')
# 设置窗口宽 300 像素，高 200 像素，离屏幕左侧 30 像素，离屏幕顶部 20 像素
# 注意这个 300x200 中间是英文字母 x
win.geometry('300x200+30+10')
# 在窗口中加一个 Label 控件 lb_test，参数 win 是 Label 控件所在窗口，
# 参数 text 指定 Label 的文本内容。
lb_test=tk.Label(win,text='这是第一个窗口',font=('宋体',12),bg='green',fg='red')
# 在窗口上放置 Label 控件，pack() 是一种控件放置方式，
# 参数 pady 设置控件在纵向上的边距，一般用于非精确位置摆放，
lb_test.pack(pady=2)
# 在程序当前目录添加 GIF 格式的图片 test.gif
# 读入图片文件
img=PhotoImage(file='./test.gif')
# 在窗口中加一个 Label 控件 lb_img，参数 win 是 Label 控件所在窗口，
# 参数 img 指定 Label 上要显示的图片
lb_img=tk.Label(win,image=img)
# 在窗口底部放置控件
```

```
lb_img.pack(side=tk.BOTTOM)
# 显示窗口
win.mainloop()
```

图形用户界面大多以窗口的形式显示信息，除了写出逻辑正确的代码，直观、易于理解的图形界面也很重要。因此编写界面代码，要思路清晰，做到心中有图和多次调试修正。以上代码运行结果如图 4.1 所示。

（2）按钮是窗口使用最频繁的控件，创建按钮的函数调用格式为：button_obj = tkinter.Button(window, text=' ', font=('Arial', 12), width=x, height=y, command=func)，该函数语句的返回值 button_obj 是一个按钮对象。参数 window 是按钮所在父窗口；参数 text 指定按钮上的文本；参数 font 指定按钮上文本的字体、字号；参数 width 指定按钮的宽度，

图 4.1　一个简单窗口

以单字节字符的长度为单位，如 width=x 表示按钮的宽度是 x 个字符长度和；参数 height 指定按钮的高度，以单字节字符的高度为单位；参数 command 指定单击按钮调用的函数。以下是一个按钮有关的样例。

```
import tkinter as tk
# 生成根窗口
win=tk.Tk()
# 设置窗口标题
win.title('这是一个测试窗口')
# 设置窗口宽 380 像素，高 200 像素
win.geometry('380x100')
# 生成一个字符型变量，这个变量将与 Label 控件 vlabel1 的 text 属性值绑定，
# 也就是这个变量值发生变化，vlabel1 的显示文本也跟着变化
var=tk.StringVar()
# 设置一个标志 vflag，当 vflag=0 时，单击按钮显示一句话
# 当 vflag=1 时，单击按钮，这一句话消失
vflag=0
# 以下函数是单击按钮要调用的函数
def click_it():
    # 设置 vflag 为公有变量
    global vflag
    if vflag==0:
        vflag=1
        # 设置变量 var 的值，这个值与 Label 控件 vlabel1 的 text 属性值绑定(textvariable=var)，
        # 所以等于设置了 vlabel1 的显示文本
        var.set('你单击了测试按钮，再单击一下，这句话消失...')
    else:
        vflag=0
        # 设置变量值要用 set()函数
        var.set('')
# 生成按钮，单击调用 click_it()函数（command=click_it)
```

```
bt=tk.Button(win,text='测  试',font=('Arial',12),width=6,height=1,command=click_it)
# 在窗体上放置按钮
bt.pack()
# 生成一个 Label 控件对象，
# 参数说明：bg 为背景，fg 为前景色，font 设置字体，width 为长，height 为高，
# 这里的长和高是以单个字符的长和高为单位，
# 比如 height = 2，指 Label 控件有 2 个字符的高度
# 其中 textvariable=var 将控件的 text 属性与变量 var 的值绑定在一起，形成联动
vlabel1=tk.Label(win,textvariable=var,bg='green',fg='red', font=('Arial',12),
width=50,height=2)
# 在窗体上放置 Label 控件
vlabel1.pack()
# 显示窗体
win.mainloop()
```

代码中要注意变量与控件属性的绑定方式，代码运行情况如图 4.2 所示。

（3）单行文本输入框在 tkinter 模块中的控件名为 Entry，这个控件是常用的控件。样例代码如下所示。

图 4.2　按钮单击事件

```
import tkinter as tk
...
# 生成一个输入框，show=None 表示以明文方式显示用户输入的内容，
# 通过 font 设置字体为宋体，字号为 12 号
e1=tk.Entry(win,show=None,font=('宋体',12))
# 生成一个输入框，show='*'表示以密文方式显示用户输入的内容
e2=tk.Entry(win,show='*',font=('Arial',12))
e1.pack()
e2.pack()
```

📢 提示

代码中的省略号表示此处省略若干代码语句。

（4）单选按钮在 tkinter 中的控件名为 Radiobutton，表示在多个值中只能选择一个值，不能多选。样例代码如下所示。

```
import tkinter as tk
# 导入图片操作模块
from tkinter import PhotoImage
# 建立一个根窗口
win=tk.Tk()
win.title('这是测试窗口')
# 设置窗口宽 300 像素，高 200 像素，离屏幕左侧 100 像素，离屏幕顶部 20 像素
# 注意这个 300x200 中间是英文字母 x
win.geometry('300x200+100+20')
# 生成一个字符型变量
var=tk.StringVar()
# 生成 Label 控件 vlabel，设置显示文本为空(text='')
vlabel=tk.Label(win,text='',width=60,bg='white',fg='black',font=('宋体',14))
```

```
# 放置 Label 控件 vlabel
vlabel.pack()
# 以下函数取得用户的选择，并显示到 vlabel 上
# 变量 var 的值要用 get() 函数取得
def rd_select():
    vlabel.config(text='你的选择是:'+var.get())
# 设置变量值不在三个 Radiobutton 的值中，这样就会显示三个 Radiobutton 都处于未选中的状态
var.set('0')
# 生成一个 Radiobutton 控件，并通过 variable=var 将控件的 value 与变量 var 的绑定，
# 单击该控件调用 re_select() 函数
rb1=tk.Radiobutton(win,text='Python 语言',variable=var,value='Python 语言',command
=rd_select)
rb1.pack()
rb2=tk.Radiobutton(win,text='C#语言',variable=var,value='C#语言',command=rd_select)
rb2.pack()
rb3=tk.Radiobutton(win,text='Go 语言',variable=var,value='Go 语言',command=rd_select)
rb3.pack()
print(var.get())
# 显示窗口
win.mainloop()
```

以上代码运行效果如图 4.3 所示。

（5）选择按钮在 tkinter 模块中的控件名为 Checkbutton，它相当于提供两个不同的值供用户选择，用户单击这个按钮将会在这两个值间切换。样例代码如下所示。

图 4.3　单选按钮

```
import tkinter as tk
# 建立一个根窗口
win = tk.Tk()
win.title('这是测试窗口')
# 设置窗口宽 300 像素，高 100 像素，离屏幕左侧 100 像素，离屏幕顶部 20 像素，
# 注意这个 300x100 中间是英文字母 x。
win.geometry('300x100+100+20')
# 生成一个整型变量
var = tk.IntVar()
# 生成 Label 控件 vlabel，设置显示文本内容为空(text='')
vlabel = tk.Label(win, text='', width=60, bg='white', fg='black', font=('宋体', 14))
# 在窗口中放置 Label 控件 vlabel
vlabel.pack()
# 以下函数取得用户的选择，并显示到 vlabel 上
# 变量 var 的值要用 get() 函数取得
def ck_select():
    if var.get() == 1:
        # 设置 vlabel 上显示内容
        vlabel.config(text='你已经成年。')
    else:
        vlabel.config(text='你尚未成年。')
```

```
# 生成一个 Checkbutton 控件，选中时值为 1(onvalue=1)，未选中时值为 0(offvalue=0)，
# 将控件的值与变量 var 绑定，形成共同变化的联动关系
ck1 = tk.Checkbutton(win, text='满 18 岁', onvalue=1, offvalue=0, variable=var,
command=ck_select)
ck1.pack()
# 显示窗口
win.mainloop()
```

以上代码运行效果如图 4.4 所示。

（6）列表选择框在 tkinter 模块中的控件名为 Listbox，它提供许多选项让用户选择。样例代码如下所示。

图 4.4　选择按钮

```
import tkinter as tk
# 建立一个根窗口
win=tk.Tk()
win.title('这是测试窗口')
# 设置窗口宽 300 像素，高 280 像素，离屏幕左侧 100 像素，离屏幕顶部 20 像素
# 注意这个 300x280 中间是英文字母 x
win.geometry('300x280+100+20')
# 生成一个字符型变量
var_label=tk.StringVar()
# 生成一个 Label 控件，
# 参数说明： bg 为背景，fg 为前景色，font 设置字体，
# 其中 textvariable=var_label 将控件的 text 属性与变量 var 的值绑定在一起，形成联动
# width 为长，height 为高，这里的长和高是以单个字符的长和高为基本单位，
# 比如 width=50，指 Label 控件有 50 个字符宽度
vlabel=tk.Label(win,textvariable=var_label,bg='white',fg='black', font=('宋体',
12), width=50,height=1)
vlabel.pack()
# 在 vlabel 中显示选中的项
def display_select():
    try:
        print(lb.curselection())
        # get()函数返回当前选中的项，curselection()返回当前选中项的索引
        vsel=lb.get(lb.curselection())
        # 给变量 var_label 赋值
        var_label.set('你选择的是：'+vsel)
    # Listbox 控件 lb 未选择项，会报错，所以用以下语句处理
    except Exception as e:
        var_label.set('你尚未选择')
# 生成按钮
bt3=tk.Button(win,text='显示选中',font=('Arial',10),width=6,height=1,command=
display_select)
bt3.pack()
# 生成一个字符型变量
var=tk.StringVar()
# 给变量赋值，值是一个元组的形式，是可迭代的
var.set(('程序员','架构师','产品经理','设计师'))
```

```
# 将变量 var 的值加入 Listbox 控件 lb 的选项中
lb=tk.Listbox(win,listvariable=var)
lb.pack()
# 生成一个列表变量
vlist=['python 语言','c#语言','go 语言','php 语言']
# 将列表中的项加入到 lb 中，
# 第一个参数 end 表示在 lb 控件下拉列表项的后面增加新项
for item in vlist:
    lb.insert('end',item)
# 在 lb 下拉列表项的第 1 项前插入一项，Listbox 控件的选择项索引从 0 开始
lb.insert(0,'程序员爱编程')
lb.insert(3,'产品经理爱客户')
# 删除第 6 个下拉列表选项
lb.delete(6)
# 显示窗口
win.mainloop()
```

以上代码介绍了列表选择框（Listbox）初始化、添加删除下拉选择项以及获得选择项内容等方法。运行效果如图 4.5 所示。

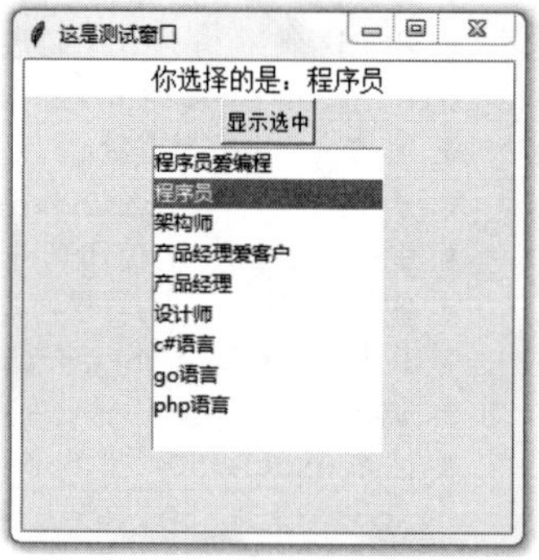

（7）滑动条在 tkinter 模块中的控件名为 scale，用户可以通过拖动滑块来设置一个数值。样例代码如下所示。

图 4.5　列表选择框

```
...
# 生成一个整型变量
var=tk.IntVar()
# 生成 Label 控件 vlabel，设置显示文本内容为空(text='')
vlabel=tk.Label(win,text='',width=60,bg='white',
fg='black',font=('宋体',14))
# 在窗口中放置 Label 控件 vlabel
vlabel.pack()
def s_select(v):
    vlabel.config(text='现在选择的数值是：' + v)
# 创建一个尺度滑动条控件，orient=tk.HORIZONTAL 设置滚动条控件水平显示
# 长度是 200 个字符长度之和(length=200)，刻度是从 0 开始到 10 结束（from_=0,to=10)，
# 刻度间隔为 2（tickinterval=2），精度为 0.01（resolution=0.01），也就是滑动条数值保留 2 位，
# showvalue=0 时不显示滑动条当前的值，拖动滑块时调用 s_select()函数
s=tk.Scale(win,label='数值',from_=0,to=10,orient=tk.HORIZONTAL,length=200,showvalue=0,
           tickinterval=2,resolution=0.01,command=s_select)
s.pack()
```

（8）消息框在 tkinter 模块中的控件名为 messagebox，实际上是一个消息弹窗，给出相关的提示信息。下面列举出 messagebox 提示信息的几种形式。样例代码如下所示。

```
from tkinter import messagebox
# 提示信息对话窗口，title 设置对话窗口标题，message 设置信息主体内容
messagebox.showinfo(title='提示', message='你的操作是正确的!')
# 警告信息对话窗口，title 设置对话窗口标题，message 设置信息主体内容
messagebox.showwarning(title='警告', message='如果不保存关闭程序，有可能丢失数据!')
```

```
# 错误提示对话窗口
messagebox.showerror(title='操作错误', message='你录入的数据类型不正确!')
# 选择对话窗, 显示'是(Y)', '否（N)'供用户选择,返回值'yes','no'
messagebox.askquestion(title='请选择', message='你确定数据正确无误?')
# 选择对话窗, 显示'是(Y)', '否（N)'供用户选择,返回值'True', 'False'
messagebox.askyesno(title='请选择', message='是否进入下一步流程!')
# 选择对话窗, 显示'是(Y)', '否（N)'供用户选择,返回值'True', 'False'
messagebox.askokcancel(title='请选择', message='你是否同意这个方案?')
```

（9）还有其他控件，如 Canvas、Menu 等，这里不再列举和介绍。

4.1.2　布局管理简介

tkinter 模块中对各类控件的摆放和位置设定是通过 grid、pack 和 place 三种布局方式进行的。pack 布局按添加顺序排列控件，grid 布局按行列的形式排列控件，place 布局按坐标位置排放控件。要注意的是三种布局方式在同一个窗口的控件排列中是不能混用的。

（1）pack 布局适用少量控件摆放，一般情况是第一个控件在最上方，后加入的控件依次排列在该控件的后面。如果想做出较为复杂的界面，可以将 Frame 控件当作容器，把界面划分成不同的组合，各组合中控件以 Frame 控件为父控件形成一个相对独立的部分。pack 布局的样例代码如下所示。

```
# 导入模块
import tkinter as tk
# 生成窗口
win=tk.Tk()
win.title('pack 布局测试')
# 设置窗口宽 300 像素, 高 100 像素
win.geometry('300x100')
# 增加一个 Frame 控件当作容器, 其中包含三个 Button 控件
frame1=tk.Frame(win)
# 生成一个 Button 控件
bt1=tk.Button(frame1,text='左边',width=8)
# 设置控件 bt1 在容器 frame1 中靠左排列, 在水平方向边距为 2 像素
bt1.pack(side=tk.LEFT,padx=2)
bt2=tk.Button(frame1,text='中间',width=8)
bt2.pack(side=tk.LEFT,padx=2)
bt3=tk.Button(frame1,text='右边',width=8)
bt3.pack(side=tk.LEFT,padx=2)
# 设置 frame1 在窗口靠左排列, 在纵向延伸(fill=tk.Y), 水平方向上边距为 6 像素
frame1.pack(side=tk.LEFT,fill=tk.Y,padx=6)
# 增加一个 Frame 控件当作容器, 其中包含三个 Label 控件
frame2=tk.Frame(win)
label1=tk.Label(frame2,bg='green',width=8,text='顶部')
# 设置控件 label1 在容器 frame1 中靠顶部排列, 锚点在左侧（anchor=tk.W),
# 在垂直方向上的边距为 2 像素
label1.pack(side=tk.TOP, anchor=tk.W, fill=tk.X,pady=2)
label2=tk.Label(frame2,bg='green',width=8,text='中部')
```

```
label2.pack(side=tk.TOP, anchor=tk.W, fill=tk.X,pady=2)
label3=tk.Label(frame2,bg='green',width=8,text='下部')
label3.pack(side=tk.TOP, anchor=tk.W, fill=tk.X,pady=2)
# 设置 frame2 在窗口靠右侧排列
frame2.pack(side=tk.RIGHT)
# 显示窗口
win.mainloop()
```

以上代码逻辑较为简单，利用了 Frame 控件做中间容器摆放控件，Frame 控件主要用来承载、放置其他控件，相当于是一个控件的容器，它将窗口分成不同的区域，然后存放不同的控件，这样使得用户图形界面的逻辑层级和功能区域划分得更加清晰。这里不对代码进行详细说明，只简单介绍一下 pack()函数中常用参数的用法。

- 参数 side 设置控件的对齐方式。有四种取值方式，分别是 tkinter.LEFT、tkinter.RIGHT、tkinter.TOP 和 tkinter.BOTTOM，代表左对齐、右对齐、上对齐和下对齐。
- 参数 fill 设置控件在水平或垂直方向延伸。fill 的取值有 tkinter.X、tkinter.Y、tkinter.BOTH 和 tkinter.NONE 四种形式，其中 tkinter.X 表示控件在水平方向上延伸；tkinter.Y 表示控件在垂直方向上延伸；tkinter.BOTH 表示控件在水平和垂直两个方向上同时延伸；tkinter.NONE 表示不做延伸。
- 参数 expand 设置控件是否展开。当其值为 tkinter.YES 时，控件显示在父控件的中心位置，此时 side 参数无效；当参数 expand 的值是 tkinter.YES 且 fill 的参数值是 BOTH 时，控件填充父控件的剩余空间。
- 参数 ipadx 和 ipady 分别设置控件在 x 轴方向上或者 y 轴方向上的内部间隙，单位为像素。
- 参数 padx 和 pady 分别设置控件在 x 轴方向上或者 y 轴方向上的外部间隙，单位为像素。
- 参数 anchor 是锚点选项。当控件的父控件可用空间大于控件的尺寸时，它决定控件摆放在父控件的哪个位置上。该参数取值有九个，分别是 tkinter.N、tkinter.S、tkinter.W、tkinter.E、tkinter.NW、tkinter.NE、tkinter.SW、tkinter.SE 和 tkinter.CENTER，表示上、下、左、右、左上角、右上角、左下角、右下角和中间这九个位置。

代码运行效果如图 4.6 所示。

（2）grid 布局是按照一个二维表格结构放置控件，可以理解为先把控件的父控件分隔成一系列的行和列，这些行和列组成了表格，表格中的每个单元格放置一个控件。样例代码如下所示。

图 4.6　pack 布局样式

```
import tkinter as tk
# 建立窗口
win=tk.Tk()
win.title('grid 布局样例')
win.geometry('360x320+200+100')
# 在当前程序目录下自添 GIF 格式图片并读入图片对象
img=tk.PhotoImage(file='./test.gif')
# 在 Label 控件上显示图片
label_img=tk.Label(win,width=100,height=100,image=img)
# 在第一行第一列放置 label_img
```

```
label_img.grid(row=0,column=0,rowspan=2,padx=10,pady=20)
# 生成一个 Label 控件
label1=tk.Label(win,text='地点：')
# 在第 1 行第 2 列放置 label1，sticky=tk.W 设置控件 label1 靠左放置
label1.grid(row=0,column=1,sticky=tk.W)
label2=tk.Label(win,text='内容：')
# 在第 2 行第 2 列放置 label2
label2.grid(row=1,column=1,sticky=tk.W)
# 生成一个输入框 e1
e1=tk.Entry(win)
e1.grid(row=0,column=2,sticky=tk.W)
e2=tk.Entry(win)
e2.grid(row=1,column=2,sticky=tk.W)
label3=tk.Label(win,text='简介：')
label3.grid(row=2,column=0,sticky=tk.W,padx=5)
text1=tk.Text(win,width=16,height=10)
# Text 控件 text1 放置在第 4 行，第 1 列，
# sticky=tk.W+tk.E+tk.N 设置控件居中（由 tk.W+tk.E 决定）、居上放置，
# columnspan=3 设置控件跨 3 列，padx=10 设置控件的左右边距为 10 像素，
# pady=10 设置控件的上下边距为 10 像素，
text1.grid(row=3,column=0,sticky=tk.W+tk.E+tk.N,columnspan=3,padx=10,pady=10)
win.mainloop()
```

以上代码主要是排列放置控件，这里不进行详细介绍，主要介绍一个 grid()函数。

- grid()函数中 sticky 参数指定控件的对齐方式，它的可选择的值有 tkinter.N、 tkinter.S、tkinter.W 和 tkinter.E，分别代表上、下、左、右。
- grid()函数中参数 row 和 column 参数指定控件在表格的第几行第几列排放，row、column 的起始值是 0。
- grid()函数中 columnspan 参数指定控件可跨越几列摆放，rowspan 参数指定控件可以跨越几行摆放。
- grid()函数中 ipadx、ipady、padx 和 pady 四个参数与 pack()中同名参数的意义相同。

代码运行效果如图 4.7 所示。

（3）place 布局使用坐标来表示控件摆放和设置的位置，是一种最简单、最灵活的布局。place 布局的样例代码如下所示。

图 4.7　grid 布局样例

```
import tkinter as tk
# 生成窗口
win=tk.Tk()
win.title('place 布局测试')
win.geometry('300x300')
# 生成一个 Label 控件
label1=tk.Label(win,text='这是一个位置',bg='green')
# 使用 relx=0.5,rely=0.2 将 Label 控件向下移动到距离窗口顶部 0.5 个窗口高度、
```

```
# 向右移动到距离窗口左部 0.2 个窗口宽度的位置,
# anchor=tk.CENTER 设置控件锚点是控件的中心,
# relwidth=0.5 设置控件的宽度是 0.5 个窗口宽度
label1.place(relx=0.5,rely=0.2,anchor=tk.CENTER,relwidth=0.5)
# 生成一个 Label 控件
label2=tk.Label(win,text='这是另一个位置',bg='yellow')
label2.place(relx=0.5,rely=0.6,anchor=tk.CENTER,relwidth=0.8,relheight=0.5)
win.mainloop()
```

以上代码较为简单,这里不再介绍,仅对 place()函数的相关参数进行说明。

- 参数 x 和 y 设置控件左上角的 x、y 坐标,单位是像素。
- 参数 relx 和 rely 设置控件的相对坐标(相对于父控件),是 0~1 之间的浮点数。例如当 relx=0.0 时,控件在父控件的左侧;当 relx=0.5 时,控件在父控件的中间(水平方向);当 relx=1 时,控件在父控件的右侧。rely 与 relx 类似,它是在垂直方向的相对坐标。

- 参数 anchor 表示锚选项,同 pack()中的同名函数的意义相同。
- 参数 width 和 height 表示控件的宽度和高度,单位是像素。
- 参数 relwidth 和 relheight 表示控件相对父控件的宽度和高度,是 0~1 之间的浮点数。

以上代码运行效果如图 4.8 所示。

图 4.8　place 布局样式

4.1.3　通过编程实现图形界面计算器

设计图形界面计算器时用到的控件的数量较多,因此在摆放控件时需细心布置。另外,要注意计算器上的每个按键在事件处理函数中的不同处理方法。计算器代码如下所示。

```
import tkinter as tk
# 单击按键调用的函数
def cal_command(event):
    # 取得计算器按键上文本
    but_text=event.widget['text']
    # 如果单击了等号键,取得计算式的值
    if but_text=='=':
        try:
            # 通过 eval()函数取得计算式的值,并转换成字符串
            result_num=str(eval(show_text.get()))
            but_text_new=result_num
        except:
            # eval()函数无法取得计算式的值,如计算式错误
            show_text.set('录入有错,请单击 C 键清除!')
            return
    # 如果单击了 C 键,清空显示框的值
    elif but_text=='C':
```

```python
            but_text_new=''
        else:
            # 其他情况，如单击了数值键、运算符键，该键值追加在显示框中已有字符串后面
            but_text_new=show_text.get()+but_text
        # 在显示框中显示
        show_text.set(but_text_new)
# 计算器按键排列函数
def layout():
    # 用列表保存计算器上的按键值，共 18 个按键值
    txt = ['7', '8', '9', '+','C', '4', '5', '6','-','%', '1', '2', '3', '*','=',
    '0', '.', '/']
    # 保存列表中索引
    but_index = 0
    # 设置计算器的按键，i 设置按键排列所在的行
    for i in range(1, 5):
        #超出列表的索引值，退出
        if but_index >= 18:
            break
        # j 设置按键排列所在的列
        for j in range(0, 5):
            if but_index >= 18:
                break
            # 生成计算器上按键，是一个 Button 控件
            bt = tk.Button(text=txt[but_index], width=12, height=1)
            # 当按键值为 "=" 时，设置等号按键高度跨两行
            if txt[but_index] == '=':
                bt.config(width=12, height=3)
                bt.grid(row=i, column=j, rowspan=2)
            # 当按键值为 0 时，设该按键宽度跨两列
            elif txt[but_index] == '0':
                bt.config(width=25)
                bt.grid(row=i, column=j, columnspan=2)
            # 由于前面按键 0 跨两列，后面的 "." 和 "/" 键依次向后顺延一列
            elif txt[but_index] == '.' or txt[but_index] == '/':
                bt.grid(row=i, column=j + 1)
            else:
                # 其他按键按行和列正常排放
                bt.grid(row=i, column=j)
            # 事件绑定，设置鼠标单击时，调用 cal_command()函数
            bt.bind('<Button-1>',cal_command)
            # 索引值加 1
            but_index += 1
# 主函数 main
if __name__=='__main__':
    # 生成一个窗口
    win = tk.Tk()
    # 设置窗口标题
```

```
win.title('简单的计算器')
show_text = tk.StringVar(value='')
# 用 Label 控件做计算器显示框,
# relief 设置控件浮雕样式（relief=tk.SUNKEN),
# relief 属性值有: FLAT、RAISED、SUNKEN、GROOVE 和 RIDGE 等,
# borderwidth 设置边框宽度,通过 anchor=tk.SE 设置控件锚点在右下角
lab = tk.Label(win, relief=tk.SUNKEN, borderwidth=3, anchor=tk.SE)
# 设置控件背景色,通过 textvariable=show_text 将控件的 text 属性与变量 show_text 绑定
lab.configure(background='white', textvariable=show_text, height=2, width=66)
# 把控件摆放在表格中,sticky 是对齐方式
lab.grid(row=0, column=0, columnspan=5, sticky=tk.SW)
# 调用计算器按键排列函数
layout()
# 显示窗口
win.mainloop()
```

（1）在设置计算器时，面板上的每个按键都是一个 Button 控件。代码中定义了一个 cal_command() 函数处理这些按键事件，函数首先通过 but_text=event.widget['text'] 取得按键上的文本，根据文本内容分三种方式处理：如果文本是"="时，直接计算显示框上的表达式，并把值显示出来；如果文本是 C 时，把显示框中的内容清空；其他情况直接将按键上的文本追加到显示框中原字符串的后面。

（2）layout() 函数的主要功能是在计算器上摆放按键，主要业务流程是先把按键上的文本放在列表变量中，然后通过循环，按表格行列摆放按键，依次取出列表中的文本显示在按钮上，并且通过 bt.bind('<Button-1>',cal_command) 语句绑定事件处理函数 cal_command()。

（3）主函数的业务流程是先生成一个窗体，接着放置一个 Label 控件作为计算器显示框，然后调用 layout() 函数在窗体放置数字和运算符作为计算器按键，该函数同时为每个按键设置了处理按键单击事件的函数 cal_command()。程序运行效果如图 4.9 所示。

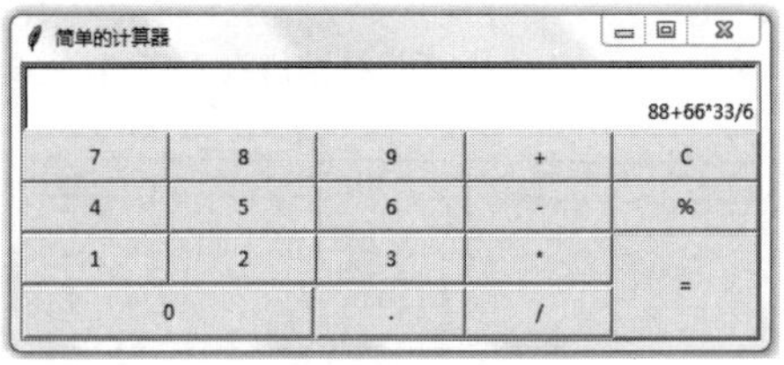

图 4.9　简单的图形界面计算器

4.2　实例 34　电子时钟

扫一扫，看视频

本节介绍电子时钟的实现方式，主要思路是取出当前的日期和时间，每隔 1 秒改变一下窗口上的显示时间。样例代码如下所示。

```
import tkinter as tk
import time,datetime
# 按日期返回星期数
def get_week_day(date):
    # 用一个字典建立对应关系
    dict = {
    0 : '星期一',
```

```python
        1 : '星期二',
        2 : '星期三',
        3 : '星期四',
        4 : '星期五',
        5 : '星期六',
        6 : '星期天',
        }
    # 取得日期对应的星期数的索引
    day = date.weekday()
    # 返回汉字的星期数
    return dict[day]
# 每1秒钟修改一下 clock_label 和 date_label 的显示值
def show_time():
    # 取得当天的星期数
    week_day=get_week_day(datetime.datetime.now())
    # 取得现在的日期和星期数
    str_date = time.strftime('%Y{}%m{}%d{}  ').format('年','月','日')+week_day
    # 取得当前时间
    str_time = time.strftime('%H:%M:%S %p').format('年','月','日')
    # 设置变量 date_str 的值，这个值与 Label 控件 date_label 的 text 属性值绑定，
    # 所以等于设置 date_label 的显示内容
    date_str.set(str_date)
    # 设置变量 time_str 的值，这个值与 Label 控件 clock_label 的 text 属性值绑定，
    # 所以等于设置 clock_label 的显示内容
    time_str.set(str_time)
    # 设置 clock_label 控件每 1000 毫秒调用一次 show_time() 函数
    # 也就是每 1 秒钟改变一下 date_label 和 clock_label 两个控件的显示内容
    clock_label.after(1000, show_time)
    #date_label.after(1000, show_time)
if __name__=='__main__':
    # 生成根窗口
    win=tk.Tk()
    # 设置窗口标题
    win.title('电子时钟')
    # 设置窗口宽 380 像素，高 160 像素
    win.geometry('380x160')
    # 生成一个字符型变量，这个变量与 clock_label 的 text 属性值绑定，
    # 也就是这个变量值发化变化，clock_label 的显示文本也跟着变化
    time_str=tk.StringVar()
    # 生成一个字符型变量，这个变量与 date_label 的 text 属性值绑定
    date_str=tk.StringVar()
    # 其中 textvariable=date_str 将控件的 text 属性与变量 date_str 的值绑定在一起，形成联动
    date_label=tk.Label(win,textvariable=date_str,bg='blue',fg='white',
                    font=('Arial',20),width=50,height=2)
    # 其中 textvariable=time_str 将控件的 text 属性与变量 time_str 的值绑定在一起，形成联动
    clock_label=tk.Label(win,textvariable=time_str,bg='blue',fg='white',
                    font=('Arial',30),width=50,height=2)
```

```
# 在窗体上放置 Label 控件
date_label.pack(anchor = 'center')
clock_label.pack(anchor = 'center')
# 调用函数，显示新的时间
show_time()
win.mainloop()
```

（1）get_week_day()函数先通过 day = date.weekday()取出星期数的索引，然后根据索引值在字典中取出星期数对应的汉字。

（2）show_time()函数的主要业务流程是：通过 clock_label.after(1000, show_time)语句每隔 1 秒钟调用一次自身，将当前的日期和时间取出，设置到 date_label 和 clock_label 两个标签上显示。

（3）主函数主要布局了两个 Label 标签（date_label 和 clock_label）在窗口上，设置了 date_str 和 time_str 两个变量，让这两个变量分别与两个标签的 text 属性关联，然后调用 show_time()函数每隔 1 秒钟修改一下 date_str 和 time_str 两个变量的值，这样使两个标签上的内容发生变化，即日期和时间发生变化，实现了电子时钟的功能。程序运行效果如图 4.10 所示。

图 4.10　电子时钟

扫一扫，看视频

4.3　实例 35　简单文本编辑器

4.3.1　编程要点

本节编程实例用 tkinter 模块中的 Text 控件做一个简单的文本编辑器。Text 控件可用于多行文本输入，这个控件功能较为强大，通过灵活的配置可以实现很多功能，如显示文本、图片、网页链接和 HTML 页面等。现简介如下。

（1）建立一个简单的文本录入窗口。样例代码如下所示。

```
import tkinter as tk
# 生成一个窗口
win=tk.Tk()
# 设置窗口标题
win.title('Text 控件')
# 生成一个 Text 控件，设置字体为宋体，字号为 12，宽度为 50 个字符，高度为 8 行
simtext=tk.Text(win,font=('宋体',12),width=50,height=8)
# 在窗口上放置 Text 控件
simtext.pack()
# 显示窗口
win.mainloop()
```

以上这段较为简单的代码生成了一个文本控件，主要是设置这个 Text 文本控件的所属窗口、字体、宽度和高度等属性。以上代码运行效果如图 4.11 所示。

🔊 **提示：**

Text 控件的宽度和高度的基本单位是字符的宽和高，即宽度表示一行能放几个字符，高度表示控件能放几行文本。注意：一个汉字占两个字符位置。

（2）当 Text 组件中内容过多时，有些会变得不可见，这时可以为该组件加上滚动条，方便用户操作。加滚动条的目的主要是处理该组件与滚动条的联动关系。样例代码如下所示。

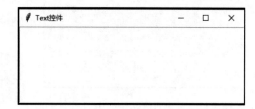

图 4.11　简单的 Text 控件

```python
import tkinter as tk
# 生成一个窗口
win=tk.Tk()
# 设置窗口标题
win.title('Text 控件')
# 生成一个 Text 控件，设置字体为宋体，字号为 12，宽度为 50 个字符，高度为 8 行
simtext=tk.Text(win,font=('宋体',12),width=50,height=8)
# 在窗口上放置 Text 控件，side=tk.LEFT 设置控件放在窗口左侧，
# fill=tk.Y 设置控件在垂直方向填充窗体
simtext.pack(side=tk.LEFT,fill=tk.Y)
# 生成滚动条控件
scroll_obj=tk.Scrollbar(win)
# 在窗口上放置滚动条控件，放在窗口右侧，在垂直方向填充窗体
scroll_obj.pack(side=tk.RIGHT,fill=tk.Y)
# 配置滚动条属性，command=simtext.yview 设置当用户操纵滚动条的时候，
# 调用 simtext 的 yview()方法，
# 也就是 simtext 中的内容会与滚动条联动来显示 simtext 中的内容
scroll_obj.config(command=simtext.yview)
# 配置 simtext 属性，yscrollcommand=scroll_obj.set 表示与滚动条绑定，形成联动
simtext.config(yscrollcommand=scroll_obj.set)
# 显示窗口
win.mainloop()
```

以上代码演示了在 Text 控件上使用垂直滚动条的方式，需要进行两方面的设置才能实现控件与滚动条配合联动的效果。

● 设置 Scrollbar 控件 command 等于 Text 控件的 yview()方法，语句为 scroll_obj.config (command=simtext.yview)。

● 设置 Text 控件的 yscrollbarcommand 等于 Scrollbar 控件的 set()方法，语句为 simtext.config (yscrollcommand=scroll_obj.set)。

完成以上两步配置，就把两个控件绑定在一起了，当用户操纵滚动条时，程序会自动调用 Text 控件的 yview() 方法显示相应的内容以保持与滚动条的联动和对应；当用户移动光标改变 Text 控件的可视范围时，滚动条相应发生移动。

🔊 **提示：**

添加水平滚动条的方法跟上述代码相似，只需将 Text 控件的属性名由 yscrollcommand 换

105

图 4.12　带垂直滚动条的 Text 控件

成 xscrollcommand，将 Scrollbar 控件 command 属性值由 yview 改为 xview 即可。代码运行效果如图 4.12 所示。

（3）Text 控件在定位字符的位置、选择字符串和设置字符串方面主要用到索引（index）、标记（mark）和标签（tag）三种类型。

● Text 控件索引形式是由小数点分隔的数字组成，小数点前表示行，小数点后表示列，行索引是从 1 开始，列索引是从 0 开始，例如'2.2'表示第 2 行第 3 列的字符。

● 标记（mark）实际上是一个字符的索引，不过这个索引用字符串表示，也就是给索引起了个名字。Text 控件使用 mark_set()方法创建标记，使用 mark_unset()方法删除标记。

● 标签（tag）的目的是选取一组字符串，这些字符串是个集合，它可以包含不同位置的多个字符串，这些字符串以起始和结束两个索引值选择出来，如果是单个索引值表示选中一个字符。Text 控件使用 tag_add()方法创建标签或向标签中增加新的字符串，使用 tag_config()方法可以为打上标签的字符串设置属性，例如设置字符串的背景色、字体大小和颜色等。索引、标记和标签使用样例如下所示。

```python
import tkinter as tk
# 与网页浏览有关的模块
import webbrowser
# 生成窗口
win = tk.Tk()
# 设置 Text 控件 simtext 宽可容纳 38 个字符（每行），高可容纳 8 行
simtext =tk.Text(win,width=38,height=8)
# 在窗口上放置控件
simtext.pack()
# 在 Text 控件 simtext 中加入文本内容
simtext.insert(tk.INSERT,'这是一个测试，不要紧张！')
# 以下语句打印出"这是一个测试"，
# get()函数"取头不取尾"，该函数的两个参数表示文本控件中字符串的起始位置索引，
# 索引值是由小数点分隔字符串，小数点前表示行，小数点后表示列，
# 行索引是从 1 开始，列索引是从 0 开始
# simtext.get('1.0','1.6')取得第 1 行第 1~6 个字符，共 6 个，
# 取得的字符不包括最后一个（1.6 对应第 1 行第 7 个字符）
print(simtext.get('1.0','1.6'))
# 设置第 1 行第 4 个字符的位置为 mark，并命名为 marktest，实际上 mark 就是命名的索引
simtext.mark_set('marktest','1.4')
# 在 marktest 前面插入"小"，即在第 1 行第 5 个字符的位置前插入
simtext.insert('marktest','小')
# 生成一个标签 tag，tag 相当于从一个或多个索引范围选中一系列字符串，
# 这些选中的字符同属于一个标签，
# 这个标签会被命名，tag_add()函数的第一个参数就是标签的名字，
# 一般传给该函数的表示索引位置的参数是成对出现的
# 如果传入的表示索引位置的参数是奇数个，那么最后一个就以单个字符的形式加入 tag 标签
simtext.tag_add('tag_test','1.0','1.7','1.10','1.12')
```

```
# 设置标签所包含的字符串的背景色 background 和字符本身的颜色 foreground
simtext.tag_config('tag_test',background='yellow',foreground='red')
# 在文本尾部加入字符串
simtext.insert(tk.END,'\n测试：单击打开百度网站')
# 生成一个标签，把第 2 行第 6～11 个字符设成标签 tag_baidu,
# 提示：字符在列上的索引从 0 开始计数。
simtext.tag_add('tag_baidu','2.5','2.11')
# 设置属于标签 tag_baidu 的字符串的 foreground 和 underline 属性
simtext.tag_config('tag_baidu',foreground='blue',underline=True)
# 定义一个函数，功能是打开一个网页
def openbaidu(event):
    webbrowser.open('http://www.baidu.com')
# 给标签 tag_baidu 绑定事件，单击这个标签的文字，调用函数 openbaidu(event)
simtext.tag_bind('tag_baidu','<Button-1>',openbaidu)
# 显示窗口
win.mainloop()
```

代码运行后通过设置一个 mark 取得一个索引位置，并把"小"放在该位置；还通过设置标签 tag 把一部分字符串归到一个集合中并打上标签，然后将打上标签的字符串的背景色与字体颜色进行改变。代码运行效果如图 4.13 所示。

图 4.13　设置了标 mark 和 tag 的 Text 控件

（4）Text 控件中可以插入图片进行显示。操作方法分为两步，第一步读入图片，通过 PhotoImage()函数将磁盘上的图片读入内存，注意 tkinter 库模板 PhotoImage()函数只能处理 GIF 类型的图片，如果想显示其他类型的图片，可以引用 PIL 库模块；第二步调用 Text 控件的 image_create()函数将图片显示出来。样例代码如下所示。

```
import tkinter as tk
# 建立窗体
win=tk.Tk()
# 设置窗口标题
win.title('图片—文字')
# 生成一个 Text 控件
text_img=tk.Text(win, width=30,height=20)
# 在程序当前的目录下添加 test.gif 文件
# 读入图片对象
img=tk.PhotoImage(file='../test.gif')
# 在 Text 控件 text_img 中插入图片
text_img.image_create(tk.END, image=img)
# 将 Text 控件摆放在窗口左侧
text_img.pack(side=tk.LEFT)
# 生成另一个 Text 控件 simtext
simtext=tk.Text(win,font=('宋体',12),width=30,height=18)
# 在窗口上放置 Text 控件，side=tk.LEFT 设置控件放在窗口左侧，
# fill=tk.Y 设置控件在垂直方向填充窗体
simtext.pack(side=tk.LEFT,fill=tk.Y)
```

```
# 生成滚动条控件
scroll_obj=tk.Scrollbar(win)
# 在窗口上放置滚动条控件，放在窗口右侧，在垂直方向填充窗体
scroll_obj.pack(side=tk.RIGHT,fill=tk.Y)
# 配置滚动条属性，command=simtext.yview 表示当用户操纵滚动条时，
# 调用 simtext 的 yview()方法，
# 也就是 simtext 中的内容会与滚动条联动来显示 simtext 中的内容
scroll_obj.config(command=simtext.yview)
# 配置 simtext 属性，yscrollcommand=scroll_obj.set 表示该控件与滚动条绑定，形成联动
simtext.config(yscrollcommand=scroll_obj.set)
# 将 Text 控件靠左侧排放，由于前边有个 Text 控件 text_img 已排在左边，
# 它将排 text_img 的右边（相对于窗体它是从左排起）
simtext.pack(side=tk.LEFT)
# 将滚动条 scroll_obj 靠近右侧排放
scroll_obj.pack(side=tk.RIGHT,fill=tk.Y)
# 在 Text 控件 simtext 中插入文字，并将插入的文字设置为标签（tag），名字为 tag-title，
# 这是另一种设置标签的方式
simtext.insert(tk.INSERT,'\n 雾 \n','tag-title')
# 配置标签的字体形式
simtext.tag_config('tag-title',font=('黑体',20,'bold'))
# 给变量赋值一个长字符串
content='''
    早上起床望向窗外，下雾了，树木建筑物若隐若现，感觉离得比平时更远了一些
    这个节气，雾天应该较少见了。上班途中，雾气在不同地段浓淡不一，司机和行人都很谨慎，速度大多
比平时慢几分
    雾带来潮潮的、模糊的感觉，使人感觉不太舒服，但看到绿叶被沁了一般，绿油油的，心情便变得极好
    近观衬在白雾中的植物，更显苍翠，那些静静的花红柳绿都沉浸在内心的愉悦中
'''
# 将长字符串追加到 Text 控件 simtext 的后面
simtext.insert(tk.END,content)
# 显示窗口
win.mainloop()
```

- 以上代码首先生成一个 Text 控件（text_img），这个控件读入图片并显示，接着通过 text_img.pack(side=tk.LEFT)语句将这个 Text 控件显示在窗体的左侧。

- 代码又生成另一个 Text 控件(simtext)，这控件通过语句 simtext.pack(side=tk.LEFT,fill=tk.Y) 设置其位置靠近左侧，紧邻 text_img（即在 text_img 的右侧），同时在窗体右侧生成一个滚动条与 simtext 控件相配合。

- 在 simtext 控件中通过加入标签的方式设置其中某些字符串的字体。设置标签对应的语句为 simtext.insert(tk.INSERT,'\n 雾 \n','tag-title')，这是一种新的打标签的方法，函数的第三个参数值 tag-title 就是标签名，这种方式是在插入字符串的同时为字符串打上标签，省去了计算字符串起始索引位置这一步，比较直观且不易出错。

以上代码运行效果如图 4.14 所示。

图 4.14　图文并茂的 Text 控件

（5）在本节的编程实例中有很多地方用到了事件绑定，这里简要介绍一下。事件可以来自对控件的操作，如按键、单击鼠标等；也可以来自系统，如中断、监听等。事件绑定的调用格式为 widget.bind(event,handler)，其中 widget 表示控件等可以发生事件的对象，参数 event 表示事件的名称，参数 handler 表示事件发生时要调用的方法（函数）。简单来说就是当 event 发生时，会调用 handler 进行处理。举个鼠标单击的样例，代码如下所示。

```
import tkinter as tk
# 鼠标单击事件调用的函数
def click_info(event):
    # 在 Label 控件 vlabel 中显示鼠标单击的位置
    vlabel.config(text='您在坐标为('+str(event.x)+', '+str(event.y)+')位置单击了一下')
# 生成一个窗口
win=tk.Tk()
win.title('测试鼠标单击事件')
win.geometry('300x300')
# 生成一个 Label 控件
vlabel=tk.Label(text='',bg='green',fg='white',width='50',font=('宋体',12))
# 放置 Label 控件
vlabel.pack(side=tk.LEFT,anchor=tk.N)
# 在窗口 win 上绑定事件，<Button-1>是事件名，表示单击，
#click_info 是事件发生时要调用的函数
win.bind('<Button-1>',click_info)
win.mainloop()
```

以上代码在窗口中绑定了单击鼠标左键的事件，并调用事件处理函数 click_info()在窗口的 Label 控件中显示鼠标单击的位置，运行效果如图 4.15 所示。

代码用 win.bind('<Button-1>',click_info)语句给窗口绑定了单击鼠标左键事件，事件发生时调用 click_info()函数，可见事件绑定的方法是非常简单直观的，只需掌握事件名称的表示即可。表 4.1 列出了常见事件绑定的类型和说明。

图 4.15　鼠标单击事件

表 4.1　常见事件绑定类型

鼠标事件类型	说　　明
\<Button-1\>	按下了鼠标左键
\<Button-2\>	按下了鼠标中键
\<Button-3\>	按下了鼠标右键
\<Enter\>	鼠标进入绑定事件的控件区域
\<Leave\>	鼠标离开绑定事件的控件区域
\<ButtonRelease-1\>	释放了鼠标左键
\<ButtonRelease-2\>	释放了鼠标中键
\<ButtonRelease-3\>	释放了鼠标右键
\<B1-Moion\>	按住鼠标左键移动
\<B2-Moion\>	按住鼠标中键移动
\<B3-Moion\>	按住鼠标右键移动
\<Double-Button-1\>	双击鼠标左键
\<Double-Button-2\>	双击鼠标中键
\<Double-Button-3\>	双击鼠标右键
\<MouseWheel\>	滚动鼠标滚轮
\<Key\>、\<Any-KeyPress\>	按下键盘上的键
\<Shift_L\>	按下左 Shift 键
\<Shift_R\>	按下右 Shift 键
\<F1\>	按下 F1 键（按下 F2 和 F3 等键与此类似）
\<Return\>	按下回车键
\<BackSpace\>	按下退格删除键
\<Control-A\>	按下 Ctrl 和 A 键（其他组合键与此类似）
\<Control-Shift-A\>	按下 Ctrl、Shift 和 A 三键（其他组合键与此类似）

4.3.2　通过编程实现文本编辑器

这个简单的文本编辑器是充分利用 tkinter 模块的 Text 控件的属性进行设计的，代码相对来说较长，这里将分段进行介绍，以下是第一段，代码如下所示。

```python
# 代码的第一段
# 导入相关的库模块
import tkinter as tk
from tkinter import filedialog
from tkinter import messagebox
import os
# 关闭窗口时提示
def close_win():
    # 提示信息
    if messagebox.askokcancel('退出提示', '确定退出吗?'):
```

```
        # 关闭窗口
        win.destroy()
# 设置行号，加入参数 event=None，可以使该函数与事件绑定
# 因为事件调用函数时，默认传递给函数一个参数 event
def set_linenumber(event=None):
    # 取得 Text 控件 simtext 的最后索引值，通过 split()函数把行和列分出来
    row,col=simtext.index(tk.END).split('.')
    # 形成行号
    line='\n'.join([str(i) for i in range(1,int(row))])
    # Text 控件 text_line 的状态设置为 tk.NORMA，这样可以写入文本
    text_line.config(state=tk.NORMAL)
    # 删除 text_line 中的文本
    text_line.delete('1.0',tk.END)
    # 从第 1 行起写入行号
    text_line.insert('1.0',line)
    # Text 控件 text_line 的状态设置为 tk.DISABLED，这样不能写入文本
    text_line.config(state=tk.DISABLED)
```

（1）第一段代码有 close_win()和 set_linenumber()两个函数，close_win()函数实现窗口关闭时提示的功能，防止用户在没有保存的情况下误关闭窗口；set_linenumber()函数使得窗口左侧显示的行号 text_line（是一个 Text 控件）是根据另一个 Text 控件 simtext 中的内容计算行数并显示行号的。实现方式是取得 simtext 文本中最后一个字符的索引位置，并通过 split()函数取出行数和列数，对应语句为 row,col=simtext.index(tk.END).split('.')，根据取得的行数形成从 1 开始的一系列数据的字符串，每个数值后面加一个换行符（\n），然后显示在 text_line 中，形成文本的行号，效果如图 4.16 所示。

图 4.16　文本编辑器的行号显示

（2）这里要注意，设置行号的函数的定义形式为 def set_linenumber(event=None):，其中传递了一个参数 event=None，表示这个参数默认为空，这表示某些事件发生时可以调用该函数。因为事件绑定某个函数时，在事件激活时会向这个函数传递一个事件变量（event），该变量包含着事件对象的一部分信息。

第二段代码实现文件新建、打开和保存等功能。样例代码如下所示。

```python
# 第二段代码
# 建立一个空白编辑界面
def create_new(event=None):
    # 设置窗口标题
    win.title('简单的编辑器--新文件(未命名)')
    # 删除 simtext 中的文本
    simtext.delete('1.0', tk.END)
    # 调用函数，重新设置行号
    set_linenumber(event=None)
# 把文件的文本读入到 simtext 控件中
def open_file(event=None):
    global filename
    # 通过文件选择窗口得到文件名
    filename = filedialog.askopenfilename(defaultextension='.txt')
    if filename == '':
        filename = None
    else:
        # 用文件名设置窗口标题
        win.title('简单的编辑器--' + os.path.basename(filename))
        # 清空 simtext 中的文本
        simtext.delete(1.0, tk.END)
        # 把文件中的文本读入到控件 simtext 中
        with open(filename, 'r') as f:
            f = open(filename, 'r')
            simtext.insert(1.0, f.read())
            # 调用函数，重新设置行号
            set_linenumber(event=None)
# 把控件 simtext 的文本保存到文件中
def save_file(event=None):
    global filename
    try:
        with open(filename, 'w') as f:
            # 取得 simtext 中的文本
            msg = simtext.get(1.0, tk.END)
            f.write(msg)
    except:
        saveas()
# 保存未命名的文件
def saveas(event=None):
    # 通过文件选择窗口得到文件名
```

```
    fname = filedialog.asksaveasfilename(initialfile='未命名.txt',
defaultextension='.txt')
    global filename
    filename = fname
    with open(fname, 'w') as f:
        msg = simtext.get(1.0, tk.END)
        f.write(msg)
    # 用文件名设置窗口标题
    win.title('简单的编辑器--' + os.path.basename(fname))
```

第二段代码中的函数都是涉及文件操作的函数，具体说明如下。

（1）新建文件函数 create_new()，这个函数功能简单，主要实现的功能是设置窗口标题为 "简单的编辑器--新文件(未命名)" 来标识这是一个新建文件，并清除 simtext 控件中的文本内容，在函数最后调用 set_linenumber(event=None) 函数重新设置行号。

（2）打开文件函数 open_file()，该函数通过 filename = filedialog.askopenfilename(defaultextension='.txt') 语句打开一个对话框，选择一个文件并把文件中的文本放到 simtext 控件中，在函数最后调用 set_linenumber(event=None) 函数重新设置行号。

（3）保存文件函数 save_file() 用到一个 try...except 语句块，首先以 file_name 保存文件，如果可以保存，说明这个文件是通过 open_file() 函数读入的文件，有文件名；如果是通过 create_new() 函数新建的文件，则没有文件名，这时会报错，程序中 except 捕获错误，然后调用 saveas() 函数进行处理。

（4）文件另存为函数 saveas()，该函数调用文件对话框 fname = filedialog.asksaveasfilename(initialfile='未命名.txt', defaultextension='.txt') 让用户设置文件名，如果用户输入文件名，就以该文件名保存文件；如果用户未输入文件名，就默认用 "未命名.txt" 保存文件。

第三段代码如下所示。

```
# 第三段代码
# 以下函数调用事件绑定通用功能
def copy():
    # 绑定通用事件，这里执行系统通用的 "复制" 功能
    simtext.event_generate('<<Copy>>')
def cut():
    # 绑定通用事件，这里执行系统通用的 "剪切" 功能
    simtext.event_generate('<<Cut>>')
def paste():
    # 绑定通用事件，这里执行系统通用的 "粘贴" 功能
    simtext.event_generate('<<Paste>>')
def redo():
    # 绑定通用事件，这里执行系统通用的 "恢复" (redo) 功能
    simtext.event_generate('<<Redo>>')
def undo():
    # 绑定通用事件，这里执行系统通用的 "撤销" 功能
    simtext.event_generate('<<Undo>>')
def selectAll():
    # 绑定通用事件，这里执行系统通用的 "全选" 功能
    simtext.event_generate('<<SelectAll>>')
```

第三段代码中的各个函数是通过 event_generate()函数将通用的事件执行方法绑定到 simtext 控件，也就是当调用这些函数时，实际执行控件事件的是系统早已定义好的对应事件的方法（函数），不需重新编写相关代码，event_generate()这个函数可以产生相应的事件响应流程，不需要自定义函数。

第四段代码生成一个搜索窗口，并实现在文本中查找关键字的功能。样例代码如下所示。

```python
# 第四段代码
# 生成搜索窗口，并实现查找功能
def search(event=None):
    def do_search(ignore_case):
        # 获取查找的内容
        key= e_search.get()
        # 清除上次查找时设置的标签 tag_search
        simtext.tag_remove('tag_search','1.0',tk.END)
        # 设置一个起始索引
        start_pos=1.0
        vcount=0
        while True:
            # 取得匹配到的字符的位置索引，key 是要查找的关键字，
            # start_pos 设置开始查询的索引位置，
            # nocase 设置查询时是否忽略大小写，stopindex 设置查询到哪里结束
            start_pos = simtext.search(key,start_pos,nocase=ignore_case, stopindex= tk.END)
            # 如果匹配到了就继续往下，没有匹配到就退出 while 循环
            if not start_pos:
                break
            #print(start_pos,len(key))
            # 形成计算公式，计算出当前索引加上搜索关键字的长度得到新索引位置
            end_pos = '{}+{} chars'.format(start_pos, len(key))
            # 把每个查询到与关键字相匹配的内容打上标签
            simtext.tag_add('tag_search',start_pos,end_pos)
            # 查询到的匹配的字符串个数
            vcount+=1
            # 把查询起始位置设到当前打完标签的内容之后，开始继续查询
            start_pos=end_pos
        # 设置标签中的字符的前景色和背景色
        simtext.tag_config('tag_search',background='green',foreground='red')
        # 弹出提示信息
        messagebox.showinfo('查找', '共查到%d 个"%s"' % (vcount, key))
        # 把焦点放到查询窗口 win_search 上，可以查询新的关键字
        win_search.focus_set()
        # 以上语句是 do_search()函数结束的位置
    # 在窗口 win 前面新建一个窗口 win_search
    win_search = tk.Toplevel(win)
    # 设置窗口标题
    win_search.title('搜索对话框')
    # 设置窗口的大小和位置
    win_search.geometry('460x60+280+200')
    # 设置窗口不可变
```

```
win_search.resizable(False, False)
# 放置一个 Label 控件
label_search=tk.Label(win_search, text='请录入要查找的内容：')
# 设置 Label 控件的位置
label_search.grid(row=0, column=0, sticky=tk.E)
# 放置一个输入框 Entry，用来录入要查询的关键字
e_search = tk.Entry(win_search, width=30)
# 设置输入框的位置
e_search.grid(row=0, column=1, padx=2,pady=2,sticky=tk.EW)
# 生成一个整型变量
ignore_case = tk.IntVar()
# 生成一个按钮，单击按钮，调用 do_search()函数，并传递参数
but_search = tk.Button(win_search, text='查找',command=lambda :do_search
(ignore_case.get()))
but_search.grid(row=0, column=2,padx=2,pady=2)
# 生成一个选择按钮，其值与变量 ignore_case 绑定(variable=ignore_case)，
# onvalue 设置选中时的值，offvalue 设置未选中时的值
ck_case=tk.Checkbutton(win_search, text='忽略大小写',
                       variable=ignore_case,onvalue=1,offvalue=0)
# 在窗口上放置“忽略大小写”的按钮
ck_case.grid(row=1, column=1, sticky=tk.W, padx=2, pady=2)
# 关闭窗口处理函数
def close_winsearch():
    # 清除以前的标签，即查询时在控件 simtext 中做出的标记
    simtext.tag_remove('tag_search','1.0',tk.END)
    # 销毁窗口
    win_search.destroy()
# 通过属性 WM_DELETE_WINDOW 设置关闭窗口调用 close_winsearch()函数
win_search.protocol('WM_DELETE_WINDOW', close_winsearch)
# 退出
return
```

（1）第四段 search()函数主体部分（代码写在了 do_search()函数后面）先建立了一个搜索窗口，窗口主要有一个 Entry 控件用来让用户录入搜索关键字，还有一个 Checkbutton 控件让用户决定是否忽略大小写，搜索窗口如图 4.17 所示。

图 4.17　搜索窗口

（2）函数体内 do_search()函数实现在控件 simtext 的文本中查找与关键字匹配的内容并加入标签的功能。该函数在查找前首先通过 simtext.tag_remove('tag_search','1.0',tk.END)语句清除以前查找操作在字符串上做出的标记，接着定位到文本起始位置，建立一个循环，通过 start_pos = simtext.search(key,start_pos, nocase=ignore_case, stopindex=tk.END)语句查找到匹配关键字的字符串的起始索引，再

通过 end_pos = '{}+{} chars'.format(start_pos, len(key)) 语句计算出匹配内容的结束索引，用 simtext.tag_add('tag_search',start_pos,end_pos)语句给这个找到的字符串打上标签并命名为 tag_search，然后用这个字符串结束的位置作为下一次的搜索起点，开始新的一次查询，循环搜索直到文本结束，最后给标签中的字符设置前景色和背景色，与文本中的其他内容区别开来。

（3）函数体内还有一个函数 close_winsearch()，这个函数设置在关闭搜索窗口时，会清除本次搜索做出的标记。

搜索功能是文本编辑器的必要功能，它可以设计得更加实用，功能更强，这里只是实现最简单的功能，其运行效果如图 4.18 所示。

图 4.18　在文本中查找关键字

第五段代码主要生成窗口菜单和右键弹出菜单（上下文菜单）。样例代码如下所示。

```
# 第五段代码
# 生成窗口菜单
def create_menu():
    # 生成窗口菜单
    menu_obj = tk.Menu(win)
    # 设置"一级菜单"的属性，生成一个"一级菜单"对象
    menu_file = tk.Menu(menu_obj,tearoff=0)
    # 增加一个"一级菜单"，并与"一级菜单"对象关联
    menu_obj.add_cascade(label='文件操作',menu=menu_file)
```

```
    #  在"一级菜单"中增加一个菜单项
        menu_file.add_command(label='新建', command=create_new,accelerator='Ctrl + N')
    #  设置快捷键，将其与 Control+N 的事件绑定，
    #  这个事件与增加菜单项函数 add_command()的参数 accelerator 的值相对应
        menu_file.bind_all('<Control-N>',func=create_new)
        menu_file.add_command(label='打开', command=open_file, accelerator='Ctrl + O')
        menu_file.bind_all('<Control-O>',func=open_file)
        menu_file.add_command(label='保存', command=save_file, accelerator='Ctrl + S')
        menu_file.bind_all('<Control-S>', func=save_file)
        menu_file.add_command(label='另存为', command=saveas, accelerator='Ctrl + Shift + S')
        menu_edit=tk.Menu(menu_obj,tearoff=0)
        menu_obj.add_cascade(label="编辑操作", menu=menu_edit)
        menu_edit.add_command(label="复制", command=copy, accelerator="Ctrl + C")
        menu_edit.add_command(label="剪切", command=cut, accelerator="Ctrl + X")
        menu_edit.add_command(label="粘贴", command=paste, accelerator="Ctrl + V")
        #  设置菜单项间的分隔线
        menu_edit.add_separator()
        menu_edit.add_command(label='撤销', command=undo, accelerator='Ctrl + Z')
        menu_edit.add_command(label='恢复', command=redo, accelerator='Ctrl + Y')
        menu_edit.add_separator()
        menu_edit.add_command(label="全选", accelerator="Ctrl + A", command=selectAll)
        menu_edit.add_command(label="查找", command=search, accelerator="Ctrl + F")
        menu_file.bind_all('<Control-F>', func=search)
        win.config(menu=menu_obj)
#  建立弹出菜单
def create_popup_menu():
    pop_menu=tk.Menu(simtext,tearoff=0)
    for name,comm in zip(['复制','剪切', '粘贴', '撤销', '恢复'],[copy,cut, paste,
    undo, redo]):
        pop_menu.add_command(label=name,command=comm)
    pop_menu.add_separator()
    pop_menu.add_command(label='全选', command=selectAll)
    #  将弹出菜单显示绑定到 simtext 的右击事件上
    simtext.bind('<Button-3>',lambda event: pop_menu.tk_popup(event.x_root,
    event.y_root))
```

（1）以上代码中 ceate_menu()功能是建立窗口菜单，业务逻辑较为简单，需要注意 Menu()函数中的 tearoff 参数的应用（如 menu_file = tk.Menu(menu_obj,tearoff=0)语句）。当 tearoff=0 时，表示下级菜单各菜单项与父级菜单不可以脱离；当 tearoff=1 时，则表示可以脱离，表现形式为：当 tearoff=1 时，下级菜单顶端有一个虚线；当 tearoff=0 时，则没有。

（2）建立菜单项函数 add_command()中的参数 accelerator 给出该菜单项快捷键的说明，参数 command 设置选中该菜单项要调用的函数，如 menu_edit.add_command(label="全选", accelerator= "Ctrl + A", command=selectAll)语句。

（3）在 add_command()函数中用参数 accelerator 指定了快捷按键，还需以事件绑定的方式才可以实现快捷键的应用，绑定语句形如：menu_file.bind_all('<Control-F>', func=search)。

（4）右键弹出菜单要在鼠标选定的位置弹出，需要绑定右键单击事件，绑定方式形如 simtext.bind('<Button-3>',lambda event: pop_menu.tk_popup(event.x_root, event.y_root)) 语句，需要注意，调用 pop_menu.tk_popup() 函数时一般需要传参数，如传递 event.x_root 和 event.y_root 两个参数，这时需要用 lambda 函数解决传参问题。

第六段代码是最后一段，是主函数。样例代码如下所示。

```python
# 第六段代码
# 主函数 main
if __name__ =='__main__':
    filename = ''
    # 生成窗口
    win = tk.Tk()
    # 设置窗口的大小和位置
    win.geometry('800x600+180+60')
    # 设置窗口标题
    win.title('简单的编辑器')
    # 通过设置 WM_DELETE_WINDOW 属性，
    # 使得关闭窗口时调用 close_win() 函数，进行关闭前的提醒
    win.protocol('WM_DELETE_WINDOW', close_win)
    # 建立窗口菜单
    create_menu()
    # 在窗口左侧建立一个显示行号的栏，由 Text 控件生成
    text_line=tk.Text(win,width=3)
    # 把显示行号的控件放在窗口左侧，纵向延伸
    text_line.pack(side=tk.LEFT, fill=tk.Y)
    # 生成一个 Text 控件，作为文本编辑的主体
    simtext = tk.Text(win,wrap=tk.WORD,undo=True)
    # 在窗口上放置 Text 控件，
    # side=tk.LEFT 设置控件放在窗口左侧，
    # fill=tk.Y 设置控件在垂直方向填充窗体
    simtext.pack(expand=True,fill=tk.BOTH)
    # 生成滚动条控件
    scroll_obj=tk.Scrollbar(simtext)
    # 在 Text 控件上放置滚动条控件，放置在该控件右侧，滚动条是垂直方向的滚动条
    scroll_obj.pack(side=tk.RIGHT,fill=tk.Y)
    # 配置滚动条属性，command=simtext.yview 语句表示当用户操纵滚动条的时候，
    # 调用 simtext 的 yview() 方法，
    # 也就是 simtext 中的内容会与滚动条联动来显示 simtext 中的内容
    scroll_obj.config(command=simtext.yview)
    # 配置 simtext 属性，yscrollcommand=scroll_obj.set 语句表示该控件与滚动条绑定，形成联动
    simtext.config(yscrollcommand=scroll_obj.set)
    # 在 simtext 控件上绑定任意键事件，当按任意键时，调用 set_linenumber()
    simtext.bind_all('<Any-KeyPress>', set_linenumber)
    # 调用函数设置右键弹出菜单窗口
    create_popup_menu()
    # 显示窗口
    win.mainloop()
```

（1）主函数代码首先建立主窗口，设置 WM_DELETE_WINDOW 属性，使得关闭窗口时调用 close_win()函数进行关闭前的提醒；调用 create_menu()函数建立菜单；在窗口左侧放置一个显示行号的 Text 控件，窗口右侧放一个滚动条，窗口其余部分分配给另一个 Text 控件，用来做文本编辑器。

（2）主函数还绑定任意键事件，对应 simtext.bind_all('<Any-KeyPress>', set_linenumber)语句，这个事件调用 set_linenumber()函数，这样每一次按键都会对行号重新计算、重新显示。最后主函数调用 create_popup_menu()函数生成文本编辑器的右键弹出菜单。

4.4 实例 36 登录和注册窗口

扫一扫，看视频

4.4.1 pickle 模块简介

本节编程实例中，用文件保存用户信息，这需要用 pickle 模块对包含用户信息的数据类型进行序列化操作并保存，这里简单介绍一下该模块。

pickle 可以对 Python 中的各种数据对象进行序列化并以文件的形式保存在磁盘上，也就是说 pickle 提供了一种数据持久化的功能。pickle 模块主要有序列化和反序列化两个功能，现简介如下。

（1）序列化函数 pickle.dump(obj, file,protocol)的功能是将 Python 中的数据对象进行序列化并将结果写入文件中。参数 obj 是 Python 的数据对象；参数 file 是要保存数据对象的文件名字；参数 protocol 是指序列化模式，默认值为 0，表示以文本的形式序列化；当 protocol 的值为 1 时表示以二进制的形式序列化。

（2）反序列化函数 obj=pickle.load(file)的功能是将文件（保存着 Python 数据对象）中的内容读入并进行反序列化，解析转化成 Pyhton 的数据对象。参数 file 是要反序列化的文件名；返回值 obj 是反序列化后生成的一个 Python 对象。

pickle 样例代码如下所示，其中注释已放在代码中，这里不再赘述。

```
import pickle
# 生成一个字典类型变量
dic={'name':'小明','age':16,'sex':'男'}
# 以二进制写文件，因为 pickle 模块的 dump()是以二进制形式写入的
with open('./test.pkl','wb') as f:
    # 对字典 dic 进行序列化并写入文件，以二进制形式写入
    pickle.dump(dic,f,1)
input('按作意键，从文件中读入...')
# 以二进制读入文件
with open('./test.pkl','rb') as f:
    # 对文件中内容进行反序列化，并解析成字典类型变量
    dic_1=pickle.load(f)
# 下面语句打印出：{'name': '小明', 'age': 16, 'sex': '男'}
print(dic_1)
```

4.4.2 通过编程实现登录和注册窗口

登录和注册窗口的代码数量稍多，但是业务逻辑较为简单。样例代码如下所示。

```python
import tkinter as tk
# 导入信息提示模块
from tkinter import messagebox
# 导入 Python 序列化模块
import pickle
import os
# 用 pickle 模块将字典变量进行序列转换并写入文件
def write_file(path,dic):
    with open(path,'wb') as f:
        # 把字典变量写入文件
        pickle.dump(dic,f)
# 把文件的内容读入到变量中
def read_file(path):
    with open(path,'rb') as f:
        # 从文件中读入并写入变量
        dic=pickle.load(f)
    return dic
# 判断用户登录时录入的信息是否正确
def login():
    # 调用函数从文件中读入其内容并反序列化
    userinfo=read_file('./name.pickle')
    # 从变量中读取用户名的值，txt_name 在主函数中已定义，
    # 这个变量与输入框的 text 属性绑定，即将输入框中录入的值保存在 txt_mame 这个变量中
    name=txt_name.get()
    # 从变量中读取用户密码的值，txt_passwd 在主函数中已定义
    passwd=txt_passwd.get()
    # 判断用户名是否在 userinfo 字典的键名集合中
    if name in userinfo.keys():
        # 判断字典中对应键（键名与用户姓名对应）的键值与录入的密码是否一致
        if userinfo[name]==passwd:
            messagebox.showinfo('提示', '用户名与密码正确，登录成功!')
    else:
        # 用户名在 userinfo 字典找不到，直接提示
        messagebox.showerror('提示', '用户名或与密码不正确，请重新输入! ')
        # 清空变量值，相当于也将输入框中的值清空，因为两者有绑定关系
        txt_name.set('')
        txt_passwd.set('')
        # 设置用户名输入框获得焦点
        e_name.focus()
# 实现用户注册功能，主要功能是把用户名与密码加入文件中
def reg(regwin,path,name,passwd,passwd2):
    # 判断两次输入的密码是否一致
    if passwd!=passwd2:
```

```
            messagebox.showerror('提示','两次录入的密码不一致!')
            return
        # 判断文件是否存在
    if os.path.exists(path):
        # 如果文件存在，就调用函数读入文件内容，
        # 将读入的内容反序列化并存放在字典变量 userinfo 中
        userinfo=read_file(path)
        # 判断用户名是否存在
        if name in userinfo:
            # 如果存在用户名，提示并退出
            messagebox.showwarning('提示', '用户已存在!')
            return
        else:
            # 将注册的用户名与密码加入字典变量中
            userinfo.update({name:passwd})
            #print(userinfo)
            # 调用函数将字典变量序列化并写入文件中
            write_file(path,userinfo)
            messagebox.showinfo('提示', '注册成功!')
            # 销毁注册窗口
            regwin.destroy()
# 生成一个注册窗口界面
def create_regwindow():
    # Toplevel(win)函数使注册窗口 regwin 在登录窗口 win 前面
    regwin=tk.Toplevel(win)
    regwin.title('注册窗口')
    # 设置窗口宽 500，高 220，距离屏幕左边界 400，距离屏幕上左边界 400，单位是像素，
    # 注意：这是 tkinter 模块设置窗口的格式，比较简洁
    regwin.geometry('500x220+400+400')
    regwin['background'] = 'gainsboro'
    # 设置标签
    lb_name = tk.Label(regwin, text='用户名: ', bg='gainsboro', font=('arial', 16),
                    height=1, width=10)
    lb_name.place(x=20, y=30, anchor='nw')
    # 设置标签
    lb_passwd = tk.Label(regwin, text='密  码: ', bg='gainsboro', font=('arial', 16),
                    height=1, width=10)
    lb_passwd.place(x=20, y=70, anchor='nw')
    # 设置标签
    lb_passwd2 = tk.Label(regwin, text='重输密码: ', bg='gainsboro', font=('arial', 16),
                    height=1, width=10)
    lb_passwd2.place(x=20, y=110, anchor='nw')
    # 生成字符型变量
    txt_name = tk.StringVar()
    # 生成一个用户名输入框，输入框中的文本与变量 txt_name 绑定
    e_name = tk.Entry(regwin, textvariable=txt_name, font=('arial', 16))
    # 设置输入框在窗口中的位置
```

04

```
    e_name.place(x=160, y=30, anchor='nw')
    # 生成字符型变量
    txt_passwd = tk.StringVar()
    # 生成一个密码输入框，输入框中的文本与变量 txt_passwd 绑定
    e_passwd = tk.Entry(regwin, textvariable=txt_passwd, font=('arial', 16), show='*')
    e_passwd.place(x=160, y=70, anchor='nw')
    txt_passwd2 = tk.StringVar()
    # 生成一个密码重复输入框
    e_passwd2 = tk.Entry(regwin, textvariable=txt_passwd2, font=('arial', 16), show='*')
    e_passwd2.place(x=160, y=110, anchor='nw')
    # 以下这句得不到值，原因是没有事件触发。
    # reg_info={'name':txt_name.get(),'passwd':txt_passwd.get(),'passwd1':
    txt_passwd2.get()}
    # 生成一个"注册"按钮，单击将调用 reg()函数，
    # 由于要向函数传递参数，所以用 lambda 函数解决传参问题
    btn_reg = tk.Button(regwin, text='注册', bg='gray', fg='black',
                    font=('arial', 16), height=1, width=6,
                    command=lambda :reg(regwin=regwin,
                    path='./name.pickle',name=txt_name.get(),
                    passwd=txt_passwd.get(),passwd2=txt_passwd2.get()))
    btn_reg.place(x=260, y=160, anchor='nw')
# 主函数 main
if __name__=='__main__':
    # 生成窗口
    win=tk.Tk()
    # 设置窗口的标题
    win.title('登录窗口')
    # 设置窗口宽 500，高 300，距离屏幕左边界 300，距离屏幕上边界 200，单位是像素
    # 注意：500x300 中间是一个英文字母 x
    win.geometry('500x300+300+200')
    # 设置窗口的背景色
    win['background']='gainsboro'
    # 在窗口上放置标签（Label），主要设置了标签的文本、背景色、字体、高度和宽度，
    # 这里的高度以一个字节高度为单位，宽度以一个字节长度为单位
    lb_name=tk.Label(win,text='用户名：',bg='gainsboro',font=('arial',18),height=1,
    width=10)
    # 设置标签在窗口上的位置，x,y 是坐标，anchor 是锚点
    lb_name.place(x=20,y=50,anchor='nw')
    # 在窗口上放置标签（Label）
    lb_passwd=tk.Label(win,text='密 码：',bg='gainsboro',font=('arial',18),height=1,
    width=10)
    lb_passwd.place(x=20,y=100,anchor='nw')
    # 设置变量 txt_name，这个变量可以与控件的某个属性值绑定，和控件属性值一同变化
    txt_name=tk.StringVar()
    # 单行文本输入框（Entry），用来输入登录用户名，
    # 这里让输入框的内容与变量 txt_name 绑定（textvariable=txt_name）。
    e_name=tk.Entry(win,textvariable=txt_name,font=('arial',18))
```

```
# 设置位置
e_name.place(x=160,y=50,anchor='nw')
txt_passwd=tk.StringVar()
# 单行文本输入框（Entry），用来输入密码，
# 通过设置 show 属性，让密码显示为*
e_passwd=tk.Entry(win,textvariable=txt_passwd,font=('arial',18),show='*')
e_passwd.place(x=160,y=100,anchor='nw')
# 设置"登录"按钮，单击后调用 login()函数
btn_log=tk.Button(win,text='登录',bg='gray',fg='black',font=('arial',16),
                height=1,width=6,command=login)
btn_log.place(x=130,y=180,anchor='nw')
# 设置"注册"按钮，单击后调用 create_regwindow()函数
btn_reg=tk.Button(win,text='注册',bg='gray',fg='black',font=('arial',16),
                height=1,width=6,command=create_regwindow)
btn_reg.place(x=260,y=180,anchor='nw')
# 显示窗口
win.mainloop()
```

（1）代码开始生成 5 个函数，主要实现对磁盘文件的读和写、用户登录判断、注册信息判断和保存以及注册窗口界面生成等功能。

（2）write_file()函数将字典型变量通过 pickle 模块的 dump()函数进行序列化并保存，这个字典型变量保存着用户名和密码。read_file()函数从文件中反序列读取出数据放到一个字典型变量中并返回。

📢 提示

这两个函数的使用前提是需要打开文件，用完后应立即关闭文件，代码中用 with 语句实现这种功能。

（3）login()函数对登录窗口录入的用户名与密码进行正确性判断，业务流程是调用 read_file()函数得到一个保存用户名与密码的字典型变量，先判断录入的用户名是否与字典变量的某一个键（key）名相同，如果不是，则直接提示"用户名或密码不正确，请重新输入！"，并清空登录窗口中录入框的文本；如果与字典中的某个键名相同，就再判断该键的值与录入的密码是否相同，相同就表示信息正确可以登录。

（4）reg()函数对注册窗口录入的用户名、密码和再次录入的密码进行判别。业务流程是首先判断密码与再次录入的密码是否一致，不一致时提示并退出该函数；然后判断保存用户信息的文件是否存在，如果存在则调用 read_file()函数读取该文件的内容，通过反序列化取得一个保存所有用户名与密码的字典型变量，接着通过 if name in userinfo:语句判断用户名是否早已存在，如果已有该用户名，则提示并退出该函数。经过以上两步后，可以判断出用户信息是新增的，就把注册的用户名与密码增加到字典变量中，对应的代码语句为 userinfo.update({name:passwd})。

📢 提示

update()函数的功能是如果字典中存在与键名一样的项，就用参数内容替换该键的值；如果不存在该同名的键，就在字典中加入参数表示的键值对。

（5）create_regwindow()函数建立注册窗口。函数主要部分是按照坐标 x,y 指定的位置在窗口上把标签和录入框放置到合适位置并排列整齐，代码中通过变量与输入框的文本绑定的方式实现两者

数值同步。另外，在设置 Button 的 command 属性时，需要给回调的函数传递多个参数，代码中是通过 lambda 函数解决传参问题的，语法请参考该函数中生成"注册"按钮的代码。

（6）主函数 main 的主要功能是生成登录窗口、生成注册窗口、校验登录信息和保存注册信息等，其中登录窗口在主程序中生成，注册窗口通过调用 create_regwindow()函数生成，校验登录信息通过调用 login()函数实现，保存注册信息通过调用 reg()函数实现。

4.4.3　测试程序

启动程序后，由于还不存在最初保存用户信息的文件，需要先进行注册，在登录窗口单击"注册"按钮，这时会弹出注册窗口；在注册窗口录入相关信息后，单击"注册"按钮，如果注册信息无误就会保存，如图 4.19 所示。

注册通过后，在登录窗口中录入用户名和密码，如果在文件中有相关信息，并且与录入信息一致，程序提示登录成功，如图 4.20 所示。

图 4.19　注册窗口

图 4.20　登录窗口

扫一扫，看视频

4.5　实例 37 简单画图板

4.5.1　编程要点

canvas 是 tkinter 模块中的画布控件，它提供了简单的绘图功能，可以使用其画出直线、椭圆、多边形和矩形。canvas 控件为绘制图形图表、创建图形编辑器提供了可能。canvas 控件的样例代码如下所示。

```
import tkinter as tk
# 建立主窗口
win=tk.Tk()
win.title('测试 canvas 控件')
```

```
win.geometry('500x460')
# 建立一个画布控件 canvas1，画布宽 500 像素，高 200 像素，背景色为绿色
canvas1=tk.Canvas(win,width=500,height=200,bg='green')
# 将一个图片文件读入内存，存放在变量 img_file 中
img_file=tk.PhotoImage(file='test.gif')
# 在画布上摆放图片，左上角坐标为（10,10），锚点是左上角，
# image=img_file 指明从 img_file 中取得图片
img=canvas1.create_image(10,10,anchor=tk.NW,image=img_file)
# 将画布放置在窗口
canvas1.pack()
# 生成一个 Frame 控件
frame=tk.Frame()
# 移动图片的函数
def move_img():
    # 向左上角移动，沿 x 轴方向左移 2 像素，沿 y 轴方向上移 2 像素
    canvas1.move(img,-2,-2)
def move_img2():
    # 向右下角移动，沿 x 轴方向右移 2 像素，沿 y 轴方向下移 2 像素
    canvas1.move(img,2,2)
# 生成一个按钮，其单击事件绑定函数 move_img()
bt1=tk.Button(frame,text='向左上角移动图片',height=1,width=18,command=move_img)
# 将按钮放置在 Frame 控件 frame 中
bt1.pack(side=tk.LEFT,padx=20)
# 生成一个按钮，其单击事件绑定函数 move_img2()
bt2=tk.Button(frame,text='向右下角移动图片',height=1,width=18,command=move_img2)
# 将按钮放置在 Frame 控件 frame 中
bt2.pack(side=tk.LEFT)
# 将 frame 控件放置到窗口
frame.pack()
# 建立一个画布控件 canvas2，画布宽 500 像素，高 200 像素，背景色为绿色
canvas2=tk.Canvas(win,width=500,height=200,bg='green')
# 画出直线，起点坐标（10,10），终点坐标(400,60)
line = canvas2.create_line(10,10,400,60,fill='red')
# 画圆，用红色填充，注意：坐标取自该圆的外接矩形的坐标，
# 矩形左上角（60,80），矩形右下角（120,140）
oval = canvas2.create_oval(60,80,120,140,fill='red')
# 画扇形，坐标也是外接矩形的左上角和右下角的坐标，
# 参数 start=0 和 extent=120，指定扇形的角度范围为 0°～120°
arc = canvas2.create_arc(160,80,240,160,start=0,extent=120,fill='yellow')
# 画矩形，一个正方形
rect = canvas2.create_rectangle(260,80,390,190,fill='blue')
# 将画布放置在窗口
canvas2.pack()
# 显示窗口
win.mainloop()
```

以上代码列举了画布控件的一些常见应用，相关注释已在代码中给出，这里不再赘述，代码运行效果如图 4.21 所示。

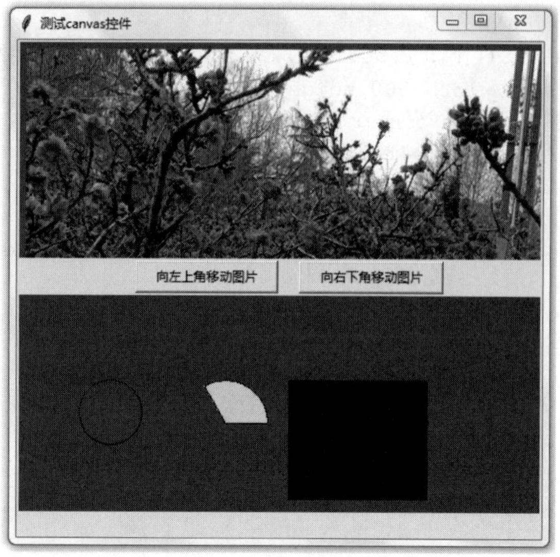

图 4.21　canvas 控件样例

4.5.2　通过编程实现简单画图板

canvas 控件功能较为灵活，在画图功能方面还是较强的，这里利用该控件的特点生成一个简单画图板。这个画图板代码稍长，这里将分段进行介绍，第一段代码如下所示。

```python
# 第一段代码
import tkinter as tk
from tkinter import simpledialog
from tkinter import filedialog
from PIL import ImageTk,Image
# 清屏函数
def clearall():
    # 循环取得画布上的各对象
    for item in vcanvas.find_all():
        vcanvas.delete(item)
# 1-画直线，2-画矩形，3-画圆，4-画曲线，5-插入文本，6-插入图片，7-擦除
def drawline():
    draw_what.set(1)
def drawrect():
    draw_what.set(2)
def drawoval():
    draw_what.set(3)
def drawcurve():
    draw_what.set(4)
def insertxt():
    draw_what.set(5)
def insertimg():
```

```
    draw_what.set(6)
def doerase():
    draw_what.set(7)
```

第一段代码中 clearall()函数通过 vcanvas.find_all()取得画布上的全部对象,然后通过循环语句依次进行删除,这样就实现了清屏的效果。其他的函数是按钮事件绑定的函数,主要设置变量 draw_what的值, 不同值代表不同的操作。

```
# 第二段代码
# 处理鼠标左键事件
def mouseleftclick(event):
    # 取得光标当前坐标
    pointx.set(event.x)
    pointy.set(event.y)
    # 插入文本操作
    if draw_what.get()==5:
        # 按下鼠标左键时, 弹出对话框, 提示用户录入文本内容
        txt=simpledialog.askstring(title='输入文本',prompt='请录入要放在当前位置的文字')
        # 将用户录入的文本内容插入鼠标单击的位置
        vcanvas.create_text(pointx.get(),pointy.get(),text=txt)
    # 插入图片操作
    if draw_what.get() == 6:
        # 弹出对话框, 提示用户选择图片
        img_name = filedialog.askopenfilename(title='选择图片', filetypes=[('image',
                    '*.jpg *.png *.gif')])
        if img_name:
            # 设置 img 是全局变量
            global img
            # 打开图片文件
            img0 = Image.open(img_name)
            # 从打开文件中取出图片对象, 并保存在变量 img 中
            img=ImageTk.PhotoImage(img0)
            # 将图片插入鼠标单击的位置
            vcanvas.create_image(pointx.get(), pointy.get(),anchor=tk.NW,image=img)
```

第二段代码是处理鼠标左键按下事件的函数 mouseleftclick(),该函数首先取得鼠标按下时光标所在的坐标值;针对插入文本操作(draw_what.get()==5)提示用户录入文本内容,并在鼠标单击的位置插入文本;针对插入图片操作(draw_what.get() == 6)弹出文件选择对话框,让用户选择图片文件,并将图片插入到鼠标单击的位置。

```
# 第三段代码
# 鼠标移动事件处理函数
def mousemove(event):
    # 设置全局变量(该变量用于保存中间图形对象)
    global old_draw
    if draw_what.get()==1:
        try:
            # 删除画直线过程中产生的中间图形
```

```
                    vcanvas.delete(old_draw)
                except Exception as e:
                    pass
            # 鼠标按键未释放前，根据鼠标移动变化的位置，
            # 生成一条从起始点到鼠标当前位置的直线
            old_draw=vcanvas.create_line(pointx.get(),pointy.get(),event.x,event.y,fill
='red')
        if draw_what.get()==2:
            try:
                # 删除画矩形过程中产生的中间图形
                vcanvas.delete(old_draw)
            except Exception as e:
                pass
            # 鼠标按键未释放前，根据鼠标变化的位置，生成一个矩形
            old_draw=vcanvas.create_rectangle(pointx.get(),pointy.get(),event.x,event.y,
outline='red')
        if draw_what.get()==3:
            try:
                # 删除画圆过程中产生的中间图形
                vcanvas.delete(old_draw)
            except Exception as e:
                pass
            # 鼠标按键未释放前，根据鼠标变化的位置，生成一个圆或椭圆
            old_draw=vcanvas.create_oval(pointx.get(),pointy.get(),event.x,event.y,
outline='red')
        if draw_what.get()==4:
            #画曲线，根据鼠标变化画出一条条微小的直线，这些微小直线连起来形成曲线
            vcanvas.create_line(pointx.get(), pointy.get(), event.x, event.y, fill='red')
            #取得鼠标当前新坐标作为画微小直线的新起始点
            pointx.set(event.x)
            pointy.set(event.y)
        if draw_what.get()==7:
            # 随着鼠标的移动擦除所经过的图像，
            # 实现方式是在鼠标经过的地方画出一个个小的矩形，矩形的颜色与画布背景色一致
            vcanvas.create_rectangle(event.x -8,event.y-8,event.x+8,event.y+8,
                          fill='gainsboro',outline='gainsboro')
```

第三段代码是鼠标移动事件处理函数 mousemove()。画线、圆或者矩形时，一般是按下鼠标左键作为画图的开始（起始点），移动鼠标到一个位置后，再释放鼠标形成一个最终图形。在鼠标移动过程中，用户需要看到图形形成终稿前的中间图形，因此需要随着鼠标的移动随时产生线、圆或矩形（中间图形），mousemove()函数就是解决这个问题的，它的做法是根据起始点以及鼠标左键当前移动到的位置，随时形成相应的图形，并删除上一次形成的图形（vcanvas.delete(old_draw)）。

该函数还可以实现一个擦除画板上图像的功能，实现方式是在鼠标按下左键后，在移动路径上画出一个个小矩形，矩形的颜色与画布的背景色一致，形成一种橡皮擦在画板上擦除图形的感觉。

```
# 第四段代码
# 鼠标按键释放事件处理函数
```

```
def mouseleftrelease(event):
    if draw_what.get() == 1:
        # 画出从起始点到鼠标按键释放位置的直线,
        # (中间图形已在鼠标移动事件调用的函数中删除)
        vcanvas.create_line(pointx.get(),pointy.get(),event.x,event.y,fill='red')
    if draw_what.get() == 2:
        # 依据起始点、鼠标按键释放位置画出矩形,
        # (中间图形已在鼠标移动事件调用的函数中删除)
        vcanvas.create_rectangle(pointx.get(), pointy.get(), event.x, event.y,
        outline='red')
    if draw_what.get() == 3:
        # 依据起始点、鼠标按键释放位置画出圆或椭圆,
        # (中间图形已在鼠标移动事件调用的函数中删除)
        vcanvas.create_oval(pointx.get(), pointy.get(), event.x, event.y, outline='red')
```

第四段代码是鼠标按键释放事件处理函数 mouseleftrelease(),它的功能是根据鼠标按键释放的位置,结合起始位置,最终形成相应的图形(直线、矩形、圆)。

```
# 第五段代码
# 主函数 main
if __name__=='__main__':
    # 建立主窗口
    win=tk.Tk()
    # 设置窗口标题
    win.title('简单画图样例')
    # 设置窗口宽度 800,高度 400,距离屏幕左侧 200,距离屏幕顶部 100,单位是像素。
    win.geometry('800x400+200+100')
    # 创建一个画布
    vcanvas=tk.Canvas(win,width=800,height=300,bg='gainsboro')
    # 在窗口上放置画布
    vcanvas.pack()
    # 生成一个按钮,单击实现清屏功能
    but_line = tk.Button(win, text='清屏', width=8, height=1, command=clearall)
    but_line.pack(side='left',padx=15)
    # 生成一个按钮,单击实现画直线的功能
    but_line = tk.Button(win, text='画线', width=8, height=1,  command=drawline)
    but_line.pack(side='left',padx=15)
    # 生成一个按钮,单击实现画矩形的功能
    but_rectangle = tk.Button(win, text='画矩形', width=8, height=1, command=drawrect)
    but_rectangle.pack(side='left',padx=15)
    # 生成一个按钮,单击实现画圆形的功能
    but_oval = tk.Button(win, text='画圆形', width=8, height=1, command=drawoval)
    but_oval.pack(side='left',padx=15)
    # 生成一个按钮,单击实现画曲线的功能
    but_curve = tk.Button(win, text='画曲线', width=8, height=1, command=drawcurve)
    but_curve.pack(side='left',padx=15)
    # 生成一个按钮,单击实现插入文本的功能
    but_txt = tk.Button(win, text='插入文本', width=8, height=1, command=insertxt)
```

```
but_txt.pack(side='left', padx=15)
# 生成一个按钮，单击实现插入图片的功能
but_img = tk.Button(win, text='插入图片', width=8, height=1, command=insertimg)
but_img.pack(side='left', padx=15)
# 生成一个按钮，单击实现擦除的功能
but_erase = tk.Button(win, text='擦除', width=8, height=1, command=doerase)
but_erase.pack(side='left', padx=20)
# 设置变量，用来保存鼠标当前的坐标
pointx = tk.IntVar(value=0)
pointy = tk.IntVar(value=0)
# 设置变量，用来保存操作的类型
draw_what=tk.IntVar(value=0)
# 用来保存画出图形（如直线、圆、矩形）时产生的中间图形
old_draw=0
# 设置鼠标左键的事件
vcanvas.bind('<Button-1>',mouseleftclick)
# 设置鼠标移动事件
vcanvas.bind('<B1-Motion>',mousemove)
# 设置鼠标按键释放事件
vcanvas.bind('<ButtonRelease>',mouseleftrelease)
win.mainloop()
```

第五段代码是主函数，主要做三项工作：一是布局控件，在窗口上放置一个画布控件，放置八个按钮；二是设置按钮调用的函数；三是为鼠标按下左键、鼠标移动和鼠标左键释放三个事件定义要调用的方法。代码运行的效果如图 4.22 所示。

图 4.22　简单画图板程序界面

4.6 实例 38 画流程图

4.6.1 准备工作

本节编程实例用到一个绘图工具 graphviz，这是一个开源工具包，用 Dot 语言描述所要绘制的图样，这个语言较为简单，在本书中不再进行介绍。这里主要介绍通过调用 graphviz 的接口编写 Python 代码进行绘图的方法。

Python 要想调用 graphviz 进行绘图，必须安装 graphviz 软件，安装过程如下：首先到官网上下载软件进行默认安装；安装完成后把 graphviz 安装目录下 bin 文件夹的路径加入到环境变量 path 中，以供 Python 调用；最后通过 pip install graphviz 命令安装 Python 的 graphviz 接口模块库，这样基本完成了开发环境的部署。

4.6.2 编程要点

在 graphviz 中常用到的有 Digraph、Graph、node 和 edge 四个对象，现简介如下。

（1）Digraph 是有向图对象，这个对象相当于一个容器，可以在它上面增加结点（node）和边框线（edge）；使用 Digraph()函数可以生成有向图对象，Digraph()函数的调用格式是 digragph_obj=Digraph(name=None, comment=None, format=None)，其中 digragph_obj 是有向图对象；参数 name 是字符类型，表示有向图对象的名字；参数 comment 是字符型，表示对有向图对象的注释；参数 format 是字符型，指定有向图生成的图片格式，例如 format="png"生成 png 格式的图片；当然这个函数还有其他不常用的参数，这里不再一一列举。

（2）Graph 是无向图对象，使用 Graph()函数可以生成无向图对象，这个对象也是一个容器，该函数的调用格式与 Digraph()函数相似。

（3）node 是结点对象，生成 node 对象的函数调用格式为 graph_obj.node(name=None, label=None, color=None, fontname=None, fontsize=None)，该函数生成名字为 name 指定的结点对象，其中 graph_obj 是有向图对象或无向图对象；参数 name 指定结点的名称；参数 label 设置结点显示名称；color 设置结点边框颜色；参数 fontname 和 fontsize 指定结点字体类型和大小。

（4）edge 是结点间的连线，生成 edge()函数的调用格式为 graph_obj.edge(node1_name,node2_name, label= None,color= None, fontname= None , fontsize= None)，该函数生成一条两个结点间的连线。参数 node1_name 和 node2_name 是要连接的两个结点的名称；参数 label 设置结点显示名称；color 设置结点边框颜色；参数 fontname 和 fontsize 指定结点字体类型和大小。

下面是一个生成有向图的样例代码，相关注释一并放置到代码中。

```
# 从 graphvize 中导入有向图类（Digraph）
from graphviz import Digraph
# 生成一个有向图对象，参数 name 是图形的名称，参数 comment 是注释，
# 参数 format 是生成的图片格式
```

```
digraph_obj=Digraph(name='test',comment='有向图的例子',format='jpg')
# 生成一个结点，参数 name 是结点的名称，
# 参数 label 是结点的显示名，参数 color 是结点边框颜色
digraph_obj.node(name='start',label='开始结点',color='red',fontname="Microsoft YaHei")
digraph_obj.node(name='next',label='下一个结点',color='green',fontname="Microsoft YaHei")
digraph_obj.node(name='end',label='结束结点',color='yellow',fontname="Microsoft YaHei")
# 在结点之间连线，第 1、2 个参数是要连接在一起的两个结点名称，
# 参数 label 是在连线上显示的文本，参数 color 设置连线的颜色
digraph_obj.edge('start','next',label='边线1',color='red',fontname="Microsoft YaHei")
digraph_obj.edge('next','end',label='边线2',color='yellow',fontname="Microsoft YaHei")
# 显示图形
digraph_obj.view()
# 打印生成图形的源代码，这个源码是 graphviz 的 dot 语言格式
print(digraph_obj.source)
```

以上代码用结点和连接线组成一个有向图，业务逻辑十分直观，代码运行后显示出这个有向图，如图 4.23 所示。

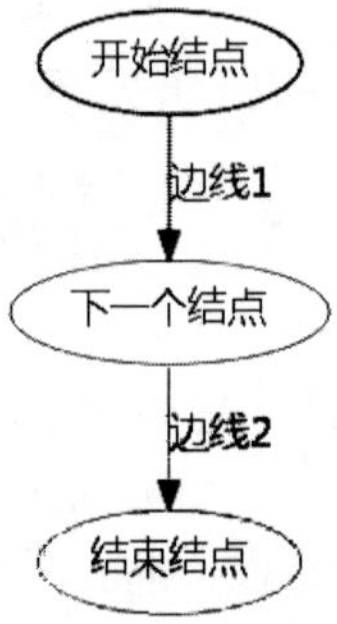

代码中 print(digraph_obj.source)语句在终端打印出这个有向图的源代码，这是一个 Dot 语言代码，语法非常简单，如下所示。

图 4.23　有向图

```
// 有向图的例子
digraph test {
    start [label="开始结点" color=red fontname="Microsoft YaHei"]
    next [label="下一个结点" color=green fontname="Microsoft YaHei"]
    end [label="结束结点" color=yellow fontname="Microsoft YaHei"]
    start -> next [label="边线1" color=red fontname="Microsoft YaHei"]
    next -> end [label="边线 2" color=yellow fontname="Microsoft YaHei"]
}
```

无向图样例代码如下所示，相关注释也一并放置到代码中。

```
# 从 graphvize 中导入无向图类（Graph）
from graphviz import Graph
# 生成一个无向图对象，参数 name 是图形的名称，
# 参数 comment 是注释，参数 format 是生成的图片格式
graph_obj=Graph(name='test2',comment='无向图的例子',format='png')
# 生成一个结点，参数 name 是结点的名称，
# 参数 label 是结点的显示名，参数 color 是结点边框颜色，
# 参数 fontname 设置结点字体，参数 fontsize 设置字体大小
graph_obj.node(name='pet',label='宠物',color='red',fontname="Microsoft YaHei",
fontsize='10')
graph_obj.node(name='dog',label='狗',color='green',fontname="Microsoft YaHei",
fontsize='10')
graph_obj.node(name='cat',label='猫',color='green',fontname="Microsoft YaHei",
fontsize='10')
graph_obj.node(name='canary',label='金丝雀',color='green',fontname="Microsoft
YaHei",fontsize='8')
# 在结点之间连线，第 1、2 个参数是要连接在一起的两个结点名称，
```

```
# 参数 label 是在连线上显示的文本，参数 color 设置连线的颜色，
# 参数 fontname 设置结点字体，参数 fontsize 设置字体大小
graph_obj.edge('pet','dog',label='宠物-狗',color='black',fontname="Microsoft
YaHei",fontsize='8')
graph_obj.edge('pet','cat',label='宠物-猫',color='black',fontname="Microsoft
YaHei",fontsize='8')
graph_obj.edge('pet','canary',label='宠物-鸟',color='black',fontname="Microsoft
YaHei",fontsize='8')
# 显示图形
graph_obj.view()
```

以上代码运行，生成一个无向图，如图 4.24 所示。

4.6.3 通过编程实现用印申请的流程图

本节编程实例生成一个用印申请的流程图，由于用到
graphviz 的接口库，业务逻辑较为简单，主要做好结点属性
设置，注意结点间连线的方向即可，代码如下所示。

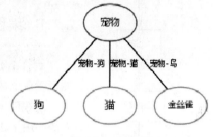

图 4.24 无向图

```
from graphviz import Digraph
# 生成一个有向图对象，参数 name 是图形的名称，
# 参数 comment 是注释，参数 format 是生成的图片格式
# 参数 graph_attr 的值是一个字典，
# 这里设置有向图方向 rankdir 为 TB，也就是从上头（top）到底部(bottom)的垂直方向，
# 参数 node_attr 的值也是一个字典，可以设置结点的字体（fontname）、大小（fontsize）等属性，
# 参数 edge_attr 的值也是一个字典，可以设置连接线的字体（fontname）、大小（fontsize）等属性
digraph_obj=Digraph(name='用印申请流程',comment='用印申请流程图示',format='png',
                    graph_attr={'rankdir':'TB'},
                    node_attr={'fontname':'Microsoft YaHei','fontsize':'10'},
                    edge_attr={'fontname':'Microsoft YaHei','fontsize':'10'})
# 生成一个结点，结点形状是圆角方框（shape='box',style='rounded'）
digraph_obj.node(name='start',label='开始',shape='box',
            style='rounded',fontname='Microsoft YaHei')
digraph_obj.node(name='node1',label='1.经办人提出用印请求',shape='box')
digraph_obj.node(name='node2',label='2.领导审核',shape='diamond')
digraph_obj.node(name='node3',label='3.用印',shape='box')
digraph_obj.node(name='node4',label='4.印章管理',shape='box')
digraph_obj.node(name='end',label='结束',shape='box',style='rounded')
# 将两个结点连接起来
digraph_obj.edge('start','node1')
digraph_obj.edge('node1','node2')
# 将两个结点连接起来，连接的方式是让两个结点左边相连，按地图方位指定连接点，
# 例如以下语句中的 w 表示 west
digraph_obj.edge('node2:w','node1:w',label='驳回',fontcolor='red')
digraph_obj.edge('node2','node3')
digraph_obj.edge('node3','node4')
```

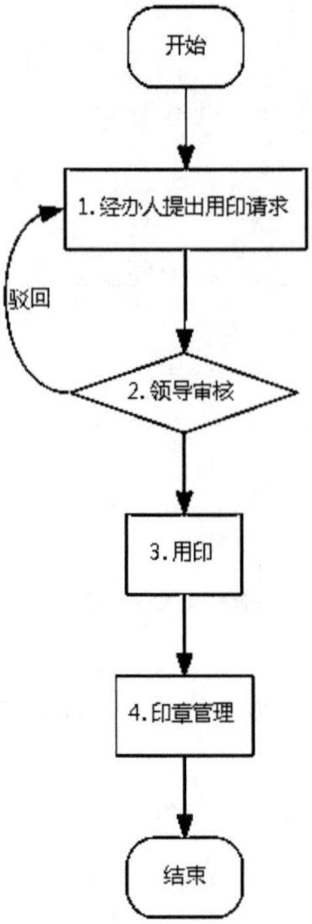

```
digraph_obj.edge('node4','end')
# 显示流程
digraph_obj.view()
```

以上代码相关注释已放置在代码中，不再详细介绍，代码运行效果如图 4.25 所示。

扫一扫，看视频

4.7 实例 39 生成验证码

4.7.1 编程要点

本编程实例生成一个图形验证码，要用到第三方模块 pillow，这是一个图形操作的模块库，可通过 pip install pillow 命令进行安装。

模块库 pillow 画图功能较强大，这里只介绍画几何图形和写入字符的方法，用 pillow 模块画图一般流程是生成一个 Image 对象（相当于生成一个画板），再基于这个对象生成一个画笔，用画笔在图形上操作，如画点、画线、画圆和写上字符串。样例代码如下所示。

图 4.25 用印申请流程图

```
# 导入 pillow 模块，在 Python 代码中该模块名字为 PIL
from PIL import Image,ImageDraw,ImageFont
# 生成一个 Image 对象，相当于生成一个画板，size 指定画板的长和宽，单位是 px
# mode 指定图画的颜色通道模式，color 基于颜色通道模式的值，这里是基于 RGB 模式的三个值
img=Image.new(size=(400,200),color=(200,200,200),mode='RGB')
# 生成画笔对象，参数 img 指定一个 Image 对象，即画笔要在这个 Image 对象上画图，
# mode 指定颜色通道
draw_pen=ImageDraw.Draw(img,mode='RGB')
# 在画板中生成一个红点，参数(100,10)表示相对画板的坐标，
# 即这个红点距左边界 100px，距上边界 10px
draw_pen.point((100,10),fill='red')
# 在画板中生成一个黄点
draw_pen.point((106,12),fill='yellow')
# 以下语句中 line()函数生成一条直线，
# 第 1 个参数是一个括号，有 4 个值，前 2 个数为起始坐标，后 2 个为结束坐标
# 参数 fill 指定线的颜色
draw_pen.line((10,10,180,200),fill='blue')
# 以下语句中 arc()函数生成一个圆或椭圆，
# 第 1 个参数是一个括号，有 4 个值，前 2 个数为起始坐标，后 2 个为结束坐标，
# 画出的圆是坐标之间的正方形内接最大圆或椭圆，
# 第 2、3 个参数为圆的起始角度，
# 参数 fill 指定圆的边线颜色
draw_pen.arc((120,20,320,180),0,360,fill='red')
# 生成一个字体对象，第 1 个参数指定字体的路径，第 2 个参数指定字体的大小
font_china=ImageFont.truetype("./STXINWEI.TTF",22)
# 在图片上写上字符，第 1 个参数是括号内的 2 个数值，表示字符开始写入坐标
```

```
# 参数 fill 指定写入字符串的颜色
# 参数 font 指定字符串的字体与大小
draw_pen.text((200,60),'人生苦短, \n 我用 Python',fill='yellow',font=font_china)
# 显示图片
img.show()
# 把图片保存成文件, 格式是 jpeg
img.save('./test.jpeg',format='jpeg')
```

以上代码演示画出一些几何图形以及写入字符的方法，运行的结果如图 4.26 所示。

图 4.26　用 pillow 画出的图形

4.7.2　通过编程生成验证码

生成验证码的编码过程中用到很多函数，这里将分段进行介绍，第一段代码如下所示。

```
# 第一段代码
from PIL import Image,ImageDraw,ImageFont
import random
# 取得一级汉字中的一个随机汉字
def get_random_chinese_char():
    # 在 gb2312 编码中, 用两个字节代表一个汉字,
    # 在 gb2312 编码中 16~55 区为一级汉字, 按拼音排序, 共 3755 个
    # 在 16~55 区的汉字, 高字节编码从 0xB0 到 0xD7
    high_byte= random.randint(0xB0, 0xD7)
    # 低字节编码从 0xA1 到 0xFE
    low_byte= random.randint(0xA1, 0xFE)
    # 将高低字节合并, 将高字节左移 8 位与低字节相并
    two_bytes = ( high_byte << 8 ) | low_byte
    # 转换成十六进制
    str_hex = "%x" % two_bytes
    # 返回这个随机汉字 (先将十六进制转化为二进制, 然后用 gb2312 方式解码取出汉字)
    return bytes.fromhex(str_hex).decode('gb2312')
# 取出随机的字符 (可以是大小写字母、数字、汉字)
def get_random_char():
    # 初始化一个列表变量, 随机生成字符 (大小写字母、数字、汉字) 放在这个列表中
    string_list=[]
```

```
        # 随机生成大写字母，并追加到列表中，大写字母编码值从 65 到 90
        string_list.append(chr(random.randint(65,90)))
        # 随机生成小写字母，并追加到列表中，小写字母编码值从 97 到 122
        string_list.append(chr(random.randint(97,122)))
        # 随机生成一个数字，并追加到列表中
        string_list.append(str(random.randint(0,9)))
        # 将随机生成的汉字加到列表中，调用函数 get_random_chinese_char()取得汉字
        string_list.append(get_random_chinese_char())
        # 从列表中任选一个字符返回
        return random.choice(string_list)
```

（1）get_random_chinese_char()函数依据 GB2312 编码表，在一级汉字库中取得任意一个汉字。在 GB2312 编码表中每个汉字由两个字节表示，分别是高字节和低字节，高字节编码是从 0xB0 到 0xD7，低字节编码从 0xA1 到 0xFE，而不是从 0xA0 到 0xFF，也就是在 GB2312 编码中一级汉字库分在 16～55 区内，而每个区第一个位置和最后一个位置都是空着的。函数分别从汉字编码的高字节和低字节任取一个值，然后通过移位与或运算得一个汉字随机十六进制编码，对应语句为 two_bytes = (high_byte << 8) | low_byte，最后通过进制转换和解码过程取得一个汉字。

（2）get_random_char()函数通过转换相应的 ASCII 代码取得大小写字母，通过字符串函数 str()将数字转换成字符，通过调用 get_random_chinese_char()取得汉字，把这些字符加到一个列表，最后随机从列表中取一个字符，也就是这个字符可能是大小写字母、数字或汉字。

第二段代码有 4 个函数，2 个是生成随机颜色的函数，1 个是生成随机坐标值的函数，1 个是生成图形上的干扰线的函数。样例代码如下所示。

```
#第二段代码
#为线条生成一个随机颜色
def random_color_line():
    #RGB 模式颜色，设置三个颜色通道随机值，用于画线
    R=random.randint(18,128)
    G=random.randint(18, 128)
    B=random.randint(18, 128)
    return R,G,B
#为字符生成随机颜色
def random_color_char():
    #RGB 模式颜色，设置三个颜色通道随机值，用于设置字符颜色
    R = random.randint(68, 255)
    G = random.randint(68, 188)
    B = random.randint(68, 200)
    return R,G,B
#生成在图形上的一个随机坐标值
def get_rand_point(image_obj):
    #取得图形的宽度与高度
    (width,height)=image_obj.size
    #返回一个随机坐标
    return (random.randint(0, width), random.randint(0, height))
#画出一定数量的线条
```

```
def draw_line(image_obj,num):
    #生成一个画笔
    draw_obj = ImageDraw.Draw(image_obj)
    for i in range(0, num):
        #画线
        draw_obj.line((get_rand_point(image_obj),
                    get_rand_point(image_obj)),
                    random_color_line())
    #及时删除画笔，因为主函数中也有一个画笔
    del draw_obj
```

（1）在 RGB 模式下三个颜色通道的值在 0～255 范围内。random_color_line() 和 random_color_char()两个函数通过随机函数取得随机颜色，random_color_line()用于设置干扰线的颜色，random_color_char()用于设置验证码中字符的颜色，两个函数的不同之处是颜色通道的取值范围不同。函数通过设置不同取值范围尽量让函数返回的颜色不会交叉，使得干扰线和字符颜色有差异。

（2）get_rand_point()函数根据传入的参数（参数是一个图画对象），生成一个图形对象宽度、高度范围内的随机坐标值。draw_line()函数则利用 get_rand_point()函数生成的坐标值画线，该函数画线要用到画笔对象，画线完成后要立即删除该画笔对象，因为主函数中也有一个画笔程序，避免两者发生冲突。

第三段代码是主函数，样例代码如下所示。

```
#第三段代码
#主函数 main
if __name__=='__main__':
    #创建图画对象
    image_captcha=Image.new("RGB",(200,100),(232,232,232))
    #画干扰线
    draw_line(image_captcha,8)
    #设置字体类型和字体大小
    font_china=ImageFont.truetype("./STXINWEI.TTF",32)
    #创建基于 image_captcha 的画笔
    draw_pen=ImageDraw.Draw(image_captcha)
    #生成验证码，验证码由 5 个字符组成，可能包含字母（大小写）、数字或汉字
    for i in range(5):
        #在图形上写上字符
        draw_pen.text((38*i+10,35),get_random_char(),random_color_char(), font_china)
    #显示验证码
    image_captcha.show()
    #保存为图片
    image_captcha.save("test_captcha.jpeg")
```

以上代码创建了一个图画对象，该对象就是验证码的画板，接着用 draw_line(image_captcha,8)语句生了 8 条干扰线，然后通过 for 循环生成 5 个字符的验证码，最后显示验证码图片并保存成文件。生成的验证码如图 4.27 所示。

图 4.27　生成的验证码

扫一扫，看视频

4.8 实例 40 生成词频云图

4.8.1 准备工作

本编程实例用到第三方库 wordcloud 和 jieba，其中 wordcloud 是生成词频云图的库。wordcloud 库包含英文分词模块，这个模块的中文分词功能不太完善，因此需要引入功能较强的中文分词库 jieba，这两个库都可以通过 pip 命令进行安装，如下所示。

```
pip install wordcloud
pip install jieba
```

词频云图生成后需要在屏幕上显示，可以用 matplotlib 画图模块，这个模块也是第三方库，也是通过 pip 命令安装。

4.8.2 中文分词库的使用

jieba 库是一款优秀的中文分词库，它支持三种分词模式：精简模式、全模式和搜索引擎模式，分别介绍如下。

（1）精简模式是将汉字语句中的词进行精简切分，不存在冗余数据，适用于文本分析处理。调用格式为 list=jieba.lcut(str)，参数 str 是汉字字符串，返回值 list 为列表类型。

（2）全模式是将汉语语句中所有可能的词都切分出来，存在冗余数据。调用格式为 list=jieba.lcut(str, cut_all=True)，参数 str 是汉字字符串，参数 cut_all=True 指定是否为全模式切分词，返回值 list 为列表类型。

（3）搜索引擎模式是在精简模式的基础上对长词进行再次切分，也就是长词再分成短词。调用格式为 list=jieba. lcut_for_search (str)，参数 str 是汉字字符串，返回值 list 为列表类型。

4.8.3 词频云图库的使用

生成词频云图比较容易，主要有三步：配置词频云图对象参数、加载文本和输出词频云图对象。词频云图要通过调用函数生成，这些函数中最主要的是 WordCloud()函数，这个函数的主要功能是配置词频云图对象的各种属性，其调用格式为 wordcloud=WordCloud(font_path='simhei.ttf', width=400,height=200,mask=img,…)，这个函数参数较多，如果掌握了 WordCloud()函数的参数，基本上就掌握了词频云图的用法，其主要参数介绍如下。

● font_path：String 类型，指明字体路径，如 font_path = 'simhei.ttf'。
● width：int 类型，默认值为 400 像素，指明输出词频云图的画布宽度，如 width=480。
● height：int 类型，默认值为 200 像素，指明输出词频云图的画布高度，如 height =200。
● mask：数组类型，一般为一组能表示图片的数组。该参数指定词频云图的形状，如果参数为空，则在画布宽和高范围内绘制词频云图；如果 mask 指定了值，词频云图形状将按 mask 数组值进行绘制，全白（颜色值为#FFFFFF）的部分将不会绘制，其余部分会用于绘制词频云图。可以理解为生成的词频云图以 mask 指定的图像的形状绘制，该图像的背景色为白色的地方，词频云图也会空出来。

- scale：float 类型，设置按参数大小放大画布，如设置为 1.5，则长和宽都是原来画布的 1.5 倍，如 scale=1.5。
- min_font_size：int 类型，默认值为 4，用来设置字体最小值，如 min_font_size =6。
- font_step：int 类型，设置字体增大的步长，默认为 1，如 font_step=1。
- max_words：int 类型，默认值为 200，设置词频云图上要显示的词的最大个数。
- stopwords：字符串集合，设置需要屏蔽的词，这些词不会显示到词频云图上，默认用内置的 STOPWORDS 来指定屏蔽的词。
- background_color：字符串类型，设置词频云图的背景色，默认为黑色，可以设置为其他颜色，如 background_color='white'。
- max_font_size：int 类型，设置词频云图中显示词的最大字体。

另外，介绍一个函数语句 worldcloud_result=worldcloud_obj.generate(text)，其中 generate()函数的功能是根据文本生成词频云图对象；worldcloud_obj 是由 WordCloud()生成的对象；函数返回值 worldcloud_result 是一个词频云图对象；参数 text 是一个文本对象，可以理解为字符串。

4.8.4　通过编程生成词频云图

生成词频云图的程序名为 wordcloud_test.py，代码如下所示。

```python
# 导入相关模块
from wordcloud import WordCloud, STOPWORDS, ImageColorGenerator
import matplotlib.pyplot as plt
import jieba
filename = "./test2.txt"
# 打开并读取 txt 文件中的内容
with open(filename,encoding='utf-8') as f:
    vtext = f.read()
# 使用 jieba 进行分词，分词结果保存在 vtest
vtext = " ".join(jieba.cut(vtext))
#print(vtext)
# 读入图片，用来设置输出词频云图的形状，以这个图的形状为背景
img = plt.imread('red.jpg')
# STOPWORDS 是 wordcloud 屏蔽的词语的集合，可以向这个集合加入新的词
stopwords=set(STOPWORDS)
# 加入新的词，这些词不会进行统计，并且不会在词频云图中显示
vstop=["没有","还有","不是","只是","说道"]
# 循环加入屏蔽
for i in vstop:
    stopwords.add(i)
```

```
# 设置词频云图显示形式，参数 font_path 设置输出词频云图的字体，这里设为黑体 simhei.ttf,
# width 设置词频云图的宽度，height 设置词频云图的高度,
# mask 设置词频云图的形状，这里形状与 red.jpg 形状一样,
# max_words 设置要显示的词的最多数量，min_font_size 设置最小字号,
# scale 设置词频云图画布的放大倍数
# background_color 设置词频云图的背景颜色，stopwords 设置词频云图要屏蔽的词
wordcloud=WordCloud(font_path="simhei.ttf", width=400, height=200,
                    mask=img,max_words=100,min_font_size=6,
                    scale=1.5,background_color='white',
                    stopwords=stopwords).generate(vtext)
# 显示词频云图
plt.imshow(wordcloud, interpolation='bilinear')
# 设置显示的图形中无坐标轴
plt.axis("off")
# 在屏幕上显示
plt.show()
# 把词频云图保存到当前目录下
wordcloud.to_file('wordcloud_file.png')
```

（1）以上代码业务逻辑较为简单，首先导入词频云图模块库 wordcloud、画图模块库 matplotlib 和中文分词库 jieba，然后读入文本文件，读入一个图片文件，设置屏蔽词的集合，用 jieba 库的 cut() 函数对读入的文本文件进行分词，对应语句为 vtext = " ".join(jieba.cut(vtext))；接着用 WordCloud() 函数和 generate() 函数生成词频云图对象 wordcloud；最后把词频云图显示出来，对应语句 plt.imshow(wordcloud, interpolation='bilinear')。

（2）语句 wordcloud=WordCloud(font_path="simhei.ttf",…).generate(vtext)中，WordCloud()函数中的参数 font_path 值指定为 simhei.ttf，表示云图中的字体采用国标中文"黑体"，应保证操作系统中有这个字体文件，一般情况下操作系统都会有。

（3）plt.imshow(wordcloud, interpolation='bilinear')语句用来显示词频云图，interpolation 参数设置词频云图在画布上的插入方式，bilinear 表示采用双线过滤方式插补图片，这是一种较为简单的材质影像插补的处理方式，它先找出最接近像素的四个图素，然后在它们之间做差补效果，产生的结果被插补到相应的位置上，这样插入的图片较为平滑，不会看到"马赛克"现象。

4.8.5　运行程序

选取一段文本保存在程序所在目录下的文本文件中，并命名为 test2.txt；选取一个背景为白色的图片文件也放在该目录下，名字为 red.jpg，图片为一个红字，如图 4.28 所示。

在命令行终端启动程序后会在屏幕上生成一张词频云图，该图片中每个词根据在文本中出现次数的多少来设定字体的显示大小，出现次数多的词字体大，出现次数少的词字体小，如图 4.29 所示。

图 4.28　背景图片

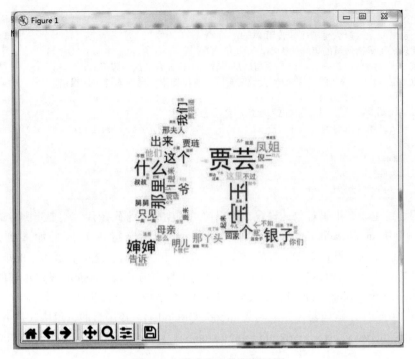

图 4.29　程序生成的词频云图

4.9　实例 41　生成带图片的二维码

扫一扫，看视频

4.9.1　准备工作

二维码是近年来在移动设备上很流行的一种编码方式，它广泛应用于手机支付、用户登录和网页浏览等方面，它具有存储信息量大、可识别能力强、容错能力大和误码率低等特点。二维码实质上是用特定的几何图形（二维码色块）记录信息（由数字、字母、汉字或特殊符号等内容组成），并且这些几何图形按一定规律摆放到一个正方形的区域内。

生成二维码用到第三方库 qrcode 库，这个库可以通过 pip install qrcode 命令进行安装，qrcode 模块库需要依赖 pillow 图像库生成二维码图片，因此也需要通过 pip install pillow 安装该库。生成二维码的样例代码如下所示。

```
import qrcode
# 设置相关参数，生成一个二维码对象(QRCode 对象)
qr_obj = qrcode.QRCode(
    version=1,
    error_correction=qrcode.constants.ERROR_CORRECT_L,
    box_size=10,
    border=4,
)
```

```
# 设置二维码信息内容
qr_obj.add_data('人生苦短，我用 Python!')
# 设置代表二维码信息量的矩阵的大小，
# 当参数 fit 为 True 时，二维码会根据信息内容大小选择合适的矩阵形式，
# 当参数 fit 为 False 时，二维码不会改变矩阵大小，如果信息内容过大将报错
qr_obj.make(fit=True)
# 生成二维码图像，设置二维码颜色为绿色，背景色为白色
qr_img = qr_obj.make_image(fill_color="green", back_color="white")
# 显示二维码
qr_img.show()
# 保存二维码图片
qr_img.save('./test.png')
```

以上代码通过生成二维码对象、设置二维码信息和生成二维码图片等主要步骤生成一个绿色二维码。在代码中 qr_obj.add_data(string) 函数是将 string（字符串）信息加入到二维码中；qr_obj.make(fit=True) 函数设置选择矩阵的方式，当参数 fit 为真时会选择合适大小的矩阵，当 fit 为假时不会改变矩阵的大小，保持在 qrcode.QRCode() 函数中由参数 version 设定矩阵的大小不变；qr_obj.make_image(fill_color=None, back_color=None) 函数生成一个二维码图片。

这里重点介绍一下二维码对象生成函数 qrcode.QRCode()，该函数的调用格式是 qr_obj=qrcode.QRCode(version=int_value,error_correction=int_value,box_size=int_value,border=int_value)，现简介如下。

● 返回值 qr_obj 是二维码对象。
● 参数 version 是整数类型，用来设置代表二维码信息量大小的矩阵的大小，该参数的选择范围是 1～40。当 version 为 1 时，二维码是一个 21×21 矩阵，version 每增加 1，矩阵就在两个维度分别增加 4，如 version 为 2 时对应 25×25 的矩阵。如果想让程序自行选择合适大小的二维码矩阵，可将 version 值设置为空（None）。
● 参数 error_correction 表示纠错能力，控制着二维码纠错级别，有 4 个选项，分别是 ERROR_CORRECT_L（表示少于等于 7% 的错误能够被更正）、ERROR_CORRECT_M（表示少于等于 15% 的错误能够被更正）、ERROR_CORRECT_Q（表示少于等于 25% 的错误能够被更正）以及 ERROR_CORRECT_H（表示少于等于 30% 的错误能够被更正）。
● 参数 box_size 设置二维码中每个色块的像素数，默认为 10。
● 参数 border 设置二维码四周空白宽度，单位是二维码色块的宽度。

4.9.2　生成带图片的彩色二维码

本节编程实例生成一个带图片的彩色二维码，代码如下所示。

```
from PIL import Image
import qrcode
# 将一张图片覆盖到另一张图片上
# 参数 origin_img 是原图片,
# 参数 paste_img 是覆盖到原图上的图片
# 参数 scale 指定 paste_img 可以覆盖原图片的 1/scale 的区域
```

```python
def img_paste(origin_img,paste_img,scale):
    # 获取图片的宽和高
    origin_img_w, origin_img_h = origin_img.size
    # 将原图尺寸缩小 scale 倍，得到覆盖区域的大小，
    # 用这个区域放置 paste_img 图片，即 paste_img 也要调节到相等大小
    new_width = int(origin_img_w/scale)
    new_height = int(origin_img_h/scale)
    # 取得 paste_img 的宽和高
    paste_img_w, paste_img_h = paste_img.size
    # 如果 paste_img 的宽和高有一个尺寸大于覆盖区域尺寸，就要调整 paste_img 的尺寸
    if (paste_img_w> new_width or paste_img_h>new_height):
        paste_img_h=new_width
        paste_img_w=new_height
        # 设置 paste_img 的尺寸，参数 Image.ANTIALIAS 可以使图片尺寸变化后，
        # 该图片尽量保持平滑，减少图片中锯齿数量
        paste_img=paste_img.resize((new_width,new_height),Image.ANTIALIAS)
    # 将 paste_img 叠放到 origin_img 上，居中显示，
    # 需要先求得 paste_img 左上角在 origin_img 上的坐标
    point_x = int((origin_img_w - paste_img_h) / 2)
    point_y = int((origin_img_h- paste_img_w) / 2)
    # 将 paste_img 覆盖到 origin_img 相应的位置
    origin_img.paste(paste_img,(point_x,point_y))
    # 返回合成的图片
    return origin_img
# 生成一个绿色的二维码
# 参数 str 是二维码的信息
def get_qrcode_obj(str):
    # 生成二维码对象
    qr_obj = qrcode.QRCode(
        version=6,
        error_correction=qrcode.constants.ERROR_CORRECT_L,
        box_size=10,
        border=2,
    )
    # 给二维码设置信息
    qr_obj.add_data(str)
    # 设置二维码的矩阵的选择方式
    qr_obj.make(fit=True)
    # 生成二维码图片，图片前景颜色是绿色，背景是白色
    qr_img = qr_obj.make_image(fill_color='green',back_color='white')
    return qr_img
if __name__=='__main__':
    # 调用函数生成一个二维码图片
    qr_img=get_qrcode_obj('学习 Python 编程，找到好工作!')
    # 将二维码图片转换为 RGB 格式
    qr_img = qr_img.convert("RGB")
    # 将一个要添加到二维码的图片放在程序当前目录下并打开
    paste_img = Image.open('./flower.png')
```

```
# 将读入的图片转换为 RGB 格式
paste_img =paste_img.convert("RGB")
# 调用函数将图片覆盖到二维码的中间
qr_result_img=img_paste(qr_img,paste_img,6)
# 显示带有图片的二维码
qr_result_img.show()
```

（1）img_paste()函数将一张图片覆盖到另一张大图的中心位置，这个函数重点是计算好图片要覆盖位置的坐标以及图片需要变化的尺寸。

（2）get_qrcode_obj()函数的功能是生成一张二维码图片，生成过程是较为固定的模式，即要经过建立二维码对象、设定相关属性、给二维码添加信息、确定二维码的矩阵大小和生成二维码图片等步骤才能生成一张二维码图片。

（3）主函数调用 get_qrcode_obj()函数生成二维码图片，然后调用 img_paste()函数将一个图片放在二维码图片中间，使其成为一个带图片的二维码。需要注意的是，在合成图片时，要使两个图片的格式一致，本节代码中图片都设置为 RGB 格式。

扫一扫，看视频

4.10 实例 42 识别图片中的二维码

识别二维码用到第三方库 pyzbar，这个库可以通过 pip install pyzbar 命令进行安装。

pyzbar 库中二维码识别函数的调用格式为 list_qrobj=pyzbar.decode(img)，这个语句的功能是将图片中所有二维码识别出并形成对象放在一个列表变量中，其中返回值 list_qrobj 是识别出来的二维码对象的列表，这些识别出的二维码对象的 data 属性保存着二维码的信息；参数 img 是一个包含二维码的图片对象。识别图片中二维码的代码如下所示。

```
import pyzbar.pyzbar as pyzbar
from PIL import Image
# 二维码图片文件的路径
qrcode_img = "./test.png"
# 读入文件
img = Image.open(qrcode_img)
# 将图片转成灰度图，这样更利于二维码的识别
img = img.convert("L")
# 对图片 img 中的二维码进行解码，返回值是一个列表
# 列表中的元素项是识别出来的二维码对象，
# 它的 data 属性是二维码的信息内容
list_qrobj = pyzbar.decode(img)
# 通过循环取出每个二维码对象
for qrobj in list_qrobj:
    # 打印出二维码中的内容
    print(qrobj.data.decode("utf-8"))
```

需要注意的是，为了提高识别率，可先将图片转化成灰度图再进行识别。以上代码比较简单，相关注释已放在代码中，不再赘述。

第 5 章　爬虫小程序

扫一扫，看视频

网络上的数据资源相当丰富，通过网络采集数据，然后进行数据统计分析，也是一些公司进行决策分析工作的一项职能。采集网络上的数据时最常用的方法就是网络爬虫。网络爬虫实际是一类程序，它通过代码运行模拟浏览器上网，去网站（网页）上抓取数据。

5.1　实例 43　获取网页内容

扫一扫，看视频

5.1.1　准备工作

用 Python 编写的访问网页的程序中，有很多是调用 requests 库模块中的函数来进行操作，这个库模块把网页请求和操作等多项功能进行了高度封装，使其可以轻而易举地完成浏览器的许多操作。

Requests 库是第三方模块，需要进行安装，安装命令如下所示。

```
pip install requests
```

5.1.2　网络爬虫基础知识

（1）robots 协议：网站往往通过授权，声明允许用户爬取哪部分数据、不允许爬取哪些数据，这些授权写在 robots.txt 中，称为 robots 协议。

（2）关于 HTTP 协议基本知识，这里仅介绍与爬虫相关的知识与概念。

● 请求头 Request Headers：请求头部由关键字/值对组成，每行一对，关键字和值用英文冒号 ":" 分隔。请求头主要向网站服务器提交客户端的请求信息，典型的请求头主要包含以下内容。

Accept：客户端向网站请求的内容类型列表。

Host：请求的主机名。

User-Agent：发出请求的载体的身份标识，也就是发出请求的客户端的身份信息。

Connection：请求完毕，设置连接状态是断开还是保持连接。

● 响应头 Response Headers：这里只介绍 content-type，它是服务器响应后发送给客户端的数据类型。

（3）HTTPS 协议：该协议被称为是安全的 HTTP 协议，就是在 HTTP 协议上增加了安全协议。HTTPS 采取证书密钥加密方式，加密方式有对称密钥加密、非对称密钥加密和证书密钥加密三种方式。

说明

HTTP 和 HTTPS 这两种协议中的请求头、请求体、响应头和响应体每一种类型都包含很多属性，学习爬虫只需掌握 User-Agent、Host、Connect 和 Content-type 等属性即可。

5.1.3 User-Agent 的使用

有些网站会拒绝非正常访问，即网站服务器会检测请求方的身份。如果检测到请求方为浏览器，就认为是正常访问并给予响应；如果请求方不是浏览器，网站有可能会拒绝访问。网页请求头中 User-Agent 携带请求方的身份标识，可以用 User-Agent 把爬虫程序的访问模拟为浏览器访问。

User-Agent 的值可以在浏览器中取得，在浏览器菜单中打开"工具"→"开发人员工具"，然后刷新相应网页取得，如图 5.1 所示。在 Headers 标签下的 Request Headers 中可以找到 User-Agent 的信息。

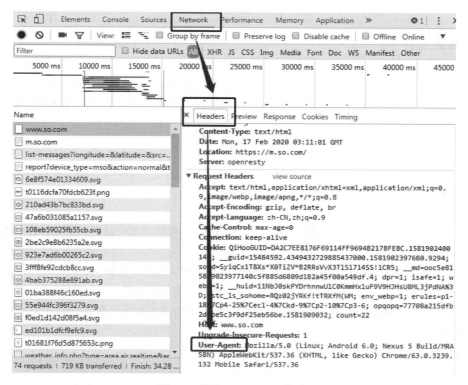

图 5.1 查看 User_Agent 的值

5.1.4 请求方式简介

Web 请求方式有 GET、POST、HEAD、PUT、PATCH 和 DELETE 等，requests 库常用的是 GET 和 POST 两种方式，它通过调用相关函数向网站发送请求，现简介如下。

（1）语句 ret = requests.get(URL, params=None, headers=None)中，get()函数功能为：向 URL 指

定的网址发送请求，并接收该网址发回响应。参数 URL 是网页地址；参数 params 是字典类型，指定向网页传递的各类参数；参数 headers 是字典类型，指定请求头的请求信息；该函数返回值 ret 是一个 Response 对象，其常用的属性和方法列举如下。

- ret.url：返回请求网站的 URL。
- ret.status_code：返回响应的状态码，如 200 表示请求成功。
- ret.encoding：返回响应的编码方式，如 UTF-8、GBK 等。
- ret.cookies：返回响应的 Cookie 信息。
- ret.headers：返回响应头的信息。
- ret.content：返回 bytes 类型的响应体。
- ret.text：返回 string 类型的响应体，相当于 ret.content.decode('utf-8')。
- ret.json()：返回 dict 类型的响应体，相当于 json.loads(ret.text)。

（2）语句 ret = requests.post(URL, data=None, headers=None)中，post()函数的功能为：发送 POST 请求，并接收响应。参数 URL 是网页地址；参数 data 是字典类型，它保存着要提交给网页的表单信息；参数 headers 是字典类型，指定请求头的请求信息；该函数的返回值 ret 是一个 Response 对象，这个返回值与 get()函数的返回值意义相同，可参考 get()函数的说明。

5.1.5 利用 get()函数获取网页的内容

本节编程实例主要利用 Requests 库中的 get()函数发送 GET 请求，获取网页的内容。样例代码如下所示。

```
# 导入库模块
import requests
# 主函数 main
if __name__=="__main__":
    # 协议类型
    vprotocol="https"
    # 指定 url，这是搜索页的地址，这里网页地址用*号代替了
    url = vprotocol+"//***.***.***/s"
    # 设置 user-agent，它是一个字典形式，
    # 可以从浏览器的"开发人员工具"的 Headers 标签中将 User-Agent 信息复制过来
    headers={'User-Agent':'Mozilla/5.0 (Windows NT 6.1; WOW64) AppleWebKit/537.36
     (KHTML, like Gecko) Chrome/63.0.3239.132 Safari/537.36 QIHU 360SE'}
    # 录入要搜索的内容
    queryword =input("请录入查询内容:")
    # 将该页面给出的查询关键字标识名为 q，形如：***.***.***/s?q=XXX，
    # 传给网页的参数名字要与查询关键字标识名一致
    parm={'q':queryword}
    # 向请求页面对应的 URL 发送请求，并传入参数
    res = requests.get(url,params=parm,headers=headers)
    # 取得响应(res)数据
    txt = res.text
    # 把取得的内容写入 test.html 文件中
```

```
    with open("./test1.html", "w", encoding="utf-8") as fs:
        # 把取得的数据存在本地
        fs.write(txt)
print("程序运行完成")
```

（1）以上代码首先确定向哪个 URL 地址发送请求，然后在请求头中设置 User-Agent 的值，对应语句为 headers={'User-Agent':'Mozilla/5.0 (Windows NT 6.1; WOW64) AppleWebKit/537.36 (KHTML, like Gecko) Chrome/63.0.3239.132 Safari/537.36 QIHU 360SE'}。由于网页上有一个搜索框，将在这个搜索框中录入的值赋值给变量 q，因此设置了一个字典参数，在字典中加入一个键名为 q 的键值对，对应语句为 parm={'q':queryword}。变量之所以要命名为 q，是因为打开浏览器的"工具"→"开发人员工具"菜单，在查询 headers 标签（请求头标签）中看到的，如图 5.2 所示。

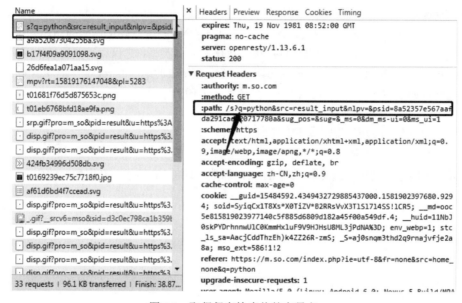

图 5.2　取得保存检索值的变量名

（2）代码调用 requests.get()函数向 URL 地址发送 GET 请求，并传送了 User-Agent 和 q（保存检索值的变量）等参数，其中 User-Agent 放在响应头字典 headers 中，q 放在参数字典 params 中，对应的代码语句为 res = requests.get(url,params=parm,headers=headers)，变量 res 接收网站响应信息，因此 res 是一个 Response 对象，res 的 text 属性指网页接收到请求后向浏览器返回该页面的 HTML 源码。

（3）代码最后把爬取的内容通过文件操作函数 write()写到当前目录的 test1.html 文件中。

5.1.6　运行程序

运行程序后，按照提示在命令行终端录入要检索的关键字内容，如下所示。

请录入查询内容:python

```
程序运行完成
Process finished with exit code 0
```

程序运行结束后会在当前目录下生成一个 test1.html 文件，打开该文件，会发现页面的内容正是需要检索的内容。

5.2 实例 44 调用百度翻译功能

扫一扫，看视频

5.2.1 JSON 基本知识

在向网页发送请求后，返回的 Response 对象中的响应信息大部分是 JSON 类型，应该说掌握 JSON 使用方法是写爬虫程序必备的技能。

JSON 是一种通用的数据类型，其本质是字符串，但这个字符串外形有点像字典类型的"样子"，形式如{'key1': 'value1', 'key2': 'value2'... }。因为是字符串，JSON 类型不能用 key、value 来取值，要想从 JSON 类型中取得某项值必须先转换成字典。Python 中对 JSON 的主要操作是 JSON 与字典类型数据之间的转换，转换函数主要有 4 个，有两个是针对字符串的操作，有两个是针对文本文件的操作。

（1）json.dump()函数可以将一个 Python 的字典类型的变量转换成 JSON 字符串并写入到文件中，举例如下。

```python
import json
# 定义一个字典变量
dic_one = {
    'file_name': 'good luck',
    'length':'100M',
    'date':'2020-08-01',
}
# 打开一个文件
with open('dic_one.txt','w') as fp:
    # 将字典转化成 JSON 格式并保存到文件中
    json.dump(dic_one,fp)
```

以上代码生成一个文件 dic_one.txt，文件的内容如下所示。

```
{"file_name": "good luck", "length": "100M", "date": "2020-08-01"}
```

（2）json.load()将一个文件中的 JSON 型的文本转化成 Python 字典类型，举例如下。

```python
import json
# 打开一个文件
with open('dic_one.txt', 'r') as fp:
    # 将文件中 JSON 格式文本转化成字典类型，并保存到变量中
    dic_one = json.load(fp)
# 打印
```

05

```
print(dic_one,type(dic_one))
```

print(dic_one,type(dic_one))语句打印出以下内容，可见 dic_one 是字典类型的数据。

```
{'file_name': 'good luck', 'length': '100M', 'date': '2020-08-01'} <class 'dict'>
```

（3）json.dumps()函数的功能是把一个字典对象转换成 JSON 字符串，举例如下。

```
# 导入 json 模块
import json
# 定义一个字典变量
dic_one = {
    'file_name': 'good luck',
    'length':'100M',
    'date':'2020-08-01',
}
# 把一个 Python 数据结构转换为 JSON 字符串
v_str = json.dumps(dic_one)
print(v_str,type(v_str))
```

以上代码中 print(v_str,type(v_str))语句在终端上打印出的信息如下所示，可见 v_str 是一个字符串类型。

```
{"file_name": "good luck", "length": "100M", "date": "2020-08-01"} <class 'str'>
```

转换函数 dumps()有一个可选参数是 ensure_ascii，ensure_ascii 默认为 True。该函数会将字典中的字符全部按 ASCII 字符进行转换，如果转换的内容中有汉字，就会出现乱码，因此当字典类型的数据中存在中文或其他非 ASCII 字符时，需要将 ensure_ascii 设置为 False，举例如下。

```
import json
# 定义一个字典变量
dic_one = {
    '文件名': '祝你好运',
    '长度':'100M',
    '建立时间':'2020-08-01',
}
# 将字典类型转换为 JSON 字符串
v_str1 = json.dumps(dic_one)
print(v_str1)
# 将字典类型转换为 JSON 字符串，增加参数 ensure_ascii=False
v_str2 = json.dumps(dic_one,ensure_ascii=False)
print(v_str2)
```

print(v_str1)函数打印出以下字符串。

```
{"\u6587\u4ef6\u540d": "\u795d\u4f60\u597d\u8fd0", "\u957f\u5ea6": "100M",
"\u5efa\u7acb\u65f6\u95f4": "2020-08-01"}
```

而 print(v_str2)函数打印出以下字符串。

```
{"文件名": "祝你好运", "长度": "100M", "建立时间": "2020-08-01"}
```

（4）json.loads()函数的功能是将 JSON 字符串转化成字典，举例如下。

```
import json
# str 是一个字符串，注意两边的单引号
str= '{"file_name": "good luck", "length": "100M", "date": "2020-08-01"}'
# 将字符串转换成字典类型，并保存到变量中
v_dic =json.loads(str)
print(type(v_dic))
```

print(type(v_dic))语句打印出以下字符串。

```
<class 'dict'>
```

5.2.2 对页面进行分析

打开百度翻译页面后，在浏览器菜单中打开"工具"→"开发人员工具"，先用工具栏中的 clear
按钮（工具栏第二行第二个按钮）清除现有信息，然后回到百度翻译页面，在左侧文本框中录入英
文单词 work hard，再查看"开发人员工具"页面，由于百度翻译调用 AJAX 对录入的英文进行翻译，
需要单击 XHR 查看有关信息，如图 5.3 所示。

图 5.3　开发人员工具页面

从图上可以看到请求的网址是 fanyi.baidu.com/sug，请求方式是 POST，保存英文（将要被翻译
的英文）的变量名是 kw。

图 5.4 所示在 Respone Headers 一栏中，content-type:application/json; charset=utf-8 说明网页返回

的是 JSON 格式，编码格式为 utf-8，这样可以调用 JSON 相关函数解析返回值，得到想要的结果。

图 5.4　响应头（Request Headers）中的信息

5.2.3　调用百度翻译翻译英文

本节编程实例的业务逻辑是通过 POST 请求调用百度翻译对录入的英文进行翻译。样例代码如下所示。

```python
# 导入相应库模块
import requests
import json
#主函数 main
if __name__=="__main__":
    #相关请求协议前缀
    vprotocol = "https://"
    # 指定 url
    url = vprotocol+"fanyi.baidu.com/sug"
    # 设置 user-agent 字典
    headers={'User-Agent':'Mozilla/5.0 (Windows NT 6.1; WOW64) AppleWebKit/537.36
     (KHTML, like Gecko) Chrome/63.0.3239.132 Safari/537.36 QIHU 360SE'}
    queryword =input("请录入需要翻译的词语: ")
    # 传入 post 参数，参数是将要翻译内容
    parm={'kw':queryword}
    # 向相应的 URL 发出 POST 请求
    res = requests.post(url,data=parm,headers=headers)
    # print(res.text)
    # 将 JSON 类型转换成 Python 的字典类型
    dict_obj=json.loads(res.text,encoding='utf-8')
    # print(len(dict_obj['data']))
    if len(dict_obj['data']):
        res1 = dict_obj['data'][0]['v']
        print('翻译出的内容: ', res1)
    else:
        print('未能翻译成功!')
```

（1）以上代码主要根据网页分析的结果了解请求方式、传递参数名和请求头等信息，然后用 POST 请求地址 URL、User-Agent、kw（保存着将要进行翻译的英文单词的变量名）等参数，对应语句为 res = requests.post(url,data=parm,headers=headers)。

（2）请求发出后，百度翻译网页返回响应，由前面分析得知这个响应对象是 JSON 格式的字符串，通过 dict_obj=json.loads(res.text,encoding='utf-8')语句把它转化成字典。这个字典样例如下所示。

```
{
    'errno': 0,
    'data': [
        {'k': 'system', 'v': 'n. (思想或理论)体系；方法；制度；体制；系统；身体；(器官)系统；'},
        {'k': 'systematic', 'v': 'adj. 成体系的；系统的；有条理的；有计划有步骤的；'},
        ...
        ]
}
```

可见这个字典是一个三层结构，第一层是字典类型，第二层是列表类型，第三层是字典类型，从第三层上可以看到百度翻译将英文的所有中文意义都列举出来了。本程序只选择第一个翻译结果，也就是先选择字典的 data 键，再选它键值对应的列表中第一项，这个项是一个字典，翻译结果存放在键 v 中，取出键 v 的值就得到翻译结果了。由于索引值从 0 开始，因此取得翻译结果的语句为 res1 = dict_obj['data'][0]['v']。

5.2.4　运行程序

启动程序后，根据提示录入英文进行测试，很快得到中文翻译结果，说明程序运行正确，如下所示。

```
请录入需要翻译的词语：work hard
翻译出的内容：　努力工作；
Process finished with exit code 0
```

扫一扫，看视频

5.3　实例 45 获取网站上的图片

5.3.1　分析页面结构

要获取网站上的图片，首先要知道图片的地址，这些地址一般放在<img src="xxx"> 标签的 src 属性值中，如果一个页面是以展示图片为主，则该网页所有图片的样式、属性都为统一格式设置，如图片放在<li>标签中。本节编程实例中的网页就是采用这种形式放置图片的，如图 5.5 所示。

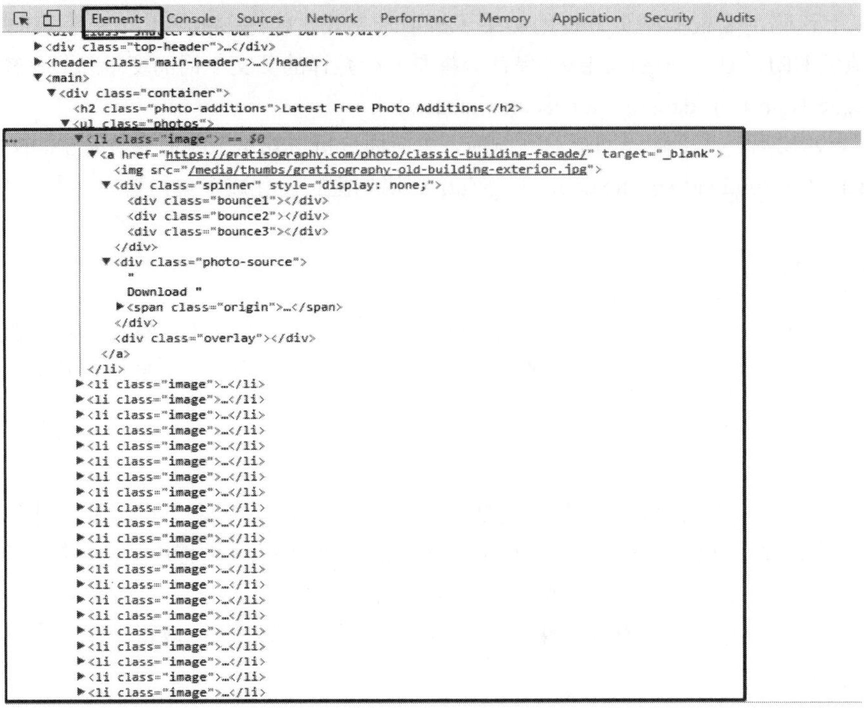

图 5.5　在<li>标签下放置图片地址

每个<li>标签结构如下所示，可以看到<img>是<li>下的子标签。

```
<li class="image">
<a href="... /photo/classic-building-facade/" target="_blank">
<img src="/media/thumbs/gratisography-old-building-exterior.jpg">
...
</li>
```

根据以上结构（注意...表示省略原页面源码部分内容），可以设计出匹配该结构的正则表达式：<li class="image">.*?<img.*?src="(.*?)".*?>.*?.*?</li>，这个正则表达式提取了主要特征，表达式写得比较简洁，只要能准确找到要匹配的字符串即达到目的。根据正则表达式的规则，以上表达式中"src="后面括号内的字符串用来匹配图片路径。

5.3.2　获取网站图片

本节编程实例的业务逻辑是先通过 GET 请求取得网页的文本内容，然后通过正则表达式区配并获取图片的地址，最后向图片的 URL 发出请求并下载图片文件，保存在磁盘中。样例代码如下所示。

```
# 导入相关库模块
import requests
# 用到正则表达式，需要导入相关的库模块
import re
```

```
import os
# 主函数 main
if __name__ == '__main__':
    # 判断有无文件夹，没有就建立
    if not os.path.exists("./images"):
    #建立文件夹，用来保存网页上获取的图片
        os.mkdir("./images")
    # 保存 HTTPS 协议名称
    vprotocol = "https://"
    # 组合成 url 地址，相关网址用*代替了
    url = vprotocol+"***.***/"
    # 设置 User-Agent
    headers = {
        "User-Agent": "Mozilla/5.0 (Windows NT 6.1; WOW64) AppleWebKit/537.36
        (KHTML, like Gecko) Chrome/55.0.2883.87 Safari/537.36"}
    # 取得整个页面文本
    pagetext = requests.get(url=url, headers=headers).text
    # 用正则表达式匹配图片地址
    ex = '<li class="image">.*?<img.*?src="(.*?)".*?>.*?</li>'
    # 调用 findall()函数取得图片地址，images 是相对地址列表
    images = re.findall(ex, pagetext, re.S)
    # 循环取得图片的地址
    for image_src in images:
        # 正则取出的地址是相对地址，需要在前面加网站的根地址
        image_src=url+image_src
        # 取得的图片文件是二进制格式，所以要用.content 取得其内容
        image = requests.get(url=image_src, headers=headers).content
        # 取得路径与文件名，这个路径是图片保存到磁盘上的地址
        image_path = "./images/" + image_src.split("/")[-1]
        # 写入图片
        with open(image_path, "wb") as fp:
            # 存储图片
            fp.write(image)
    print("end")
```

（1）代码首先判断当前目录是否有 images 文件夹，如果没有，就新建一个，接着设置 URL 和请求头的 User-Agent 等参数，然后用这些参数向网页发送 GET 请求，获得网页的文本内容，对应语句为 pagetext = requests.get(url=url, headers=headers).text。

（2）正则表达式写法是取得图片地址的关键，正则表达式中的".*？"可以匹配除了\n 之外的任何单字符串，这个表达式后面加了"？"指明它要采用最小匹配模式，整个正则表达式中有个括号（ex = '<li class="image">.*?<img.*?src="(.*?)".*?>.*?</li>'），这样的表达式传送给正则函数后，一般按照正则表达式约定的规则进行区配和操作。首先按照整个表达式找到匹配的文本，然后在区配的文本中找到括号内能匹配上的字符串，最后把这个字符串作为函数的返回值。

（3）正则函数 re.findall()返回值是列表类型，因此 images = re.findall(ex, pagetext, re.S)语句把取得的所有匹配到的<img>标签的 src 属性值放在列表中，也就是变量 images 是保存图片相对地址的

列表。

（4）图片是二进制文件，在向网页发送请求获取图片时，只需在 get()函数后面加上.content 就可取得二进制数据，对应代码语句为 image = requests.get(url=image_src, headers=headers).content。

5.3.3 运行程序

代码运行后按照程序指定的业务逻辑从网页依次取得图片并保存，运行完成后，打开当前目录下的 image 文件夹，发现图片已保存在磁盘中，说明程序运行正确，如图 5.6 所示。

图 5.6　已保存在磁盘中的网页图片

扫一扫，看视频

5.4　实例 46　获取各分页的图片

5.4.1 分析页面结构

本节编程实例也是爬取一个网站上的图片，打开网页发现图片是分页显示的，网页的下部是分页工具栏，如图 5.7 所示。单击页面中分页按键，看到网页地址栏中内容是"https://***/****/all/p2/"的形式，经过单击不同页号，发现网址中只有 p 后面的数字有变化，得出的规律是 p 字母后面的数字与页号是一致的。

图 5.7　页面中分页工具栏

通过浏览器的"工具"→"开发人员工具"，在 Elements 标签页找到每个分页面上放置图片的标签，如图 5.8 所示。这些标签在页面上是以固定格式编写的，因此图片的存放地址可以通过正则表达式匹配到。

图 5.8　Elements 标签页

将这段包含图片地址的标签源码复制出来，进行分析，编写正则表达式，HTML 源码片段如下所示。

```
<a class="pic" href="https://ta.fang.anjuke.com/loupan/455845.html?from=
AF_RANK_2" soj="AF_RANK_2" target="_blank">
    <div class="icon-qj-weliao">
        <i class="iconfont title-icon icon-qj icon-quanjing"></i>
    </div>
    <img width="180" height="135" src="https://pic4.ajkimg.com/display/xinfang/
47bf864c2132686c53d87fd325c93052/180x135m.jpg" alt="">
</a>
```

分析后编写的正则表达式如下所示，注意 ".*？" 可以匹配除了\n 之外的任何单字符串，括号的内容是要返回的图片地址。

```
<a class="pic" .*?> .*?<img.*?src="(.*?)" alt="">.*?</a>
```

5.4.2　自动获取各分页的图片

本节编程实例实现了在各个分页自动获取图片的功能，代码如下所示。

```
import requests
# 用到正则表达式，需要导入相关库
import re
import os
import time
# 定义一个获取每个分页中的图片的函数，
```

```
# 参数 page_url 是每个分页网址,
# 参数 reg_str 是正则表达式字符串。
def get_onepage_img(page_url,reg_str):
    # 设置 User-Agent
    headers = {
        "User-Agent": "Mozilla/5.0 (Windows NT 6.1; WOW64) AppleWebKit/537.36 "
                      "(KHTML, like Gecko) Chrome/55.0.2883.87 Safari/537.36"}
    # 取得整个页面文本
    pagetext = requests.get(url=page_url, headers=headers).text
    # 调用 findall() 函数取得图片地址，images 是地址列表
    images = re.findall(reg_str, pagetext, re.S)
    # 用时间格式的字符串作为图片名字的一部分，防止获取的图片名称一样，在保存时被覆盖
    v_name=time.strftime('%Y%m%d%H%M%S', time.localtime())
    # 设置一个序号 i, 这个序号也作为图片名称的一部分，防止获取的图片名称一样，在保存时被覆盖
    i=0
    # 循环取出每一个图片的地址
    for image_src in images:
        # 取得的图片文件是二进制格式，所以要用.content
        image = requests.get(url=image_src, headers=headers).content
        i+=1
        # 生成不重复的文件名，用这个名字命名图片
        image_path = "./images/" +v_name+str(i)+'-'+ image_src.split("/")[-1]
        # 以写模式打开文件
        with open(image_path, "wb") as f:
            # 存储图片
            f.write(image)
# 主函数 main
if __name__ == '__main__':
    # 判断有无文件夹，没有就建立
    if not os.path.exists("./images"):
        # 建立文件夹，用来保存网页上获取的图片
        os.mkdir("./images")
    # 保存 HTTPS 协议名称
    vprotocol = "https://"
    print('正在获取各页面上的图片，请稍候...')
    # 组合成 url 地址
    for i in range(2,6):
        if i==1:
            # 第 1 页地址与其他页不同，直接取出该网页的地址,
            # 相关网页地址由*号代替了
            url = vprotocol+"***.***.***.com/loupan/all/"
        else:
            # 生成每个分页地址
            url = vprotocol+"***.***.***.com/loupan/all/p"+str(i)+"/"
        # 用正则表达式匹配图片地址
        ex = '<a class="pic" .*?> .*?<img.*?src="(.*?)" alt="">.*?</a>'
        # 调用函数取得图片
```

```
        get_onepage_img(url,ex)
    print("运行完成")
```

（1）get_onepage_img()函数的主要功能是对每一个分页进行解析并获得需要的图片，主要业务流程是先取得分页的 HTML 源码，用正则表达式匹配并找到包含图片地址的标签，然后用 re.findall() 获得图片地址的列表，最后将这些图片下载下来保存到磁盘上。

（2）主函数的主要流程是形成各分页的地址和正则表达式，然后调用 get_onepage_img() 函数获取各分页上的图片。

（3）做爬虫程序不只是写代码，既要对网页的结构进行分析，还要对网站的一些访问规律进行探索。在分析上多下工夫，往往能写出简洁、高效和正确的程序。

5.5 实例 47 获取新闻标题和内容

扫一扫，看视频

5.5.1 编程要点

本节编程实例将用到 bs4 第三方模块库，这个模块库能够提供对 HTML 源码的解析功能，是一个解析、遍历、维护 HTML 的"标签树"的功能库，它利用 Python 默认解析器进行解析，一般情况下推荐使用 lxml 解析器进行解析，因为 lxml 解析器更加强大，速度更快。安装 bs4 库和 lxml 解析器的命令如下所示。

```
# 安装 bs4 模块库
pip install bs4
# 安装 lxml 解析器
pip install lxml
```

bs4 模块库解析流程主要有两步，第一步是实例化一个 BeautifulSoup 对象，并且将 HTML 源码加载到这个对象。第二步是调用 BeautifulSoup 对象的方法或属性定位到页面上的标签，对标签中的数据进行提取。下面用一个简单样例介绍 bs4 库模块中主要函数的用法。样例代码如下所示。

```
from bs4 import BeautifulSoup
import lxml
# 生成一个用于测试的 HTML 源码字符串，保存到 html 变量中
html = """
<html><head><title>这是一个 HTML 源码样例</title></head>
<body>
<p class="title" name="Tom"><b>Tom 的推荐</b></p>
<p class="program">Tom，男，出生于美国，现在上高中三年级，喜欢编程,他推荐的学习网站如下：
<a href="http://test.com/python" class="python" id="link1">python 语言学习</a>,
<a href="http://test.com/c_sharp" class="c_sharp" id="link2">c#语言学习</a> and
<a href="http://test.com/php" class="php" id="link3">php 语言学习</a>;
大家有时间可以去看看。</p>
<div class="other">
<ul class='列表'>
```

```
<li><a href="http://test.com/liming">李明推荐</a></li>
<li><a href="http://test.com/zhangsan">张三推荐</a></li>
<li><a href="http://test.com/wangwu">王五推荐</a></li>
</ul>
</div>
<div id='div_test'>
hello world!
</div>
</body>
</html>
"""
# 实例化 BeautifulSoup，并指定解析器为 lxml
soup_obj=BeautifulSoup(html,'lxml')
# soup_obj.TagName 的形式将返回第一个标签名为 TagName 的内容
# 因此 soup_obj.a 将返回 html 这个文本字符串的第一个<a>标签的内容
# 以下语句将打印出：<a class="python" href="http://test.com/python"
# id="link1">python 语言学习</a>
print(soup_obj.a)
# BeautifulSoup 实例化对象的 find() 函数也是返回第一次出现的标签，这个标签由该函数的参数指定
# 以下语句将打印出：<li><a href="http://test.com/liming">李明推荐</a></li>
print(soup_obj.find('li'))
# 以下语句中的 find() 函数第二个参数可以指定标签的属性，这样函数可根据标签名和属性进行标签定位
# 由于 HTML 标签的 class 属性与 Python 关键字 class 一样，参数用 class 加下划线的形式（class_）表
# 示这个属性
# 以下语句将打印出：<p class="title" name="Tom"><b>Tom 的推荐</b></p>
print(soup_obj.find('p',class_='title'))
# 以下语句将打印出：<a class="c_sharp" href="http://test.com/c_sharp"
# id="link2">c#语言学习</a>
print(soup_obj.find('a',id='link2'))
# find_all() 函数返回一个列表，列表元素是参数指定的全部标签
# 以下语句中 li_list 列表变量保存着所有<li>标签的内容
li_list=soup_obj.find_all('li')
'''
select() 函数返回一个列表，列表元素是参数指定的全部标签；参数可以是标签的 id 值，传递的参数形式
是 "# + id值"，如："#div_test"；参数可以是标签的类（class），传递的参数形式是 ". + classname"，
如：".title"；参数可以是标签名，传递的参数是 "TagName"，如："div"。
以下语句将打印出：
[<div id="div_test">
hello world!
</div>]
'''
print(soup_obj.select('#div_test'))
#print(soup_obj.select('div'))
'''
 select() 函数还可以作为层级选择器，参数中每个>表示一个层级
 以下语句将打印出：
 [<a href="http://test.com/liming">李明推荐</a>,
```

```
    <a href="http://test.com/zhangsan">张三推荐</a>,
    <a href="http://test.com/wangwu">王五推荐</a>]
'''
print(soup_obj.select('.other>ul>li>a'))
# 在 select()函数的参数层级中，空格可代表多个层级。
# 以下语句与上一语句 print(soup_obj.select('.other>ul>li>a'))的效果一致
print(soup_obj.select('.other>ul a'))
'''
获取标签之间的文本内容，可用.text、.string 以及 get_text()函数。.text 和 get_text()函数可以
获取一个标签中所有文本内容（包括子标签的文本内容）；.string 只可以获取当前标签间的文本内容，不
获取其子标签间的文本内容
以下语句将打印出：
李明推荐
张三推荐
王五推荐
'''
print(soup_obj.div.text)
# 以下语句将打印出：None，因为当前<div></div>（本层级）间无内容
print(soup_obj.div.string)
# 以下语句获得标签 href 属性值，
# 获取过程是：由 select()函数先选择出 class='other'的<div>标签下的所有<a>标签列表，
# 再通过切片取得列表中第 1 个<a>标签，最后取得这个标签的 href 值
# 以下代码打印出：http://test.com/liming
print(soup_obj.select('.other>ul a')[0]['href'])
```

以上代码先给出一个 HTML 源码字符串，然后介绍 BeautifulSoup 对象各类方法和属性语法，读者对照 HTML 源码字符串，再根据代码中注释以及程序运行结果可以很好地了解 BeautifulSoup 对象的用法。

5.5.2 页面结构分析

本节编程实例要求取得新闻的标题和新闻的内容，实例中新闻标题列表在一个网页上，新闻内容则在另一个网页上，因此需要分析两个页面的结构。

首先分析新闻标题所在的页面，发现新闻标题和新闻内容的 URL 保存在<div class="list">…<ul>标签下的一系列<li>…<a>标签的属性中，其中 title 的属性值保存着新闻标题，href 的属性值保存着新闻内容页面的 URL，如图 5.9 所示。

通过对新闻内容页面结构分析，发现这个页面相对简单，新闻的内容都存放在<div class_="v_news_content">标签中，如图 5.10 所示。

图 5.9　新闻标题列表页面的结构

图 5.10　新闻内容页面结构

5.5.3　新闻标题和内容的获取

　　本节编程实例流程是在两个页面上获取相关信息，主要是在新闻标题列表页面上获取新闻标题和新闻内容页的网址，再根据网址到新闻内容页取得新闻的内容信息，代码如下所示。

```
from bs4 import BeautifulSoup
import requests
import lxml
# 主函数 main
if __name__ == '__main__':
    # 协议类型
    vprotocol = "http://"
    # 保存网站根地址, 网页地址用*号代替了
    root_page_url=vprotocol+"www.***.com/"
    # 指定 url, 这是包含新闻标题的网页的地址, 网页地址用*号代替了
    main_page_url = vprotocol + "***.***.com/news/jtxw.htm"
    # 用字典的形式设置 User-Agent, 可以将浏览器的请求头的 User-Agent 复制过来
    headers = {'User-Agent': 'Mozilla/5.0 (Windows NT 6.1; WOW64) AppleWebKit/537.36
     (KHTML, like Gecko)' ' Chrome/63.0.3239.132 Safari/537.36 QIHU 360SE'}

    # 获取首页的响应对象 (Response)
    main_page = requests.get(url=main_page_url, headers=headers)
    # 设置编码方式, 防止出现乱码
    main_page.encoding='utf_8'
    # 取得页面的 HTML 源码
    main_page_text=main_page.text
    # 实例化 BeautifulSoup 对象, 第 2 个参数设置该对象的解析器为 lxml
    soup_obj = BeautifulSoup(main_page_text, 'lxml')
    # 页面中新闻的标题、新闻内容的链接,
    # 都存放在 class="list"的<div>标签下的<ul>标签中每个<li>标签下,
    # 因此可通过 select()取出<div><ul>标签中的所有<li>标签
    li_list = soup_obj.select('.list>ul>li')
    # 打开一个文件, 准备将新闻标题和内容写入
    fp = open('newslist.txt', 'w', encoding='utf-8')
    # 循环取得每个<li>标签
    for li in li_list:
        # 取出<a>标签中的 title 的属性值
        news_title = li.select('a')[0]['title']
        # 取得新闻内容页所在网址, <a>标签的 href 属性中保存的是一个相对地址,
        # 提示: 这个地址前有 "../" 三个字符, 所以要剪切掉, 并在前面加上主页的地址前缀,
        detail_page_url = root_page_url + li.select('a')[0]['href'][3:]
        # 取出新闻内容页面的响应对象 (Response)
        detail_page = requests.get(url=detail_page_url, headers=headers)
        # 设置编码方式, 防止出现乱码
        detail_page.encoding='utf-8'
        # 取得页面的 HTML 源码
        detail_page_text=detail_page.text
        # 针对当前页面生成 BeautifulSoup 实例化对象
        detail_soup = BeautifulSoup(detail_page_text, 'lxml')
        # 新闻的内容在 class="v_news_content"的<div>标签中,
        # 用 find()函数取出这个<div>的内容
        div_tag = detail_soup.find('div', class_="v_news_content")
```

05

```
# div_tag.text 取得标签间的文本，这个文本含有 HTML 标签，
# BeautifulSoup(div_tag.text, 'html.parser')可去掉这些标签，
# 该函数返回的是一个对象，不是文本，用 get_text()取得该对象的文本
news_content = BeautifulSoup(div_tag.text, 'html.parser').get_text()
# print(news_content)
# 将新闻标题和新闻内容写入文件中
fp.write('\t\t\t' + news_title + '\n' + news_content + '\n')
fp.close()
```

以上代码在开始时生成一个 BeautifulSoup 对象，这个对象的解析器设置为 lxml 解析器，然后通过四个步骤完成信息提取。第一步在新闻标题列表页中，通过 BeautifulSoup 对象的 select()函数取得 <a>标签列表，因为每个<a>标签中都存有新闻标题和新闻内容页面的 URL；第二步循环取得每一个<a>标签，取出标题，获取内容页面的 URL；第三步通过 detail_page_text=requests.get(url=detail_page_url, headers=headers)语句向内容页面发请求并通过 text 属性取得新闻内容页面 HTML 源码，依据这个源码生成一个 BeautifulSoup 对象，用这个对象解析页面源码，并定位到包含新闻内容的<div>标签，再通过 news_content = BeautifulSoup(div_tag.text, 'html.parser').get_text()语句取得关于新闻内容的纯文本形式（去掉了其中的 HTML 标签）；第四步将新闻的标题和内容保存到文件中。

5.6　实例 48　获取网站上的故事内容

扫一扫，看视频

5.6.1　编程要点

本节编程实例用到 xpath 类，xpath 是通用性最强的解析工具，它存在于 lxml 模块库中，因此需要通过 pip install lxml 命令安装了 lxml 模块库才能使用。

xpath 的解析流程大致分为两步，第一步是实例化一个 etree 的对象，在实例化过程中一并将需要解析的页面源码作为参数传递给该对象；第二步通过 etree 对象调用 xpath 表达式找到网页上的标签，并把标签中的文本或者标签的属性值取出来。下面通过一个样例简单介绍一下 xpath 表达式的用法。样例代码如下所示。

```
from lxml import etree
# 生成一个用于测试的 HTML 源码字符串，保存到 html 变量中
html = """
<html><head><title>这是一个 HTML 源码样例</title></head>
<body>
<p class="title" name="Tom"><b>Tom 的推荐</b></p>
<p class="program">Tom，男，出生于美国，现在上高中三年级，喜欢编程，他推荐的学习网站如下：
<a href="http://test.com/python" class="python" id="link1">python 语言学习</a>,
<a href="http://test.com/c_sharp" class="c_sharp" id="link2">c#语言学习</a> and
<a href="http://test.com/php" class="php" id="link3">php 语言学习</a>；
大家有时间可以去看看。</p>
<div class="other"><ul class='列表'>div 标签，class="other"的标签
<li><a href="http://test.com/liming">李明推荐</a></li>
```

```
<li><a href="http://test.com/zhangsan">张三推荐</a></li>
<li><a href="http://test.com/wangwu">王五推荐</a></li>
</ul></div>
<div id='div_test'>
hello world!
</div>
<div class='example'>这是一个 div 标签!</div>
</body>
</html>
"""
# 实例化一个 etree 对象，并将 HTML 源码传入，让该对象进行解析
etree_obj=etree.HTML(html)
# xpath()是可以根据层级关系进行标签定位，函数的参数是 xpath 表达式
# xpath 表达式中，/放在开头表示从根结点开始定位，/放在中间代表一个层级
# xpath 表达式中，//代表多个层级
# 返回值 title_obj 是一个<title>标签对象
title_obj=etree_obj.xpath('/html/head/title')
# title_obj 是一个标签对象，不是文本
# 以下语句打印出：[<Element title at 0x2cd9348>]
print(title_obj)
# xpath()函数的参数是一个 xpath 表达式，返回值是由 xpath 表达式决定的
# 在 xpath 表达式中根据属性定位到标签的表达形式为：TagName[@attrName='attrValue']，
# 其中 TagName 是标签名，attrName 是该标签的属性名，attrValue 是属性值
# 参数中/text()前面有一个/表示取出当前层级标签间的内容
# 以下语句返回一个列表，列表中元素是 class="example"的<div>标签间的内容
div_text=etree_obj.xpath('//div[@class="example"]/text()')
# 以下语句打印出：['这是一个 div 标签!']
print(div_text)
# 在 xpath 表达式中根据索引定位到标签的表达形式为：TagName[index]，
# 其中 TagName 是标签名，index 是该标签在父标签下的索引值，注意索引是从 1 开始
li_text=etree_obj.xpath('//div[@class="other"]/ul/li[2]/a/text()')
# 以下语句打印出：['张三推荐']
print(li_text)
# 参数中“//text()”的“//”表示不仅取出当前层级标签间的内容，还要取出其下级的所有标签间的内容
li_text_list=etree_obj.xpath('//div[@class="other"]/ul//text()')
'''
以下语句打印出：
 ['div 标签，class="other"的标签\n',
 '李明推荐', '\n', '张三推荐', '\n',
 '王五推荐', '\n']
'''
print(li_text_list)
# 在 xpath 表达式中获取标签属性值的表达形式为：@atrrName，其中 atrrName 是标签中的属性名
a_href=etree_obj.xpath('//p[@class="program"]/a[@class="python"]/@href')
# 以下语句打印出：['http://test.com/python']
print(a_href)
```

从以上代码可以看出，xpath 表达式是解析的核心，只要掌握表达式的写法，就能很轻松地在

HTML 源码中定位到标签，并且能准确地提取出标签中的数据。

5.6.2　页面结构分析

本节编程实例涉及两个页面，一个是故事标题页面；另一个是故事内容页面。对两个页面结构分析如下。

在故事标题页面上，发现故事的标题以及故事详细内容页面的 URL 放在<div class="l_tuijian">标签下的一系列<h4>标签中，<h4>标签下有个<a>标签是故事的标题，它的属性 href 保存着故事内容页面的 URL，部分 HTML 源码如下所示。

```
<div class="content_main">
<h3>【故事】推荐文章</h3>
<div class="l_tuijian">
<h4 class="chao"><code>1</code><a href="//www.***.com/***/178881.html" target="_blank">国学大师经典故事</a></h4>
<h4 class="chao"><code>2</code><a href="//www.***.com/***/775552.html" target="_blank">励志奋进经典故事</a></h4>
...
</div>
```

故事内容页的结构比较简单，故事内容的文本信息放在<div class="con_main" id="contentText">的标签中。

5.6.3　运用 xpath 表达式获取网站上的故事内容

本节编程实例涉及两个页面，在一个页面上获取故事的标题，在另一个页面上获取故事的内容，流程较为简单，主要展示 xpath 表达式的用法。样例代码如下所示。

```python
import requests
from lxml import etree
# 主函数 main
if __name__=='__main__':
    # 协议类型
    vprotocol="http://"
    # 指定 url，这是包含故事标题的页面，网页地址用*号代替了
    main_page_url = vprotocol+"www.***.com/***/"
    # 用字典的形式设置 User-Agent，可以将浏览器的请求头的 User-Agent 复制过来
    headers={'User-Agent':'Mozilla/5.0 (Windows NT 6.1; WOW64) AppleWebKit/537.36
     (KHTML, like Gecko) Chrome/63.0.3239.132 Safari/537.36 QIHU 360SE'}
    # 获取故事标题页的 HTML 源码
    main_page_text=requests.get(url=main_page_url,headers=headers).text
    # 实例化 etree 对象，对 main_page_text 变量中的 HTML 源码进行分析
    etree_obj=etree.HTML(main_page_text)
    # 取得包含故事标题的<h4>标签对象的列表
    h_list= etree_obj.xpath('//div[@class="l_tuijian"]/h4')
```

```
# 打开一个文件，准备将故事标题和内容写入
fp = open('story.txt', 'w', encoding='utf-8')
for h in h_list:
    # 从<a>标签中取得 href 属性值，并加上'http:'前缀形成完整的网址
    story_href = 'http:'+ h.xpath('./a/@href')[0]
    # 取得故事标题，h.xpath('./a/text()')返回的是列表变量，需通过切片操作取得标题文本
    story_title=h.xpath('./a/text()')[0]
    # 解决中文乱码问题
    story_title = story_title.encode('iso-8859-1').decode('gbk')
    # print(story_title)
    # 获取故事内容页的 HTML 源码
    content_page_txt=requests.get(url= story_href,headers=headers).text
    # 解决中文乱码问题
    content_page_txt = content_page_txt.encode('iso-8859-1').decode('gbk')
    # 实例化 etree 对象，对 content_page_txt 变量中的 HTML 源码进行分析
    etree_obj_content=etree.HTML(content_page_txt)
    story_content=''.join(etree_obj_content.xpath('//div[@class="con_main"]
//text()'))
    # print(story_content)
    # 向文件中写入
    fp.write('\t\t\t' + story_title + '\n' + story_content + '\n')
# 关闭文件
fp.close()
```

以上代码在开始生成 etree 对象，并传递给该对象页面源码作参数，因此这个对象就可以对页面进行解析，主要是通过 xpath 表达式定位到标签并获取其值。程序的第一步通过 h_list= etree_obj.xpath('//div[@class="l_tuijian"]/h4')语句在故事标题页面中取得一个<h4>的标签列表，接着通过循环在其子标签<a>中取得故事标题，并且取得故事内容页面的 URL；第二步通过 content_page_txt=requests.get(url= story_href,headers=headers).text 语句向内容页面发送请求并取得页面源码，再次生成一个 etree 对象，用这个对象解析故事内容页面源码，定位并取得故事的内容；第三步将故事的标题和内容保存到文件中。

5.7 实例 49 获取城市天气预报

扫一扫，看视频

5.7.1 网页结构分析

在这个气象预报网站的首页有一个搜索框，当录入城市的名字并按 Enter 键时，就会打开另一个网页显示这个城市的天气，这个搜索框如图 5.11 所示。

| 天气 ▼ | 济南 | 🔍 |

图 5.11 城市名称搜索框

为了分析网站如何用城市的名字请求 URL，这里用了浏览器中的"开发人员工具"来分析这个请求过程，在 Network 标签页中找到这个请求，查看到其 Headers 标签下 General 中的 Request URL 的字符串，可以推断 URL 就是接收请求返回相关城市气象情况的网页地址，其中"?keyword="后面的字符串就是请求关键字，也就是城市的名称。分析用到的"开发人员工具"的 Network 标签页的样式如图 5.12 所示。

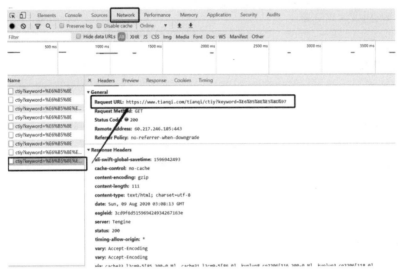

图 5.12   Network 标签页的样式

要想查看"?keyword="后面的字符串到底是什么内容，需要在 Header 标签页中下拉滑动条到底部，在 Query String Parameter 中看到的 keyword 字段就是在搜索框中输入的城市名称，如图 5.13 所示。

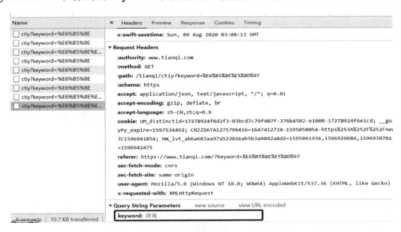

图 5.13   查看关键字 keyword 的信息

转到 Response 标签页，可以看到向 URL 发出请求后，返回的内容是一个样式像列表的字符串，列表中有一个字典，字典中键名为 url 的值是一个 URL 地址，可以判断这个地址就是显示城市天气情况的网页地址，如图 5.14 所示。

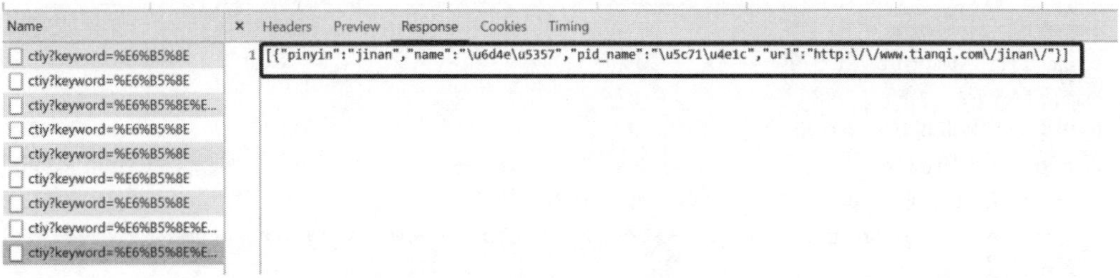

图 5.14 查看 Response 标签页的信息

由此可以推导出获取城市天气情况的流程：先向"https://www.***.com/***/ctiy?keyword=城市名称"的 URL 发送请求，接收 Response 对象返回的内容（是一个列表形式的字符串），可以从这个 Response 对象中找到显示城市天气情况的网页地址。

取得显示城市天气情况的网页地址只是第一步，还需要取得城市的天气情况，这需要分析显示城市天气情况的页面，这个页面中带有天气情况的 HTML 代码块如下所示。

```
<dl class="weather_info">
<dt><img src="https://pic.new.***.com/***/20170821/207ee088ad49bbfbe2500b30.png"
alt="济南天气预报"></dt>
<dd class="name"><h2>济南</h2><i><a href="/chinacity.html">[切换城市]</a></i></dd>
<dd class="week">2020 年 08 月 09 日　星期日　庚子年六月二十 </dd>
<dd class="weather">
    <i><img src="//static.***.com/static/wap2018/ico1/b1.png"></i>
    <p class="now"><b>28</b><i>℃</i></p>
    <span><b>多云</b>24 ~ 32℃</span>
</dd>
<dd class="shidu"><b>湿度：72%</b><b>风向：南风 1 级</b><b>紫外线：中等</b></dd>
<dd class="kongqi"><h5 style="background-color:#ffbb17;">空气质量：良</h5><h6>PM:
55</h6><span>日出：05:24<br>日落：19:10</span></dd>
<dl>
```

由以上代码形成了如下 xpath 表达式，这些表达式是对照这段 HTML 代码总结编写的。

- 取得城市名称的表达式："//dl[@class="weather_info"]/dd/h2/text()"。
- 取得当天日期的表达式："//dl[@class="weather_info"]/dd[@class="week"]/text()"。
- 取得当时温度的表达式："//dl[@class="weather_info"]/dd/p/b/text()"。
- 取得全天天气情况的表达式："//dl[@class="weather_info"]/dd[@class="weather"] /span//text()"。
- 取得当天湿度的表达式："//dl[@class="weather_info"]/dd[@class="shidu"]"。
- 取得当天空气质量的表达式："//dl[@class="weather_info"]/dd[@class="kongqi"]。

5.7.2　获取指定城市的天气预报

本节编程实例实现了获取指定城市的天气情况的功能，程序通过两步获取天气信息，第一步以城市名为查询关键字发出请求，得到显示城市天气情况的网页地址；第二步通过 xpath 解析出网页上的天气信息并提取、显示出来。样例代码如下所示。

```python
import requests
from lxml import etree
import json
# 根据城市名取得显示该城市天气预报的 URL
def get_url(city_name):
    # 指定 URL 地址，这个 URL 地址部分地方用*号替换了
    request_url='https://www.***.com/***/ctiy?keyword='+city_name
    # 设置 user-agent
    headers={'User-Agent':'Mozilla/5.0 (Windows NT 6.1; WOW64) AppleWebKit/537.36 '
            '(KHTML, like Gecko) Chrome/63.0.3239.132 Safari/537.36 QIHU 360SE'}
    # 向 URL 发送请求
    response_obj=requests.post(url=request_url,headers=headers)
    # response_obj.text 是 JSON 格式，将 JSON 类型转换成 Python 数据类型，
    # 转化后的数据类型是列表类型，列表中元素项是字典，用切片取出字典
    dict_obj=json.loads(response_obj.text,encoding='utf-8')[0]
    # 取出显示城市的天气情况的 URL
    weather_url=dict_obj['url']
    return weather_url
# 根据 URL 取得该网页上的天气预报信息
def get_weather(weather_url):
    # 设置 user-agent
    headers={'User-Agent':'Mozilla/5.0 (Windows NT 6.1; WOW64) AppleWebKit/537.36 '
            '(KHTML, like Gecko) Chrome/63.0.3239.132 Safari/537.36 QIHU 360SE'}
    # 获取显示城市天气页面的 HTML 源码
    page_text=requests.get(url=weather_url,headers=headers).text
    # 实例化 etree 对象，对 page_text 变量中的 HTML 源码进行分析
    etree_obj=etree.HTML(page_text)
    # 取得城市的名称
    city_name= etree_obj.xpath('//dl[@class="weather_info"]/dd/h2/text()')[0]
    # 取得当前日期
    cur_date=etree_obj.xpath('//dl[@class="weather_info"]/dd[@class="week"]
/text()')[0]
    # 取得现在的温度
    now_temperature=etree_obj.xpath('//dl[@class="weather_info"]/dd/p/b/text()') [0]
    #print(now_temperature+' ℃')
    # 取得今天的天气
    today_weather=etree_obj.xpath('//dl[@class="weather_info"]'+
                            '/dd[@class="weather"]/span//text()')
    # 取得今天的湿度
    today_shidu=etree_obj.xpath('//dl[@class="weather_info"]/dd[@class="shidu"]
//text()')
    # 取得今天的空气质量
    today_kongqi=etree_obj.xpath('//dl[@class="weather_info"]/dd[@class="kongqi"]
//text()')
    # 将取得的信息组合成字符串
    weather_str='城市: '+city_name+'\n'+ cur_date \
            +'\n 当前温度: '+now_temperature + ' ℃\n' \
            +'全天天气情况: \n'+'  '.join(today_weather)\
```

```
                  +'\n'+'  '.join(today_shidu)\
                  +'\n'+'  '.join(today_kongqi)
        return weather_str

# 主函数 main
if __name__=='__main__':
    # 提示用户录入城市名
    city_name=input('请录入要查看天气情况的城市：')
    # 调用函数，根据城市名取得显示该城市天气情况的网页 URL
    weather_url=get_url(city_name)
    # 调用函数，从网页上提取城市的天气预报
    weather_str=get_weather(weather_url)
    print('='*60)
    # 打印出城市天气信息
    print(weather_str)
```

（1）get_url()函数根据城市名组合成一个 URL 地址，并向该地址发送 GET 请求后接收其发回的响应，接着解析响应对象（Response）的 text 属性取得显示该城市天气情况的网页地址并返回。

（2）get_weather()函数根据传入的 URL 地址，取得这个地址网页的 HTML 源码，通过 xpath 表达式依次取出网页上的城市名称、日期和天气情况等信息并返回。

（3）主函数根据用户输入的城市名，调用两个函数取得该城市的天气情况。

代码运行后，录入要查看天气情况的城市名称，会在终端打印出该城市的天气详细情况，如下所示。

```
请录入要查看天气情况的城市：济南
============================================================
城市：济南
2020 年 08 月 09 日    星期日    庚子年六月二十
当前温度：30 ℃
全天天气情况：
晴   24 ~ 31℃
湿度：67%   风向：西北风 2 级   紫外线：很强
空气质量：优   PM：45   日出：05:24   日落：19:10
```

5.8　实例 50　获取动态生成页面上的视频

扫一扫，看视频

5.8.1　网页结构分析

本节编程实例要解析两个页面才能取得视频，一个是视频列表页面，另一个是视频播放页面。

（1）首先通过浏览器的"开发人员工具"分析视频列表页面。发现视频播放页面的地址和视频相关介绍等信息放在 HTML 的<ul>标签下的一系列<li>标签中，相关的 HTML 代码如下所示。

```
<ul class="infoList">
    <li>
```

```
                <div class="pic">
                    <span class="tipTime">00:56</span>
                    <a target="_blank" href="/video/1295576721236365313.shtml">
                        <img src="http://1400299523.vod2.myqcloud.com/ fd6d3285vodcq1400299523
                        /ce9386695285890806555732051/5285890806555732052.jpg">
                    </a>
                </div>
                <div class="tit">
                    <a target="_blank" href="/video/1295576721236365313.shtml">《变得沉默》
                    </a>
                </div>
                <div class="uploadUser">
                    <p class="userName gray2">苏爷书画</p>
                </div>
                <span class="icoPv">14</span>
            </li>
        ...
    </ul>
```

为获取视频相关信息，对照以上这段 HTML 代码总结编写了相关 xpath 表达式，列举如下。

● 获取包含视频名称、封面图片和播放页面地址等信息的 <li> 标签的表达式：
  "//ul[@class="infoList"]/li"。
● 在每个 <li> 标签中取得视频播放页面地址的表达式："./div[@class="pic"]/a/@href"。
● 在每个 <li> 标签中取得视频名字的表达式："./div[@class="tit"]/a/text()"。

（2）接着分析视频播放页面的结构。发现页面的 HTML 源码中找不到视频地址，即视频地址不在页面标签中，用浏览器"开发人员工具"中的 network 标签进行查看动态加载过程，得出视频播放页面是通过 JavaScript 脚本动态生成的结论。根据这些情况查看 Response 标签页中响应返回的源码，通过"查找"功能在 JavaScript 脚本中找到视频的地址，如图 5.15 所示。

由于视频地址不在 HTML 源码的标签中，不能用常规的页面解析工具提取，这里通过正则表达式匹配的方式将视频地址提取出来。

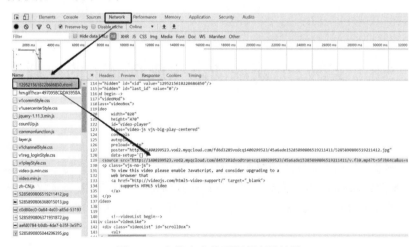

图 5.15　在脚本中找到视频存放地址

5.8.2　动态生成的页面上视频的获取

本节编程实例主要演示了如何在动态生成的页面上提取视频的方法。样例代码如下所示。

```python
import requests
from lxml import etree
import re
import os
# 获取视频并保存
# 参数 dirname 是保存视频的文件夹
# 参数 name 是保存视频的文件名
# 参数 detail_url 是播放视频的网页地址
def get_video(dirname,name, detail_url):
    # 取得视频播放页的 HTML 源码
    detail_page_text = requests.get(url=detail_url, headers=headers).text
    # 通过查看和分析源码，发现视频地址不在页面标签中，推断是动态加载视频进行播放的，
    # 通过浏览器中 "开发人员工具" 的 Network 标签查看动态加载过程和查看 Response 标签页，
    # 发现在 JavaScript 脚本中有视频的地址，因此这里用正则表达式将视频地址提取出来
    ex = '<source src="(.*?)" type="video/mp4">'
    # 取得视频存放的地址
    video_url = re.findall(ex, detail_page_text)[0]
    # 向视频存放地址发出 get 请求，取得视频的内容
    data = requests.get(url=video_url, headers=headers).content
    # 设置视频文件的名字
    name=dirname+'/'+name+'.mp4'
    # 以写模式打开一个文件
    with open(name, 'wb') as fp:
        # 将视频保存到文件中
        fp.write(data)


# 主函数 main
if __name__=='__main__':
    # 设置存放视频的文件夹
    dirname='./video'
    if not os.path.exists(dirname):
        os.mkdir(dirname)
    # 设置 user-agent
    headers = {'User-Agent': 'Mozilla/5.0 (Windows NT 6.1; WOW64) AppleWebKit/537.36 '
                            '(KHTML, like Gecko) Chrome/63.0.3239.132 Safari/'
                            '537.36 QIHU 360SE'}
    # 网页的根地址，网址部分内容被*号替换
    root_url='http://www.***.cn'
    # 视频列表页面的地址
    web_url = 'http://www.***.cn/***_10/'
    # 通过 get 请求获得页面的 HTML 源码
    page_text = requests.get(url=web_url, headers=headers).text
    # 实例化 etree 对象，并对页面源码进行分析
```

```
etree_obj = etree.HTML(page_text)
# 取得包含视频播放页地址和视频介绍等信息的<li>标签
li_list = etree_obj.xpath('//ul[@class="infoList"]/li')
# 循环取得每个<li>标签
for li in li_list:
    # 通过解析取得视频播放页的地址，取出的这个地址是一个相对地址，
    # 前面加上网页根地址才能形成完整的地址
    datail_url = root_url+li.xpath('./div[@class="pic"]/a/@href')[0]
    # 通过解析取得视频的名字
    name = li.xpath('./div[@class="tit"]/a/text()')[0]
    # 调用函数获取视频
    get_video(dirname,name,datail_url)
```

（1）以上代码的主函数通过 xpath 表达式在视频列表页面上提取了视频播放页面的地址和视频的名称等信息，然后把这些信息作为参数传给 get_video()函数。

（2）get_video()函数向视频播放网页发送请求并取得其 HTML 源码，接着通过正则表达式匹配到源码的 JavaScript 脚本，从中获取视频存放地址，然后再向这个地址发送请求，取得视频的内容并保存到文件中。

通过本节介绍，可以看出在设计爬虫程序时，有很大一部分的工作是在分析页面结构上，因此必须了解网页设计的原理，请求、响应的过程和周期等内容，还要熟悉浏览器"开发人员工具"的用法。

扫一扫，看视频

5.9 实例 51 自动登录系统并获取信息

5.9.1 相关知识介绍

本节编程用到 selenium 自动化测试工具，编程思路是用 selenium 工具调用浏览器的驱动程序，模拟浏览器的操作，如打开页面、输入信息、单击按钮和页面跳转等，拿到一个网页的 HTML 源码进行分析，提取有用的信息。

使用 selenium 自动化测试工具要经过两步：第一步安装 selenium 模块库，可通过 pip install selenium 命令安装；第二步下载浏览器驱动程序，要注意版本与操作系统上浏览器版本的对应关系。本节编程用到的是 Chrome 浏览器的驱动程序，即本节代码是通过自动化操作 Chrome 浏览器进行信息提取的。

使用 Python 的 selenium 模块提取网页上的数据一般分为三步。第一步打开页面，第二步模拟一系列的浏览器操作定位到一个目标页面，第三步通过解析提取目标页面上的数据。下面以一个简单样例进行说明，代码如下所示。

```
from selenium import webdriver
import time
# 生成一个浏览器自动化操作对象，参数 executable_path 指定浏览器的驱动程序的地址
browser_obj=webdriver.Chrome(executable_path='./chromedriver.exe')
```

```
# 打开邮箱登录页面
browser_obj.get("https://mail.10086.cn")
# 由标签 id 定位到用户名录入框对象
email_input=browser_obj.find_element_by_id('txtUser')
# 由标签 id 定位到密码录入框对象
pwd_input=browser_obj.find_element_by_id('txtPass')
# 由按钮 class 属性定位到登录提交按钮,
btn=browser_obj.find_element_by_id('loginBtn')
# 向录入框中输入登录用户名，这里将用户名隐藏了
email_input.send_keys('******')
# 向录入框中输入用户密码，这里将密码隐藏了
pwd_input.send_keys('********')
# 模拟单击登录提交按钮
btn.click()
# 等待页面加载
time.sleep(1)
# 提取出登录后的首页的 HTML 源码
HTML_code=browser_obj.page_source
# 打印首页源码
print(HTML_code)
# get_screenshot_as_file()将当前页面保存为一个 png 格式的图片,
# 参数为图片的保存文件名
browser_obj.get_screenshot_as_file('first_page.png')
# 关闭 selenium 的自动化浏览器操作对象
browser_obj.close()
```

以上代码演示了利用 selenium 模块自动登录邮箱系统，获取登录后首页的 HTML 源码，并将首页页面保存为图片的过程。

5.9.2　利用 selenium 模块自动登录系统并获取信息

本节编程实例的业务流程是通过利用 selenium 模块登录网站，然后跳转到一个介绍书籍的页面，获取该页面上的书籍名称和作者姓名并写入一个文本文件。这段程序代码不多，但进行了多次页面跳转操作，需要对每个页面情况进行分析，因此这里分段进行介绍。第一段代码如下所示。

```
# 第一段代码
from selenium import webdriver
import time
from lxml import etree
import requests
from selenium.webdriver.chrome.options import Options
# 设置可重连次数为 5
requests.adapters.DEFAULT_RETRIES = 5
# 实例化一个 ChromeOptions 对象
options = Options()
# 在程序中运行通常不需要打开浏览器界面，只使用浏览器的内核实现业务需求，
```

```
# 以下语句通过配置项隐藏浏览器运行界面
options.add_argument('--headless')
# 以下语句通过配置项避免 selenium 自动化操作被浏览器检测到
options.add_experimental_option('excludeSwitches', ['enable-automation'])
# 通过初始化相关配置项，生成一个浏览器自动化操作对象
browser_obj=webdriver.Chrome(executable_path='./chromedriver.exe',
                             chrome_options=options)
# 打开一个网页，这里是一个登录页面，网页地址被*替换了
browser_obj.get("https://***.****.com/passport/login")
# 页面默认是手机短信登录方式，要使用密码登录方式，
# 通过 xpath 匹配取得切换登录方式的<li>标签对象
li_login=browser_obj.find_elements_by_xpath('//div[@id="account"]/div[2]'
                            '/div[2]/div/div[1]/ul[1]/li[2]')[0]

# 模拟鼠标单击动作切换到密码登录方式
li_login.click()
```

（1）以上代码首先进行 webdriver.Chrome 的初始化，主要是通过 ChromeOptions 对象设置 selenium 的自动化操作对象（browser_obj）的两个配置项：一是操作浏览器打开页面时隐藏浏览器界面；二是避免自动化操作被浏览器检测到。

（2）完成初始化后打开登录页面，准备进行登录操作。但打开登录页面后发现该页面默认以短信的方式登录，而代码中需要采用密码登录方式，这需要进行登录切换。打开浏览器的"开发人员工具"对该页面进行分析，得到登录页面中两种登录方式的 HTML 代码片段，如图 5.16 所示。在浏览器的"开发人员工具"中可通过菜单项 Copy XPath 取得匹配某个 HTML 标签的 xpath 表达式，先用这种方式取得代表密码登录的<li>标签的 xpath 表达式，再通过模拟鼠标单击动作切换到密码登录方式。

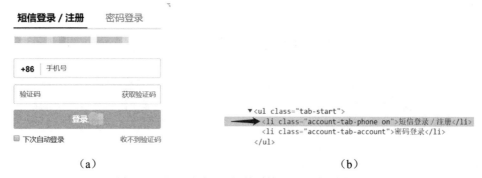

（a）   （b）

图 5.16　登录页面以及相关联的 HTML 代码片段

第二段代码是切换到密码登录方式后的登录操作，代码如下所示。

```
# 第二段代码
# 通过 xpath 表达式取得录入用户名的<input>标签对象
input_user=browser_obj.find_elements_by_xpath('//input[@id="username"]')[0]
# 通过 xpath 表达式取得录入密码的<input>标签对象
input_pass=browser_obj.find_elements_by_xpath('//input[@id="password"]')[0]
# 通过 xpath 表达式取得提交用户名和密码的<a>标签对象
```

```
btn_login=browser_obj.find_elements_by_xpath('//div[@id="account"]/div[2]'
                                    '/div[2]/div/div[2]/div[1]/div[4]/a')[0]
# 在用户名录入框中录入用户名，这里把用户名隐藏了
input_user.send_keys('******')
# 在密码录入框中录入登录密码，这里把用户密码隐藏了
input_pass.send_keys('******')
# 模拟单击提交按钮
btn_login.click()
```

（1）登录操作需要找到用户名和密码录入的标签，还要找到登录按钮对应标签，这里继续用浏览器的"开发人员工具"对该页面进行分析，得到这三个标签相关的 HTML 代码片段，如图 5.17 所示。

图 5.17　用户登录相关的 HTML 代码片段

（2）代码中通过 xpath 表达式取得三个标签的对象，然后通过 send_keys()函数向用户名录入框和密码录入框中写入用户的登录信息，接着通过 btn_login.click()语句模拟单击提交按钮，如果用户登录信息录入正确，页面将跳转为登录后的首页。

进入登录后的首页，按照流程选择"读书"链接打开一个新的页面，代码如下所示。

```
# 第三段代码
# 等待页面加载完成
time.sleep(1)
# 登录后，在页面上找到名字为"读书"的<a>标签对象
a_href=browser_obj.find_elements_by_xpath('//*[@id="db-global-nav"]'
                                    '/div/div[4]/ul/li[2]/a')[0]
# 模拟单击"读书"的<a>标签对象
# 单击后将打开一个新的页面
a_href.click()
```

（1）登录后加载首页需要时间，这里通过 time.sleep(1)给页面加载留出时间，在首页中有一个名字为"读书"的<a>标签，程序设计的流程是通过单击这个标签打开书籍列表与简介的页面，因此还需要通过浏览器的"开发人员工具"对页面进行分析。经过分析得到<a>标签对应的 HTML 代码片段，如图 5.18 所示。

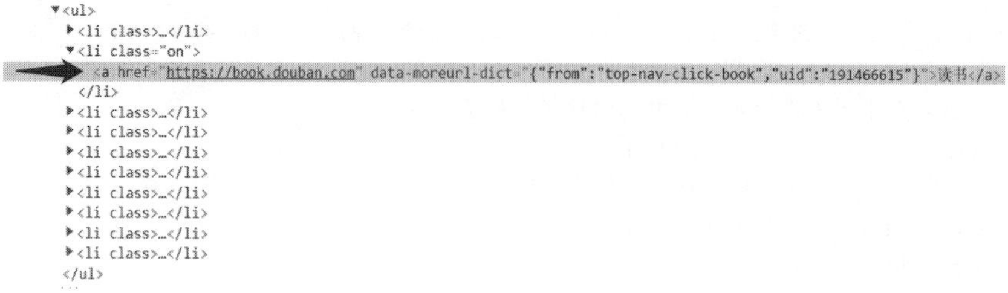

图 5.18　"读书"的<a>标签代码片段

（2）用 xpath 表达式取得"读书"的<a>标签对象，模拟鼠标单击这个标签就可进入书籍列表与简介的页面。

第四段代码是在书籍列表页面提取各类书籍的名字和作者，代码如下所示。

```python
# 第四段代码
# 获得 browser_obj 对象打开的所有页面的窗口句柄
windows = browser_obj.window_handles
# 切换到最新打开页面,
# browser_obj 对象打开的页面按打开先后顺序排列,
# 新打开的页面排在最后,因此可以通过切片找到这个页面
browser_obj.switch_to.window(windows[-1])
# 生成一个页面解析的 etree 对象,
# 将新打开的页面的 HTML 源码传给该对象解析
tree_obj=etree.HTML(browser_obj.page_source)
# 退出并关闭 browser_obj
browser_obj.quit()
# 取得包含书籍名称和作者姓名的所有<li>标签对象
li_list=tree_obj.xpath('//*[@id="content"]/div'
                        '/div[1]/div[1]/div[2]/div/div/ul[2]/li')
# 以写模式打开一个文件,书籍名称和作者姓名将写入这个文件
fp=open('./test.txt','w',encoding='utf-8')
for li in li_list:
    # 取得书籍名称
    title=li.xpath('.//div[2]/div[1]/a/text()')[0]
    # 取得作者姓名
    author=li.xpath('.//div[@class="author"]/text()')[0]
    # 写入文件
    fp.write('小说名:'+title+'\t 作者: '+author+'\n')
# 关闭文件对象
fp.close()
```

（1）单击"读书"链接后发现，浏览器打开一个新窗口显示书籍信息，因此要将所有页面句柄存到一个列表变量中，对应语句是 windows = browser_obj.window_handles。由于新打开页面放在列表变量的最后，可以通过切片操作取得该页面的句柄，即通过 browser_obj.switch_to.window (windows[-1])语句切换到这个页面。

（2）切换到书籍信息页面后，将用 browser_obj 对象的 page_source 属性把该页面的 HTML 源码交给 etree 的实例化对象 tree_obj 进行解析，有了 HTML 代码就不再需要 browser_obj 对象继续对

页面操作了，即时关闭该对象是一个好的编程习惯。

（3）书籍页面的 HTML 代码中书籍信息存放在一系列<li>标签中，每个<li>标签下面的<a>标签间的文本是书籍的名字，每个<li>标签下面的<div> 标签间的文本是作者的姓名，如图 5.19 所示。代码获取这些信息的流程是：先将这些<li>标签对象通过 xpath 表达式取出来存放到一个列表变量中，然后通过循环将书籍名称和作者姓名提取出来并写入文件。

图 5.19　书籍名字和作者姓名相关的 HTML 代码片段

运行代码后，发现在当前文件夹下多了一个 test.txt 文件，打开该文件，文件内容是从网页上提取的书籍名称和作者姓名，这说明经过登录、页面跳转等一系列的自动化操作，是能够准确获取指定页面的数据的。

扫一扫，看视频

第 6 章 数据库编程

数据库作为信息存储和检索的重要管理工具，被广泛应用于各类信息系统的后台数据管理，数据库相关的编程开发是程序员必备的技能。本章主要介绍主流数据库相关的程序开发方法，例如执行数据库的增、删、改、查操作、调用数据库中的函数和存储过程以及数据库备份与还原等。学完本章读者能够掌握基于 Python 语言的数据库编程的模式和方法。

扫一扫，看视频

6.1　实例 52　连接 Oracle 数据库

6.1.1　环境准备

在 Python 中连接 Oracle 数据库用到第三方库 cx_Oracle，这个库使用 pip install cx_oracle 命令安装，需要注意的是 cx_Oracle 版本的位数要与操作系统位数相同，其版本号既要与 Oracle 数据库版本号相对应，还要与 Python 软件的版本号相对应。

在 Windows 操作系统中需要下载 Oracle instant client 软件安装包，这个安装包是一个压缩文件，将其解压到相应的目录下，在 Windows 系统的环境变量 PATH 中添加软件的路径，然后复制该软件中的 oci.dll、oraoccixx.dll(其中的 xx 是数字，代表 oracle 数据库的版本号，如 oraocci11.dll)和 oraocieixx.dll（其中的 xx 是数字）这 3 个文件到 Python 安装目录下。需要注意的是 Oracle instant client 的版本号也是要与 Oracle 数据库版本号相对应。

通过以上两步，Python 连接 Oracle 数据库的环境已搭建完毕，无须在客户机（要访问 Oracle 数据库的计算机）安装 Oracle 客户端，访问数据库时只需要 Oracle 数据库的服务名就可连接。

6.1.2　运用 Python 语言连接 Oracle 数据库

本节编程实例演示了 Python 连接 Oracle 数据库的方式，它是借助第三方库 cx_Oracle 与 Oracle 数据库进行连接的，而不是利用 Oracle 客户端软件进行连接。样例代码如下所示。

```
import cx_Oracle as ora
import os
# 设置汉字编码格式，防止在数据库取出的记录中出现中文乱码
os.environ['NLS_LANG'] = 'SIMPLIFIED CHINESE_CHINA.UTF8'
# 建立访问 Oracle 数据库的连接，
# connect()函数中参数格式是：'登录用户名/密码@服务器地址:端口号/服务名'，
# 也就是：'user/password@server_ip:port/service_name'
```

```
connect_obj = ora.connect('kqkq/kqkq@127.0.0.1:1521/ORCL')
# 生成一个游标
cursor = connect_obj.cursor()
# 执行一个 SQL 语句
cursor.execute('select * from kqjg')
# 取得 SQL 语句取得的记录集
data = cursor.fetchall()
# 打印
print('共取得'+str(len(data))+'条记录')
# 关闭游标
cursor.close()
# 关闭与 Oracle 数据库的连接
connect_obj.close()
```

以上代码较为简单，也给出了相应的注释，这里不再详细进行介绍。代码运行时从数据库中取出一些记录来测试与 Oracle 数据库的连通性，并在终端上打印出从数据库中查询到的信息，如下所示。

```
E:\envs\virtualenv_dir2\Scripts\python.exe E:/envs/testpy100/database/连接
Oracle 数据库/conn_oracle.py
 共取得 1825 条记录

Process finished with exit code 0
```

6.2　实例 53　人员信息录入

扫一扫，看视频

6.2.1　数据操作简介

本节编程实例利用 SQLite3 作为后台数据库，实现人员信息的录入。SQLite3 数据库本身是一个文件，因为体积很小，经常被集成到各类应用程序中，它最大的优点是全面支持 SQL 语句和使用便捷。Python 已内置了 SQLite3 接口模块库，也就是在 Python 中操作 SQLite3 数据库不需要安装第三方库模块。

利用 Python 代码操作数据，使用最多的是 Connection 和 Cursor 两个对象，Connection 对象用于连接数据库，Cursor 对象用于执行 SQL 语句，如执行 insert、update 和 delete 等语句，这些语句执行后会返回影响（操作）的行数，执行 select 语句时则会返回一个数据集。

Python 定义了统一的模式和接口去操作数据库，具体表现在代码编写中，就是一些较为固定的操作数据库的步骤，现将主要步骤介绍如下。

- 生成一个数据库连接对象（Connection），通过设置这个对象的各类属性连接到对应的数据库。
- 通过 Connection 生成一个游标（Cursor）。
- 用游标执行 SQL 语句，如增、删、改、查操作，游标还可以通过 commit() 和 rollback() 函数进行事务提交或回滚。
- 操作数据库结束后，先关闭游标，再关闭连接。

6.2.2　编程要点

6.2.1 小节简要介绍了 Python 操作数据库的常规用法，涉及连接数据库和向数据库发送增、删、改、查命令等方面，现从代码角度进行介绍。

（1）连接数据库通过建立 Connection 对象实现。在 Python 代码中通过向连接对象传递参数的方式打开 SQLite3 数据库，这个参数是数据库文件的路径，如果不存在，就在参数指定的路径上建立一个数据库文件；如果存在，就直接打开数据库。样例代码如下所示。

```python
# 通过建立连接对象的方式建立同数据库的连接，参数指定数据库文件路径
conn=sqlite3.connect('test_data.db')
print('\n 已连接上数据库...')
# 关闭数据库连接
conn.close()
```

（2）当操作数据库不需要返回结果时，这里假设数据库连接对象名字是 conn，可以用 conn.execute()直接执行 SQL 语句，也可以用 conn.executemany()执行多条 SQL 语句，还可以用 conn.executescript()执行 SQL 编写的脚本程序。连接对象支持事务处理，因此可以用 conn.commit() 提交事务，用 conn.rollback()执行事务回滚。样例代码如下所示。

```python
import sqlite3
# 连接数据库，参数指定数据库文件路径
conn=sqlite3.connect('data.db')
# 定义一条 SQL 插入语句
vsql = 'insert into person(name,sex,age,department,telephone,bz) ' \
       'VALUES("李明","男",18,"保安部","13562813857","新员工")'
# 执行 SQL 语句
conn.execute(vsql)
# 定义一个列表，列表每个元素是元组，为 SQL 语句提供参数
person=[
   ("张三","男",19,"保安部","13567493526","新员工"),
   ("李四","女",19,"保安部","13562819456","新员工")
   ]
# 定义一条 SQL 语句，留出参数位
vsql2 = 'insert into person(name,sex,age,department,telephone,bz) ' \
        'VALUES(?,?,?,?,?,?)'
# 执行多条 SQL 语句，两次增加人员信息
conn.executemany(vsql2,person)
# 定义一条 SQL 编写的脚本
vsql3='''
 delete from person where name="张三";
 update person set age=22 where name="李四";
 insert into person(name,sex,age,department,telephone,bz)
 VALUES("王五","男",28,"保安部","13562819123","新员工");
 '''
# 执行 SQL 脚本
conn.executescript(vsql3)
```

```
# 提交事务
conn.commit()
# 关闭连接
conn.close()
```

（3）数据库操作最常见的方式是游标。假设定义的游标对象为 cur，可以通过 cur.execute()执行 SQL 的查询语句，用 cur.fetchall()、cur.fetchone()和 cur.fetchmany()返回查询结果；进行增、删、改时，可以用 cur.execute()执行一条 SQL 语句，也可以用 cur.executemany()执行多条 SQL 语句，还可以用 cur.executescript()执行 SQL 编写的脚本程序。现将主要函数简介如下。

- cur=conn.cursor()语句创建一个游标，其中 conn 是数据库的连接对象，返回值 cur 是一个游标对象。
- cur.execute(sql,param)语句执行一条 SQL 语句，其中 cur 是一个游标对象；参数 sql 表示一条 SQL 语句，这条语句可以包含占位符（如？）；参数 param 是可选参数，当 SQL 语句包含需要提供参数的占位符时，该参数提供占位符所需的数值。样例如下所示。

```
# 执行一条 SQL 语句
cur.execute('insert into person(name,sex,age,department,telephone,bz) ' \
        'values(?,?,?,?,?,?)',("李四","女",19,"保安部","13562819456","新员工"))
```

- cur.executemany(sql, param)语句执行多条 SQL 语句，各参数的意义与 cur.execute(sql,param)语句一致。
- cur.executescript(sql_script)语句执行 SQL 语句编写的脚本。参数 sql_script 是用 SQL 语句编写的脚本，注意：脚本中所有的 SQL 语句应该用分号（;）分隔。
- cur.fetchone()语句取得 SQL 查询的结果集的下一条记录，当未取到相关记录时返回 None。
- cur.fetchall()语句取得 SQL 查询结果集的所有记录，当未取到相关记录时返回一个空列表。
- cur.close()语句关闭游标。

6.2.3　对人员信息表的操作

本节编程实例的主要业务流程是：先连接一个 SQLite3 数据库，然后执行人员信息查看、录入、修改和删除等操作。对代码分段进行介绍，第一段代码如下所示。

```
# 第一段代码
import sqlite3
# 连接数据库的函数
def connect_db():
    # 连接数据库，参数指定数据库文件路径
    conn=sqlite3.connect('data.db')
    print('\n 已连接上数据库...')
    # 随时关闭数据库连接
    conn.close()
```

connect_db()函数主要功能是连接数据库。一般情况下连接数据库后，就可以进行一系列的增、删、改、查操作。当完成数据库的业务操作后，一定要记得关闭与数据库的连接，释放对计算机资源的占用。

```
# 第二段代码
# 执行 SQL 语句的函数
def run_sql(sql):
    # 连接数据库
    with sqlite3.connect('data.db') as conn:
        # 生成一个 cursor 对象
        curs=conn.cursor()
        # 执行 SQL 语句
        curs.execute(sql)
        # 执行事务提交
        conn.commit()
        # 返回插入或删除操作时影响到的记录数，以此判断插入或删除是否成功
        return curs.rowcount
```

run_sql()函数将执行 SQL 语句的过程进行了封装。它把连接数据库、执行 SQL 语句、提交事务和返回执行结果放到一个函数中，这样在执行数据库操作时，只需调用此函数即可。

```
# 第三段代码
# 在数据库中新建一个数据表 person
def create_table():
    # 建表的 SQL 语句
    vsql='''
    CREATE TABLE IF NOT EXISTS person(
    ID INTEGER PRIMARY KEY AUTOINCREMENT,
    name varchar2(10),
    sex char(2),
    age int,
    department varchar2(20),
    telephone varchar2(11),
    bz varchar(20));
    '''
    # 调用函数执行 SQL 语句
    run_sql(vsql)
    print('\n用户信息表新建成功!')
# 采集用户信息
def person_info():
    vname=input("请录入姓名：")
    vsex=input('请录入性别：')
    vage = input('请录入年龄：')
    vdepartment = input('请录入部门：')
    vtelephone = input('请录入电话号码：')
    vbz = input('请录入备注说明：')
    # 组合成 SQL 语句
    vsql='insert into person(name,sex,age,department,telephone,bz) VALUES("'\
            + vname + '","' + vsex + '",' + vage + ',"' + vdepartment + '","'\
            + vtelephone + '","' + vbz + '")'
    print(vsql)
    # 返回 SQL 语句
```

```
        return vsql
# 增加一条记录
def add_row():
    # 调用函数，取得 SQL 语句
    vsql=person_info()
    # 调用函数执行 SQL 语句，并取得返回值
    vcount=run_sql(vsql)
    # 如果返回值等于 1，说明插入一条记录
    if vcount==1:
        print('\n 人员信息增加成功!')
    else:
        print('\n 人员信息增加失败!')
# 删除一条记录
def del_row():
    vname=input("请录入要删除的人员姓名：")
    # 按照姓名条件，结合成删除记录的 SQL 语句
    vsql = 'delete from person where name="'+vname+'"'
    print(vsql)
    # 调用函数执行 SQL 语句，并取得返回值
    vcount = run_sql(vsql)
    # 如果返回值等于 1，说明删除了一条记录
    if vcount == 1:
        print('\n 人员信息删除成功!')
    else:
        print('\n 人员信息删除失败!')
# 显示数据表中的所有记录
def list():
    vsql='select * from person'
    with sqlite3.connect('data.db') as conn:
        curs=conn.cursor()
        curs.execute(vsql)
        ret=curs.fetchall()
    # 在终端上打印相关信息
    print('\n 人员信息列表如下：')
    print('序号      姓名      性别      年龄      部门          电话号码                备注')
    print('-'*90)
    for item in ret:
        print(str(item[0]).ljust(10),end='')
        print(item[1].ljust(9), end='')
        print(item[2].ljust(8), end='')
        print(str(item[3]).ljust(6), end='')
        print(item[4].ljust(20), end='')
        print(item[5].ljust(20), end='')
        print(item[6].ljust(20))
    print('\n')
```

第三段代码中的 create_table()、add_row()、del_row() 和 list() 等函数的基本流程是先定义一条 SQL 语句，然后调用 run_sql() 执行该语句完成相关数据库的操作。

```
# 第四段代码
# 主函数 main
if __name__=='__main__':
    # 给变量 v_menu 赋值提示信息
    v_menu='''
    1.连接数据库
    2.构建一个用户信息表(person)
    3.向用户信息表中增加记录
    4.删除一条记录
    5.显示用户信息
    q.退出程序
    '''
    while True:
        # 列出菜单供用户选择
        print(v_menu)
        # 接收用户的选择
        v_choose=input('请选择相应的操作(1~5):')
        if v_choose=='1':
            # 连接数据库测试
            connect_db()
        elif v_choose=='2':
            # 生成一个数据表
            create_table()
        elif v_choose == '3':
            # 向数据表中加一条记录
            add_row()
        elif v_choose == '4':
            # 删除一条记录
            del_row()
        elif v_choose == '5':
            # 列举出数据表中的所有记录
            list()
        elif v_choose == 'q':
            break
        else:
            break
```

　　第四段代码在终端生成一个菜单，让用户选择相应的菜单项，进行人员信息的增、删、改、查等操作，代码运行时，在命令行终端显示相关信息。下面是当用户选择 5 时，在终端显示全部人员信息的情况。

```
E:\envs\virtualenv_dir2\Scripts\python.exe E:/envs/testpy100/database/data_test/
sqlite3_test.py

    1.连接数据库
    2.构建一个用户信息表(person)
    3.向用户信息表中增加记录
    4.删除一条记录
```

        5.显示用户信息
        q.退出程序

请选择相应的操作(1~5):5

人员信息列表如下：

序号	姓名	性别	年龄	部门	电话号码	备注
2	张小	男	18	信息中心	13562819***	一个程序员
3	刘小	女	50	经营管理部	13562819***	成本管理员
4	李三	男	44	办公室	13562819***	秘书
5	李四	男	22	办公室	13562819***	行政管理员
6	李明	男	18	保安部	13562819123	新员工

6.3　实例 54　将 MySQL 中的数据导入文件

扫一扫，看视频

6.3.1　编程要点

本节编程实例要用到第三方模块 openpyxl 实现对 Excel 文件的操作，这个模块可通过命令 pip install openpyxl 安装。

openpyxl 模块可以对 Excel 文件进行读、写和修改操作。样例代码的介绍如下所示。

（1）读取 Excel 文件。以下代码是获取工作表名称、行列数和取得某个单元格值的方法。样例代码如下所示。

```python
import openpyxl
# 打开一个工作簿
excel_file=openpyxl.load_workbook('./userinfo.xlsx')
# 取得工作簿的第一个工作表
sheet_obj=excel_file.worksheets[0]
# 打印出工作表的名字，通过 title 属性获得名字
print('工作表的名字是：',sheet_obj.title)
# 取得工作表的总行数
rows_count=sheet_obj.max_row
# 取得工作表的总列数
cols_count=sheet_obj.max_column
# 打印出工作表的行数和列数
print('工作表共有%d 行，每行有%d 列'%(rows_count,cols_count))
# 打印出第二行第二列单元格的内容，
# 提示：openpyxl 模块中行列计数都是从 1 开始，而不是从 0 开始
print(sheet_obj.cell(3,2).value)
# 下面这一句代码与上句代码是等价的，
# 它使用的是 Excel 单元格表示法取得单元格的内容
print(sheet_obj['b3'].value)
```

以上代码在终端上打印电子表格文件中的相关信息，如下所示。

```
工作表的名字是：table_myapp_userinfo
工作表共有 4 行，每行有 3 列
李明
李明
```

（2）写入 Excel 文件。以下代码通过建立工作簿、建立工作表和循环顺序填写 Excel 文件的单元格。样例代码如下所示。

```python
import openpyxl
# 创建工作簿
excel_file = openpyxl.Workbook()
# 创建工作表
sheet_obj = excel_file.create_sheet('人员信息',0)
# 定义列标题
field_name= ['序号','姓名','电子邮箱']
# 定义一组人员信息数据
rows = [[1,'刘锋','lfeng@163.com'],
        [2,'李明','lmingg@163.com'],
        [3,'王丽','wangli@163.com'],
        [4,'石文','shweng@sina.com'],
        [5,'景小美','jxiaomei@126.com'],
        [6,'吴用','wyong@sohu.com']]
# 在第一行写入列标题
for i in range(len(field_name)):
    # 向单元格写入内容用 cell()函数，形如：sheet_obj.cell(行号,列号,'内容1')
    # 提示：openpyxl 模块中行、列计数都是从 1 开始，而不是从 0 开始
    sheet_obj.cell(1,i+1,field_name[i])
# 从第二行开始写入人员信息，每行写入一个人的信息，依次写入
for j in range(len(rows)):
    for k in range(0,3):
        sheet_obj.cell(j+2,k+1,rows[j][k])
        #print(rows[j][k])
# 保存到文件中
excel_file.save('./人员信息表.xlsx')
```

以上代码运行后，在当前目录下生成一个 Excel 文件"人员信息表.xlsx"，该文件内容如图 6.1 所示。

	A	B	C
1	序号	姓名	电子邮箱
2	1	刘锋	lfeng@163.com
3	2	李明	lmingg@163.com
4	3	王丽	wangli@163.com
5	4	石文	shweng@sina.com
6	5	景小美	jxiaomei@126.com
7	6	吴用	wyong@sohu.com
8			

图 6.1　人员信息表 xlsx 中的内容

6.3.2　将 MySQL 数据表中的数据导入 Excel 文件

本节编程实例是将 MySQL 数据表中的数据取出来，保存到 Excel 表中。样例代码如下所示。

```python
import openpyxl
import pymysql
```

```
# 从数据库某张表中取出所有记录的函数
# 参数 host 指定数据库服务器的 IP 地址，
# 参数 db_name 指定数据库名，
# 参数 table_name 指定表名，
# 参数 user 指定数据库的登录用户名，
# 参数 passwd 指定登录用户的密码
def get_rows(host,db_name,table_name,user,passwd):
    # 建立一个数据库的连接
    conn = pymysql.connect(host=host, port=3306, database=db_name,
                           user=user, passwd=passwd)
    # 建立一个游标
    cur = conn.cursor()
    # 组合一个 SQL 查询语句
    sql='select * from '+table_name
    # 执行 SQL 语句
    cur.execute(sql)
    # rows 取得所有行记录，cur.fetchall()返回所有符合条件的记录
    rows=cur.fetchall()
    # cur.description 返回数据表的字段信息，
    # 返回值 fields 是一个元组，其中的每一项元素也是一个元组（子元组），
    # 这个子元组的第一个元素是字段名
    fields=cur.description
    # 关闭游标
    cur.close()
    # 断开连接
    conn.close()
    return fields,rows
# 将表的记录导入 Excel 表的函数中
# 参数 host 指定数据库服务器的 IP 地址，
# 参数 db_name 指定数据库名，
# 参数 table_name 指定表名，
# 参数 user 指定数据库的登录用户名，
# 参数 passwd 指定登录用户的密码，
# 参数 filename 指定导入的 Excel 文件名
def export_to_excel(host,db_name,table_name,user,passwd,filename):
    # 调用函数，取得数据表的字段信息和记录信息
    fields,table_rows = get_rows(host,db_name,table_name,user,passwd)
    #print(fields)
    #print(table_rows)
    # 生成 Excel 文件的工作簿
    workbook = openpyxl.Workbook()
    # 在工作簿中生成一个工作表，表名设为"table_"加数据表名
    sheet = workbook.create_sheet('table_' + table_name,0)
    # 在工作表的第 1 行写上字段名
    for i in range(0, len(fields)):
        # 在 openpyxl 模块中定义工作表的行起始值是 1，列起始值是 1，
        # 所以 cell()函数第一个参数是 1 表示第 1 行，第二个参数为 i+1 是因为 i 从 0 开始计数，
```

06

```
        # fields[i][0]取得字段的名称
        sheet.cell(1,i+1, fields[i][0])
    # 从工作表第二行开始写入每条记录的内容
    for row in range(0, len(table_rows)):
        for col in range(0, len(fields)):
            sheet.cell(row+2, col+1, '%s' % table_rows[row][col])
    # 保存到 Excel 文件中
    workbook.save(filename)
# 主函数 main
if __name__ == '__main__':
    # 初始化各变量值
    host = 'localhost'
    db_name = 'mytest'
    table_name='myapp_userinfo'
    user = 'root'
    password = 'root'
    # 调用函数，将一张数据表的全部记录导入一个 Excel 文件中
    export_to_excel(host,db_name,table_name,user,password, './userinfo.xlsx')
```

（1）get_rows()函数的功能是从数据库中取得表字段信息和记录信息；数据表的字段从执行 SQL 语句的游标的 description 中取出，这个属性值是一个元组，它的每一项又是元组（子元组），子元组给出了字段的若干属性，它的第一个元素就是字段名称。元组数据结构形式如下所示。

```
(('id', 3, None, 11, 11, 0, False), ('user', 253, None, 128, 128, 0, False),
('email', 253, None, 1016, 1016, 0, False))
```

（2）export_to_excel()函数的功能是将数据表的记录导入 Excel 文件中；主要业务流程是调用 get_rows()函数取出数据表中的字段名和全部记录，然后依次写入 Excel 文件中；需要注意的是在 openpyxl 模块中，Excel 文件行数和列数都是从 1 开始计数，因此在写入时要计算好单元格的位置。

扫一扫，看视频

6.4　实例 55　调用 Oracle 数据库存储过程

6.4.1　编程要点

Oracle 数据库存储过程主要由存储过程名、参数和 SQL 语句代码块三部分构成，其中参数分为输入（in）参数、输出（out）参数和输入输出（in out）参数三种。样例代码如下所示。

```
create or replace procedure kqkq.hello_world
(
name in varchar2,
outstring out varchar2,
otherstring in out varchar2)
is
begin
```

```
    otherstring:='你说得对：'||otherstring;
    outstring:='你好,'||name||'',''||otherstring;
end;
```

Python 调用 Oracle 数据库存储过程，是通过 cx_oracle 模块的 callproc()函数进行的，这里以一个样例说明如何调用以上存储过程，代码如下所示。

```
import cx_Oracle as ora
import os
# 设置汉字编码格式，防止从数据库取出的记录中出现中文乱码
os.environ['NLS_LANG'] = 'SIMPLIFIED CHINESE_CHINA.UTF8'
# 建立一个访问 Oracle 数据库的连接对象
connect_obj = ora.connect('kqkq/kqkq@127.0.0.1:1521/ORCL')
# 由连接对象生成一个游标
cursor = connect_obj.cursor()
# 设置一个参数，对应存储过程的输入参数 name
param_name='张明'
# 设置一个参数，对应存储过程的输出参数 outstring,这个参数需要指定为 cx_Oracle 中的数据类型
param_outstring=cursor.var(ora.STRING)
# 设置一个参数，对应存储过程的输出参数 otherstring
param_otherstring='人生苦短，我用 Python!'
# 调用存储过程，第一个参数是 Oracle 数据库中的存储过程名,
# 第二个参数是传给存储过程的参数,存储过程需要的参数要放在一个列表中
cursor.callproc('kqkq.hello_world',[param_name,param_outstring,param_otherstring])
# 用 getvalue()取得存储过程的返回值的内容
str=param_outstring.getvalue()
# 打印
print(str)
# 关闭游标
cursor.close()
# 关闭与 Oracle 数据库的连接
connect_obj.close()
```

以上代码中要注意的是当存储过程包含输出参数时，Python 在调用存储过程前，要指定该输出参数的数据类型，这个数据类型要用 cx_Oracle 模块中定义的数据类型指定。以上代码运行后，在终端上打印出以下内容。

> 你好,张明,你说得对：人生苦短，我用 Python!

从代码样例中可以看出，在调用 Oracle 存储过程时，要明确 Oralce 存储过程、cx_Oracle 模块和 Python 代码三者之间数据类型的对应关系，例如 Oracle 存储过程中 VARCHAR2、NVARCHAR2 和 LONG 数据类型，对应 cx_Oracle 模块中 STRING 数据类型，对应 Python 中的 str 数据类型，因此只有弄清楚数据类型的对应关系，才能保证数据在传递过程中不会出错。

6.4.2　调用 Oracle 数据库存储过程查询数据表

本节编程实例是通过 cx_Oracle 模块库调用 Oracle 数据库中的存储过程来查询一张数据表中的所有数据，这个存储过程代码如下所示。

```
create or replace procedure kqkq.test_procedure
(cur_cursor  out SYS_REFCURSOR)
    is
    begin
        OPEN cur_cursor FOR select * from kqkq.dwdmk order by dwbm;
    end;
```

由以上代码可以看出，这个存储过程的名字是 kqkq.test_procedure，它有一个输出参数（即返回参数）是 cur_cursor。调用这个存储过程的样例代码如下所示。

```
import cx_Oracle as ora
import os
# 设置汉字编码格式，防止出现中文乱码
os.environ['NLS_LANG'] = 'SIMPLIFIED CHINESE_CHINA.UTF8'
# 建立一个访问 Oracle 数据库的连接对象，
# connect()函数的参数格式是：'登录用户名/密码@服务器地址:端口号/服务名',
connect_obj = ora.connect('kqkq/kqkq@127.0.0.1:1521/ORCL')
# 为连接对象建立一个游标
cursor = connect_obj.cursor()
# 建立一个 cx_Oracle 游标变量
param_cursor=cursor.var(ora.CURSOR)
# 调用存储过程，第一个参数是 Oracle 数据库中的存储过程名，第二个参数是传给存储过程的参数
ret_obj=cursor.callproc('kqkq.test_procedure',[param_cursor])
# 从返回值 ret_obj 中取得游标对象
ret_cursor_obj=ret_obj[0]
print('单位代码','\t\t','单位名称')
# 通过循环从游标取出每个字段的值
for row in ret_cursor_obj.fetchall():
    print(row[0],'\t\t',row[1])
# 关闭游标
cursor.close()
# 关闭与 Oracle 数据库的连接
connect_obj.close()
```

以上代码中先建立了与数据库的连接，通过连接对象生成游标，再由游标发出操作数据的命令，这些都是固定写法，只是这里是通过调用存储过程操作数据库。由于代码调用的存储过程的输出参数（param_cursor）是一个游标，这时 ret_obj=cursor.callproc('kqkq.test_procedure',[param_cursor])语句的返回值 ret_obj 是一个列表变量，列表元素只有一个，就是包含查询结果的游标，因此游标对象就是 ret_obj[0]，有了这个游标对象就可以用操作游标的相关函数取出里面的数据了。

运行以上代码，程序驱动 Oracle 数据库调用存储过程并将运行结果返回给程序，程序将返回信息处理后输出到终端上，如下所示。

```
单位代码    单位名称
01          办公室
02          纪委
03          工会
04          安全监察局
05          法律服务中心
06          人力资源部
...
```

6.5　实例 56　备份 MySQL 数据库

扫一扫，看视频

6.5.1　基础知识简介

数据库的备份是保障数据安全的最重要的环节，这里简单介绍一下 MySQL 数据库备份与恢复的两个命令。

（1）MySQL 数据库备份的命令是：

```
mysqldump -h host -u username -p password dbname table1 table2 ...> filename.sql
```

数据库备份的命令是 mysqldump；host 是数据库服务器的 IP 地址，由参数-h 指定；username 是数据库的登录用户，由参数-u 指定；password 是登录用户的密码，由参数-p 指定；dbname 是数据库的名称；table1 和 table2 表示需要备份的表的名称，如果为空，则备份整个 dbname 数据库；filename.sql 是备份生成的文件，这个文件是一个扩展名为 sql 的文件，可以看出这个文件的内容由 SQL 语句组成，因此可以通过执行这个文件恢复数据。filename.sql 前面的 ">" 表示将备份的数据写入这个文件。

（2）MySQL 数据库恢复数据的命令是：

```
mysql -h host -u username -p password dbname < filename.sql
```

数据恢复用的命令是 mysql 而非 mysqldump，命令各参数的意义与 mysqldump 中的意义相同。filename.sql 前面的 "<" 表示数据恢复通过执行 filename.sql 文件实现。

6.5.2　MySQL 数据库的备份和恢复

本节编程实例是实现 MySQL 数据库的备份和恢复。样例代码如下所示。

```
import os
import time
import pymysql
# 生成一个备份文件名，名字由日期时间组成，
# 便于通过文件名知道备份时间
def create_filename(db_name):
    file_name=db_name+'backup'+time.strftime('%Y%m%d-%H%M%S')+'.sql'
    return file_name
```

06

```python
# 对数据库进行备份的函数
# 参数 host 指定数据库服务器的 IP 地址,
# 参数 db_name 指定数据库名,
# 参数 user 指定数据库的登录用户名,
# 参数 passwd 指定登录用户的密码
def db_backup(host,db_name,user,passwd):
    print('开始备份'+db_name+'数据库')
    # 调用函数生成一个备份文件的名字
    filename=create_filename(db_name)
    # 指定备份文件的路径和名字
    path_name='./'+filename
    # 生成备份命令
    backupcmd = "mysqldump -h " +host + " -u " + user + " -p" + passwd + " " +
    db_name + " > " + path_name
    # 执行备份命令
    os.system(backupcmd)
    print('备份完成!')
# 恢复数据的函数
# 参数 host 指定数据库服务器的 IP 地址,
# 参数 db_name 指定数据库名,
# 参数 user 指定数据库的登录用户名,
# 参数 passwd 指定登录用户的密码,
# 参数 filename 指定从哪个备份文件中恢复
def db_recover(host,db_name,user,passwd,filename):
    print('开始恢复' + db_name + '数据库')
    # 指定备份文件的路径和名字
    path_name = './' + filename
    # 生成数据恢复的命令
    recovercmd = "mysql -h " + host + " -u " + user + " -p" + passwd + " " +
    db_name + " < " + path_name
    # 执行恢复命令
    os.system(recovercmd)
    print('完成数据恢复!')
# 生成数据库的函数
# 参数 host 指定数据库服务器的 IP 地址,
# 参数 db_name 指定数据库名,
# 参数 user 指定数据库的登录用户名,
# 参数 passwd 指定登录用户的密码
def create_db(host,db_name,user,passwd):
    # 建立数据库连接
    conn = pymysql.connect(host=host, port=3306, user=user, passwd=passwd)
    # 建立一个游标
    cur = conn.cursor()
    # 建立一个空数据库
    cur.execute('create database '+db_name)
    # 关闭游标
    cur.close()
```

```
    # 断开连接
    conn.close()
# 删除数据库的函数
def delete_db(host, db_name, user, passwd):
    conn = pymysql.connect(host=host, port=3306, user=user, passwd= passwd)
    cur = conn.cursor()
    # 删除数据库，慎用此命令！！！
    cur.execute('drop database' + db_name)
    cur.close()
    conn.close()
# 主函数 main 进行测试
if __name__=='__main__':
    # 初始化各变量值
    host='localhost'
    db_name='mytest'
    user='root'
    password='root'
    # 调用函数进行备份
    db_backup(host, db_name, user, password)
    # 为测试，调用函数删除数据库
    delete_db(host, db_name, user, password)
    # 由于恢复数据库数据时，MySQL 要求该数据库必须先存在才能恢复数据，
    # 因此调用函数生成一空数据库供恢复测试用
    create_db(host, db_name, user, password)
    # 选一个备份文件，从中恢复数据
    filename='mytestbackup20200723-171652.sql'
    # 调用函数进行数据恢复
    db_recover(host, db_name, user, password, filename)
```

以上代码中通过在程序中执行 MySQL 的命令实现数据的备份与恢复，在 Python 代码中执行外部命令用到 os.system()函数，这个函数的参数是外部命令的字符串，使用起来非常简单，所以在编写代码时要注意合成的外部命令字符串一定要正确，以保证其按预期执行。

第 7 章 网 络 编 程

网络编程解决的是计算机之间数据交换的问题，主要是通过使用套接字对象来实现计算机设备间的通信。计算机设备间的通信实际上是实现两个进程（这两个进程可能在不同的设备上）之间的通信，即通过套接字对象启动一个进程，这个进程通过连接另一台计算机设备上的 IP 和端口号，与该设备上某个对应的进程进行通信。网络编程一般基于请求/响应方式，也就是一个设备发送请求，另一个设备进行响应，这样请求、响应来回互动就形成了网络间通信。本章主要介绍 Python 网络编程的方法。

7.1 实例 57 简单的聊天小程序

7.1.1 编程要点

本节聊天小程序主要实现文字信息交流的功能，Python 中 socket 模块可以实现这个简单的功能，先将 socket 模块中常用的函数介绍如下。

（1）sk = socket.socket(family, type)语句中 socket()函数的功能是创建套接字对象，其中 sk 是套接字对象。参数 family 是套接字类型，主要有 socket.AF_UNIX 和 socket.AF_INET 两种类型，socket.AF_UNIX 用于同一台计算机上的 UNIX 系统进程间通信，不太常用；socket.AF_INET 用于网络间通信，是 socket()函数的默认值。参数 type 指定连接模式，取值有两个，分别是 socket.SOCK_STREAM 和 socket.SOCK_DGRAM，socket.SOCK_STREAM 采用流模式传输数据，应用于 TCP 连接；socket.SOCK_DGRAM 采用数据报模式传输数据，应用于 UDP 连接。函数调用样例如下所示。

```
# 创建 TCP Socket 对象
s=socket.socket(socket.AF_INET,socket.SOCK_STREAM)
# 创建 UDP Socket 对象
s=socket.socket(socket.AF_INET,socket.SOCK_DGRAM)
```

（2）sk.bind(addr)语句中 bind()函数的功能是将地址、端口号与套接字对象绑定，其中 sk 是套接字对象。参数 addr 指定 IP 地址和端口号，该参数是元组类型，形如（IP, PORT）。函数调用样例如下所示。

```
# 请注意参数的类型是元组，注意小括号的数量。
sk.bind(('172.16.2.80',8888))
```

（3）sk.listen(intval)语句中 listen()函数的功能是设置最大连接数量，也就是超过这个数量，服务端将拒绝连接，其中 sk 是套接字对象。参数 intval 用来设置最大连接数量。

（4）conn,addr=sk.accept()语句中 accept()函数的功能是接收连接，即服务端打开了接收客户端连接的进程，以阻塞停止的方式等待客户端连接的到来，其中 sk 是套接字对象。返回值 conn 是一个新的套接字对象，用来接收和发送数据；返回值 addr 是连接进来的客户端的地址。

（5）rec_msg= sk.recv(bufsize)语句中 recv()函数的功能是接收传输过来的数据，其中 sk 是套接字对象。参数 bufsize 指定最多可以接收的字节数量；返回值 rec_msg 是传输过来的数据，是字节串形式。

（6）rec_msg,addr=sk.recvfrom(bufsize)语句中 recvfrom()函数的功能是接收传输过来的数据，其中 sk 是套接字对象。参数 bufsize 指定最多可以接收的字节数量；返回值 rec_msg 是传输过来的数据，是字节串形式；返回值 addr 是发送端的地址和端口号。

（7）vret=sk.send(send_msg)语句中 send()函数的功能是将数据 send_msg 发送给连接进来的套接字对象（对方套接字对象），其中 sk 是本地套接字对象。参数 send_msg 是要发送的数据，是字节串形式；返回值 vret 是发送出去的数据的字节数，该数量可能小于 send_msg 的字节大小，原因是要发送的数据未能全部发出去。

（8）sk.sendall(send_msg)语句中 sendall()函数的功能是将数据 send_msg 全部发送给连接进来的套接字对象（对方套接字对象），实现方式是通过递归调用 send()函数将数据全部发送出去，其中 sk 是本地套接字对象。参数 send_msg 是要发送的数据，是字节串形式；函数执行成功返回 None，执行失败时抛出异常。

（9）vret=sk.sendto(send_msg,addr)语句中 sendto()函数的功能是将数据 send_msg 发送给指定地址的套接字对象，其中 sk 是本地套接字对象，此函数主要用于 UDP 协议。参数 send_msg 是要发送的数据，是字节串形式；参数 addr 是远程地址，是一个元组类型，形如（IP，Port）；返回值 vret 表示已发送的字符串字节数。函数调用样例如下所示。

```
sk.sendto(msgs.encode('utf-8'), ('127.0.0.1',7878))
```

（10）sk.connect(addr)语句中 connect()函数的功能是让客户端向服务端发起连接，其中 sk 是套接字对象。参数 addr 是元组类型，表示服务端的 IP 和端口，形如（IP，PORT）；此函数运行时，如果连接出错，则抛出异常。

（11）vret=sk.connect_ex(addr)语句的功能与 sk.connect(addr)语句相似，不同之处是该函数连接出错时返回出错码，而不是抛出异常，也就是连接出错时返回值 vret 得到出错码。

（12）sk.close()语句的功能是关闭套接字对象 sk。

7.1.2 编程思路

本节编程实例的功能通过 socket 模块实现，因此要遵循 socket 编程的模式和思路。socket 编程包含服务端和客户端两部分，下面对这两部分分别进行介绍。

（1）服务端编程主要包含 6 步，列举如下。

● 创建套接字（socket）对象，也可以理解为生成套接字实例化对象。

- 将套接字对象与服务器的 IP 和端口绑定，这一步相当于对外提供了 TCP 或 UDP 接入的地址与端口号。
- 启动监听进程，这时服务端收到连接请求后，就可以与发出请求的客户端进行连接。
- 启动接收信息进程，等待客户端发送信息，这时客户端可以向服务端发送信息。
- 建立循环，接收客户端发来的信息，或者向客户端发送信息。
- 信息传输完成后，关闭套接字。

（2）客户端编程相对简单，主要有 4 步，列举如下。

- 创建套接字对象。
- 向服务端的地址和端口发送连接请求，完成与服务端的连接。
- 建立循环，向服务端发送信息，或者接收服务端发来的信息。
- 信息传输完成后，关闭套接字。

7.1.3 简单的聊天程序

本节聊天程序是通过 TCP 协议把服务端和客户端连接起来，让服务端与客户端可以进行信息交流。该程序是 C/S 结构，程序分为两部分，一部分是服务端程序，另一部分是客户端程序。服务端程序代码如下所示。

```python
# 导入 socket 模块
import socket
# 建立 socket 套接字对象
sk=socket.socket()
# 绑定 IP 与端口号
sk.bind(('127.0.0.1',8888))
# 启动监听，监听客户端连接请求
sk.listen()
# 建立一个标志变量，当接收到客户端发出 q 要求断开时，将 flag 设置为 1，
# 后续语句根据 flag 进行处理，关闭当前连接（断开与该客户端的连接）；
# 当服务端发出 q 时，这时发送 q 到客户端，并将 flag 设置为 2，
# 后续语句根据 flag 进行处理，关闭当前连接，再关闭 socket 套接字进程
flag=0
while True:
    print('我已准备好接收信息')
    # 准备接收客户端信息
    conn,addr=sk.accept()
    while True:
        # conn.recv()函数接收客户端信息，并通过 decode()函数用 utf-8 编码格式解码
        rec_msg=conn.recv(1024).decode('utf-8')
        # 如果接收到的信息是 q，表示客户要求断开连接，这时设置 flag 为 1，并退出内部这层循环
        if rec_msg=='q':
            print('对方已断开...')
            flag=1
            # 退出内部这层循环
            break
```

```
        # 打印出客户端发来的信息
        if rec_msg:
            print('对方说: ',rec_msg)
        # 通过 input()输入服务端要发给客户端的信息
        send_msg=input('请说: ')
        # 向客户端发送信息,并通过 encode()函数指定编码格式为 utf-8,对要发送的字符串进行编码
        conn.send(send_msg.encode('utf-8'))
        # 如果在服务端输入了 q,设置 flag=2,并退出本层循环
        if send_msg=='q':
            flag=2
            break
    # 退出内层循环,先关闭当前连接
    conn.close()
    # flag==1 表示客户发出断开连接信息,这时重新开始循环(外层循环),可接收新的客户端接入
    if flag==1:
        continue
    # 如果是服务端要断开连接(flag=2),这时关闭所有连接,退出外层循环
    elif flag==2:
        break
# 关闭服务端 socket 套接字
sk.close()
```

（1）以上代码首先进行了套接字（socket）相关的初始化工作，主要有实例化 socket 对象、绑定 IP 与端口号和启动监听三步。

📢 提示

以上代码把服务端程序和客户端程序放在同一台机器上运行是为了方便程序调试，在实际应用中可以指定一台计算机作为服务端，绑定这台计算机的 IP 和端口号，指定另一台计算机作为客户端，向服务器发送连接，实现计算机之间的通信。

（2）代码中用了两层循环，外层循环中通过 conn,addr=sk.accept()语句让服务端启动接收客户端信息的进程。内层循环的功能主要是进行信息收发，一是接收客户端发来的信息，经过解码显示在终端上；二是把服务端的信息经过编码发送给客户端，这样实现了服务端与客户端聊天（文字信息交流）的功能；在内层循环中如果接收到客户端发过来的 q 字符，则在终端上打印"对方已断开..."语句，退出内层循环并关闭与当前客户端的连接，接着通过 continue 语句回到外层循环的第一条语句，重新启动接收客户端信息的进程，这时可以让一个新客户端连接。如果服务端想退出程序，它发一个 q 字符给客户端后，退出内层循环，在外层循环关闭当前连接后，接着退出外层循环，最后关闭服务端 socket 套接字。

客户端程序相对服务端程序略微简单一些，它只需要连接服务端这一步，就可以同服务端进行信息交流，客户端代码如下所示。

```
import socket
# 建立 socket 套接字
sk=socket.socket()
# 连接服务端,通过指定服务端的 IP 和端口号进行连接
sk.connect(('127.0.0.1',8888))
```

```
while True:
    # 通过 input() 输入客户端要发给服务端的信息
    send_msg = input('请说: ')
    # 向服务端发送信息，并通过 encode() 函数指定编码格式为 utf-8，对要发送的字符串进行编码
    sk.send(send_msg.encode('utf-8'))
    # 如果客户端发出 q 字符，就退出循环
    if send_msg == 'q':
        break
    # 接收服务端发来的信息，并通过 decode() 函数用 utf-8 编码格式解码
    rec_msg=sk.recv(1024).decode('utf-8')
    # 如果服务端发过来 q，就退出循环
    if rec_msg=='q':
        print('服务端不再接收信息')
        break
    # 显示服务端发过来的信息
    if rec_msg:
        print('对方说: ', rec_msg)
# 关闭 socket 套接字，即与服务端断开连接
sk.close()
```

（1）以上代码首先进行初始化，初始化相对简单，包含生成套接字（socket）对象和连接服务端两步。

（2）客户端代码中有一个循环代码块。其主要功能有两个，一是向服务端发送信息；二是接收服务端发来的信息并显示在终端上。客户端想断开连接，向服务端发送 q 字符后，通过 break 语句退出循环，并关闭套接字进程，断开与服务端的连接；客户端收到服务端发来的 q 字符后，同样也是执行退出循环并关闭套接字进程的步骤。

7.1.4 测试程序

代码编写完成后进行测试，首先启动服务端，这时服务端的终端上会显示"我已准备好接收信息"；接着启动客户端，在客户端录入信息并回车，这时在服务端终端上就出现了客户端发送的信息，服务端也可以向客户端发送信息，形成了一问一答的聊天形式。

在测试时，当客户端发出 q 字符，在服务端显示"对方已断开..."，接着显示"我已准备好接收信息"，这时可以允许一个新的客户端连接进来，服务端又可以与新的客户端进行信息交流；当服务端发出 q 字符，服务端程序退出，聊天程序也就结束了。程序运行时服务端的终端样式如下所示。

```
我已准备好接收信息
对方说: 你好，我是李明
请说: 你好，我是王明
对方说: 今天天气不错
请说: 是的，天气不错
对方说: 请问 Python 好学吗
请说: 入门易，精通需要下工夫!
对方说: 好的，我研究一下
请说: 有什么问题多交流!
```

对方说：再见
请说：再见
对方已断开...
我已准备好接收信息
对方说：我是另一个客户端连接
请说：好
对方说：我没有什么事，就是试一下
请说：q

当客户端发出 q 字符，客户端就退出程序，客户端的终端显示样式如下所示。

请说：你好，我是李明
对方说：你好，我是王明
请说：今天天气不错
对方说：是的，天气不错
请说：请问 Python 好学吗
对方说：入门易，精通需要下工夫！
请说：好的，我研究一下
对方说：有什么问题多交流！
请说：再见
对方说：再见
请说：q

当一个客户端退出后，另一个客户端就可以连接了，这时如果服务端发出 q 字符，客户端的终端上显示"服务不再接收信息"并退出程序。新启动的客户端的终端显示样式如下所示。

请说：我是另一个客户端连接
对方说：好
请说：我没有什么事，就是试一下
服务不再接收信息

◀》 提示

查看这三个终端显示样式时，后两个样式要与第一个样式结合起来看，才可以看到程序运行全貌。

7.2 实例 58 远程执行系统命令

扫一扫，看视频

7.2.1 编程说明

本节编程实例要用到 subprocess 模块的 Popen() 函数，该函数创建一个子进程，利用这个子进程运行一个外部程序。另外，该函数还可以改变标准输入、标准输出和标准错误，例如可以将运行的外部程序的子进程的标准输出和标准错误码重定向到 subprocess.PIPE 中保存，而不是直接输出到终端上，这样在需要利用程序的输出信息时，可以从管道中取出进行一些加工处理（如处理汉字乱码）再显示。这里通过一个样例介绍这个函数，代码如下所示。

```python
import subprocess
# 将一个系统命令字符串赋值给变量 cmd
cmd='ping www.163.com'
# 调用 subprocess.Popen()函数运行外部系统命令
# 参数 cmd 是要执行的命令，
# 参数 shell=True 指定用系统的命令解释器运行命令，
# 参数 stdout=subprocess.PIPE 将执行命令时返回的信息写到命令进程管道（subprocess.PIPE）中，
# 参数 stderr=subprocess.PIPE 将执行命令时出现的错误写到命令进程管道（subprocess.PIPE）中，
# 返回值 cmd_process 是运行命令的子进程对象
cmd_process = subprocess.Popen(cmd,shell=True,
                               stdout=subprocess.PIPE,
                               stderr=subprocess.PIPE)
# subprocess.Popen()函数创建子进程对象后，
# 主函数不会自动等待这个子进程完成，
# 需要调用子进程对象的 wait()方法让主函数等待其完成
cmd_process.wait()
# 从管道中取出命令执行时输出的内容
cmd_ret_info=cmd_process.stdout.read()
# 从管道中取出命令执行时出现的错误信息
cmd_ret_err=cmd_process.stderr.read()
if cmd_ret_info:
    print('程序运行情况：')
    # 打印出命令运行时输出的信息
    print(cmd_ret_info.decode('gbk'))
if cmd_ret_err:
    print('程序运行时出现的错误：')
    # 打印命令运行时出现的错误
    print(cmd_ret_err)
```

（1）以上代码中利用 subprocess.Popen()函数运行了系统命令 ping 命令，并且通过给该函数传递 stdout=subprocess.PIPE 和 stderr=subprocess.PIPE 两个参数，让命令在执行时将其标准输出和标准错误重定向到子进程的管道。

（2）这里代码的运行环境是 Windows 操作系统，如果在调用 subprocess.Popen()函数时不将标准输出和标准错误重定向，让执行的命令输出直接打印到终端上，其中的汉字会出现乱码，所以在代码中需要先将执行命令时产生的相关信息重定向到管道中，然后从管道中取出来用 GBK 格式解码，就解决了汉字乱码问题。

运行以上代码，在终端上打印出执行系统命令时的相关信息，如下所示。

```
程序运行情况：

正在 Ping www.163.com.lxdns.com [150.138.214.94] 具有 32 字节的数据：
来自 150.138.214.94 的回复: 字节=32 时间=12ms TTL=53
来自 150.138.214.94 的回复: 字节=32 时间=11ms TTL=53
来自 150.138.214.94 的回复: 字节=32 时间=11ms TTL=53
来自 150.138.214.94 的回复: 字节=32 时间=12ms TTL=53

150.138.214.94 的 Ping 统计信息：
```

数据包：已发送 = 4，已接收 = 4，丢失 = 0 (0% 丢失)，
往返行程的估计时间(以毫秒为单位)：
最短 = 11ms，最长 = 12ms，平均 = 11ms

由以上信息可以看出，ping 命令正确执行了，并没有报错，即代码中 if cmd_ret_err:语句不成立，因此 print(cmd_ret_err)语句也未运行。

7.2.2　远程执行命令的服务端程序

远程执行命令服务端程序的主要功能是接收客户端发过来的命令，在服务端上运行该命令，并将命令执行结果发给客户端程序，代码如下所示。

```python
import socket
import subprocess
# 服务端主函数 main
if __name__=='__main__':
    # 建立一个 socket 套接字对象
    server=socket.socket(socket.AF_INET,socket.SOCK_STREAM)
    # 绑定 IP 和端口号
    server.bind(('127.0.0.1',8989))
    # 启动服务端监听
    server.listen(5)
    # 建立循环，随时等待客户端连接进来
    while True:
        # 接收客户端接入，conn 是一个连接客户端的套接字对象，
        # addr 是连接进来的客户端的 IP 和端口号
        conn,addr=server.accept()
        print('有客户端连接进来，其地址和端口号是：',addr)
        while True:
            # 加入 try...except 代码块，防止客户端意外中断，导致服务端终止
            try:
                recv_cmd=conn.recv(1024)
                cmd=recv_cmd.decode('utf-8')
                # 如果接收到空字符，可能是客户端断开连接了，退出本次循环
                if not recv_cmd:
                    print(addr,"客户端已断开连接")
                    break
                print('客户端发来的命令是：',cmd)
                # 调用 subprocess.Popen()函数执行命令，
                # 参数 cmd 是要执行的命令，
                # 参数 shell=True 指定以命令解释器运行命令字符串，
                # 参数 stderr=subprocess.PIPE 将执行命令时出现的错误信息
                # 写到命令进程管道（PIPE）中，
                # 参数 stdout=subprocess.PIPE 将执行命令时返回的信息
                # 写到命令进程管道（PIPE）中。
                result=subprocess.Popen(cmd,shell=True,
                                        stderr=subprocess.PIPE,
```

```
                              stdout=subprocess.PIPE)
            # 让主函数等待子进程对象 result 完成后，再向下运行
            result.wait()
            # 从进程管道中取出错误信息
            err=result.stderr.read()
            # 如果有错误信息，就将该信息放到 cmd_ret_info 变量中
            if err:
                cmd_ret_info=err
            else:
                # 如果命令正常运行，把命令执行时返回的信息从进程管道（PIPE）取出
                cmd_ret_info=result.stdout.read()
            # 如果 cmd_ret_info 中的信息为空，说明命令既没有出错，也没有返回值，
            # 这说明程序正常运行了，这时给客户端发送一条命令执行成功的信息，
            # 发送的信息采用 gbk 编码格式，是因为在 Windows 操作系统中运行命令，
            # 信息的显示采用的是 gbk 编码格式
            if not cmd_ret_info:
                cmd_ret_info=('['+cmd+']命令执行成功!').encode('gbk')
            # 向客户端发送命令执行情况信息
            conn.send(cmd_ret_info)
        # 出现异常退出循环，异常也包括客户端与服务端的连接意外断开
        except Exception as e:
            break
    # 关闭与当前客户端的连接
    conn.close()
```

（1）以上代码先建立一个基于 TCP 协议的套接字对象，接着通过绑定到 IP 和端口号以及启动监听等步骤启动服务端的套接字对象进程，然后建立一个循环，在循环内部接收客户端的连接，一旦有客户端连接进来，就再建一个循环，在这个里层循环里不断接收连入客户端发来的命令字符串，然后调用 subprocess.Popen()函数启动一个子进程执行该命令，并将执行情况和结果信息发送回客户端。

（2）代码中将服务端与客户端交换信息的代码语句放到 try…except 代码块中，是因为在套接字（socket）对象建立起的基于 TCP 协议连接（连接双方一个是服务端，一个是客户端）后，如果客户端意外中断，服务端也会跟着终止程序，因此需要 except 语句块捕获客户端异常中断错误并进行后续处理，防止服务端程序跟着出现异常并退出。

（3）客户端发过来的命令在服务端执行，这时执行结果会显示到被称作标准输出（stdout）的命令行终端上，执行命令出现的错误也会显示在命令行终端上，因为标准错误（stderr）默认显示在命令行终端，另外标准输入（stdin）默认是键盘；为了能够提取命令执行的情况和结果，在调用 subprocess.Popen()传递参数 stderr=subprocess.PIPE 和 stdout=subprocess.PIPE 时将标准输出和标准错误分别重定向到命令子进程的管道（subprocess.PIPE）中，这样就可以随时从管道中取出相关信息发送到客户端了。

（4）不同的操作系统运用的编码格式不同，这一点也是要注意的，Windows 系统采用的是 GBK 编码格式，也就是该操作系统生成的信息采用 GBK 格式显示，因此在编程时一定要按照系统对应格式进行编码、解码，防止出现汉字乱码。

服务端运行起来，有客户端连入并发送命令过来，会在服务端的终端显示如下信息。

有客户端连接进来，其地址和端口号是：　('127.0.0.1', 1664)
客户端发来的命令是：　pwd
客户端发来的命令是：　dir
客户端发来的命令是：　cd
('127.0.0.1', 1664) 客户端已断开连接

以上信息是客户端连接服务端并发送 pwd、dir、cd 和 quit 等命令后，在服务端的终端上显示的相关信息。

7.2.3　远程执行命令的客户端程序

远程执行命令的客户端程序的主要流程是先连接到服务端，然后向服务端发送系统命令，让服务端远程执行命令，并将服务端发回的执行情况显示到终端上，代码如下所示。

```
import socket
# 客户端主函数
if __name__=='__main__':
    # 建立一个 socket 套接字对象
    client=socket.socket(socket.AF_INET,socket.SOCK_STREAM)
    # 与服务端进行连接
    client.connect(('127.0.0.1',8989))
    print('已连接到远程，可以发送命令了。')
    while True:
        # 接收用户录入的命令
        send_cmd=input('>>>').strip()
        # 如果命令为空，不向服务端发送
        if not send_cmd:
            continue
        # 如果命令为 "quit"，退出循环
        if send_cmd=='quit':
            print('本客户端即将断开与服务端的连接。')
            break
        # 向服务端发送命令
        client.send(send_cmd.encode('utf-8'))
        # 接收服务端发回来的信息（命令执行情况信息）
        cmd_ret_info=client.recv(1024)
        # 打印出命令执行情况信息
        print(cmd_ret_info.decode('gbk'))
    # 断开与服务端的连接
    client.close()
```

客户端代码相对简单，主要流程是创建套接字对象后连接服务端，接着在循环中向服务端发送远程执行命令，让服务端执行，并接收服务端命令执行情况显示在本地终端上。

以下是客户端连接服务端后，发送远程执行命令，在客户端的终端上显示的信息。

```
已连接到远程，可以发送命令了.
>>>pwd
```

'pwd' 不是内部或外部命令，也不是可运行的程序
或批处理文件。

```
>>>dir
 驱动器 E 中的卷没有标签。
 卷的序列号是 0007-E4B7

E:\envs\testpy100\network\远程执行系统命令的目录

2020/08/27  11:57    <DIR>          .
2020/08/27  11:57    <DIR>          ..
2020/08/27  10:42             1,004 client.py
2020/08/27  11:57             3,047 server.py
2020/08/27  11:04    <DIR>          test
              2 个文件          4,051 字节
              3 个目录 19,701,223,424 可用字节

>>>cd
E:\envs\testpy100\network\远程执行系统命令

>>>quit
本客户端即将断开与服务端的连接。
```

　　以上信息是客户端连接上服务端后，发送 pwd、dir 和 cd 命令后收到服务端发回命令执行情况或者执行结果，当客户端发送 quit 命令后，客户端就与服务端断开了连接。

扫一扫，看视频

7.3　实例 59　文件上传下载服务器

　　本节编程实例建立一个文件上传下载服务器程序，同时建立一个客户端程序，两个程序之间采用 socket 套接字对象连接，用 TCP 协议传输信息。实现思路是客户端发送命令信息和参数，服务端根据命令执行相应的操作，并将执行结果发送给客户端。

7.3.1　文件上传下载服务端

　　文件上传下载服务端程序的主要功能是接收客户端发过来的命令，根据不同命令调用不同函数完成不同的工作。样例代码如下所示。

```
import socket
import threading
import os
import time
# 向客户端发送字符串的函数
# 参数 socket_obj 是连接客户端的套接字对象
# 参数 str 是要传递的字符串
```

```
def send_str(socket_obj,str):
    byte_str=str.encode('utf-8')
    socket_obj.send(byte_str)
# 从客户端接收字节串并转化为字符串的函数
# 参数 socket_obj 是连接客户端的套接字对象
def recv_byte(socket_obj):
    return socket_obj.recv(1024).decode('utf-8')
# 获取当前路径下的文件和文件夹列表
# 参数 dirname 是要显示其结构的文件夹
def list_dir(dirname):
    # 取得文件夹的绝对路径
    dirname=os.path.abspath(dirname)
    # 获取文件夹下的文件和文件夹
    fileList = os.listdir(dirname)
    # 生成一个列表变量，用来放置文件和文件夹的名字
    result = []
    for filename in fileList:
        # 只有是绝对路径，isdir()才能正确判断其是不是文件夹
        full_name=dirname+'\\'+filename
        # 判断是不是文件夹
        if os.path.isdir(full_name):
            foldername = filename + '\\'
            # 将文件夹名放到列表变量中
            result.append(foldername)
        else:
            # 将文件名放到列表变量中
            result.append(filename)
    return result
# 接收到客户端发来的用户名和密码并验证
# 参数 socket_obj 是连接客户端的套接字对象
def login_yesno(socket_obj):
    vcount = 3
    while vcount > 0:
        # 接收客户端发来的用户名
        username = recv_byte(socket_obj)
        # 接收客户端发来的密码
        passwd = recv_byte(socket_obj)
        if username =='test' and passwd == 'test':
            print(username,'登录成功!')
            # 验证用户名与密码无误，向客户端发送 ok
            send_str(socket_obj,'ok')
            return True,username
        else:
            # 用户名与密码错误，向客户端发送 fail
            send_str(socket_obj,'fail')
        vcount = vcount -1
    return False,None
```

```python
# 接收客户端的 pwd 命令，向客户端发送其访问的是服务端的哪个文件夹
# 参数 socket_obj 是连接客户端的套接字对象
# 参数 cur_dir 是当前文件夹
def send_path(socket_obj, cur_dir):
    send_str(socket_obj,cur_dir)
# 接收客户端的 list 命令，将文件夹的结构发送给客户端
# 参数 socket_obj 是连接客户端的套接字对象
# 参数 cur_dir 是用户要查看其结构的文件夹
def send_dir_content(socket_obj, cur_dir):
    # 调用函数取得文件夹下的子文件夹和文件
    filelist = list_dir(cur_dir)
    if len(filelist)==0:
        # 返回给客户端的信息
        list_file=cur_dir+'文件夹的结构如下：'\
                +'\n\t 文件夹为空文件夹'
    else:
        list_file =cur_dir+'文件夹的结构如下：\n\t'\
                +'\n\t '.join(filelist)
    # 向客户端发送文件夹结构相关的内容
    send_str(socket_obj,list_file)
# 接收客户端的 cd 命令，根据该命令的参数将路径切换到指定的路径
# 参数 socket_obj 是连接客户端的套接字对象
# 参数 cur_dir 是当前的文件夹
def send_new_dir(socket_obj, cur_dir):
    print(cur_dir)
    # 接收 cd 命令后的参数，该参数是新路径
    recv_dir = recv_byte(socket_obj)
    # 参数为 ".."，获取当前路径的父路径
    if recv_dir == '..':
        list_ = cur_dir.split('\\')
        if cur_dir[-1] == '\\':
            new_dir = '\\'.join(list_[:-2])
        else:
            new_dir = '\\'.join(list_[:-1])
    # 当参数以 "." 或 ".." 开头，用参数指定的路径作为新路径
    elif recv_dir[0]=='.' or recv_dir[0:2]=='..':
        new_dir=recv_dir
    # 其他情况，用当前路径和参数组成新的路径
    elif recv_dir[0]!='\\' and cur_dir[-1]!='\\':
        new_dir=cur_dir+'\\'+recv_dir
    else:
        new_dir=cur_dir+recv_dir
    # 判断新生成的路径是否正确，是不是文件夹
    if os.path.isdir(new_dir):
        # 取得绝对路径
        new_dir=os.path.abspath(new_dir)
        # 向客户端发送切换路径成功的信息
        send_str(socket_obj,'已切换到目录：'+new_dir)
```

```
            # 返回新路径
            return new_dir
        else:
            # 向客户端发送切换路径失败的信息
            send_str(socket_obj,'切换目录失败!')
            # 返回原路径
            return cur_dir
# 接收客户端的 upload 命令，将客户端传过来的文件保存到当前文件夹
# 参数 socket_obj 是连接客户端的套接字对象
# 参数 cur_dir 是当前文件夹
def accept_file(socket_obj, cur_dir):
    print("接收上传的文件...")
    #print(cur_dir)
    # 接收客户端传过来的文件名
    filename = recv_byte(socket_obj)
    # 生成文件的绝对路径名
    full_name = cur_dir +'\\'+ filename
    # 以写模式打开文件
    with open(full_name, 'wb') as fp:
        while True:
            # 接收客户端传送的文件内容
            data = socket_obj.recv(1024)
            # 如果客户端传送 endfile，说明文件内容传送完成了
            if data == b'endfile':
                print("完成文件的接收!")
                # 跳出循环
                break
            # 写入文件
            fp.write(data)
# 接收到客户端的 download 命令，根据命令参数向客户端发送指定的文件
# 参数 socket_obj 是连接客户端的套接字对象
# 参数 cur_dir 是当前文件夹
def send_downfile(socket_obj, cur_dir):
    print("开始向客户端传送文件...")
    # 接收客户端传过来的文件名
    filename = recv_byte(socket_obj)
    # 生成文件的绝对路径名
    full_name = cur_dir +'\\'+ filename
    # 以读模式打开文件
    with open(full_name, 'rb') as fp:
        # 通过循环读出文件的内容，并传给客户端
        while True:
            data = fp.read(1024)
            if not data:
                break
            socket_obj.send(data)
    # 停顿 0.1 秒，防止粘包
```

```
        time.sleep(0.1)
        # 向客户端发送文件传送结束的信息
        send_str(socket_obj,'endfile')
        print("传送文件结束！")
# 接收客户端 bye 信息，断开与该客户端的连接
# 参数 socket_obj 是连接客户端的套接字对象
# 参数 addr 是连到服务端的客户端的 IP 和端口号
def exit(socket_obj, addr):
    # 向客户端发送 bye 信息
    send_str(socket_obj,'bye')
    # 关闭连接客户端的套接字对象
    socket_obj.close()
    print('与终端 %s:%s 连接已断开。' % addr)
# 线程要调用的函数，通过循环接收客户端的命令，并调用函数对客户端进行响应
# 参数 socket_obj 是连接客户端的套接字对象
# 参数 addr 是连到服务端的客户端的 IP 和端口号
# 参数 cur_dir 是当前文件夹
def service_to(socket_obj, addr, cur_dir):
    print('收到来自%s:%s 连接请求' % addr)
    # 取得当前文件夹的绝对路径
    cur_dir=os.path.abspath(cur_dir)
    # 调用函数验证用户登录是否正确
    login_yeson,username=login_yesno(socket_obj)
    if not login_yesno:
        return
    # 通过循环接收客户端发来的命令，并调用对应的函数
    while True:
        cmd = recv_byte(socket_obj)
        if cmd == 'bye':
            exit(socket_obj, addr)
            break
        elif cmd == 'pwd':
            send_path(socket_obj, cur_dir)
        elif cmd == 'list':
            print(username,'当前文件夹：',cur_dir)
            send_dir_content(socket_obj, cur_dir)
        elif cmd == 'cd':
            cur_dir = send_new_dir(socket_obj, cur_dir)
            print(username,'当前文件夹:',cur_dir)
        elif cmd == 'upload':
            accept_file(socket_obj, cur_dir)
        elif cmd == 'download':
            send_downfile(socket_obj, cur_dir)


# 主函数 main
if __name__ == "__main__":
    # 生成一个 socket 对象，采用 TCP 协议进行信息交流
```

```
server_socket = socket.socket(socket.AF_INET, socket.SOCK_STREAM)
# 绑定端口号
server_socket.bind(('127.0.0.1', 8888))
# 启动监听
server_socket.listen(5)
print('监听服务启动, 准备接收客户端连接...')
# 初始当前文件夹
cur_dir = '.\\test_dir'
while True:
    # 等待客户端连接
    client_sock, client_addr = server_socket.accept()
    # 建立多线程, 提高服务端的响应速度
    t = threading.Thread(target=service_to, args=(client_sock, client_addr,
    cur_dir))
    # 启动线程
    t.start()
    # 将线程加入主函数, 让主函数等待线程完成
    t.join()
```

（1）send_str()函数的功能是将字符串转化成字节串并通过套接字对象发送出去；recv_byte()函数的功能是通过套接字对象将接收到的字节串转化成字符串，这两个函数在程序中被普遍调用进行信息收发。

（2）list_dir()函数的功能是将指定文件夹下的文件和子文件转化成绝对路径的形式，并加入到列表变量中，然后将这个列表变量作为函数的返回值。

（3）login_yesno()函数用来处理客户端的登录请求，主要判断从客户端传来的用户名和密码是否正确。

（4）send_path()函数用来处理客户端的 pwd 命令，这个函数的功能是向客户端发送其当前所在文件夹的地址，即客户端用户访问的是服务端的哪个文件夹。

（5）send_dir_content ()函数用来处理客户端的 list 命令，这个函数调用 list_dir()取得当前文件夹下的文件和子文件夹信息，经过整理发送给客户端，使客户端能够看其访问的当前文件夹（服务端文件夹）的内容。

（6）send_new_dir()函数用来处理客户端的 cd 命令，这个函数接收 cd 命令后的路径参数，根据这个路径参数的形式和当前文件夹，推断出客户端要访问文件夹的新地址，把这个新文件夹地址设为当前文件夹。

（7）accept_file()函数用来处理客户端的 upload 命令，这个函数先接收客户端传来的文件名，接着在服务端的当前文件夹下建一个同名文件，然后通过循环，接收客户端传过来的文件内容并写入这个新建的文件中，直到收到客户端发来的 endfile 信息，这时客户端已完成了文件的上传，退出循环进而退出该函数。

（8）send_downfile ()函数用来处理客户端的 download 命令，这个函数从客户端接收到 download 命令后面的文件名后，以读方式打开当前文件夹下的文件，用循环的方式把读出的内容发送到客户端，发送完文件内容后接着发送 endfile 信息，通知客户端文件内容已发送完成。

（9）exit ()函数功能是收到客户端 bye 信息后，服务端也向客户端发送一个 bye 信息，然后断

开与该客户端的连接。

（10）service_to()是线程要调用的函数，这个函数通过循环接收客户端的命令，并调用以上介绍的函数对客户端发送的命令进行处理，并向客户端回传相应的信息。

（11）主函数首先建立一个服务端的套接字对象并启动监听，然后通过循环接收客户的连接请求，每当有客户端接入，就建立一个线程为这个客户端服务，该线程调用 service_to()函数处理该客户端发来的各项命令。

7.3.2　文件上传下载客户端

文件上传下载客户端程序的主要功能是向服务端发送命令，接收服务端发回来的响应信息。样例代码如下所示。

```python
from tkinter import filedialog,Tk
import socket
import sys
import time
# 发送字符串到服务端
# 参数 socket_obj 是连接服务端的套接字对象
# 参数 str 是要向服务端发送的字符串
def send_str(socket_obj,str):
    # 将字符串转化成字节串
    byte_str=str.encode('utf-8')
    # 向服务端发送字节串
    socket_obj.send(byte_str)
# 接收服务端发送的字节串，并转换成字符串
# 参数 socket_obj 是连接服务端套接字对象
def recv_byte(socket_obj):
    return socket_obj.recv(1024).decode('utf-8')
# 登录函数，向服务端发送用户名和密码让其进行验证
# 参数 socket_obj 是一个套接字对象
def login(socket_obj):
    # 设置控制登录次数的变量
    vcount=3
    login_yesno = 'fail'
    while vcount > 0:
        username = input("登录用户: ")
        # 调用函数向服务端传送数据
        send_str(socket_obj,username)
        passwd=input ('登录密码: ')
        # 调用函数向服务端传送数据
        send_str(socket_obj,passwd)
        # 调用函数接收服务端传来的数据
        login_yesno = recv_byte(socket_obj)
        print(login_yesno)
        # 登录成功，返回 True
        if login_yesno == 'ok':
```

```
                print('欢迎您，',username)
                return True
        vcount = vcount -1
        print('用户名或密码错误，你还有%d 次机会 times.' %vcount)
    # 登录失败，返回 False
    return False
# 向服务端发送 pwd 命令，并接收服务端返回的当前路径信息
# 参数 socket_obj 是连接服务端套接字对象
def get_path(socket_obj):
    send_str(socket_obj,'pwd')
    # 打印出服务端的当前路径
    print('当前路径: ',recv_byte(socket_obj))
# 向服务端发送 list 请求，并接收服务端返回的当前文件夹的结构
def get_list_dir(socket_obj):
    send_str(socket_obj,'list')
    # 打印服务端当前文件夹的结构
    print(recv_byte(socket_obj))
# 向服务端发送 cd 命令，让服务端切换文件夹的路径
# 参数 socket_obj 是连接服务端套接字对象
# 参数 new_dir 是让服务端切换到的文件夹
def send_cd_cmd(socket_obj, new_dir):
    send_str(socket_obj,'cd')
    send_str(socket_obj,new_dir)
    # 打印文件夹切换的结果信息
    print(recv_byte(socket_obj))
# 向服务端发送 upload 命令，并从客户端向服务端上传文件
# 参数 socket_obj 是连接服务端套接字对象
def upload_file(socket_obj):
    send_str(socket_obj,'upload')
    # 创建一个窗口
    win = Tk()
    # 打开一个文件选择对话框，选择要上传的文件
    open_file = filedialog.askopenfilename()
    if open_file == '':
        return
    # 取出文件的名字
    filename = open_file.split('/')[-1]
    # 向服务端发送文件名
    send_str(socket_obj,filename)
    # 以读模式打开文件，读取其内容并上传到服务端
    with open(open_file, 'rb') as fp:
        while True:
            data = fp.read(1024)
            if not data:
                break
            socket_obj.sendall(data)
        # 防止粘包发生
        time.sleep(0.1)
```

```
        # 向服务端发送 endfile，表示文件内容上传完成
        send_str(socket_obj,'endfile')
        # 关闭窗口，这样可以关闭文件选择对话框
        win.destroy()
        print("上传文件成功!")
# 向服务端发送 download 命令，并将服务端发送的文件存放到当前目录
# 参数 socket_obj 是连接服务端套接字对象
# 参数 filename 是服务端的文件，它将被下载到客户端
def download_file(socket_obj,filename):
    # 发送命令
    send_str(socket_obj,'download')
    # 发送要下载的文件的名字
    send_str(socket_obj,filename)
    print(filename,"正在下载...")
    # 以写模式打开文件，接收服务端发送的文件内容并写入文件
    with open(filename, 'wb') as fp:
        while True:
            data = socket_obj.recv(1024)
            # 接收到服务端发送的 endfile 信息，说明服务端已传送完毕
            if data == b'endfile':
                print("下载完成!")
                break
            fp.write(data)
# 向服务端发起 bye 请求，让服务端与客户端断开连接
def say_bye(socket_obj):
    send_str(socket_obj,'bye')
    if recv_byte(socket_obj)=='bye':
        print('已断开与服务端的连接')
    print(recv_byte(socket_obj))

# 主函数 main
if __name__ == "__main__":
    # 定义 socket 对象
    client_socket = socket.socket(socket.AF_INET, socket.SOCK_STREAM)
    # 连接服务端
    client_socket.connect(('127.0.0.1', 8888))
    # 调用函数进行登录
    ret = login(client_socket)
    # 登录不成功，退出程序
    if not ret:
        # 关闭 socket 对象
        client_socket.close()
        # 退出程序
        sys.exit()
    # 提示信息，相当于操作说明
    msg = '请输入相应的命令: \n'\
        + '\t\tpwd:              显示当前路径\n'\
```

07

```
                        + '\t\tlist:                    查看当前文件夹的内容\n'\
                        +'\t\tcd <directory>:          切换到新的文件夹，<directory>是文件夹名\n'\
                        +'\t\tupload:                  上传选中的文件\n'\
                        +'\t\tdownload <file>:         下载文件，<file>是文件名\n'\
                        +'\t\tquit:                    退出登录'
    # 显示提示信息
    print(msg)
    # 通过循环使用户可连续输入命令
    while True:
        data = input(">>>")
        # 用户未输入任何命令，直接按回车键
        if data=='':
            continue
        # 取得命令，并进行分割，将命令和参数分开
        cmd = data.split()
        # 向服务端发送命令
        if cmd[0] == 'list':
            get_list_dir(client_socket)
        elif cmd[0] == 'pwd':
            get_path(client_socket)
        elif cmd[0] == 'cd':
            if len(cmd)==1:
                print('错误的 cd 命令格式!')
                continue
            send_cd_cmd(client_socket, cmd[1])
        elif cmd[0] == 'upload':
            upload_file(client_socket)
        elif cmd[0] == 'download':
            download_file(client_socket, cmd[1])
        elif cmd[0] == 'quit':
            say_bye(client_socket)
            # 服务端与客户端连接断开后，退出循环
            break
        else:
            print('错误的命令!')
    client_socket.close()
```

（1）send_str()函数和 recv_byte()函数功能与服务端中同名函数功能一样。

（2）login ()函数的功能是向服务端发送登录用户名和登录密码供服务端校验。

（3）get_path ()函数的功能是向服务端发送 pwd 命令，并接收服务端返回的当前文件夹的路径，这个路径就是客户端访问到的服务端文件夹路径。

（4）get_list_dir()函数的功能是向服务端发送 list 命令，并接收服务端返回的当前文件夹的内容结构，这个内容结构就是客户端访问到的服务端文件夹内容结构。

（5）send_cd_cmd()函数的功能是向服务端发送 cd 命令，并传送客户端将要访问的新文件夹路径，服务端收到这个命令后会将服务端当前路径切换为客户端传送的新文件夹路径。

（6）upload_file()函数的功能是向服务端发送 upload 命令，同时打开一个文件选择对话框让用

户选择上传的文件，当用户选择完成后，该函数将用户选择的文件的名字传给服务端，接着以读方式打开该文件，通过循环读出文件的内容并上传给服务端，文件内容上传完成后发送 endfile 信息通知服务端，文件上传完成。

（7）download_file()函数的功能是向服务端发送 download 命令和要下载的文件，该函数发送命令后在客户端先新建一个与要下载的文件同名的文件，接着以写方式打开该文件，通过循环接收服务端发送的要下载文件的内容并写入该文件，直到收到服务端发来的 endfile 信息，表明文件已下载完成，退出循环进而退出这个函数。

（8）say_bye()函数实际是实现 quit 命令的功能，该函数向服务端发送 bye 信息，等接到服务端 bye 信息后，就断开与服务端的连接。

（9）客户端主函数的流程是先建立一个套接字对象连接服务端，然后调用 login()函数进行登录；登录成功后，显示操作说明信息；接着建立一个循环，让登录用户在终端录入命令，程序根据不同的命令调用上面介绍的不同的函数向服务端发送命令，并接收服务端执行命令后返回的信息。

扫一扫，看视频

7.4 实例 60 解决粘包问题

7.4.1 粘包发生的原因

粘包现象只会出现在基于 TCP 协议的通信过程中，不会出现在基于 UDP 协议的通信过程中，这是由两个协议的性质所决定的。TCP 协议是面向流的协议，即传输的数据是连续的且没有明确的边界；UDP 协议是面向消息的协议，收发都是以消息为单位。

由 TCP 协议的性质可以得知该协议出现粘包的原因有两个，一是 TCP 协议是面向流的协议，传送的数据像流水一样从一个设备流向另一个设备，传送数据按先后顺序排列在一起，但每次传送的数据没有区分的边界，接收方难以判断每次接收的数据从何处开始到何处结束；二是数据发送时可能会出现将几次发送的数据结合在一起，接收端一次接收完成的情况；也可能会出现一次发送的数据太大，接收端一次接收不全，将剩余的数据与下一次发送的数据混淆在一起的情况。

可见出现粘包现象的情况主要有两种，一种是发送数据很小的时候；另一种是发送数据很大的时候。下面以样例代码的形式说明这两种情况。

（1）当发送数据很小时，发送端要等待发送缓冲区满了才发送，这时每次发送的数据合并到了一起，产生了粘包。接收端接收后无法判断每次发送的数据各是什么，出现这种现象的代码如下所示。

● 客户端向服务端发送了两个较短的信息，代码如下所示。

```
import socket
# 建立基于 TCP 协议的套接字对象
client_socket=socket.socket(socket.AF_INET,socket.SOCK_STREAM)
# 连接服务端
client_socket.connect(('127.0.0.1',7777))
# 第一次向服务端发送信息
client_socket.send('第一次发送的信息'.encode('utf-8'))
# 第二次向服务端发送信息
```

```
client_socket.send('第二次发送的信息'.encode('utf-8'))
# 关闭套接字对象
client_socket.close()
```

● 服务端接收客户端发来的信息，代码如下所示。

```
import socket
# 建立基于 TCP 协议的套接字对象
socket_server=socket.socket(socket.AF_INET,socket.SOCK_STREAM)
# 绑定 IP 和端口号
socket_server.bind(('127.0.0.1',7777))
# 启动服务端的监听
socket_server.listen()
# 接收客户端的接入请求
socket_conn,addr=socket_server.accept()
# 第一次接收客户端发送的信息
recv_1=socket_conn.recv(200).decode('utf-8')
# 第二次接收客户端发送的信息
recv_2=socket_conn.recv(200).decode('utf-8')
# 打印接收的信息
print('第一次接收到信息：',recv_1)
print('第二次接收到信息：',recv_2)
# 关闭连接客户端的套接字对象
socket_conn.close()
```

运行服务端程序和客户端程序，在服务端的终端上打印出以下信息。

```
第一次接收到信息： 第一次发送的信息第二次发送的信息
第二次接收到信息：
```

从以上信息可以看出客户端是分两次发送的信息，而服务端一次接收，并且接收的信息连在一起，这就发生了粘包现象。这种粘包现象一般发生在发送数据很小、发送时间没有间隔或间隔很短的情况下。

（2）当发送的数据很大，接收端一次只接收了一部分数据，下次会将上次未接收完的数据与再次传来的数据合在一起接收，造成数据混淆，产生粘包现象。出现这种现象的代码如下所示。

● 客户端向服务端发送了两条信息，代码如下所示。

```
import socket
# 建立基于 TCP 协议的套接字对象
client_socket=socket.socket(socket.AF_INET,socket.SOCK_STREAM)
# 连接服务端
client_socket.connect(('127.0.0.1',7877))
send_msg1='第一次发送的信息,hello word,test send'
send_msg2='第二次发送的信息,second hello,second test'
# 向服务端发送一次信息
client_socket.send(send_msg1.encode('utf-8'))
# 向服务端发送二次信息
client_socket.send(send_msg2.encode('utf-8'))
```

```
# 关闭套接字对象
client_socket.close()
```

● 服务端进行三次信息接收，为重现长信息不能一次接收的情况，可在服务端代码中将第一次和第二次的接收信息函数 recv() 的参数设置得小一些（因为客户端程序中没有传太长的数据）。服务端代码如下所示。

```
import socket
# 建立基于 TCP 协议的套接字对象
socket_server=socket.socket(socket.AF_INET,socket.SOCK_STREAM)
# 绑定 IP 和端口号
socket_server.bind(('127.0.0.1',7877))
# 启动服务端的监听
socket_server.listen()
# 接收客户端的接入请求
socket_conn,addr=socket_server.accept()
# 进行第一次信息接收
recv_1=socket_conn.recv(9).decode('utf-8')
# 进行第二次信息接收
recv_2=socket_conn.recv(9).decode('utf-8')
# 进行第三次信息接收
recv_3=socket_conn.recv(200).decode('utf-8')
# 打印接收的信息
print('第一次接收到信息：',recv_1)
print('第二次接收到信息：',recv_2)
print('第三次接收到信息：',recv_3)
# 关闭连接客户端的套接字对象
socket_conn.close()
```

运行服务端程序和客户端程序，在服务端的终端上打印出以下信息。

```
第一次接收到信息： 第一次
第二次接收到信息： 发送的
第三次接收到信息： 信息,hello word,test send 第二次发送的信息,second hello,second test
```

从以上信息可以看出，客户端第一次发送的信息由于大于服务端的接收能力，被分成多次接收。由于两次都没有完全接收，所以将第一次发送的数据的剩余部分与第二次发送的数据合在一起被服务端第三次接收，这样每次接收的数据或是不完整，或是混合在一起，难以分辨，这种情况也称为粘包现象。

7.4.2 粘包问题的解决思路

产生粘包现象的原因是接收端无法得知发送端传送的字节流的长度，也就无法对传送的数据进行分界，因此解决粘包问题的思路是：发送端在发送数据前，先计算出所发送数据的字节长度并将这个长度通知接收端，然后再发送数据，这样接收端根据先传送的长度接收数据，就能分清数据的界限。

先传送数据的长度，也会带来一个问题，那就是数据的长度值大小不一，长度值产生的字节数也不确定，接收端在接收长度值时无法确定要接收多少字节后才是长度值，这在传递长度值时可能会产生粘包现象，所以还要解决如何知道长度值在传送前所占字节数多少的问题。这就要用到 struct 模块，这个模块中的函数能将 Python 中的数据类型转换成二进制形式，也就是每个数据类型转换成二进制后有固定的字节数，例如整型和浮点型变量转换成二进制占 4 字节，struct 模块还可以将二进制形式转换回 Python 数据类型。下面用一个样例说明 struct 模块类型转换的用法，代码如下所示。

```
# -*- coding: gbk -*-
import struct
# 定义一个整数
int_value=66
# struct.pack()函数将 Python 数据类型转换成二进制字节形式，
# struct.pack()函数的第一个参数指明转换成哪种数据类型的二进制形式，
# 当第一个参数为 i 时表示将整数类型转换成二进制的字节串
bytes_value=struct.pack('i',int_value)
# 以下语句打印出：字节长度： 4
print('字节长度: ',len(bytes_value))
# struct.unpack()函数将二进制字节转换回 Python 数据类型，
# struct.unpack()函数的第一个参数指明要转换成哪种 Python 数据类型，
# struct.unpack()函数返回值是一个元组类型
ret_value=struct.unpack('i',bytes_value)
#以下语句打印出：转换回来的是： (66,)
print('转换回来的是: ',ret_value)
# 以下语句打印出：66
print(ret_value[0])
```

根据上述内容得出最终解决粘包现象的方案，就是在发送端先用 struct.pack()函数将要传递的实际数据的长度转换成二进制形式的字节串发送给接收端，接着再传送实际数据；在接收端先接收 4 字节，接着用 struct.unpack()函数将 4 字节转化成整数值，这就是实际数据的长度，然后通过循环接收实际数据，直到接收到的数据长度总和等于发送端传送的长度值。

7.4.3 解决粘包问题的代码

解决粘包问题必须要服务端和客户端相互配合，也就是发送端和接收端必须先处理实际传送的数据长度的问题。

（1）服务端代码模拟发送端的处理流程。样例代码如下所示。

```
import socket
import struct

# 主函数 main
if __name__=='__main__':
    # 建立基于 TCP 协议的套接字对象
    socket_server=socket.socket(socket.AF_INET,socket.SOCK_STREAM)
    # 绑定 IP 和端口号
```

```
socket_server.bind(('127.0.0.1',6789))
# 启动服务端的监听
socket_server.listen()
# 接收客户端的接入请求
socket_conn,addr=socket_server.accept()
# 在程序当前目录新建 test.txt 文本文件，自定义内容
# 以二进制读模式打开文件
with open('test.txt','rb') as fp:
    # 将文件的内容存入变量
    text_content=fp.read()
# 取得文件内容二进制形式下的长度
txt_len=len(text_content)
# 通过 struct.pack() 将 txt_len 中保存的长度值转换成 4 字节的格式，
# 然后将这 4 字节发送到客户端
# 提示：struct.pack() 函数中 i 表示将整数值转换成 4 字节的形式
socket_conn.send(struct.pack('i',txt_len))
# 发送文件中的内容，该内容是二进制形式
socket_conn.send(text_content)
# 关闭与客户端连接的套接字对象
socket_conn.close()
```

为了模拟传递长度较大的数据，服务端代码先将一个文本文件的内容读入到一个变量，由于是以二进制读模式操作文件，所以这个变量保存的是二进制数据，接着获取这个二进制数据的长度，然后用 struct.pack() 函数将这个长度值转化成二进制形式（4 字节）并发送，最后发送了文本文件的内容。

（2）客户端代码模拟接收端的处理流程。样例代码如下所示。

```
import socket
import struct

# 主函数 main
if __name__=='__main__':
    # 建立基于 TCP 协议的套接字对象
    client_socket=socket.socket(socket.AF_INET,socket.SOCK_STREAM)
    # 连接服务端
    client_socket.connect(('127.0.0.1',6789))
    # 先接收 4 字节，这 4 字节经过 struct.unpack() 处理得到一个列表，
    # 列表中第 1 个元素是转换回来的原整数值，
    # 这个整数值就是要接收的实际数据的长度
    txt_len=struct.unpack('i',client_socket.recv(4))[0]
    # 以二进制写方式打开一个文件
    fp=open('test_cp.txt','wb')
    # 生成一个保存已接收数据的长度的变量，初始值为 0
    recv_len=0
    # 当接收到的数据长度小于数据总长度时，
    # 继续接收新的数据
    while recv_len<txt_len:
```

```
        # 从服务端接收数据
        recv_txt=client_socket.recv(1024)
        # 每次加上实际收到的数据的长度
        recv_len+=len(recv_txt)
        # 将收到的数据写入文件
        fp.write(recv_txt)
    # 关闭文件
    fp.close()
    print('数据接收完成')
    # 关闭与服务端的连接
    client_socket.close()
```

客户端在接收新数据前，先接收 4 字节的数据，接着用 struct.unpack()函数将这 4 字节转化成整数，这个整数就是实际数据的长度，然后再通过循环接收发送过来的实际数据，并将这些数据写入一个文件，等到接收数据完成（接收到的所有数据长度的和等于数据长度），退出循环。

7.5 实例 61 时间同步服务器

扫一扫，看视频

7.5.1 UDP 编程简介

本节编程实例采用 UDP 协议进行通信，相对 TCP 协议来说，UDP 协议没有"三次握手"和"四次挥手"的过程。在编程中没有等待连接请求和进行连接的过程，即不需要 accept 和 connect 方法。UDP 程序也需要分别编写服务端和客户端两部分的代码，下面通过一个简单的样例进行说明。

（1）服务端代码如下所示。

```
import socket
# 建立基于 UDP 协议的套接字对象
server=socket.socket(socket.AF_INET,socket.SOCK_DGRAM)
# 绑定 IP 和端口号，注意 IP 和端口号两个组合为一个参数，这个参数是一个元组
server.bind(('127.0.0.1',8989))
print('服务端已启动，等待接收数据...')
# 接收客户端传来的数据，参数 1024 指定接收数据的大小，
# 返回值 data 是客户端传送的数据，
# 返回值 addr 是元组类型的变量，addr[0]保存着客户端的 IP，addr[1]保存着客户端的端口号
data,addr=server.recvfrom(1024)
# 对接收到的字节串解码，形成字符串
data=data.decode('utf-8')
print('接收到的数据是：',data,'是从 IP 是：',addr[0],'的',addr[1],'端口上接收到的')
# 信息要以字节形式传输，以下语句将字符串编码形成字节串
send_msg='你好，客户端，数据已收到。'.encode('utf-8')
# 向 addr 指定的 IP 和端口号传递信息
server.sendto(send_msg,addr)
# 关闭套接字对象
server.close()
```

服务端代码的流程是先建立一个套接字对象，绑定 IP 地址和端口号，然后通过 recvfrom()和sendto()两个函数就可以和各个客户端进行数据交流，得到对方 IP 地址和端口号的方式是从 recvfrom()函数的返回值中获得。服务端代码运行后，如果客户端连接进来（客户端代码参考后面的文字），将在终端上打印出以下信息。

```
服务端已启动，等待接收数据...
接收到的数据是： 你好,服务端! 是从 IP 是： 127.0.0.1 的 50075 端口上接收到的
```

由以上信息可以看到，recvfrom()函数在接收信息时，一并把对方（发送信息方）的地址和端口号获取到了。

（2）客户端代码更为简单，如下所示。

```python
import socket
# 建立基于 UDP 协议的套接字对象
client=socket.socket(socket.AF_INET,socket.SOCK_DGRAM)
# 设置要发送信息的服务端的 IP 和端口号
ip_port=('127.0.0.1',8989)
# 信息要以字节形式传输，以下语句将字符串编码形成字节串
send_msg='你好,服务端!'.encode('utf-8')
# 向 addr 指定的 IP 和端口号传递信息，即向服务端发送信息
client.sendto(send_msg,ip_port)
# 接收服务端传送的数据
# 返回值 recv_msg 是客户端传送的数据，
# 返回值 addr 是一列表变量，addr[0]保存着服务端的 IP，addr[1]保存着服务端的端口号
recv_msg,addr=client.recvfrom(1024)
# 对接收到的字节串解码，形成字符串
recv_msg=recv_msg.decode('utf-8')
print('从服务端接收到的数据是：',recv_msg,'是从 IP 是：',addr[0],'的',addr[1],'端口上接收到的')
# 关闭客户端套接字对象
client.close()
```

由以上客户端代码可以看出，客户端只要知道服务端的 IP 和端口号，就可以通过 sendto()和recvfrom()函数与服务端互传信息了。客户端代码运行后，在终端上打印出以下信息。

```
从服务端接收到的数据是： 你好，客户端，数据已收到。 从 IP 是： 127.0.0.1 的 8989 端口上接收到的
```

7.5.2 标准时间获取

建立时间同步服务器首先要有一个标准时间，现在互联网上有许多 NTP 网络时间服务器提供极为准确的时间，不过从这些服务器上获取时间需要使用 NTP 协议，这就用到一个解析库 ntplib，这个库是第三方模块库，可以通过命令 pip install ntplib 进行安装。有了这个库就可以很容易地从服务器上取得标准时间了，这里给出一个简单样例，代码如下所示。

```python
import time
import ntplib
```

```python
# 建立 NTP 时间服务器的客户端对象
ntpclient_obj = ntplib.NTPClient()
# 向网络 NTP 时间服务器请求时间，得到一个包含标准时间内容的对象
# request()函数的参数是 NTP 时间服务器的地址
time_obj = ntpclient_obj.request('cn.pool.ntp.org')
# 取得当前时间戳，time_obj 对象属性 tx_time 是一个时间戳
now_time = time_obj.tx_time
# 将时间戳转化成常规格式
now_date_time = time.strftime('%Y-%m-%d %X',time.localtime(now_time))
# 打印出当前时间
print('当前时间为：',now_date_time)
```

以上代码写法较为固定，不再详细介绍，代码运行后，在终端上打印出以下信息。

当前时间为： 2020-08-28 12:06:51

7.5.3 时间同步程序服务端

时间同步程序服务端的主要功能是向公共 NTP 网络时间服务器请求标准时间，然后由服务端向请求时间的客户端发送该时间，使得各客户端时间同步，服务端代码如下所示。

```python
import socket
import time
import ntplib
# 该函数向 NTP 服务器请求时间，并返回该时间值
def get_time():
    # 建立 NTP 时间服务器的客户端对象
    ntpclient_obj=ntplib.NTPClient()
    # 向 NTP 时间服务器请求时间
    ret_time = ntpclient_obj.request('ntp6.aliyun.com')
    # 取得当前时间，tx_time 是一个时间戳
    now_time = ret_time.tx_time
    return now_time


# 服务端主函数 main
if __name__=="__main__":
    # 建立基于 UDP 协议的 socket 对象
    server=socket.socket(socket.AF_INET,socket.SOCK_DGRAM)
    # 绑定 IP 地址和端口号
    server.bind(('127.0.0.1',9999))
    print('时间同步服务器已启动...')
# 通过循环向各客户端（请求时间同步的客户端）发送时间
while True:
    # 接收客户端请求，得到请求字节串（rec_str）和请求客户端的地址和端口（addr）
    rec_str,addr=server.recvfrom(200)
    # 判断客户请求字符串是否为"##~~##"，
    # 这是双方约定好的请求时间的字符串
```

```
    if rec_str.decode('utf-8')=='##~~##':
        # 调用函数取得时间值
        now_time=get_time()
        # 转化成常规时间格式
        std_time = time.strftime('%Y-%m-%d %X',time.localtime(now_time)).encode
        ('utf-8')
        # 向 addr 指定地址发送日期和时间,
        # addr 是请求时间的客户端的地址和端口号
        server.sendto(std_time,addr)
```

（1）get_time()函数的功能是从公共 NTP 时间服务器中获取标准时间，然后返回该时间。

（2）服务端主函数的业务流程是：先建立基于 UDP 协议的套接字（socket）对象，接着用套接字对象绑定 IP 地址和端口号准备接收客户端信息，在循环中服务端接收客户端的请求后，向 NTP 服务器请求标准时间，转化成常规时间格式发送给请求客户端。由于 UDP 协议的信息传输过程没有接收请求和连接过程这两个步骤，也就是 UDP 协议下服务端或客户端收发信息后，无须经过建立和断开连接的步骤就可以立即与其他地址通信，不会出现像 TCP 协议那样在一个连接未断开时其他连接无法进来的现象，信息传输效率提高了不少。

7.5.4　时间同步程序客户端

时间同步程序客户端的功能是：每隔一段时间向时间同步服务端发送一次获取标准时间请求，得到时间后更正操作系统时间，达到时间同步的效果，客户端代码如下所示。

```
import socket
import time
import os

# 客户端主函数 main
if __name__=='__main__':
    # 建立基于 UDP 协议的 socket 对象
    client = socket.socket(socket.AF_INET, socket.SOCK_DGRAM)
    # 时间同步服务端的地址和端口号
    ip_port = ('127.0.0.1', 9999)
    # 连接时间同步服务端
    client.connect(ip_port)
    print('客户端已启动，每 20 秒钟与服务端同步一次时间')
    while True:
        #每隔 20 秒同步一次时间
        time.sleep(20)
        # 向时间同步服务端发送请求,
        # "##~~##" 是服务端和客户端约定的请求时间同步的字符串
        client.sendto('##~~##'.encode('utf-8'), ip_port)
        # 接收服务端发送的时间
        now_time, addr = client.recvfrom(200)
        # 将时间字节串转换成字符串形式
```

```
now_time=now_time.decode('utf-8')
# 将字符串分成日期和时间两部分
li_time=now_time.split()
# 取得日期部分
date_now=li_time[0]
# 取得时间部分
time_now=li_time[1]
#print(now_time)
# 修改系统日期，需要用系统管理员权限运行本程序
os.system('date {}'.format(date_now))
# 修改系统时间，需要用系统管理员权限运行本程序
os.system('time {}'.format(time_now))
```

（1）客户端主函数代码的主要流程是：先建立基于 UDP 的套接字对象，接着连接到时间同步服务端，然后在循环中每隔 20 秒钟向服务端请求一次标准时间，接收到服务端返回的时间，对操作系统时间进行更改。

（2）代码中通过 os.system()函数运行系统命令，修改操作系统时间，由于这个行为需要系统管理权限，因此这个客户端程序要以系统管理员的身份运行才能成功。

（3）可以启动很多客户端向时间同步服务端请求标准时间，这样使得这批客户端所在的计算机时间都能同步。

扫一扫，看视频

第 8 章　进程、线程和协程

　　一个正在运行的程序就是一个进程，一个进程可以把自己运行的程序分成若干"子任务"，让这些"子任务"并列运行来提高效率，这就需要使用线程分别运行每个"子任务"。进程是系统的资源分配单位，即进程可获得系统给予的软硬件资源。线程是系统最小的执行单元，即线程是真正完成任务的程序段，进程的任务也是交由线程去完成。进程、线程的调度由操作系统决定，程序不能决定它们什么时候执行，什么时间暂停，执行时间长短也是无法确定的。协程是一个可以受程序控制的程序"子任务"的执行者，它具有线程的特点，但不受操作系统的控制。本章将通过编程实例介绍进程、线程和协程的基本用法。

扫一扫，看视频

8.1　实例 62　基于多进程的文件夹复制

8.1.1　多进程介绍

　　简单来说程序代码进入运行状态就成了一个进程，多进程指多个进程并发执行多个任务，这些任务可能是一个总任务的组成部分，多进程可以用较快的速度完成总任务。

　　建立多进程通过 multiprocessing 模块中的 Process()函数进行。样例代码如下所示。

```
from multiprocessing import Process
import os
import time
# 进程将要调用的函数
def test(name,n_second):
    print('您好，我是',name)
    print (name,':运行的进程 ID 是',os.getpid())
    time.sleep(n_second)
    print(name,'运行的进程结束！')
# 主函数
if __name__=='__main__':
    # 建立一个进程，这个进程是主函数的子进程，主函数也可称为主进程；
    # 参数 target 指定进程要调用的函数，
    # 参数 args 指定进程调用函数时要传给函数的参数，该参数值是一个元组
    p1=Process(target=test,args=('张三',6,))
    p2=Process(target=test,args=('李明',3,))
    # 启动进程
    p1.start()
    p2.start()
```

```
# join()函数在此形成阻塞，等待子进程运行完成；
# 在主函数中加入join()函数的目的是让主函数等待子进程完成，才能向下运行，
# 防止主函数早于子进程先结束，使得子进程无法运行完成
p1.join()
p2.join()
```

以上代码的相关注释已给出，不再详细介绍，代码运行后在终端上打印出的信息如下所示。

```
您好，我是 张三
张三 :运行的进程 ID 是 1196
您好，我是 李明
李明 :运行的进程 ID 是 15780
李明 运行的进程结束！
张三 运行的进程结束！
```

由以上信息可以看出，每个进程相对独立，程序按照进程调用的函数所指定的流程运行，实现了并发，一定程度上提高了运行速度。

进程在操作系统中是资源分配的基本单位。建立进程有一个资源分配的过程，销毁进程有一个资源回收的过程。如果为了完成多个任务的并发执行而建立很多进程也是有弊端的，因为无限制地建立进程会浪费大量的计算机软、硬件资源，也大大增加了进程新建和销毁的时间。此时可以通过建立进程池缓解这些问题，进程池可以理解为在缓存中事先保留一定数量的进程，当有任务时，从进程池中取出进程执行任务，运行完成后将进程归还进程池；当进程池的全部进程都在运行时，新任务请求使用进程的需求将进入等待状态直到有进程完成。由此可见，使用进程池一是限制了进程数量，减少了资源消耗；二是实现了进程的重复使用，省去了进程新建和销毁的时间。进程池使用样例代码如下所示。

```
from multiprocessing import Pool
import os
import time
import random
# 进程将要调用的函数
def test(name,n_second):
    print('进程号',os.getpid(),': 您好，我是',name)
    print ('进程号',os.getpid(),': ',name,'要思考',str(n_second),'秒')
    time.sleep(n_second)
    print('进程号',os.getpid(),': ',name,'想出结果了!')


# 主函数
if __name__=='__main__':
    # 建立包含 3 个进程的进程池
    pool_obj=Pool(3)
    for i in range(6):
        # 生成一个随机整数，这个随机整数作为 test() 函数的参数
        j= random.randint(1,20)
        # apply_async() 函数从进程池中取出一个进程,
        # 函数的第一个参数是进程要调用的函数,
```

```
    # 第二个参数指定进程调用函数时要传给函数的参数，该参数值是一个元组
    pool_obj.apply_async(test,('person'+str(i),j,))
pool_obj.close()
# 进程池的 join() 函数要放在 close() 后面
# 这样可以让进程池中所有进程完成后，才能让程序继续运行
pool_obj.join()
```

由以上代码运行的情况可以看出，使用进程池既可以节省资源，也可以提高运行效率。对于进程池中放置多少个进程合适，需要根据实际情况以及程序运行测试结果进行择优选择。以上代码运行后，在终端上打印出以下信息，读者可以结合这些信息了解程序的实际运行情况。

```
进程号 19028 : 您好，我是 person0
进程号 19028 : person0 要思考 15 秒
进程号 14356 : 您好，我是 person1
进程号 14356 : person1 要思考 12 秒
进程号 7436 : 您好，我是 person2
进程号 7436 : person2 要思考 11 秒
进程号 7436 : person2 想出结果了！
进程号 7436 : 您好，我是 person3
进程号 7436 : person3 要思考 19 秒
进程号 14356 : person1 想出结果了！
进程号 14356 : 您好，我是 person4
进程号 14356 : person4 要思考 15 秒
进程号 19028 : person0 想出结果了！
进程号 19028 : 您好，我是 person5
进程号 19028 : person5 要思考 4 秒
进程号 19028 : person5 想出结果了！
进程号 14356 : person4 想出结果了！
进程号 7436 : person3 想出结果了！
```

从终端上打印出的信息可以看出，虽然程序用进程完成了 6 个任务，但是进程号只有 3 个，这说明进程池中的进程是通过复用完成进程任务的。

8.1.2 利用多进程进行文件夹复制

本节编程实例利用多进程对一个文件夹进行复制。由于利用了多进程进行文件复制，速度明显提高。样例代码如下所示。

```
from multiprocessing import Pool
import os
# 复制文件的函数，从一个文件中读出，然后写入新文件
# 参数 filename 是要复制的文件
# 参数 original_dir 是原文件夹
# 参数 new_dir 是新文件夹
def copy(filename,original_dir,new_dir):
    # 以二进制读模式打开原文件
    fp1=open(original_dir+'/'+filename,'rb')
```

```
    # 读取文件的内容
    content=fp1.read()
    # 关闭文件对象
    fp1.close()
    # 以二进制写模式打开一个文件
    fp2=open(new_dir+'/'+filename,'wb')
    # 写入内容
    fp2.write(content)
    # 关闭文件对象
    fp2.close()
# 复制文件夹下所有的文件和子文件夹到新文件夹
# 参数 origin_dir 是原文件夹名
# 参数 new_dir 是新文件夹名
def copy_dir(origin_dir,new_dir):
    # 判断新文件夹是否存在，如果不存在，就新建一个
    if not os.path.exists(new_dir):
        os.mkdir(new_dir)
    # 判断原文件夹是否存在
    if origin_dir==None or (not os.path.exists(origin_dir)):
        print('文件夹不存在!')
        return
    else:
        # 取得原文件夹绝对路径
        curpath=os.path.abspath(origin_dir)
    # 用循环取出文件夹下的子文件夹或文件
    for sub_file_or_dir in os.listdir(curpath):
        # 取得绝对路径，如果不是绝对路径, os.path.isfile(full_name)
        # 和 s.path.isdir(full_name) 将返回空值，也就是判断函数会出错
        full_name = os.path.join(curpath, sub_file_or_dir)
        # 如果是文件，就加入 self.file_list 列表变量中
        if os.path.isfile(full_name):
            sub_file=sub_file_or_dir
            # 如果是文件，用进程调用 copy() 函数进行文件复制
            pool_obj.apply_async(copy,args=(sub_file,curpath,new_dir,))
        # 如果是文件夹，递归调用本函数，直到把所有子文件夹也复制到新文件夹中
        if os.path.isdir(full_name):
            sub_dir=sub_file_or_dir
            # 组合子文件夹在新文件夹中的名字
            next_new_dir=new_dir+'/'+sub_dir
            # 递归调用本函数
            copy_dir(full_name,next_new_dir)

# 主函数 main
if __name__=='__main__':
    dir=input('请录入要复制的文件夹:')
    # 给新文件夹起名
    new_dir=dir+'_copy'
    # 建立进程池
```

```
pool_obj=Pool(5)
# 调用文件夹复制函数
copy_dir(dir,new_dir)
pool_obj.close()
# 等待进程池中所有子进程完成，
# 以下这条语句必须放在进程池对象关闭语句后面
pool_obj.join()
```

（1）以上代码建立了一个进程池，进程池中有 5 个进程可以循环使用，减少了建立进程和销毁进程的时间，一定程度上提高了程序的运行效率。

（2）copy_dir()函数实现的功能是复制一个文件夹，即将文件夹下的文件和子文件夹全部复制到新文件下，主要通过递归调用实现。递归调用的主要流程是：通过循环将文件夹的文件和子文件夹取得，如果是文件，就进行复制；如果是文件夹，就递归调用，直到全部复制完成。函数对文件的复制进程通过调用 copy()函数实现。

（3）copy()函数实现文件复制功能，实现方式为从一个文件中读出文件内容，然后写入另一个文件。

扫一扫，看视频

8.2 实例 63 基于多进程的图片处理

8.2.1 编程要点

多进程在运行时，每个进程独立地使用操作系统分配的资源，独立按流程完成任务，进程间没有交流。但是进程间有时需要进行通信和数据交流。在 Python 中解决进程间的通信主要有 Queue 和 Pipes 两种方式，这里介绍 Queue 方式，样例代码如下所示。

```
from multiprocessing import Process, Queue
import time
# 进程要调用的函数,
# 参数 q 是 Queue 对象
# 参数 name 是人名
def person_talk(q,name):
    # 通过循环向 Queue 对象中写入内容
    for i in range(5):
        print('写入: '+name+'说了一句话')
        # 将说话内容加入到 Queue 对象
        q.put(name+'说的第'+str(i+1)+'句话')
        time.sleep(0.1)
# 将说话的内容提取出来
def list_talk(q):
    # 通过循环取出 Queue 对象中的内容
    while True:
        try:
            # 取出 Queue 对象中的内容,
```

```
            # 参数 timeout=1 设置 Queue 对象可空置 1 秒, 超过时间后抛出异常
            str=q.get(timeout=1)
            # 打印取出的内容
            print('读出:'+str)
        # 空置超过 1 秒时抛出异常, 退出循环
        except Exception as e:
            return

# 主函数 main
if __name__ == '__main__':
    # 创建 Queue 对象
    q = Queue()
    # 建立进程 (子进程), 调用函数 person_talk()
    proc_talk1=Process(target=person_talk,args=(q,'张三',))
    # 建立进程, 调用函数 person_talk()
    proc_talk2=Process(target=person_talk,args=(q,'李四',))
    # 建立进程 (子进程), 读出 Queue 对象中的内容
    proc_list_talk=Process(target=list_talk,args=(q,))
    # 启动进程
    proc_talk1.start()
    proc_talk2.start()
    proc_list_talk.start()
    # 将子进程加入主进程
    proc_talk1.join()
    proc_talk2.join()
    proc_list_talk.join()
```

从以上代码可以看出, 进程之间通过向 Queue 对象中写入和取出相关内容, 实现通信, 即 Queue 对象是进程的通信媒介, 任何想让其他进程使用的对象或想让其他进程知道的信息都可以放到 multiprocessing 的 Queue 队列中, 供其他进程获取。以上代码运行, 在终端上打印出进程通信产生的信息, 如下所示。

```
写入: 张三说了一句话
写入: 李四说了一句话
读出: 张三说的第 1 句话
读出: 李四说的第 1 句话
写入: 张三说了一句话
读出: 张三说的第 2 句话
写入: 李四说了一句话
读出: 李四说的第 2 句话
写入: 张三说了一句话
读出: 张三说的第 3 句话
写入: 李四说了一句话
读出: 李四说的第 3 句话
写入: 张三说了一句话
读出: 张三说的第 4 句话
写入: 李四说了一句话
```

读出：李四说的第 4 句话
写入：张三说了一句话
读出：张三说的第 5 句话
写入：李四说了一句话
读出：李四说的第 5 句话

由以上信息可以看出，进程是并发执行，且各自运行，互不干扰。

8.2.2　利用多进程进行图片处理

本节编程实例建立了两个子进程，一个子进程对文件夹下的图片文件进行缩小处理，另一个子进程将处理过的图片文件的原文件和缩小后的文件即时地移动到其他文件夹中，两个进程的通信以 Queue 对象作为数据交流的媒介。样例代码如下所示。

```python
from multiprocessing import Process,Queue
from PIL import Image
import numpy as np
import os
import shutil
# 将图片在长宽方向各缩小 1/2
# 参数 queue_obj 是在主函数上生成的 Queue 对象
# 参数 dir_name 是图片所在文件夹
def imgs_reduce(queue_obj,dir_name):
    # 取得文件夹的绝对路径
    full_path=os.path.abspath(dir_name)
    # 取出该文件下的文件
    for filename in os.listdir(full_path):
        # 取得每个文件的扩展名
        ext_name = os.path.splitext(filename)[-1]
        #print(ext_name)
        # 取得每个文件的名字（不包括扩展名）
        file_name = os.path.splitext(filename)[0]
        # 取得文件绝对路径和名字
        full_name=full_path+'\\'+filename
        # 判断是否是扩展名为.jpg 的文件
        if os.path.isfile(full_name) and ext_name=='.jpg':
            # 形成一个新文件名，将来保存缩小后的文件
            file_new_name = dir_name+'\\'+file_name + '_reduce.jpg'
            # 读入图片文件
            origin_img = Image.open(full_name)
            # 把图片文件转换成 Numpy 数组格式
            img_np = np.array(origin_img)
            # 将数组在高度这一维设置步长为 2 进行切片，相当于高度缩小 1/2
            # 在宽度这一维设置步长为 2 进行切片，相当于宽度缩小 1/2
            img_reduce = img_np[::2, ::2, ]
            # 将数组转换回图片格式
            img_new = Image.fromarray(img_reduce)
```

```
            # 保存文件
            img_new.save(file_new_name)
            # 向 Queue 对象中写入信息，格式是 "原文件名||缩小后的文件名"
            queue_obj.put(filename+'||'+file_name + '_reduce.jpg')
    # 向 Queue 对象中写入信息，表明全部图片已经处理完成
    queue_obj.put('finish-ok')
# 将处理完成的图片的原图片和缩小后的图片分别移到不同的文件夹
# 参数 queue_obj 是在主函数上生成的 Queue 对象
# 参数 dir_name 是图片最初所在的文件夹
def remove_img(queue_obj,dir_name):
    # 如果文件夹不存在就建立一个，new_img_dir 文件夹存放缩小后的文件
    if not os.path.exists('.\\new_img_dir'):
        os.mkdir('.\\new_img_dir')
    # origin_img_dir 存放原图片
    if not os.path.exists('.\\origin_img_dir'):
        os.mkdir('.\\origin_img_dir')
    # 取得文件夹的绝对路径
    full_new_dir=os.path.abspath('.\\new_img_dir')
    full_origin_dir=os.path.abspath('.\\origin_img_dir')
    # 循环
    while True:
        # 从 Queue 对象中取出相关信息
        ret=queue_obj.get()
        # 如果取到进程传来的处理完成的信息，就退出循环
        if ret=='finish-ok':
            break
        else:
            # 用取出的信息分别组合成不同文件路径
            # origin_img_name1 是原图片文件的最初路径
            origin_img_name1 = dir_name+'\\'+ret.split('||')[0]
            # origin_img_name2 是原图片文件要移动到的目标路径
            origin_img_name2 = full_origin_dir + '\\' + ret.split('||')[0]
            # new_img_name1 是缩小后的图片文件的最初路径
            new_img_name1= dir_name+'\\'+ret.split('||')[1]
            # new_img_name2 是缩小后的图片文件的要移动到的目标路径
            new_img_name2=full_new_dir+'\\'+ret.split('||')[1]
            # 移动文件
            shutil.move(origin_img_name1,origin_img_name2)
            shutil.move(new_img_name1,new_img_name2)

# 主函数 main
if __name__=='__main__':
    # 生成一个 Queue 对象
    queue_obj=Queue()
    # 将图片所在文件夹的路径赋值给 dir_name
    dir_name='.\\test_dir'
    # 建立一个子进程，对文件夹下的图片进行缩小处理
```

```
p_image_reduce=Process(target=imgs_reduce,args=(queue_obj,dir_name,))
# 建立一个子进程，将处理过图片的原图片和缩小后的图片移动到其他文件夹
p_image_remove=Process(target=remove_img,args=(queue_obj,dir_name,))
# 启动子进程
p_image_reduce.start()
p_image_remove.start()
# 以下语句让主函数进程等待子进程运行完成后，才能向下运行
# 即子进程不运行完成，主函数不能结束
p_image_reduce.join()
p_image_remove.join()
```

（1）imgs_reduce()函数是一个进程将要调用的函数，它的主要流程是：将一个文件夹下扩展名为.jpg 的图片文件进行缩小操作，该函数利用在主程序中建立的 Queue 对象向另一个进程传递信息，在处理完成每个图片文件后，通过 queue_obj.put(filename+'||'+file_name + '_reduce.jpg')语句即时将处理过的原图片文件名和缩小后的图片文件名放到 Queue 对象中，让另一个进程知道哪些文件已处理；当处理完成所有的图片文件后，将 finish-ok 放到 Queue 对象中，通知另一个进程已完成所有的操作。

（2）imgs_reduce()函数是一个进程将要调用的函数，它的主要流程是：通过循环将 Queue 对象中的信息取出，从这些信息中解析出原图片文件名和缩小后的图片文件名，然后将两个图片分别移到不同的文件夹下；如果取出的信息是 finish-ok，就终止循环进而退出函数和结束调用它的进程。

（3）观察以上代码运行过程，可以看到两个子进程并发运行，当文件夹下的所有图片处理完成后，几乎在同时所有图片也都移动到新的文件夹下。由此可知，当处理的图片过多时，多进程的优势更加明显。

扫一扫，看视频

8.3 实例 64 基于多进程的数据库操作

8.3.1 编程说明

数据库为信息系统存储数据和提供各类信息服务，信息技术的不断发展使得数据库的性能越来越强大。以数据库为后台的程序，要想发挥数据库高效的性能，也必须充分利用计算机的软、硬件资源，将程序调整到最优。

利用多进程的编程方式是程序调优的实现方式之一，现在 Python 中的并行处理已不再受到全局解释锁（GIL）的限制。因此，可以采用多进程的方式将计算机硬件中的所有 CPU 的计算能力利用起来，而不再是利用单颗 CPU 的处理能力，这样真正实现了程序的并行操作。本节编程实例中操作 Oracle 数据库的程序采用多进程的方式，实现了数据库访问的并发处理，极大地提高了程序运行的速度，并通过程序快速响应展示出了 Oracle 数据库的高性能，不再让前端程序成为数据库性能提升的瓶颈。

8.3.2 利用多进程操作 Oracle 数据库

本节编程实例通过多进程的方式访问 Oracle 数据库，一定程度上实现了并发执行数据库的查询和修改等业务，充分展现出了数据库强大的处理能力。样例代码如下所示。

```python
from multiprocessing import Pool,Manager
import cx_Oracle
import os
import time
import random
# 进程调用的函数，这个函数执行 1000 个 SQL 语句，并处理数据库返回的结果
# 参数 list_sqlstr 是一个列表变量，保存有 500 个 select 语句，500 个 update 语句，
# 参数 conn_str 是 Oracle 数据库连接字符串
# 参数 queue_obj 是一个 Queue 对象，用于存放相关信息
def exeute_sql(list_sqlstr, conn_str,queue_obj):
    # 建立一个数据库的连接
    with cx_Oracle.connect(str(conn_str)) as conn:
        # 建立游标对象
        cursor = conn.cursor()
        # 取得当前时间
        t0=time.clock()
        # 通过循环取出每条 SQL 语句
        for sqlstr in list_sqlstr:
            sql = sqlstr[0]
            # 取出 SQL 语句的类别
            sql_type = sqlstr[1]
            # 如果是 select 语句，就取出查询结果
            if sql_type == 'sel_sql':
                ret = cursor.execute(sql)
                # 将查询结果放到 Queue 对象
                queue_obj.put('数量是'+str(ret.fetchone()[0]))
            else:
                # 如果是 update 语句，就进行提交
                cursor.execute(sql)
                conn.commit()
                # 将修改信息加入到 Queue 对象
                queue_obj.put('已修改')
        # 取出当前时间
        t1=time.clock()
        # 关闭游标
        cursor.close()
    # 取得每个 SQL 语句的执行时间并返回
    return (t1-t0)/len(list_sqlstr)
# 该函数随机生成 1000 个 SQL 语句
# 其中 500 个是 select 语句，500 个是 update 语句
def create_many_sql():
    # 建立一个列表变量，准备存放 SQL 语句
```

```
    list_sqlstr = []
    for i in range(500):
        bh = str(random.randint(1,99))
        if len(bh)==1:
            bh = "0" + bh
        sqlstr = "select count(*) from kqkq.kqjg where dwbm='" + bh + "'"
        # 将 SQL 语句及其类型标识放到列表中，sel_sql 标识这条语句是 select 语句
        list_sqlstr.append((sqlstr, 'sel_sql'))
        sqlstr1 = "update dwdmk set dwmc='机电装备中心" + bh + "' where dwbm='08' "
        # 将 SQL 语句及其类型标识放到列表中，exe_sql 标识这条语句是 update 语句
        list_sqlstr.append((sqlstr1, 'exe_sql'))
    return list_sqlstr


# 主函数 main
if __name__=='__main__':
    # 设置汉字编码格式，防止从数据库取出的记录中出现中文乱码
    os.environ['NLS_LANG'] = 'SIMPLIFIED CHINESE_CHINA.UTF8'
    # 建立一个 Queue 对象，进程池中进程间通信用到这个对象，
    # 进程池中进程间通信要用 Manager().Queue()生成的对象（进程池专用的 Queue 对象）
    queue_obj = Manager().Queue()
    # Oracle 数据库连接字符串
    conn_str='kqkq/kqkq@127.0.0.1:1521/ORCL'
    # 生成 1000 条 SQL 语句
    list_sqlstr=create_many_sql()
    # 建立进程池
    pool_obj=Pool(4)
    use_time=[]
    # 循环打开 12 个进程
    for i in range(12):
        # 生成进程，调用 exeute_sql()函数
        ret_value=pool_obj.apply_async(exeute_sql,args=(list_sqlstr,conn_str, queue_obj,))
        # 取得进程返回值
        ret = ret_value.get()
        # 将每个返回值加到列表变量 use_time 中
        use_time.append(ret)
    # 关闭进程池
    pool_obj.close()
    # 等待进程池中所有子进程完成，
    # 以下这条语句必须放在进程池对象关闭语句后面
    pool_obj.join()
    # 打印出进程放到 queue_obj 中的信息
    while not queue_obj.empty():
        value=queue_obj.get()
        print(value)
    # 12000 次 SQL 查询修改的平均用时
    avg_time=sum(use_time)/len(use_time)
    print('打开 12 个进程进行 12000 次的数据库查询和修改操作，情况如下:')
```

```
print('平均每次操作用时:%.6f,每秒钟执行查询修改%.6f 次'%(avg_time,1/avg_time))
```

（1）exeute_sql()是一个被进程调用的函数，该函数从列表变量（list_sqlstr）中取出每一条 SQL 语句执行，并根据该语句的类型进行相关处理，这个函数处理 1000 条 SQL 语句，计算了每条语句平均执行时间并返回给进程。

（2）create_many_sql()函数随机生成 1000 条 SQL 语句，其中 500 条是 select 语句，500 条是 update 语句，本函数纯粹为测试多进程性能提供测试样例，不具备实用性。

（3）主函数主要业务流程是：首先建立一个含有 4 个进程的进程池，同时又建立一个 Queue 对象为每个进程保存信息，接着通过循环语句依次建立 12 个进程，这些进程调用 exeute_sql()对数据库进行查询修改操作，这样每个进程执行 1000 条 SQL 语句，共计执行 12000 条 SQL 语句。

在一台个人 PC（有一颗 4 核 CPU）上运行本程序，最后两句代码在终端上打印多进程操作数据库的相关数据，如下所示。

```
打开 12 个进程进行 12000 次的数据库查询、修改操作，情况如下：
平均每次操作用时:0.000610，每秒钟执行查询修改 1639.687291 次
```

由此可以看出，多进程可以实现数据库访问的并发性，它能充分利用 CPU 的物理数量或核数。

8.4　实例 65 基于多线程的聊天程序

扫一扫，看视频

8.4.1　线程基本知识

一个进程可以将自己执行的任务进行划分，分配给几个独立的执行单元运行，这些执行单元就是线程，线程在进程中是独立、并发地运行的，它能够与同进程的其他线程共享进程拥有的全部资源。建立线程有两种方式，简介如下。

（1）通过函数建立线程。样例代码如下所示。

```python
import threading
import time
# 线程调用的函数
def do_task(name,task,n):
    # threading.current_thread()函数可取得当前线程
    # 因此 threading.current_thread().name 可取得当前线程的名字
    print(threading.current_thread().name,"运行：我是", name)
    time.sleep(1)
    print(threading.current_thread().name,'运行：',name,task)
    time.sleep(n)
    print(threading.current_thread().name,'运行：',name,'完成了任务')


# 主函数 main
if __name__ == '__main__':
    # 通过 threading.Thread()建立一个线程，
    # 参数 target 指定线程调用的函数，
```

```
    # 参数 args 指定函数所需的参数，线程调用的函数所需参数要放在一个元组中，
    # 注意元组最后一个元素后面要加上一个","
    # 参数 name 可以指定线程的名字
    t1 = threading.Thread(target=do_task, args=("张三","在做报表",6,),name='thread_one')
    t2 = threading.Thread(target=do_task, args=("李明", "在讲课", 3,),name='thread_two')
    # 启动线程
    t1.start()
    # 启动线程
    t2.start()
```

由以上代码可以看出，建立线程的过程很简单。首先通过 threading.Thread()建立一个线程对象，再用线程对象调用 start()函数启动线程任务。代码运行后，会在终端上打印线程执行的过程，如下所示。

```
thread_one 运行：我是 张三
thread_two 运行：我是 李明
thread_one 运行： 张三 在做报表
thread_two 运行： 李明 在讲课
thread_two 运行： 李明 完成了任务
thread_one 运行： 张三 完成了任务
```

由运行结果可以看出线程之间是独立运行的，互不干扰。由此可以推断出，如果合理运用线程，能够较大限度地提高程序运行效率。

（2）通过类建立线程。样例代码如下所示。

```
import threading
import time
# 建立一个类，类继承于 threading.Thread
class doTaskClass(threading.Thread):
    def __init__(self, person_name,task,n):
        # 必须要调用父类的__init__()函数
        super(do_task_class, self).__init__()
        self.person_name=person_name
        self.task=task
        self.n=n
    # 如果建立的类继承于 threading.Thread 类，
    # 必须重写 threading.Thread 类的 run()函数，
    # 类的实例化对象启动后首先调用 run()函数
    def run(self):
        print("我是", self.person_name)
        time.sleep(1)
        print(self.person_name,self.task)
        time.sleep(self.n)
        print(self.person_name,'完成了任务')
# 主函数 main
if __name__ == "__main__":
    # 通过实例化类建立线程对象
    t1 = doTaskClass("张三","在做报表",6)
```

```
t2 =doTaskClass("李明", "在讲课", 3)
# 启动线程
t1.start()
t2.start()
```

建立线程类常要重写两个类函数__init__()和run()，__init__()函数进行初始化，run()函数是线程启动后要调用的方法，即类的实例化对象的start()函数实际是运行该对象的run()函数的流程。

8.4.2　聊天程序服务端

服务端程序是一个系统中的常驻程序，为客户端提供服务支持。本节聊天程序服务端主要作为一个信息中转站，在接收客户端发送的信息后，对信息进行处理，形成一定结构的信息，再传送回客户端，客户端根据信息的结构进行解析，决定是否接收相应的信息。服务端程序代码如下所示。

```
from threading import Thread
import socket
# 处理客户端用户登录的函数
# 参数 conn 是用来接收和发送数据的套接字对象
# 参数 msg 是客户端的用户在登录时传送的信息
def deal_login(conn,msg):
    # 取出登录时传送的信息，信息是用"|=|"分隔的
    user_info = msg.split('|=|')
    # 取出登录用户（发送信息的用户）的名字
    from_user = user_info[1]
    # 取出接收信息的用户的名字
    to_user = user_info[2]
    # 将登录用户和套接字对象（conn）以键名和键值的形式加入字典
    dic_connects.update({from_user:conn})
    print(from_user,'上线!')
    # 调用 send_msg()函数向客户端发送公告信息,
    # 这个信息的内容是某用户登录的信息，信息分为四部分，以"|=|"分隔,
    # 第一部分为信息类别，例如"!!!notice!!!"表示系统公告，
    # 第二部分为信息内容，这个内容显示在客户端上，
    # 第三部分是表示客户端行为的类别，例如 login 表示执行登录的行为
    # 第四部分是补充信息，例如指出是哪个用户执行了登录行为
    send_msg(('!!!notice!!!|=|'+from_user +
        '登录成功,大家可以同他聊天了! |=|login|=|'+from_user).encode('utf-8'))
# 处理客户端用户退出登录状态的函数,
# 参数 msg 是客户端用户退出登录时传送的信息
def deal_logout(msg):
    # 取出登录时传送的信息，信息是用"|=|"分隔的
    bye_info = msg.split('|=|')
    # 取出登录用户（发送信息的用户）的名字
    from_user = bye_info[1]
    # 取出用户对应的套接字对象
    cur_conn=dic_connects[from_user]
```

```
        # 调用 send_msg() 函数向客户端发送公告信息,
        # 这个信息的内容是某用户退出登录状态的信息,信息分为四部分,以"|=|"分隔,
        # 第一部分为信息类别,例如"!!!notice!!!"表示系统公告,
        # 第二部分为信息内容,这个内容显示在客户端上,
        # 第三部分是表示客户端行为的类别,例如 logout 表示执行退出登录状态的行为
        # 第四部分是补充信息,例如指出是哪个用户执行了退出行为
        send_msg(('!!!notice!!!|=|'+from_user + '已退出聊天! |=|logout|=|'+from_user).
encode('utf-8'))
        # 将该用户对应的套接字对象从字典中删除
        dic_connects.pop(from_user)
        # 关闭该用户对应的套接字对象,即断开该用户所在客户端的连接
        cur_conn.close()
# 向客户端发送消息,
# 参数 msg_bytes 是要转发信息的字节形式
def send_msg(msg_bytes):
    print('发送消息...',msg_bytes.decode('utf-8'))
    # 通过循环向连接进来的所有客户端发送消息
    for key,conn in dic_connects.items():
        # 用套接字对象发送消息, conn 是客户端连接服务端生成的套接字对象
        conn.send(msg_bytes)
# 接收客户端发送的信息,进行处理后再转发到各客户端,
# 参数 conn 是用来接收和发送数据的套接字对象
def rec_and_send(conn):
    # 建立循环连续接收客户端发送的信息、处理信息和转发信息
    while True:
        # 接收客户端发送的字节串
        msg_bytes=conn.recv(1024)
        # 将字节串转换成字符串
        msg= msg_bytes.decode('utf-8')
        print('接收消息...',msg)
        # 根据信息类别分别进行处理
        if msg[0:11]=='!!!login!!!':
            # 调用函数处理客户端用户登录时发送的信息
            deal_login(conn,msg)
        elif msg[0:12]=='!!!to_bye!!!':
            # 调用函数处理客户端用户退出时发送的信息
            deal_logout(msg)
            # 当前套接字对象(conn)已关闭,退出循环
            break
        else:
            # 其他类别的信息直接转发
            send_msg(msg_bytes)

# 主函数 main
if __name__=='__main__':
    # 建立一个字典变量,用来保存 socket 生成的可以用来接收和发送数据的新的套接字对象,
    # 字典的键名为客户端登录的用户名,键值是套接字对象
```

```
dic_connects={}
# 生成服务端套接字（socket）对象 socket_server,
# socket.SOCK_STREAM 指定该对象通信采用 TCP 协议
socket_server=socket.socket(socket.AF_INET,socket.SOCK_STREAM)
# 绑定监听地址和端口号
socket_server.bind(('127.0.0.1',8888))
# 启动监听，等待客户端连接
socket_server.listen(16)
print('准备就绪...')
while True:
    # 等待客户端连接，其中：conn 是用来接收和发送数据的新的套接字对象，
    # addr 是客户端的地址和端口号
    conn,addr=socket_server.accept()
    # 生成一个线程，线程调用 rec_and_send()函数
    thread_server=Thread(target=rec_and_send,args=(conn,))
    # 启动线程
    thread_server.start()
    # 加入下面一句代码，在 thread_server 线程完成之前处于阻塞状态，不再向下执行，
    # 即不能建立新的线程，因此不能写入下面这一句代码
    #thread_server.join()
```

（1）deal_login()函数对客户端登录信息进行处理，对登录信息进行解析，取出登录用户和与之交流信息的对方用户，生成一个登录用户和对应的套接字对象的键值对加入字典 dic_connects 中，以备将来发送信息时能找到这个套接字对象；函数最后组合形成一个"系统公告"类型信息发送给客户端，这个信息包含四部分内容，分别是信息类别（内容是"!!!notice!!!"）、信息内容、客户端行为类别（内容是 login）和补充信息（内容是登录用户名），详见代码中注释。

（2）deal_logout()函数对客户端用户退出时发送的信息进行处理，从这个信息中解析出要退出登录的用户名，然后在字典 dic_connects 中找到它对应的套接字对象，关闭这个对象，并在字典中删除对应的键；函数最后组合形成一个"系统公告"类型信息发送给客户端，这个信息包含四部分内容，分别是信息类别（内容是"!!!notice!!!"）、信息内容、客户端行为类别（内容是 logout）和补充信息（内容是退出登录的用户名）。

（3）send_msg()函数实现的功能是将信息发送到所有连接到服务端的客户端那里，流程是通过循环把字典 dic_connects 中保存的套接字对象（每个对象与一个客户端相连）取出来，通过这些套接字对象将信息发送到相应客户端。

（4）rec_and_send()函数是线程调用的函数，它的主要功能是根据客户端发送的不同信息类型进行不同处理，组合成新类型的信息并转发给客户端。这个函数中要注意的是在处理用户退出登录状态的信息时，调用 deal_logout()函数时已将当前的套接字对象关闭，所以要通过 break 语句退出循环，不然会提示找不到套接字对象。

（5）主函数主要做了三件事，一是生成一个服务端套接字对象，并启动监听，在循环中不断接收来自客户端的连接请求并与之连接；二是生成一个字典 dic_connects，用来保存客户端登录的用户名以及通过 socket_server.accept()函数生成的套接字对象，这个对象是客户端与服务端进行数据交流的套接字对象；三是启动一个线程任务调用 rec_and_send()对客户端发来的信息进行接收、处理和发

回等操作。

（6）本节代码中自定义了四种信息类别，分别是系统公告类型（以"!!!notice!!!"开头）、用户登录类型（以"!!!login!!!"开头）、用户退出登录类型（以"!!!to_bye!!!"开头）和普通类型（以"!!!to_user!!!"开头），定义信息类别是为了让服务端和客户端按照信息类型选择不同的操作，实现信息精确转发。当然在开发实践中如果增加新的功能，还可以随时扩充信息类别。

8.4.3 聊天程序客户端

聊天程序的客户端主要实现的功能有两个，一是通过服务端将信息发送给指定客户端上的用户，另一个将自己的登录和退出情况及时通知所有客户端上的用户。客户端代码如下所示。

```python
import socket
import threading
import time
# 取得当前时间
def get_now():
    return '[' + time.strftime("%Y-%m-%d %H:%M:%S", time.localtime()) + ']'
# 用户登录处理函数，
# 参数 socket_client 是客户端连接服务端的套接字对象，
# 参数 cur_user 是登录用户名
# 参数 to_user 是与之交流信息的用户名（对方用户名）
def login(socket_client,cur_user,to_user):
    # 建立一个特定格式的字符串，标识这个消息是登录专用的消息
    login_str='!!!login!!!|=|'+cur_user+'|=|'+to_user
    # 转化成字节形式，因为 socket 对象只能传送字节
    login_str=login_str.encode('utf-8')
    # 向服务端发送登录相关的信息
    socket_client.send(login_str)
# 客户端向服务端发送信息的函数，
# 参数 socket_client 是客户端连接服务端的套接字对象，
# 参数 cur_user 是登录用户名
# 参数 to_user 是接收信息的对方用户名
def send_msg(socket_client,cur_user,to_user):
    while True:
        # 取得当前时间
        title=get_now()
        # 客户端用户向对方用户发送的聊天信息
        send_message=input()
        # 将用户向对方发送的信息以一定格式打印出来，这个信息放在终端左侧
        print(title+cur_user,'>>>',send_message,'\n')
        # 如果用户录入的信息是 bye，向服务端发送指定格式的信息
        if send_message=='bye':
            # 组合一定格式的信息，其中的 cur_user 变量保存着用户名，
            # 服务端会根据这个名字查找该用户对应的套接字对象(在服务端的套接字对象)，
            # 并关闭这个对象
```

```
            send_message = '!!!to_bye!!!|=|' + cur_user
            # 转换成字节形式
            send_message_bytes = send_message.encode('utf-8')
            # 发送信息
            socket_client.send(send_message_bytes)
            # 退出循环，退出循环也意味着退出了本线程
            break
        # 用户录入的交流信息，生成一个特定格式的字符串，
        # 该字符串包括三部分，用"|=|"分隔，
        # 第一部分标明信息的类别，例如"!!!to_user!!!"表示向对方用户发送信息，
        # 第二部分标明接收信息的用户名，
        # 第三部分是要发送的信息，也就是用户在终端上录入的内容
        send_message = '!!!to_user!!!|=|' + to_user+'|=|'+send_message
        # 转化成字节形式，因为 socket 对象只能传送字节
        send_message_bytes = send_message.encode('utf-8')
        # 向服务端发送信息
        socket_client.send(send_message_bytes)
# 接收服务端发送信息的函数，该函数根据信息开头指定的信息类型决定是否显示在该客户的终端上
# 参数 socket_client 是客户端连接服务端的套接字对象，
# 参数 cur_user 是登录用户名
# 参数 from_user 是发送流信息的用户名（对方用户）
def rec_msg(socket_client,cur_user,from_user):
    while True:
        msg_bytes=socket_client.recv(1024)
        msg_info=msg_bytes.decode('utf-8').split('|=|')
        # 如果发送的信息是"!!!to_user!!!"类别，并且接收用户是本终端用户，就接收该信息
        if msg_info[0]== '!!!to_user!!!' and msg_info[1]==cur_user:
            # 设定对方用户名和收到信息的时间
            title=from_user+get_now()
            # 按一定格式将收到的信息打印到终端的右侧
            print(' '*38,msg_info[2],'<<<',title,'\n')
        # 如果发送来的信息是"!!!notice!!!"类别，按系统公告处理，
        # 所有客户端都可接收该信息
        if msg_info[0]=='!!!notice!!!':
            # 设置公告信息的格式
            title=get_now()+"系统公告："
            # 按一定格式将收到的信息打印到终端的左侧
            print(title,msg_info[1],'\n')
            # 进一步确定是不是一条退出登录的信息（msg_info[2]=='logout'），
            # 并且退出登录的是不是当前用户(msg_info[3]==cur_user)，
            # 两个条件都成立时，退出循环，这意味着退出本线程
            if msg_info[2]=='logout' and msg_info[3]==cur_user:
                # 退出循环
                break

# 主函数 main
if __name__=='__main__':
```

```
# 建立套接字对象，socket.SOCK_STREAM 指定该对象通信采用 TCP 协议
socket_client=socket.socket(socket.AF_INET,socket.SOCK_STREAM)
# 连接服务端
socket_client.connect(('127.0.0.1',8888))
# 录入登录用户名，这个名字作为一个信息收发的标识符
cur_user=input('请输入当前登录用户名：')
# 录入进行信息交流的对方用户名，这个名字也作为信息收发的标识符
to_user=input('请输入要聊天的用户：')
print('='*132)
# 调用函数处理用户登录过程
login(socket_client,cur_user,to_user)
# 建立一个发送信息的线程
send_thread=threading.Thread(target=send_msg,args=(socket_client,cur_user,
to_user,))
send_thread.start()
# 建立一个接收信息的线程
rec_thread = threading.Thread(target=rec_msg, args=(socket_client, cur_user,
to_user,))
rec_thread.start()
# 将两个线程加入主函数线程，这样主函数会等待两个线程结束后才向下执行
send_thread.join()
rec_thread.join()
# 关闭客户端套接字对象
socket_client.close()
```

（1）get_now()函数功能是取得当前时间并格式化输出。

（2）login()函数的主要功能是合成一个具有一定结构的信息发送到服务端进行处理。这个信息用"|=|"作为分隔符，由三部分组成，分别是信息类别（内容是"!!!login!!!"）、当前登录用户和要进行交流的对方用户。

（3）send_msg()函数是一个线程任务调用的函数，该函数主要有两个功能，一是接收用户录入的信息，并把录入的信息按照一定格式放到终端左侧显示。二是生成两种类型的信息，一种是用户退出登录类型（以"!!!to_bye!!!"开头），由两部分组成，分别是信息类别和退出登录的用户名；另一种是普通类型（以"!!!to_user!!!"开头），由三部分组成，分别是信息类别、接收信息的用户名和信息内容，最后将组合好的信息发送给服务端，由服务端解析并处理。在本函数中需要注意的是当用户输入 bye 后，一定在合成信息发送服务端后通过 break 语句退出循环，进而退出本线程。

（4）rec_msg()函数也是一个线程任务调用的函数，该函数的主要功能是接收服务端发来的信息（这些信息实际是由客户端发给服务端，由服务端解析处理后又发送回来），根据信息的不同类型，将信息以不同方式显示在终端上。这个函数主要处理了两种类型的信息，并以不同的方式在终端上显示，对于普通类型（以"!!!to_user!!!"开头）信息，解析后判断信息接收者是否为当前用户，如果是，提取相关内容在终端的右侧；对于系统公告类型（以"!!!notice!!!"开头）信息，解析处理后提取相关内容显示在终端左侧，接着判断该公告类型的信息是否包含行为是退出登录和用户是当前用户等内容，如果条件满足就退出循环，进而退出本线程。

（5）主函数的主要流程是生成一个套接字对象连接服务端，使用套接字对象、登录用户名和对

方用户名调用函数 login()向服务端发送用户登录类型的信息，由服务器合成用户登录的系统公告；接着建立两个线程任务，一个用于收信息，一个用于发信息。

8.4.4 测试程序

测试程序时，首先启动服务端程序，接着可以开启多个客户端程序，每个客户端代表一个用户，只要指定了双方聊天对象，就可以开始一对一聊天。由于程序开启了线程，聊天对象之间的信息传递是"并行"的，聊天对象互不干扰，一般不会出现等待和延迟现象，程序运行情况如图 8.1 所示。

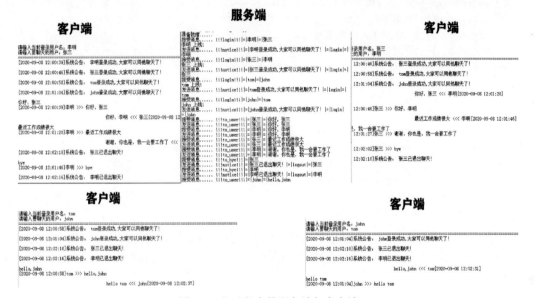

图 8.1 聊天程序的服务端与客户端

8.5 实例 66 基于协程的爬虫

扫一扫，看视频

8.5.1 协程的基本知识

协程是一种轻量级的线程（微线程），协程与线程的不同之处是：协程之间的切换可由程序控制，而线程之间的切换则需要操作系统控制；协程切换过程中没有线程切换的开销，即没有开关线程、创建寄存器和堆栈等系统开销，因此性能优势相对较好。在编程实践中主要利用遇到 IO 阻塞时协程能轻松切换到另一个协程上继续运行的优点。样例代码如下所示。

```
from gevent import monkey
import gevent
# 由于 gevent 模块不自动识别阻塞，下面的语句是给 gevent 模块打上补丁，
# 打上补丁后，这条语句后面的阻塞就能识别了，因此这条语句要写在代码的首行
```

```
monkey.patch_all()
import time
# 协程调用的函数
def work(name):
    print(name,'在工作...')
    print(name,'累了，要休息了!')
    # 用 time.sleep()模拟阻塞，代码识别出阻塞后，将切换到其他协程
    time.sleep(2)
    print(name,'又开始工作了...')
# 协程调用的函数
def rest(name,n):
    print(name,'休息中...')
    print(name,'休息好了，充满活力!')
    # 有阻塞，将切换到其他协程
    time.sleep(n)
    print(name, '又开始休息了...')
if __name__='__main__':
    # 建立一个协程，
    # spawn()函数第一个参数是协程要调用的函数
    # spawn()函数从第二个参数开始，是要传给协程调用的函数的参数
    g1 = gevent.spawn(work,name='李明')
    g2 = gevent.spawn(rest,name='李明',n=6)
    # 将协程加入到主程序中
    gevent.joinall([g1, g2])
```

以上代码定义了两个协程，并演示了协程之间的切换，各个协程每遇到阻塞情况立即切换到另一个协程，这使得各个协程即使在一个线程上也能连续运行，不会停止在某一个阻塞点。以上代码运行在终端上打印出以下信息，读者可通过这些信息以及代码了解协程运行模式。

```
李明 在工作...
李明 累了，要休息了!
李明 休息中...
李明 休息好了，充满活力!
李明 又开始工作了...
李明 又开始休息了...
```

8.5.2　基于协程的爬虫程序

本节编程实例将图片文件下载和保存的代码放入一个函数，供协程调用，避免程序遇到阻塞时耗费时间，使程序流畅运行，提高运行速度。样例代码如下所示。

```
# 导入相关库模块
from gevent import monkey
import gevent
# 由于 gevent 模块不自动识别阻塞，下面的语句是给 gevent 模块打上补丁，
# 打上补丁后，这条语句后面的阻塞就能识别了，
# monkey.patch_all()这条语句一般要写在前面，
```

```python
# 而且要写在其他 import 语句之前
monkey.patch_all()
import requests
import re
import os
# 协程要调用的函数
def get_pic(root_url,image_src,path_name):
    # 图片地址是一个相对地址，需要在前面加网站的根地址
    image_src=root_url+image_src
    # 取得图片文件，图片为二进制，所以要用.content
    image = requests.get(url=image_src, headers=headers).content
    # 取得路径与文件名，这个路径是要保存到磁盘的地址
    image_path = path_name +'/'+ image_src.split("/")[-1]
    # 以写模式打开文件
    with open(image_path, "wb") as fp:
        # 存储图片
        fp.write(image)


# 主函数 main
if __name__ == '__main__':
    monkey.patch_all()
    # 判断有无文件夹，没有就建立
    if not os.path.exists("./images"):
        # 建立文件夹，用来保存网页上获取的图片
        os.mkdir("./images")
    # 保存 HTTPS 协议名称
    vprotocol = "https://"
    # 组合成 URL 地址，这里网址用*替换了
    url = vprotocol+"******.com/"
    # 设置 User-Agent
    headers = {
        "User-Agent": "Mozilla/5.0 (Windows NT 6.1; WOW64) AppleWebKit/537.36
        (KHTML, like Gecko) Chrome/55.0.2883.87 Safari/537.36"}
    # 取得整个页面文本
    pagetext = requests.get(url=url, headers=headers).text
    # 用正则表达式匹配图片地址
    ex = '<li class="image">.*?<img.*?src="(.*?)".*?>.*?</li>'
    # 调用 findall()函数取得图片地址，images 是地址列表
    images = re.findall(ex, pagetext, re.S)
    # 循环取得图片的地址
    for image_src in images:
        # 建立协程，调用函数 get_pic()
        gevent_obj=gevent.spawn(get_pic,root_url=url,
                        image_src=image_src,path_name="./images")
        # 将协程加入主程序
        gevent_obj.join()
    print("下载完成")
```

（1）get_pic()函数实现的功能是通过图片文件的 URL 地址将图片下载下来并保存到文件中，这个函数是协程将要调用的函数。

（2）主函数通过循环将每个图片文件的下载过程放在协程中执行，使得各协程交替且连续进行，减少总下载时间。

📢 提示

monkey.patch_all()语句一般写在 import gevent 和 from gevent import monkey 两个导入模块语句后（紧跟其后），并且要放在导入其他模块语句前面。总之，这条语句尽量放在代码最前面，否则会因顺序问题出现程序不执行或报错的情况。

第 9 章 系统信息收集

系统信息收集是系统运维和系统安全等工作中最重要的组成部分，只有精准地掌握了系统的相关信息，才有可能有针对性地调整系统运行效能、补全系统漏洞、保障系统安全运行。本章通过几个小例子介绍利用 Python 代码获取系统信息的方法，让读者对系统信息收集的编程方式有所了解。

9.1 实例 67 获取系统信息

9.1.1 编程要点

在系统运维中，往往需要了解系统的软硬件、系统运行进程和系统资源利用率等信息，在 Python 中一般使用 psutil 模块进行这些信息的采集，这个库是一个跨平台的第三方库，使用方便简捷，该库可以通过命令 pip install psutil 进行安装。psutil 库函数可以获取 CPU、内存、磁盘、网络的相关信息，现将其中的主要函数介绍如下。

（1）获取 CPU 相关信息，主要有三个函数，分别是：psutil.cpu_times()函数，它返回程序进程使用 CPU 的时间；psutil.cpu_percent()函数，返回进程或应用占用 CPU 的比率；psutil.cpu_count()函数，可获得计算机中 CPU 个数。

● psutil.cpu_times()函数返回使用 CPU 的时间，当参数 precpu=True 时，返回每个逻辑 CPU 的各类进程运行时间；当参数 precpu=False 时，返回在所有 CPU 上的各类进程的运行时间合计，单位是秒。样例代码如下所示。

```
#导入相关模块
import psutil
# 取得 CPU 的各类进程运行时间
cputime_info=psutil.cpu_times(percpu=False)
# 打印 CPU 各类进程运行时间
print(cputime_info)
```

以上代码在 Windows 下运行时最后一句在命令行终端上打印出以下内容。

```
scputimes(user=5171.7451519999995, system=2964.2998017999926, idle=112852.3870081,
interrupt=474.74224319999996, dpc=225.3434445)
```

其中 user 是用户进程花费的时间，system 是系统运行花费的时间，idle 是空闲时间，interrupt 是硬件中断花费的时间，dpc 是服务延迟过程调用花费的时间，不同操作系统的返回内容会略有不同。

● psutil.cpu_count()函数返回 CPU 的个数，当参数 logical=False 时，返回实际 CPU 个数（核

数），当参数 logical=True 时，返回逻辑 CPU 个数。样例代码如下所示。

```
#导入相关模块
import psutil
# 以下语句打印出：CPU 个数（或核数）: 2
print('CPU 个数（或核数）: ',psutil.cpu_count(logical=False))
# 以下语句打印出：逻辑 CPU 个数: 4
print('逻辑 CPU 个数: ',psutil.cpu_count(logical=True))
```

● psutil.cpu_percent()函数返回 CPU 使用率的百分比。样例代码如下所示。

```
导入相关模块
import psutil
# 以下语句打印出：从上次调用到当前的 CPU 利用率: 0.1
print('从上次调用到当前的 CPU 利用率: ',psutil.cpu_percent())
# 以下语句打印出：10 秒内的 CPU 利用率: 3.1
print('10 秒内的 CPU 利用率: ',psutil.cpu_percent(interval=10))
# 以下语句打印出：列出 10 秒内每个逻辑 CPU 利用率: [2.5, 2.8, 3.3, 0.0]
# 可以看出该计算机有 4 个逻辑 CPU
print('列出 10 秒内每个逻辑 CPU 利用率: ',psutil.cpu_percent(percpu=True,interval=10))
```

（2）获取内存信息主要使用 psutil.virtual_memory()函数；获取 swap 内存相关信息用 swap_memory()函数。样例代码如下所示。

```
# 取得内存相关信息
meminfo=psutil.virtual_memory()
print('内存相关信息: ',meminfo)
# 获取 swap 内存信息
print('swap 内存信息: ',psutil.swap_memory())
```

以上代码在 Windows 环境运行，第一个 print()函数在命令行终端打印以下内容。

```
内存相关信息: svmem(total=4195651584, available=777351168, percent=81.5,
used=3418300416, free=777351168)
```

其中 total 表示总物理内存数量，available 表示可用的内存数量，percent 表示已经使用的内存占比，used 表示已使用的内存数量，free 表示尚未使用的内存数量，单位是字节（Byte）。

第二个 print()函数在命令行终端打印以下内容。

```
swap 内存信息: sswap(total=8389357568, used=6485258240, free=1904099328,
percent=77.3, sin=0, sout=0)
```

其中 total 表示总的交换内存数量，used 表示已使用的交换内存数量，free 表示尚未使用的交换内存数量，percent 表示已经使用的交换内存占比，sin 表示系统从磁盘交换进入内存的字节数，sout 表示系统从内存换出到磁盘的字节数，单位是字节(Byte)。

（3）获取磁盘信息主要有三个函数：psutil.disk_partitions()函数返回当前计算机磁盘分区信息的列表；psutil.disk_usage()函数返回给定路径的磁盘使用情况；psutil.disk_io_counters()函数获取的是硬盘总的 IO 信息情况，如果需要获取磁盘每个分区的 IO 情况，需要增加参数 perdisk=True。样例代码如下所示。

```
# 打印磁盘各分区信息
print('磁盘相关信息：',psutil.disk_partitions())
# 打印 C 盘使用情况
print('C盘使用情况：',psutil.disk_usage('c:/'))
# 打印磁盘 IO 统计信息
print('磁盘 IO 统计：',psutil.disk_io_counters())
```

以上代码在 Windows 下运行，第一个 print()函数在命令行终端上打印出以下信息。

```
磁盘相关信息： [sdiskpart(device='C:\\', mountpoint='C:\\', fstype='NTFS',
opts='rw,fixed'), sdiskpart(device='D:\\', mountpoint='D:\\', fstype='NTFS',
opts='rw,fixed'), sdiskpart(device='E:\\', mountpoint='E:\\', fstype='NTFS',
opts='rw,fixed'), sdiskpart(device='F:\\', mountpoint='F:\\', fstype='',
opts='cdrom')]
```

其中 device 表示设备名称，mountpoint 表示安装点，fstype 表示文件系统类型，opts 列举磁盘的一些性质，如可读和可写等性质。

第二个 print()函数在命令行终端上打印出以下信息。

```
C盘使用情况： sdiskusage(total=85417652224, used=72857169920, free=12560482304,
percent=85.3)
```

第三个 print()函数在命令行终端上打印出以下信息。

```
磁盘 IO 统计： sdiskio(read_count=138923, write_count=56809,
read_bytes=4281337344, write_bytes=2202968576, read_time=1194, write_time=103)
```

其中 read_count 表示读取次数，write_count 表示写入次数，read_bytes 表示读取的字节数，write_bytes 表示写入的字节数，read_time 表示从磁盘读取的时间，write_time 表示写入磁盘的时间。

（4）获取网络相关信息主要有四个函数：psutil.net_io_counters()函数返回网络读写的字节和数据包的统计信息；psutil.net_if_stats()函数返回网络接口有关的信息；psutil.net_connections()函数返回网络连接相关信息；psutil.net_if_addrs()函数返回每个网络接口的关联地址。样例代码如下所示。

```
# 获取网络读写信息
print('网络读写信息：',psutil.net_io_counters())
# 获取网络接口信息
print('网络接口信息：',psutil.net_if_stats())
# 获取网络连接信息
print('网络连接信息：',psutil.net_connections())
# 获取网络接口关联地址
print('网络接口关联地址：',psutil.net_if_addrs())
```

以上代码在 Windows 下运行，第一个 print()函数在命令行终端上打印出以下信息。

```
网络读写信息： snetio(bytes_sent=18573760, bytes_recv=104713240,
packets_sent=93451, packets_recv=131297, errin=0, errout=0, dropin=0, dropout=0)
```

其中 bytes_sent 表示发送的字节数，bytes_recv 表示收到的字节数，packets_sent 表示发送的数据包数量，packets_recv 表示接收到的数据包数量，errin 表示接收时出现的错误数量，errout 表示发送时出现的错误数量，dropin 表示传入数据包被丢弃的数量，dropout 表示传出数据包被丢弃的数量。

第二个 print() 函数在命令行终端上打印出以下信息，信息以字典的形式列出。

```
网络接口信息：  {'本地连接': snicstats(isup=True, duplex=<NicDuplex.NIC_DUPLEX_FULL:
2>, speed=1000, mtu=1500),
 'VMware Network Adapter VMnet1': snicstats(isup=True,
duplex=<NicDuplex.NIC_DUPLEX_FULL: 2>, speed=100, mtu=1500),
 'VMware Network Adapter VMnet8': snicstats(isup=True,
duplex=<NicDuplex.NIC_DUPLEX_FULL: 2>, speed=100, mtu=1500),
 ...
 }
```

其中 isup 表示网卡是否启动，duplex 表示双工模式，speed 表示速率，mtu 表示最大传输单位，单位以字节表示。

第三个 print() 函数在命令行终端上打印出以下信息，信息以列表形式列出。

```
网络连接信息：  [
 sconn(fd=-1, family=<AddressFamily.AF_INET: 2>, type=<SocketKind.SOCK_DGRAM:
2>, laddr=addr(ip='127.0.0.1', port=55547), raddr=(), status='NONE', pid=5460),
 sconn(fd=-1, family=<AddressFamily.AF_INET: 2>, type=<SocketKind.SOCK_STREAM:
1>, laddr=addr(ip='0.0.0.0', port=554), raddr=(), status='LISTEN', pid=3552),
 sconn(fd=-1, family=<AddressFamily.AF_INET: 2>, type=<SocketKind.SOCK_STREAM:
1>, laddr=addr(ip='10.65.66.211', port=50921), raddr=addr(ip='157.255.174.100',
port=80), status='TIME_WAIT', pid=0),
 ...
 ]
```

其中 fd 表示套接字文件描述符，family 表示地址系列，取值有 AF_INET、AF_INET6 和 AF_UNIX 等，type 表示地址类型，取值有 SOCK_STREAM 和 SOCK_DGRAM 等，laddr 表示本地地址和端口，raddr 表示远程地址和端口，当远程地址未连接时，值为空元组，status 表示 TCP 连接的状态，pid 表示打开套接字的进程的 PID。

第四个 print() 函数在命令行终端上打印出以下信息，信息以字典的形式列出，主要显示关联地址各种形式的信息。

```
网络接口关联地址：  { '本地连接 3': [sniaddr(family=<AddressFamily.AF_LINK: -1>,
address='00-FF-AA-BB-CC-DD', netmask=None, broadcast=None, ptp=None),
sniaddr(family=<AddressFamily.AF_INET: 2>, address='169.254.22.142',
netmask='255.255.0.0', broadcast=None, ptp=None),
sniaddr(family=<AddressFamily.AF_INET6: 23>, address='fe80::bd08:87ba:f724:168e',
netmask=None, broadcast=None, ptp=None)],
 ...
 }
```

（5）psutil 模块还可以取得进程相关信息。样例代码如下所示。

```
# 列出所有进程 PID
# 以下语句打印出：进程 PID: [0, 4, 348, ..., 1316, 1352,...]
print('进程 PID: ', psutil.pids())
```

```
# 实例化一个 Process 对象，参数为进程 PID
p = psutil.Process(1352)
# 显示进程路径
print('进程路径：', p.exe())
# 显示进程绝对路径
print('进程绝对路径：', p.cwd())
# 显示进程名
print('进程名称：', p.name())
# 显示进程状态信息
print('进程状态信息：', p.status())
# 显示进程内存使用率
print('进程内存使用率：', p.memory_percent())
```

以上代码较为简单，相应注释也放在代码中，这里不再详细介绍，代码运行结果如下所示，可以对照结果理解代码语句。

```
进程PID: [0, 4, 348, 400, 408, 556, 648, 692, 712, 756, 772, 780, 824, 880, 956,
988, 1004, 1148,
...
9688, 9988, 10216, 10388, 10484, 10716, 10796, 11436, 11808, 11908, 12200, 12816]
进程路径: C:\Program Files (x86)\网神信息技术\网神 VPN 客户端\NCSvc.exe
进程绝对路径: C:\Windows\system32
进程名称: NCSvc.exe
进程状态信息: running
进程内存使用率: 0.05076493978009019
```

9.1.2 获取系统软硬件的信息

本节实例代码主要业务流程是：获取计算机系统软硬件相关的信息，主要包括登录用户信息、内存信息、磁盘信息、网络信息和进程信息等。样例代码如下所示。

```
import psutil
import datetime
# 获取当前系统用户
print('系统当前登录的用户:')
# 通过循环取得每个用户
# psutil.users()返回一个列表，返回每个登录用户信息
# 形如:[suser(name='Administrator', terminal=None, host='0.0.0.0', started=
1593388593.2744417, pid=None)]
for user in psutil.users():
    #取得每个用户名字和登录时间
    print("用户:",user.name,"登录时间: ",datetime.datetime.fromtimestamp
    (user.started).strftime("%Y-%m-%d %H:%M:%S"))
# 分隔符
print('----------------------------------------------------------------')
print('CPU 信息:')
# 查看 CPU 物理个数或者核数
```

```python
print("物理 CPU 个数 (核数):", psutil.cpu_count(logical=False))
# CPU 利用率
print('CPU 利用率: ',psutil.cpu_percent(),'%')
# 分隔符
print('------------------------------------------------------------------')
print('内存信息:')
# 取得当前内存的总容量,单位是 G
total = str(round(psutil.virtual_memory().total / (1024.0 * 1024.0 * 1024.0), 2))
# 取得当前内存中空闲的容量,单位是 G
free = str(round(psutil.virtual_memory().free / (1024.0 * 1024.0 * 1024.0), 2))
print("物理内存总量: ",total,"G")
print("空闲内存容量: " ,free,"G")
print("物理内存使用率: ", psutil.virtual_memory().percent,"%")
# 分隔符
print('------------------------------------------------------------------')
print('磁盘信息: ')
# 取得各磁盘分区的基本情况
# psutil.disk_partitions()返回一个列表,列出各磁盘分区的基本情况,
# 形如:[sdiskpart(device='C:\\', mountpoint='C:\\', fstype='NTFS', opts=
'rw,fixed'),...]
disk_info = psutil.disk_partitions()
# print("系统磁盘信息: " + str(disk_info))
for disk in disk_info:
    # 运行程序的计算机 F 盘是光盘,读取它的信息
    if disk.device!='F:\\':
        #取得磁盘分区的使用情况
        used_info = psutil.disk_usage(disk.device)
        print(disk.device,"信息: ")
        print("磁盘总容量: " ,int(used_info.total / (1024.0 * 1024.0 * 1024.0)),"G")
        print("已用容量: ",int(used_info.used / (1024.0 * 1024.0 * 1024.0)),"G")
        print("可用容量: ",int(used_info.free / (1024.0 * 1024.0 * 1024.0)),"G")
# 分隔符
print('------------------------------------------------------------------')
print("网络相关信息: ")
# 获取网卡的统计信息
net = psutil.net_io_counters()
# 网卡收到的流量
recv = '{0:.2f} Mb'.format(net.bytes_sent / 1024 / 1024)
# 网卡发出的流量
send = '{0:.2f} Mb'.format(net.bytes_recv / 1024 / 1024)
print("网卡接收流量为: %s,  发送流量为: %s" % (recv, send))
# 分隔符
print('------------------------------------------------------------------')
print('进程列表: ')
# 查看系统全部进程
for vpid in psutil.pids():
    p = psutil.Process(vpid)
```

```
# 打印出进程信息
print("进程名:%-30s 进程状态:%-10s  内存利用率 %-28s"
      %(p.name(), p.status(), p.memory_percent()))
```

以上代码的注释都放在代码中，这里不再介绍。以下是代码在 Windows 环境下运行时在命令行终端输出的内容，读者可对照代码与输出信息理解代码。

```
系统当前登录的用户：
用户: Administrator 登录时间: 2020-06-30 14:29:51
----------------------------------------------------------------
CPU 信息：
物理 CPU 个数(核数): 2
CPU 利用率: 0.0 %
----------------------------------------------------------------
内存信息：
物理内存总量: 3.91 G
空闲内存容量: 1.19 G
物理内存使用率: 69.6 %
----------------------------------------------------------------
磁盘信息：
C:\ 信息：
磁盘总容量: 79 G
已用容量: 67 G
可用容量: 11 G
D:\ 信息：
磁盘总容量: 199 G
已用容量: 173 G
可用容量: 26 G
E:\ 信息：
磁盘总容量: 185 G
已用容量: 167 G
可用容量: 18 G
----------------------------------------------------------------
网络相关信息：
网卡接收流量为: 9.53 Mb,  发送流量为: 34.50 Mb
----------------------------------------------------------------
进程列表：
进程名:System Idle Process        进程状态:running     内存利用率 0.0005857493051548868
进程名:System                     进程状态:running     内存利用率 0.008981489345708265
进程名:smss.exe                   进程状态:running     内存利用率 0.004978869093816537
进程名:atiesrxx.exe               进程状态:running     内存利用率 0.01903685241753382
进程名:csrss.exe                  进程状态:running     内存利用率 0.030263714099669152
...
进程名:notepad.exe                进程状态:running     内存利用率 0.2343973469461472
```

◀》 提示

psutil 模块是跨平台的第三方库，以上代码几乎不用修改，就可以在其他系统中运行，如 Linux、OSX、FreeBSD、OpenBSD 和 NetBSD 等系统。

扫一扫，看视频

9.2 实例 68 获取网络相关信息

9.2.1 编程要点

第三方库 **IPy** 是一个专门处理与 IP 地址相关的模块，这个库是跨平台的库，通过 pip install ipy 命令安装。

IPy 库可以对网段和 IP 地址进行一系列操作与处理，使用方法简单明了。相关样例代码及注释如下所示。

```python
# 导入模块库
from IPy import IP
# 定义一个网段
ips=IP('192.168.1.0/30')
# ips.len()函数可以打印出网段的长度（包含 IP 地址数）
# 以下语句打印出：IP 地址数： 4
print('IP 地址数: ',ips.len())
# 输出 192.168.1.0/30 网段的所有 IP 清单
for ip in ips:
    '''
    print(ip)代码语句打印出：
    192.168.1.0
    192.168.1.1
    192.168.1.2
    192.168.1.3
    '''
    print(ip)
# 取得 IP 地址的类型
ip_ver4=IP('172.16.2.18').version()
# 以下语句打印: 4
print(ip_ver4)
# 取得 IP 地址的类型
ip_ver6=IP('::1').version()
# 以下语句打印: 6
print(ip_ver6)
# 判断 IP 地址是否在某个网段
if '172.16.2.78' in IP('172.16.2.0/24'):
    # 以下语句打印: 172.16.2.78 包含在 172.16.2.0/24 网段中
    print('172.16.2.78 包含在 172.16.2.0/24 网段中')
ip=IP('172.16.33.1')
# 反向解析 IP 地址格式
# 以下语句打印出:1.33.16.172.in-addr.arpa.
print(ip.reverseName())
# 以下语句打印出:PRIVATE
```

09

```
# 说明 172.16.33.1 为私网类型
print(ip.iptype())
# 根据 IP 地址和子网掩码取得网段格式
net=IP('10.65.66.0').make_net('255.255.255.0')
# 以下语句打印出：网段：10.65.66.0/24
print('网段:',net)
```

9.2.2　利用 IPy 库获取网络相关信息

本节编程实例主要实现的功能是：通过接收用户输入的一个 IP 地址或网段进行解析操作，并返回相关的信息（广播、掩码和反向解析等信息）。样例代码如下所示。

```
from IPy import IP
# 接收用户输入，参数为 IP 地址或网段地址
ip_ = input('请输入一个 IP 地址或一个网段：')
ip_info = IP(ip_)
# 长度大于 1 时，是一个网段
if len(ip_info) > 1:
    # ip_info.net()输出网段 IP 第一个地址
    print ('网段 IP 地址：',ip_info.net())
    # ip_info.netmask()输出网络掩码
    print ('子网掩码：', ip_info.netmask())
    # ip_info.broadcast()输出广播地址
    print ('广播地址：',ip_info.broadcast())
    # p_info.reverseNames()输出反向解析地址格式列表
    print ('反向解析地址格式：' , ip_info.reverseNames()[0])
    # len(ip_info)输出网络包含 IP 地址数量
    print ('网段包含 IP 地址数量：',len(ip_info))
    print('网段包含的 IP 地址列举如下：')
    # 循环语句打印出网段包含的所有 IP 地址
    for one_ip in ip_info:
        print(one_ip)
else:
    print ('反向解析地址格式：',ip_info.reverseNames()[0])
    # ip_info.strBin()输出 IP 地址二进制形式
    print ('IP 地址二进制形式：' ,ip_info.strBin())
    # ip_info.iptype() 输出 IP 地址类型，如：PRIVATE，PUBLIC 等
    print ('IP 地址类型：' ,ip_info.iptype())
```

以上代码非常直观，由此可以看出，在 IPy 库模块中只要了解其函数的作用和功能，就可以直接使用。

09

9.3 实例 69 查询服务器状态

9.3.1 编程要点

获取 DNS 相关信息需要安装 dnspython 这个第三方库，安装方法是执行 pip install dnspython 命令。dnspython 是一个 DNS 工具包，主要提供 DNS 的访问和查询功能，最主要的查询函数是 DNS 解析器类 resolver 下面的 query()函数，现简单介绍如下。

函数调用格式是 ns=dns.resolver.query(domain,rdtype=arg1,rdclass=arg2,tcp=False,source=None, source_port=0,rasie_on_no_answer=True)，query()函数的功能是：根据传入的参数返回指定资源类型（如 A 记录、MX 记录和 CNAME 记录等）的相关信息。

- 参数 doamin 是字符类型，表示要查询的域名。
- 参数 rdtype 是字符类型，用来指定资源类型，主要有 A 记录（主机名转换为 IP 地址记录）、MX 记录（邮件服务器的域名记录）、CNAME 记录（域名别名映射记录）、NS 记录（域名服务器记录）、PTR 记录（IP 地址转换为主机名记录）和 SOA 记录（起始授权机构记录，用于在众多 NS 中记录哪一台是主服务器）等选项。
- 参数 rdclass 是字符类型，用来指定网络类型，主要有 IN、CH 和 HS 三个选项。
- 参数 tcp 是布尔类型，用于指定查询是否启用了 TCP 协议，默认是 False 不启用。
- 参数 source 指定要查询的 IP 地址。
- 参数 source_port 指定端口。
- 参数 rasie_on_on_answer 是布尔类型，指定当无法返回查询结果时是否抛出异常。

利用 dns.resolver.query()方法可以简单实现 A、MX、NS 和 CNAME 等记录的查询解析，下面用代码的形式介绍，相关注释也在代码中给出。

（1）查询 A 记录，样例代码如下所示。

```python
# 导入模块
from dns.resolver import query
# 取得域名
domain=input('请输入域名：')
# 去掉域名前的"www."，防止有些系统解析出错
if domain.startswith('www'):
    domain=domain[4:]
# 取得 A 记录的信息
A_info=query(domain,'A')
print('域名',domain,'对应的 IP 地址：')
# 第一个 for 取得每一条 A 记录，通过 response.answer 方法获取查询信息
for i in A_info.response.answer:
    #第二个 for 取得每条记录的 IP 地址列
    for j in i.items:
        print(j.address)
```

以上代码中需要注意的是将域名中的"www."去掉，防止解析出错。代码运行时，录入一个域名，程序将在终端上给出 DNS 的 A 记录信息，如下所示。

```
请输入域名：www.163.com
域名 163.com 对应的 IP 地址：
123.58.180.7
123.58.180.8
```

（2）查询 MX 记录信息，样例代码如下所示。

```
# 导入模块
from dns.resolver import query
# 取得域名
domain=input('请输入域名：')
# 去掉域名前的"www."。提示：查询 MX 记录时，域名不能包括"www."
if domain.startswith('www'):
    domain=domain[4:]
# 取得 MX 记录的信息
MX_info = query(domain, 'MX')
# 通过 for 循环遍历每条记录，输出 MX 记录的 preference 及 exchanger 信息
for i in MX_info:
    print ('邮件服务器域名：', i.exchanger,',', 邮件服务器的优先级：', i.preference)
```

MX（Mail Exchanger）是指邮件交换记录，它指向一个邮件服务器。MX 记录中有一个字段 preference 表示优先级，它是数值型，值越小优先级越高，也就是两条不同优先级的 MX 的记录指向的邮件服务器，通常先使用优先级高的服务器。只有当优先级高的邮件服务器异常时，低优先级的才可能启用，进行邮件收取和转发。

代码运行时，录入一个域名，程序将在命令行终端上给出 DNS 的 MX 记录信息，如下所示。

```
请输入域名：www.163.com
邮件服务器域名： 163mx01.mxmail.netease.com. ，邮件服务器的优先级： 10
邮件服务器域名： 163mx02.mxmail.netease.com. ，邮件服务器的优先级： 10
邮件服务器域名： 163mx03.mxmail.netease.com. ，邮件服务器的优先级： 10
邮件服务器域名： 163mx00.mxmail.netease.com. ，邮件服务器的优先级： 50
```

（3）查询 CNAME 记录信息，样例代码如下所示。

```
import dns.resolver
domain=input('请输入域名：')
# 域名前缀必须有"www."
if not domain.startswith('www'):
    domain='www.'+domain
CNAME_info = dns.resolver.query(domain, 'CNAME')
# 第一个 for 循环取得每一条 CNAME 记录，通过 response.answer 方法获取查询信息
for i in CNAME_info.response.answer:
    # 第二个 for 循环取得每条记录的域名的映射名
    for j in i.items:
        print(domain,'的域名的映射名(别名)：',j.to_text())
```

以上代码与前面代码相似，可以参考前面的介绍和代码中的注释。代码运行时，录入一个域名，程序将在命令行终端上给出 DNS 的 CNAME 记录信息，如下所示。

```
请输入域名：www.163.com
www.163.com 的域名的映射名(别名)：www.163.com.163jiasu.com.
```

（4）查询 NS 记录信息，样例代码如下所示。

```python
# 导入模块
from dns.resolver import query
# 取得域名
domain=input('请输入域名：')
# 去掉域名前的"www."，防止有些系统解析出错
if domain.startswith('www'):
    domain=domain[4:]
# 指定查询类型为 NS
NS_info = query(domain, 'NS')
print('域名解析服务器：')
# 第一个 for 循环取得每一条 NS 记录，通过 response.answer 方法获取查询信息
for i in NS_info.response.answer:
    # 第二个 for 循环取得每条记录的域名解析服务器的名字
    for j in i.items:
        print(j.to_text())
```

代码运行时，录入一个域名，程序将在命令行终端上给出 DNS 的 NS 记录信息，如下所示。

```
请输入域名：www.baidu.com
域名解析服务器：
ns3.baidu.com.
ns2.baidu.com.
ns4.baidu.com.
ns7.baidu.com.
dns.baidu.com.
```

（5）查看 PTR 记录信息，使用 IP 查找 hostname 记录，如下所示。

```python
# 导入模块
from dns import reversename, resolver
from  dns.resolver import query
# mail.126.com 的 ip
ip = '123.126.96.212'
# reversename.from_address()取得反转地址，即 IP 地址倒排
address = reversename.from_address(ip)
# 打印反转地址，以下语句打印出：212.96.126.123.in-addr.arpa.
print(address)
# 取出主机名（域名），query()函数返回一个对象列表，
# 列表中只有一个主机名对象，通过 str()函数将其转化为字符串
host_name = str(query(address, 'PTR')[0])
print(host_name)
```

代码运行时，程序将在命令行终端上给出 hostname 信息，如下所示。

```
212.96.126.123.in-addr.arpa.
mail-m96212.mail.126.com.
```

9.3.2 获取 IP 地址并查询服务器状态

本节编程实例的流程是：首先通过 query() 函数解析取得某域名下所有的服务器 IP 地址，然后检查每台服务器的状态。样例代码如下所示。

```python
from dns.resolver import query
import requests
# 域名解析函数，返回解析成功的 IP 地址
def get_ip(domain):
    # 定义保存域名所有 IP 的列表变量 iplist
    list_ip = []
    try:
        # 去掉域名前的"www."，防止有些系统解析出错
        if domain.startswith('www'):
            domain=domain[4:]
        # 取得 A 记录的信息
        A_info=query(domain,'A')
        # 第一个 for 循环取得每一条 A 记录，通过 response.answer 方法获取查询信息
        for i in A_info.response.answer:
            #第二个 for 循环取得每条记录的 IP 地址列
            for j in i.items:
                list_ip.append(j.address)
    except Exception as e:
        print("无法取得域名对应 IP 地址!" )
        return []
    # 返回 IP 地址列表
    return list_ip
# 通过 IP 地址检查服务器的状态
def check_status(ip):
    try:
        # 访问 IP 地址对应的服务器，其中 ip 保存的是网站域名服务器的 IP 地址
        r = requests.get('http://' + str(ip))
    finally:
        # 服务器返回 status_code==200 说明服务器可以正常访问，状态正常
        if r.status_code==200:
            print('地址为: ',str(ip),"的服务状态正常! ")
        # 服务器返回 status_code==403 有两种可能，一种是该 IP 地址的服务不存在，另一种是服务
        # 器屏蔽了 IP 直接访问的功能
        # 这里既然能够通过域名解析出 IP 地址，可以推断出服务器屏蔽了 IP 直接访问的功能，极少可
        # 能是服务器异常
        elif r.status_code==403:
            print('地址为: ',str(ip),"的服务器可能屏蔽了 IP 直接访问的功能，无法预知状态! ")
        else:
            print('地址为: ',str(ip),"的服务器状态异常，请切换其他 IP 访问网站")
```

```
# 主函数 main
if __name__=="__main__":
    domain = input('请输入域名: ')
    # 调用函数解析出域名对应的 IP
    IPs=get_ip(domain)
    if len(IPs)>0:
        # 通过循环检查每个 IP 地址上服务器的状态
        for ip_one in IPs:
            check_status(ip_one)
    else:
        print(domain,'的域名无法解析出 IP 地址!')
```

（1）以上代码有两个函数，一个是 get_ip()函数，主要功能是根据传入的域名，通过 dns.resolver.query()函数取得该域名下的各台服务器的 IP 地址，放到一个列表变量中，并返回这个列表变量。另一个是 check_status()函数，主要功能是根据传入的 IP 地址，通过 requests.get()函数取得该 IP 服务器的一个 Response 响应对象，根据响应对象的状态码来判断服务器的状态。

（2）check_status()函数用到 requests 第三方库，这个库可以通过命令 pip install requests 进行安装。requests.get()函数调用格式是：response = requests.get(url)，其中参数 url 是字符串，用来指定网址；返回值 response 是一个 Response 对象，它有以下属性（这里假定保存 Response 对象的变量名为 response）。

- response.headers：表示响应内容的头信息。
- response.status_code：表示请求的返回状态，如 200 表示连接成功，404 表示连接失败。
- response.url：表示向其发出请求的 URL。
- response.cookies：表示 cookie 信息。
- response.text：表示响应网页的 HTML 源码。
- response.content：表示 HTTP 响应内容的二进制形式。
- response.encoding：表示响应内容编码方式。

程序运行时，根据提示录入一个域名，程序将对域名所对应的全部服务器进行状态检查，并将相应的信息显示在命令行终端上，如下所示。

```
请输入域名: www.baidu.com
地址为: 39.156.69.79 的服务状态正常!
地址为: 220.181.38.148 的服务状态正常!
```

扫一扫，看视频

9.4 实例 70 获取计算机端口状态

9.4.1 编程要点

本节编程实例要用到 nmap 软件功能，在 Python 代码中调用 nmap 软件功能需要两个步骤，第一步要在操作系统上安装 nmap 软件，方法较为简单，到 nmap 官网下载该软件，然后按照默认方式安装即可；第二步安装第三方库 python-nmap，通过命令 pip install python-nmap 进行安装。

获取计算机端口信息主要通过 PortScanner()函数建立一个扫描对象，然后通过这个对象的属性或方法取得相关信息。样例代码如下所示。

```python
import nmap

# 主函数 main
if __name__ == '__main__':
    # 建立一个端口扫描对象
    scan_obj = nmap.PortScanner()
    # 扫描主机地址为 123.126.96.210 的 22、80 以及 443~445 端口号
    scan_obj.scan("123.126.96.210", "22,80,443-445")
    # command_line()函数取得 nmap 软件在命令行上的语句形式,
    # 也就是 scan_obj.scan("123.126.96.210","22,80,443-445")
    # 这条语句对应 nmap 软件中的那条命令语句
    print('代码调用 nmap 命令语句形式: ', scan_obj.command_line())
    # scaninfo()函数取得扫描对象相关的信息
    print('扫描信息: ', scan_obj.scaninfo())
    # all_hosts()函数取得扫描主机的列表
    print('扫描的主机列表: ', scan_obj.all_hosts())
    # scan_obj["123.126.96.210"].hostname()可取得 IP 为 123.126.96.210 的主机名
    print('IP 为 123.126.96.210 的主机名', scan_obj["123.126.96.210"].hostname())
    # scan_obj["123.126.96.210"].state()可取得 IP 为 123.126.96.210 的主机状态,
    # 主机状态有 up（开机状态）、down（关机状态）、unknown（未知状态）和 skipped（冲突）等选项
    print('IP 为 123.126.96.210 的主机状态: ', scan_obj["123.126.96.210"].state())
    # scan_obj["123.126.96.210"].all_protocols()可取得 IP 为 123.126.96.210 的主机
    # 的运行的几种协议
    print('IP 为123.126.96.210的主机运行协议列表: ',scan_obj["123.126.96.210"].all_protocols())
    # scan_obj["123.126.96.210"].all_tcp()可取得 IP 为 123.126.96.210 的主机哪些端口
    # 运行 TCP 协议,
    # 前提是这些端口是 scan()函数要扫描的端口,
    # 例如: scan_obj.scan("123.126.96.210", "22,80,443-445")语句,
    # 后面的语句凡涉及端口的都遵守这条规则
    print('IP 为 123.126.96.210 的主机运行 TCP 协议的端口列表: ',
    scan_obj["123.126.96.210"].all_tcp())
    # scan_obj["123.126.96.210"].all_udp()可取得 IP 为 123.126.96.210 的主机哪些端口
    # 运行 UDP 协议
    print('IP 为 123.126.96.210 的主机运行 UDP 协议的端口列表: ',
    scan_obj["123.126.96.210"].all_udp())
    # scan_obj["123.126.96.210"].has_tcp(445)判断该 445 端口是否运行 TCP 协议
    print('IP 为 123.126.96.210 的主机 445 端口是否运行 TCP 协议: ',
        scan_obj["123.126.96.210"].has_tcp(445))
    # scan_obj["123.126.96.210"]['tcp'][445]['state']返回 TCP 协议下 445 端口的运行状态
    print('IP 为 123.126.96.210 的主机在 TCP 协议下 445 端口运行状态: ',
        scan_obj["123.126.96.210"]['tcp'][445]['state'])
```

以上代码列举取得端口各类信息的方法，相关解释都放在代码中，由于代码较为简单，这里不再详细介绍。代码运行后，在终端上打印以下信息，读者可结合这些信息与代码对照，了解代码的

运行情况。

```
代码调用 nmap 命令语句形式：nmap -oX - -p 22,80,443-445 -sV 123.126.96.210
扫描信息：{'tcp': {'method': 'syn', 'services': '22,80,443-445'}}
扫描的主机列表：['123.126.96.210']
IP 为 123.126.96.210 的主机名 mail-m96210.mail.126.com
IP 为 123.126.96.210 的主机状态：up
IP 为 123.126.96.210 的主机运行协议列表：['tcp']
IP 为 123.126.96.210 的主机运行 TCP 协议的端口列表：[22, 80, 443, 444, 445]
IP 为 123.126.96.210 的主机运行 UDP 协议的端口列表：[]
IP 为 123.126.96.210 的主机 445 端口是否运行 TCP 协议：True
IP 为 123.126.96.210 的主机在 TCP 协议下 445 端口运行状态：filtered
```

9.4.2　获取网段上计算机端口状态

本节编程实例实现获取一个网段上计算机指定端口的状态的功能。样例代码如下所示。

```python
import nmap
# 获取网段上计算机指定端口的信息
# 参数 hosts 可以是主机的 IP，也可以是指定的网段上的 IP
# 参数 posts 是将要扫描的端口
def get_port_info(hosts,ports):
    # 建立一个端口扫描对象
    scan_obj=nmap.PortScanner()
    # 扫描 hosts 指定的计算机上 ports 指定的端口
    scan_obj.scan(hosts,ports)
    # 循环取出每一台计算机 IP
    for host in scan_obj.all_hosts():
        print('-' *10, '主机IP:',host,'端口状态', '-' * 30)
        # 打印出主机的 IP(host)、主机名（scan_obj[host].hostname()）、
        # 主机状态（scan_obj[host].state()）
        print('主机IP:',host,'\t 主机名: ',scan_obj[host].hostname(),
            '\t 主机状态: ',scan_obj[host].state())
        # 取出计算机上要扫描的端口
        ports=scan_obj[host]['tcp'].keys()
        # 循环取出每一个端口
        for port in ports:
            # 打印出计算机端口号（port）和端口状态（scan_obj[host]['tcp'][port]['state']）
            print('端口: ',port,'状态: ', scan_obj[host]['tcp'][port]['state'],', ', end='')
        print('')

# 主函数 main
if __name__=='__main__':
    # 调用函数
    get_port_info('10.65.66.0/24','21,22,23,25,69,79,88')
```

get_port_info()函数主要功能是循环取出每一台计算机的相关信息，然后再利用内层循环取得每

台计算机要扫描的端口的状态，最后将端口信息打印到终端上，其信息如下所示。

```
---------- 主机 IP: 10.65.66.1 端口状态 -------------------------------
主机 IP: 10.65.66.1   主机名:        主机状态: up
端口: 21 状态: closed，端口: 22 状态: open，端口: 23 状态: closed，端口: 25 状态:
closed，端口: 69 状态: closed，端口: 79 状态: closed，端口: 88 状态: closed，
---------- 主机 IP: 10.65.66.18 端口状态 -------------------------------
主机 IP: 10.65.66.18 主机名:        主机状态: up
端口: 21 状态: filtered，端口: 22 状态: filtered，端口: 23 状态: filtered，端口: 25 状
态: filtered，端口: 69 状态: filtered，端口: 79 状态: filtered，端口: 88 状态:
filtered，
---------- 主机 IP: 10.65.66.211 端口状态 -------------------------------
主机 IP: 10.65.66.211 主机名: windows10.microdone.cn        主机状态: up
端口: 21 状态: closed，端口: 22 状态: closed，端口: 23 状态: closed，端口: 25 状态:
closed，端口: 69 状态: closed，端口: 79 状态: closed，端口: 88 状态: closed，
...
```

📢 提示

以上信息中，有些端口状态是 filtered，这是因为该端口被防火墙屏蔽了，由此可以推导出
该计算机的防火墙是开启的。

09

第 10 章　类　与　对　象

　　Python 是面向对象的编程语言，它有两个重要的概念：类和对象。类和对象是相互关联的，类可以理解成是创建对象的模板或蓝图，类通过组合一些变量（类的属性）和函数（类的方法）来描述具有相同属性和方法的一类对象。类虽有变量和函数，但它不能直接使用，需要通过创建对象来实例化类才能使用，这个创建的对象继承类的属性和方法，可以在程序中直接使用对象的属性和方法。本章将介绍几个实用型类的创建以及使用类的实例化对象解决实际问题的案例。

10.1　实例 71 简单 MySQL 操作类

10.1.1　类的基础知识

　　类和对象是 Python 中两个重要的概念，类包含属性和方法（类中的函数），类实例化后成为对象，该对象具有了该类相应的属性和方法（这称为继承）。下面是一个关于类的简单样例代码。

```python
# 定义一个教师类
class teacher(object):
    # 在属性的名称前加上两个下划线（__），这个属性就变成了一个私有变量，只能在类内部可以访问，
    # 可以通过设置一个函数，通过该函数间接访问私有变量，
    # 如类的函数 get_marital(self)可以返回__marital_status 的相关信息
    __marital_status = None
    # __init__()是初始化函数，在创建类对象时，可对类的对象进行初始化操作，
    # __init__()函数的第一个参数是 self，表示创建的类对象本身，
    # 在__init__()内部通过 self 把各种属性绑定到类对象上，如以下代码所示，
    # 提示：在创建类对象时，除 self 不需要传递，传递的其他参数必须与__init__()方法匹配
    def __init__(self,course,sex,age):
        # 初始化时，用传入参数 course、sex 和 age 给类属性赋值
        self.course=course
        self.sex=sex
        self.age=age
    # 类的其他函数，第 1 个参数也是 self
    def get_capacity(self):
        return '本人是一名教授'+self.course+'的'+self.sex+'老师,现在年龄'+str(self.age)+ '岁。'
    # 私有变量可通过函数对外提供变量值
    def get_marital(self):
        if self.__marital_status==True:
            return '我是一名老师，现已结婚。'
```

```
            elif self.__marital_status==False:
                return '我是一名老师，未婚。'
            else:
                return '我是一名老师，婚姻状况保密。'
    # 私有变量可通过函数对外提供修改其变量值的功能
    def set_marital(self,martital=None):
        if martital in [True,False,None]:
            self.__marital_status=martital
        else:
            raise ValueError('数据不合规范!')
# 主函数 main
if __name__=='__main__':
    # 实例化 teacher 类，即 english_teacher 对象继承于 teacher 类
    # 以下初始化语句实际上是调用 teacher 类__init__()函数，
    # 除了__init__()函数的第一个参数 self 不传，其他参数要按对应关系进行传递
    english_teacher=teacher('English','女',26)
    # 调用 enlish_teacher 类对象函数，也是调用其父类(enlish_teacher 对象所继承的类)中的函数
    info=english_teacher.get_capacity()
    # 以下语句在终端上打印出：本人是一名教授 English 的女老师，现在年龄 26 岁
    print(info)
    # 调用函数取得私有变量的值，
    # 不能通过 martial_stat=english_teacher.__marital_status 取得相应的值
    martial_stat=english_teacher.get_marital()
    # 以下语句在终端上打印出：我是一名老师，婚姻状况保密
    print(martial_stat)
    # 设置私有变量的值，不能通过 english_teacher.__marital_status=False 方式设置，
    # 而通过调用类对象的函数修改私有变量的值
    english_teacher.set_marital(False)
    martial_stat = english_teacher.get_marital()
    # 以下语句在终端上打印出：我是一名老师，未婚
    print(martial_stat)
```

（1）以上代码首先定义一个教师类 teacher，这个类中有属性 course、sex 和 age，这些属性在类的初始化函数__init__()中被定义，这些属性可以被其实例化对象继承并调用，调用方式一般是"实例化对象名.属性"；在类中还定义了一个属性__marital_status，这个属性以两个下划线开头，表示是私有属性，一般只可在类内部访问，在外部不能访问。要想在外部访问私有变量，可通过在类中建立函数的方式，也就是通过函数将私有变量的值返回给外部程序，也可以通过函数修改私有变量，如类中的 get_marital()和 set_marital()函数。

（2）代码中用 english_teacher=teacher('English','女',26)语句继承了 teacher 类，相应地也继承了该类的属性和方法，除了私有属性，english_teacher 这个实例化对象可以访问类的所有属性和方法；要想访问私有属性或设置私有属性，可以通过调用该对象的 get_marital()或 set_marital()函数间接操作。

（3）面向对象编程中类相当于抽象概括出来的模板，如代码中的 teacher 类，而对象就是对类模板具体化实例化的结果（因此对象也可称作类的实例化对象），如代码中 english_teacher 对象。类

的实例化对象继承类所有函数与属性（变量），但每个对象的属性值可以是不一样的，即对象各自拥有自己的数据，所以说类的实例化过程实际上是根据类的构成创建出来的一个个具体对象的过程，每个对象都拥有相同的方法，但各自的数据可能不同。

类是可以继承的，样例代码如下所示。

```python
# 定义一个类
class person(object):
    # __init__()是初始化函数，在创建类对象时，对类对象的属性进行赋值等操作
    def __init__(self, sex, age):
        self.sex = sex
        self.age = age
    # 定义一个方法(函数)
    def think(self,language=None):
        print('我是一个人，我会思考，我的母语是'+language)
    # __str__()是一个特殊函数，其作用是：当用 print()函数打印该类的实例化对象时，
    # 会打印出该函数返回的内容
    def __str__(self):
        return '我的年龄:'+str(self.age)+',性别:'+self.sex
# 用一个类继承父类 person，这个类就是 person 类的子类
class teacher(person):
    # 当子类和父类都存在相同的函数如 think()，这时子类的函数功能会覆盖父类的函数，
    # 实例化这个子类时，实例化对象会调用这个子类的 think()函数，
    # 而不调用父类的 think()，这就面向对象编程中的多态
    def think(self,language=None):
        print('我是一个教师，我会思考，我的母语是' + language)
# 主函数 main
if __name__=='__main__':
    # teacher_one 是实例化对象
    teacher_one=teacher('女',18)
    # 以下语句调用 teacher 类的父类 person 的__str__()函数，
    # 打印出：我的年龄:18,性别:女
    print(teacher_one)
    # 应用 teacher 类的函数 think()，不会调用 person 类的函数 think()
    # 以下语句在终端上打印出：我是一个教师，我会思考，我的母语是汉语
    teacher_one.think('汉语')
```

（1）在类的继承中，被继承的类是父类，如代码中的 person 类，继承者是子类，如代码中的 teacher 类。

（2）在面向对象编程的过程中，如果一个对象继承于一个子类，这个对象优先调用子类的函数，如果子类中没有定义其实例化对象要调用的函数，才会调用父类的函数，如代码中对象 teacher_one 是 teacher 类的实例化对象，因此 teacher_one.think('汉语')语句优先调用的是 teacher 类中的 think()函数，而不是父类 person 中的 think()函数，这就是继承中"多态"的概念，子类中同名函数会覆盖父类的函数，实现不一样的功能。

（3）类中有些函数名是以双下划线开头并以双下划线结尾，这些函数（也叫方法）一般是类的专有函数，如代码中__str__()函数返回值会在 print（类的实例对象)时显示。类的专有函数还有：

__init__()函数在初始化实例对象时调用、__len__()函数用于获得实例对象某个属性的长度、__add__()函数用于实例对象的加运算、__sub__()用于实例对象的减运算、__mul__()函数用于实例对象的乘运算、__div__()用于实例对象的除运算和__del__()函数用于实例对象的删除操作等。

如上所述，在类中以双下划线开头并以双下划线结尾的函数是专有函数，有特殊的用法，这里以__iter__()函数为例，讲解这种专有函数的用法，代码如下所示。

```python
# 定义一个类
class person(object):
    # __init__()是初始化函数，在创建类对象时，对类对象进行初始化操作
    def __init__(self):
        # 设置一个属性 ii，并初始化为 0
        self.ii = 0
    # 这个函数要返回迭代对象，一般迭代对象是类的实例化对象
    def __iter__(self):
        return self
    # 这个函数返回迭代对象的下一个值
    def __next__(self):
        self.ii+=1
        if self.ii>10:
            # 遇到 StopIteration 会退出循环
            raise StopIteration()
        return '这是第'+str(self.ii)+'个实例'
    # 这个函数实现按下标取得类对象的某个属性
    def __getitem__(self,n):
        return '这是第'+str(n)+'个实例'
# 主函数 main
if __name__=='__main__':
    # 循环取得类的实例化对象，可以通过循环取得对象，该对象必须可迭代，
    # 也就是该对象继承的类必须包含__iter__()和__next__()两个函数
    for obj in person():
        print(obj)
    obj_n=person()
    # 按下标的形式取得某值，
    # 以下语句打印出：这是第 3 个实例
    print(obj_n[3])
```

（1）要想让一个类的实例化对象成为一个可迭代对象，也就是实例化对象可通过 for 循环取出对象相关内容，要在类中添加__iter__()函数并让该函数返回一个迭代对象（这个对象一般是类的实例化对象本身）。还要在类中增加__next__()函数，这个函数要返回迭代对象的下一个值，即在循环调用时每次要返回的值。

（2）以上代码在主函数 main 中通过 for 循环调用类的实例化对象 obj，因为 obj 所继承的类 person 实现了__iter__()和__next__()两个函数的功能，所以在 for obj in person():代码块中，print(obj)语句在命令行终端上输出如下内容。

这是第 1 个实例
这是第 2 个实例

这是第 3 个实例
这是第 4 个实例
这是第 5 个实例
这是第 6 个实例
这是第 7 个实例
这是第 8 个实例
这是第 9 个实例
这是第 10 个实例

（3）类中__getitem__()可以让类的实例对象实现索引功能，即实例化对象通过下标取得相应的值，例如代码中的 obj_n[3]。类的实例化对象下标中的数字与类中__getitem__(self,n)中第二个参数有关，例如主函数 main 中的 print(obj_n[3])语句会调用类中的__getitem__()函数在命令行终端上打印出"这是第 3 个实例"。

10.1.2 封装 MySQL 操作

本节编程实例，生成一个简单 MySQL 操作类，把针对数据库的操作功能进行了封装，这样减少了代码的重复编写，一定程度上减少了代码出错的概率，提高了编程效率。样例代码如下所示。

```python
# 导入操作 MySQL 的模块库
import pymysql
# 建立一个简单的数据库操作类
class SimpleMySqlClass:
    # 初始化函数，用来设置要操作的数据库的地址（host）、数据库名（db_name）、
    # 登录用户（user）和密码（password）等信息，
    # 函数还对数据库进行了连接，并建立一个游标为操作数据库做准备
    def __init__(self, host, db_name,user,password):
        self.host = host
        self.user = user
        self.password = password
        self.db_name = db_name
        # 调用函数 create_connection()对数据库进行连接
        self.connection = self.create_connection()
        # 调用函数 create_cursor()生成一个游标，为操作数据库做好准备
        self.cursor = self.create_cursor()
    # 建立一个数据库连接
    def create_connection(self):
        self.connection = pymysql.connect(self.host, self.user, self.password,
        self.db_name)
        return self.connection
    # 建立一个游标
    def create_cursor(self):
        # 通过数据库连接建立一个操作游标
        self.cursor = self.connection.cursor()
        return self.cursor
    # 执行查询
```

```python
    def query_sql(self, sql):
        try:
            # 执行查询语句
            self.cursor.execute(sql)
            # 利用游标的 fetchall() 函数取得查询到的所有记录
            data = self.cursor.fetchall()
            # 返回记录
            return data
        except Exception:
            # 发生错误时返回有错误的 SQL 语句
            raise Exception('执行的 SQL 语句：'+sql+'，出现异常，请检查!')
    # 执行增、删、改相关 SQL 语句
    def execute(self, sql):
        try:
            # 执行增、删、改 SQL 语句时，返回的值是操作结果影响到的记录数
            re=self.cursor.execute(sql)
            # 提交执行事务
            self.connection.commit()
            return re
        except Exception:
            # 发生错误回滚事务
            self.connection.rollback()
            # 返回-1 提示执行出错
            return -1
    # 列出数据库中表
    def list_tables(self):
        sql_1 = 'show tables'
        try:
            self.cursor.execute(sql_1)
            table_list = self.cursor.fetchall()
            return table_list
        except Exception:
            raise Exception('执行的 SQL 语句：' + sql_1 + '，出现异常，请检查!')
    # 关闭连接，执行完相关的数据库操作，即时关闭连接是良好的编程习惯
    def close(self):
        self.connection.close()
# 主函数 main 对类进行测试
if __name__=='__main__':
    # 对类进行实例化
    mysql_obj=SimpleMySqlClass('localhost','mytest','root','root')
    #query_sql()执行查询(运行 SQL 中的 select 语句)
    # myapp_userinfo 是数据库中一张数据表，包含 user、name 等字段
    re=mysql_obj.query_sql('select * from myapp_userinfo')
    for row in re:
        print('序号：'+str(row[0])+'姓名：'+row[1]+'电子邮箱:'+row[2])
    # 增加一条记录，操作成功，返回在数据库中插入的记录数
    # 执行增、删、改的 SQL 语句时，返回的是操作成功影响到的记录数
```

```
add_count = mysql_obj.execute('insert into myapp_userinfo(user,email)'
                              ' values("王好","wanghao@163.com")')
if add_count>=1:
    print('增加人员成功!')
else:
    print('增加人员失败!')
del_count = mysql_obj.execute('delete from  myapp_userinfo where user="王好"')
if add_count >= 0:
    print('删除记录'+str(add_count)+'条')
else:
    print('出现错误!')
table_names=mysql_obj.list_tables()
print('数据库的表列举如下: ')
for name in table_names:
    print(name[0])
# 关闭数据库连接，节省计算机资源
mysql_obj.close()
```

以上代码中的 SimpleMysqlClass 类，将操作 MySQL 数据库的常规的、重复的代码进行了封装，这样继承该类的对象，就可以用很少量的代码进行数据操作业务。

在针对数据库的编程中，建立连接、生成一个操作游标和执行数据库表的增、删、改、查等功能的代码大同小异，重复地编写这些代码会浪费很多时间。将实现这些功能的语句封装到类中，可以一次成功，多次调用，提高了编程效率，也减少了出错概率。

扫一扫，看视频

10.2　实例 72　简单 Oracle 操作类

10.2.1　编程环境说明

本节建立的 Oracle 操作类是以第三方库 cx_Oracle 为基础进行设计的，相关软件开发环境和配置请参考前面章节。这里仅列举出测试 Oracle 操作类时用到的 Oracle 数据库的存储过程和函数的代码，辅助读者理解后面的 Python 代码。

（1）数据库中存储过程名称为 kqkq.hello_world，它有三个参数，参数 name 是一个输入参数，参数 outstring 是一个输出参数，参数 otherstring 是一个输入输出两个属性都有的参数，存储过程的功能是将参数 name 和参数 otherstring 的值组合成一个新字符串，并把这个字符串赋值给参数 outstring。样例代码如下所示。

```
create or replace procedure kqkq.hello_world
(
name in varchar2,
outstring out varchar2,
otherstring  in out varchar2)
is
```

```
begin
  otherstring:='你说得对：'||otherstring;
  outstring:='你好,'||name||',' ||otherstring;
end;
```

（2）数据库中函数的名称为 left，它有两个参数，分别是 strstring 和 intsize，它的返回值是 varchar2 类型（Oracle 中的数据类型），该函数的功能是将参数 strstring 代表的字符串从左边开始截取出参数 intsize 指定长度的字符串，并将这个字符串作为返回值。样例代码如下所示。

```
create or replace function left (
  strstring        in varchar2,
  intsize          in number
  ) return varchar2
is
begin
  return(substr(strstring, 1, intsize));
end;
```

10.2.2　封装 Oracle 操作

本节编程实例的代码分两部分，一部分定义了 Oracle 数据库操作类，一部分是通过实例化类对象测试类的属性和方法。这里分成两段来介绍，第一段是关于 Oracle 数据库操作类的代码，如下所示。

```
# 第一段代码
import cx_Oracle as cx_ora
import os
# 简单 Oracle 数据库操作类
class SimpleOracleClass:
    # 初始化函数
    # 参数 user 是数据库的登录用户名
    # 参数 pwd 是数据库的用户密码
    # 参数 ip 是数据库所在服务器 IP
    # 参数 port 是数据库对外提供服务的端口号
    # 参数 servername 是数据库服务名
    def __init__(self, user, pwd, ip,port,servername):
        self.username=user
        self.pwd = pwd
        self.ip=ip
        self.port=port
        self.servername=servername
        self.conn_obj = None
        self.cursor_obj = None
    # 建立数据库连接
    def connect(self):
        try:
```

```
            # 拼结成一个连接 Oracle 数据库的字符串
            conn_str=self.username+'/'+self.pwd+'@'+self.ip+':'+self.port+'/'+
            self.servername
            print(conn_str)
            # 生成一个数据库连接对象
            self.conn_obj = cx_ora.connect(str(conn_str))
            # 生成一个游标对象
            self.cursor_obj = self.conn_obj.cursor()
        # 捕获数据库抛出的错误
        except cx_ora.DatabaseError as ex:
            raise Exception("数据库错误："+ str(ex))
        # 捕获其他错误
        except Exception as ex:
            raise Exception("出现错误:" + str(ex))
        # 如果未能建立连接对象或游标对象，返回 False
        if self.conn_obj is None or self.cursor_obj is  None:
            return False
        return True
    # 关闭数据库的游标，断开与数据库的连接
    def close(self):
        # 关闭数据库的游标
        self.cursor_obj.close()
        # 断开与数据库的连接
        self.conn_obj.close()
    # 执行查询语句
    # 参数 sel_sql 是执行查询的 SQL 的语句
    # 参数 args 是 sel_sql 所需要的参数
    def select_sql(self, sel_sql, args=[]):
        try:
            # 执行 SQL 语句
            self.cursor_obj.execute(sel_sql, args)
            # 取得查询到的数据集
            row_data = self.cursor_obj.fetchall()
        # 捕获数据库抛出的错误
        except cx_ora.DatabaseError as ex:
            raise Exception("数据库错误： " +str(ex))
        # 捕获其他错误
        except Exception as ex:
            raise Exception("出现错误:" + str(ex))
        return row_data
    # 执行增、删、改三种类型的 SQL 语句
    # 参数 exe_sql 是要执行的 SQL 语句
    # 参数 args 是 exe_sql 所需要的参数
    def execute_sql(self, exe_sql, args=[]):
        try:
            # 执行 SQL 语句
            self.cursor_obj.execute(exe_sql, args)
```

```
        # 执行数据库的事务提交
        self.conn_obj.commit()
    # 捕获数据库抛出的错误
    except cx_ora.DatabaseError as ex:
        raise Exception("数据库错误: " +str(ex))
    # 捕获其他错误
    except Exception as ex:
        raise Exception("出现错误:" + str(ex))
# 调用并执行数据库中的函数
def call_func(self, func_name, ret_type, args=[]):
    try:
        # 调用并执行数据库中的函数
        ret_value = self.cursor_obj.callfunc(func_name, ret_type, args)
    # 捕获数据库抛出的错误
    except cx_ora.DatabaseError as ex:
        raise Exception("数据库错误: " +str(ex))
    # 捕获其他错误
    except Exception as ex:
        raise Exception("出现错误:" + str(ex))
    return ret_value
# 调用并执行数据库中的存储过程
def call_proc(self, proc_name, args=[]):
    try:
        # 调用并执行数据库中的存储过程
        self.cursor_obj.callproc(proc_name, args)
    # 捕获数据库抛出的错误
    except cx_ora.DatabaseError as ex:
        raise Exception("数据库错误: " +str(ex))
    # 捕获其他错误
    except Exception as ex:
        raise Exception("出现错误:" + str(ex))
```

（1）SimpleOracleClass 类的初始化函数主要通过属性字段保存 Oracle 数据库的登录用户名、用户密码、数据库服务器的 IP 和端口号以及数据库服务名等信息。

（2）connect()函数通过初始化函数中的属性字段拼接成 Oracle 数据库连接字符串，建立起与数据库的连接，并基于该连接对象建立了一个将来用于操作数据库的游标。

（3）close()函数关闭游标和断开与数据库的连接，起到节约数据库服务资源的作用。

（4）其他函数都是操作数据库的函数，select_sql()函数执行数据库查询的 SQL 语句，execute_sql()函数执行数据库表增、删、改的 SQL 语句，call_func()函数调用并执行数据库中的函数，call_proc()函数调用并执行数据库中的存储过程。

第二段代码主要是对类进行实例化，利用其实例化对象操作 Oracle 数据库。样例代码如下所示。

```
# 第二段代码
# 调用存储过程的函数
# 参数 ora_obj 是 SimpleOracleClass 类的实例化对象
def test_call_proc(ora_obj):
```

```
    # 设置一个参数，对应存储过程的输入参数 name
    param_name = '李明'
    # 设置一个参数，对应存储过程的输出参数，这个参数要指定 cx_Oracle 中的数据类型
    param_outstring = ora_obj.cursor_obj.var(cx_ora.STRING)
    # 设置一个参数，对应存储过程的输出参数 otherstring
    param_otherstring = '人生还是要有梦想的！'
    # 调用 SimpleOracleClass 类中的函数 call_proc()，
    # 第一个参数是在 Oracle 数据库中的存储过程名，
    # 第二个参数是传给存储过程的参数，存储过程需要的参数要放在一个列表中
    ora_obj.call_proc('kqkq.hello_world', [param_name, param_outstring,
    param_otherstring])
    # 用 getvalue() 取得存储过程的返回值
    str = param_outstring.getvalue()
    # 打印出存储过程返回的结果
    print(str)
# 调用数据库中的函数
# 参数 ora_obj 是 SimpleOracleClass 类的实例化对象
def test_call_func(ora_obj):
    # 设置一个参数，对应数据库中的函数的输入参数 strString
    param_strString = '努力工作，勇攀高峰'
    # 设置一个参数，对应数据库中的函数的输入参数 intSize
    param_intSize = 4
    # 设置返回值的类型，这个类型在数据库中是 VARCHAR2，
    # 对应 cx_cx_Oracle 的数据类型 STRING
    param_ret_type = cx_ora.STRING
    # 调用 SimpleOracleClass 类中的函数 call_func ()，
    # 第一个参数是在 Oracle 数据库中的函数名，
    # 第二个参数是数据库中的函数返回值的数据类型，
    # 第三个参数是数据库中的函数所需的参数
    ret_value=ora_obj.call_func('Left', param_ret_type,[param_strString, param_intSize])
    # 打印数据库函数的返回值
    print(ret_value)


# 主函数 main 对类进行测试
if __name__=='__main__':
    # 设置汉字编码格式，防止在数据库取出记录中出现乱码
    os.environ['NLS_LANG'] = 'SIMPLIFIED CHINESE_CHINA.UTF8'
    # 传递相应参数，对 SimpleOracleClass 类进行实例化
    ora_obj=SimpleOracleClass(user='kqkq', pwd='kqkq', ip='127.0.0.1',
                              port='1521',servername='ORCL')
    # 调用实例化对象的 connect() 函数，建立数据库连接和生成游标
    ora_obj.connect()
    # 设置一个 SQL 查询语句的参数
    vdwbm='19'
    # 执行查询
    row_data=ora_obj.select_sql("select * from kqkq.kqjg where dwbm=:dwbm", [vdwbm])
    # 打印出查询结果的第一条记录
```

```
print(row_data[0])
# 定义一个修改数据库表的 SQL 语句
update_sql="update dwdmk set dwmc='机电装备中心' where dwbm='08' "
# 执行修改
ora_obj.execute_sql(update_sql)
# 调用数据库中的存储过程
test_call_proc(ora_obj)
# 调用数据库中的函数
test_call_func(ora_obj)
# 退出程序前关闭游标，断开与数据库的连接
ora_obj.close()
```

（1）test_call_proc()函数主要业务流程是首先生成数据库中存储过程所需的参数，然后通过 SimpleOracleClass 类的实例化对象调用类中的函数 call_proc()，进而驱动数据库中的存储过程运行，最后接收返回值并显示。

（2）test_call_func()函数也是通过 SimpleOracleClass 类的实例化对象调用类中的 call_func()函数，进而驱动数据库中函数运行。其流程与 test_call_proc ()函数相似。

（3）程序的主函数通过类的实例化对象，分别执行了 SQL 语句、存储过程和函数。可以看出通过实例类对象来操作数据库，大大减少了代码行数，提高了编程效率，同时减少了出错率。

10.3　实例 73　基于数据库连接池的操作类

扫一扫，看视频

10.3.1　编程要点

在连接数据库的 Python 编程过程中，对数据库操作时都要先建立连接才能进行下一步操作，如果访问量很大，这种每次建立一个新连接的方式将会非常耗费资源，也会影响到数据库的性能。因此在生产环境中，通常会使用数据库连接池技术，也就是预先在内存池中建立一定数量的连接，当需要连接数据库时，从池中取出一个使用，用完后放回池中，而不是关闭连接，这样就达到资源复用的目的。在 Python 中要使用连接池对象，需要安装第三方库 dbutils，这个库可以通过 pip 命令进行安装。

Python 建立数据库连接池的方法是通过调用 dbutils 模块中的 PooledDB()和 connection()两个函数，下面给出建立 MySQL 数据库连接池的方法。样例代码如下所示。

```
import pymysql
# 导入连接池模块
from DBUtils.PooledDB import PooledDB
# 建立连接池对象，以后每次连接数据库时，需要用连接对象的 connection()函数生成一个，
# 可以理解为从连接池中拿出一个，而不是重新生成一个;
# 参数 creator 指定连接池的建立者，这里是 pymysql,
# 参数 maxconnections 指定最大连接数，参数 host 指定数据库服务器的 IP,
# 参数 user 指定数据库登录用户，参数 passwd 指定用户密码,
# 参数 db 指定数据库名，参数 port 指定数据库的连接端口号
```

```
db_pool = PooledDB(creator=pymysql,maxconnections=66,
                host='localhost', user='root', passwd='root', db='mytest', port =3306)
# 通过连接池对象 db_pool 的 connetion()函数取出一个连接
conn = db_pool.connection()
# 建立游标
cur = conn.cursor()
# book_book 是数据库中的一张数据库表，包含书籍信息，用来测试
sql_str = "select * from book_book"
# 执行 SQL 语句
cur.execute(sql_str)
ret = cur.fetchall()
print(ret)
# 关闭游标
cur.close()
# 这里的关闭语句并不是真正关闭连接，
# 而是将连接放回到连接池，等待下一个连接使用
conn.close()
```

PooledDB()是生成数据库连接池对象的函数，它的参数较多，除了在以上代码中已介绍过的参数，这里再补充介绍几个重要参数。

- 参数 mincached 指定连接池中最小的空闲连接数。如果空闲连接数小于这个数，连接池会增加新的连接至空闲连接数不低于这个数。
- 参数 maxcached 指定最大的空闲连接数。如果空闲连接数大于这个数，连接池会关闭部分空闲连接至空闲连接数不高于这个数。
- 参数 blocking 指定如何处理超过最大连接数的请求。当这个参数设置为 True 时，会让连接请求等待，直到当连接数小于最大连接数；当这个参数设置为 False 时，连接数大于最大连数时直接报错。

10.3.2　数据库连接池的使用

本节基于连接池接操作类的代码以连接池的使用为重点，将数据连接请求过程由新建连接对象变成从内存池取出已存在的连接对象，提高处理速度。样例代码如下所示。

```
# 导入操作 MySQL 的模块库
import pymysql
# 导入连接池模块
from DBUtils.PooledDB import PooledDB
# 建立一个简单的基于连接池的数据库操作类
class MysqlDbpoolClass:
    # 初始化函数，
    # 参数 mincached 设置连接池中最小的空闲连接数，
    # 参数 maxcached 设置最大空闲连接数，
    # 参数 maxconnections 设置最大连接数，
    # 参数 blocking 设置如何处理超过最大连接数的情况，
    # 值为 True 等待连接数下降，为 False 则直接报错，
```

```python
# 参数 maxusage 设置池中每个连接的最大重复使用次数，
# 初始化函数还设置其他参数：将要操作的数据库的地址（host）、数据库名（db_name）、
# 登录用户（user）和密码（password）等信息，
# 初始化函数的主要功能是从连接池中取出一个连接，并生成一个游标，为操作数据库做准备
def __init__(self,host,db_name,user,password,mincached=6, maxcached=18,
             maxconnections=66, blocking=True,maxusage=30):
    self.mincached=mincached
    self.maxcached=maxcached
    self.maxconnections=maxconnections
    self.blocking=blocking
    self.maxusage=maxusage
    self.host = host
    self.user = user
    self.password = password
    self.db_name = db_name
    # 调用函数 get_connection()对数据库进行连接
    self.connection = self.get_connection()
    # 调用函数 create_cursor()建立一个游标,
    # 为操作数据库做好准备
    self.cursor = self.create_cursor()
# 建立一个数据库连接
def get_connection(self):
    # 生成一个连接池
    dbpool_obj = PooledDB(pymysql,mincached=self.mincached,
                          maxcached=self.maxcached,
                          maxconnections=self.maxconnections,
                          blocking=self.blocking,maxusage=self.maxusage,
                              host=self.host, port=3306, db=self.db_name,
                              user=self.user, passwd=self.password)
    # 从连接池中取出一个连接
    self.connection=dbpool_obj.connection()
    return self.connection
# 建立一个游标
def create_cursor(self):
    # 通过数据库连接建立一个操作数据库的游标
    self.cursor = self.connection.cursor()
    return self.cursor
# 执行查询
def query_sql(self, sql):
    try:
        # 执行查询语句
        self.cursor.execute(sql)
        # 利用游标的 fetchall()函数取得查询到的记录
        data = self.cursor.fetchall()
        # 返回记录
        return data
    except Exception:
```

10

```
                # 发生错误时返回有错误的 sql 语句
                raise Exception('执行的 SQL 语句：'+sql+'，出现异常，请检查!')
        # 执行增、删、改相关 SQL 语句
        def execute(self, sql):
            try:
                # 执行增、删、改 SQL 语句时，返回的值是数据库操作影响到的记录数
                re=self.cursor.execute(sql)
                # 提交执行事务
                self.connection.commit()
                return re
            except Exception:
                # 发生错误回滚事务
                self.connection.rollback()
                # 返回-1 提示执行出错
                return -1
        # 列出数据库中的表
        def list_tables(self):
            sql_1 = 'show tables'
            try:
                self.cursor.execute(sql_1)
                table_list = self.cursor.fetchall()
                return table_list
            except Exception:
                raise Exception('执行的 SQL 语句：' + sql_1 + '，出现异常，请检查!')
        # 关闭连接，执行完相关数据库操作，即时关闭连接是良好的编程习惯
        def close(self):
            self.connection.close()
# 主函数 main 对类进行测试
if __name__=='__main__':
        # 对类进行实例化
        mysql_obj=MysqlDbpoolClass('localhost','mytest','root','root')
        # query_sql()执行查询(运行 SQL 中的 select 语句)
        # myapp_userinfo 是数据库中一张数据表，包含 user、email 等字段
        re=mysql_obj.query_sql('select * from myapp_userinfo')
        for row in re:
            print('序号：'+str(row[0])+'姓名：'+row[1]+'电子邮箱：'+row[2])
        # 增加一条记录，操作成功，返回在数据库中插入的记录数
        # 执行增、删、改的 SQL 语句，返回的是操作成功影响到的记录的数量
        add_count = mysql_obj.execute('insert into myapp_userinfo(user,email) values
            ("王好","wanghao@163.com")')
        if add_count>=1:
            print('增加人员成功!')
        else:
            print('增加人员失败!')
        del_count = mysql_obj.execute('delete from myapp_userinfo where user="王好"')
        if add_count >= 0:
            print('删除记录'+str(add_count)+'条')
```

```
    else:
        print('出现错误!')
    table_names=mysql_obj.list_tables()
    print('数据库的表列举如下: ')
    for name in table_names:
        print(name[0])
    # 关闭数据库连接, 这里的关闭实际是将连接放回到连接池中
    mysql_obj.close()
```

（1）MysqlDbpoolClass 类的函数 get_connection()生成一个连接池对象 dbpool_obj，然后利用这个对象生成连接，由于连接早就在池中，不用单独生成；函数 close()关闭数据库连接，也不是真正关闭，而是将连接放回池中。这种通过连接池方式对连接进行复用的方式节约了系统资源和时间。

（2）这个类其他函数的代码与上节代码相差不多，可以说是复用了上节部分函数，但是这个类使用了连接池，代码运行效率在理论上要比上节高一些；在实际的信息系统中可以通过调节连接池的各种参数来使程序达到最优运行的状态。

10.4　实例 74 简单的文件操作类

扫一扫，看视频

10.4.1　编程要点

在编程实践中，有时需要将生成或定义的对象存储起来，在需要时读取出来，不再重新生成。Python 中的 pickle 模块很容易实现这种功能，它可将 Python 的各种数据类型、函数和类等对象进行序列化并保存，还可以反序列化地将这些对象还原出来。下面简单介绍一下 pickle 模块常用函数。

（1）函数 pickle.dump(obj, file_obj)的功能是将 Python 中的对象序列化后保存到文件中。参数 obj 是要序列化的 Python 中的对象；参数 file_obj 是以二进制写模式（wb 模式）打开的文件对象。

（2）函数 obj=pickle.load(file_obj)的功能是将文件中的内容读出，并通过反序列化提取出 Python 中的对象，其中返回值 obj 是反序列化得到的 Python 对象；参数 file_obj 是以二进制读模式（rb 模式）打开的文件对象。

（3）函数 str=pickle.dumps(obj)的功能是将 Python 中的对象序列化为字符串形式，其中返回值 str 是序列化生成的字符串；参数 obj 是要序列化的 Python 中的对象。

（4）函数 obj=pickle.loads(str)的功能是将字符串反序列化生成 Python 中的对象，其中返回值 obj 是反序列化得到的 Python 对象；参数 str 是进行反序列化的字符串。

10.4.2　封装文件的操作

文件操作的部分代码写法有较为固定的模式，如果每次重复写同样的代码，一是浪费时间；二是增加出错的概率。将一些常用的功能进行封装形成类，以后直接调用，不仅提高了编程效率，而且实现了一次调试成功多次使用的效果。基于这个想法，这里建立了一个 FileOperator 类，将系统文

件的常见操作进行封装。样例代码如下所示。

```python
import os
import pickle
# 建立一个文件操作类
class FileOperator:
    # 初始化函数,
    # 参数 pathname 表示文件所在目录，默认为当前路径,
    # 参数 filename 表示文件名，默认为空
    def __init__(self,pathname='.',filename=None):
        self.pathname=pathname
        self.filename=filename
        # self.file_list 用来保存目录下的所有文件
        self.file_list=[]
        # self.dir_list 用来保存目录下的所有子文件
        self.dir_list=[]
    # 将字符串转换成字节串
    def string2byte(self,str):
        return bytes(str,encoding='utf-8')
    # 将字节串转换成字符串
    def byte2string(self,byte_obj):
        return str(byte_obj, encoding="utf-8")
    # 读取文件内容
    def readfile(self):
        # 取出文件的路径
        vfile=os.path.join(self.pathname,self.filename)
        with open(vfile,'rb') as fp:
            byte_obj=fp.read()
        # 返回读出的内容
        return self.byte2string(byte_obj)
    # 将字符串写入文件
    def writefile(self,str):
        # 将字符串转换成字节串
        byte_obj=self.string2byte(str)
        vfile=os.path.join(self.pathname,self.filename)
        with open(vfile,'wb') as fp:
            fp.write(byte_obj)
    # 将字符串追加到文件后面
    def addfile(self,str):
        byte_obj=self.string2byte(str)
        vfile=os.path.join(self.pathname,self.filename)
        with open(vfile,'ab') as fp:
            fp.write(byte_obj)
    # 取得文件夹下所有文件
    def get_files(self,curpath=None):
        if curpath==None:
            # 如果未传入文件夹参数（curpath），默认是当前文件夹
            curpath= os.path.dirname(os.path.abspath(__file__))
```

```python
        else:
            # 获取文件夹绝对路径
            curpath=os.path.abspath(curpath)
        file_or_dir=curpath
        # 用循环取出文件夹下的文件夹或文件
        for sub_file_or_dir in os.listdir(file_or_dir):
            #以下语句取得文件夹或文件的绝对路径
            sub_file_or_dir = os.path.join(file_or_dir, sub_file_or_dir)
            # 如果是文件，就加入 self.file_list 列表变量中
            if os.path.isfile(sub_file_or_dir):
                sub_file=sub_file_or_dir
                self.file_list.append(sub_file)
            # 如果是文件夹，就递归调用本函数
            elif os.path.isdir(sub_file_or_dir):
                sub_dir=sub_file_or_dir
                # 递归调用本函数
                self.get_files(sub_dir)
    # 取得文件夹下的所有子文件夹
    def get_dirs(self,curpath=None):
        if curpath==None:
            curpath= os.path.dirname(os.path.abspath(__file__))
        else:
            curpath=os.path.abspath(curpath)
        file_or_dir=curpath
        # 循环取出文件夹下的文件夹或文件
        for sub_file_or_dir in os.listdir(file_or_dir):
            # 以下语句取得文件夹或文件的绝对路径
            sub_file_or_dir = os.path.join(file_or_dir, sub_file_or_dir)
            # 如果是文件夹，就将文件夹加入到 self.dir_list 列表中
            if os.path.isdir(sub_file_or_dir):
                sub_dir=sub_file_or_dir
                self.dir_list.append(sub_dir)
                # 递归调用本函数
                self.get_dirs(sub_dir)
    # 利用 pickle 模块将 Python 中各类对象序列化后保存到文件
    def dump_file(self,obj):
        # 获得文件
        vfile=os.path.join(self.pathname,self.filename)
        # 以写模式打开文件
        with open(vfile,'wb') as fp:
            # 将各类对象序列化，并保存到文件
            pickle.dump(obj,fp)
    # 利用 pickle 模块将文件内容反序列化后生成对应于 Python 的对象
    def load_File(self):
        vfile=os.path.join(self.pathname,self.filename)
        # 以读模式打开文件
        with open(vfile,'rb') as fp:
```

```
        # 对文件的内容反序列化
        obj = pickle.load(fp)
    return obj
# 主函数 main
if __name__=='__main__':
    # 实例化一个类对象
    file_test=FileOperator('./','test.txt')
    # 调用类对象函数，向文件中写入内容
    file_test.writefile('hello world')
    file_test.addfile('\n 人生苦短，我用 Python!')
    # 调用类对象函数，读取文件的内容
    str=file_test.readfile()
    print(str)
    # 生成一个字典对象
    dic={'name':'李明',
        'age':28}
    # 实例化新的类对象
    file_test2=file_operator('./','test33.txt')
    # 将字典变量 dic 序列化后写入文件
    file_test2.dump_file(dic)
    # 取出文件中的内容并反序列化，生成对应于 Python 的对象
    obj=file_test2.load_File()
    print(obj,type(obj))
    # 获取当前文件下的子文件夹
    file_test2.get_dirs()
    print('当前文件下的子文件夹有：',file_test2.dir_list)
```

以上代码将文件读取、写入、获取文件夹下的所有子文件夹、获取文件夹下所有文件、将 Python 对象保存到文件和取出文件中的 Python 对象等功能封装到 File Operator 类，以后如果用到相关功能，可以通过继承该类进行调用。这个类目前较为简单，在实践中可以根据实际情况不断增加功能，不断进行完善，增强该类的实用性。

第 11 章　多媒体处理

图片、音频和视频都要经过数据化才能被程序处理，比如一张图片在计算机系统中可以用三维数组的形式存储，视频则可以被视作连续显示的图片，可以推知视频也可以由数组表示，只是这个数组的维数要更多一些。另外，音频也可以用特定的数组表示。因此，对多媒体处理实质是对数组、矩阵或特定数据类型进行操作。本章将介绍与图片、音频和视频处理相关的编程方法，通过实用案例的讲解，使读者能够掌握多媒体编程的基本技能。

11.1　实例 75 图像文件操作

11.1.1　图像与数组的关系

图像的像素和颜色在计算机中都是用数值表示。图像实际上可以转化为三维数组，其中第一维表示图像的高度，第二维表示图像的宽度，第三维表示每个像素 RGB（红绿蓝）的值，由此可见图像与数组是可以相互转换的。

（1）图像转换为数组的函数调用格式是 vndarray= numpy.array(image)，array()函数将图片对象转化成三维数组。参数 image 是读入内存的图片；返回值 vndarray 是一个三维数组。样例代码如下所示。

```
import numpy as np
from PIL import Image
# 读入图片
img=Image.open('./flower.jpg')
# 把图片转化成数组
vndarray_np=np.array(img)
# 打印数据的形状
print(vndarray_np.shape)
# 打印出值: (1080, 1440, 3)
# 可以看出图像转化成的数组是三维的
```

（2）数组转换为图片的函数调用格式是 img=Image.fromarray(vndarray)，fromarray()函数将数组转化为图片。参数 vndarray 是一个三维数组；返回值 img 是一个图片对象。

```
# 由数组转换成图片对象
img1=Image.fromarray(vndarray_np)
# 在屏幕上显示图片
img1.show()
```

11.1.2　数组的各种转换

本节编程实例的主要思路是首先把图像文件转化成 Numpy 数组，然后通过操作 Numpy 数组完成对图像文件的变换操作，这些操作主要是切片、索引、转换、变形和拼接，现简介如下。

1. 数组的切片操作

切片操作形式较多，这里对一维数组切片和多维数组切片分别进行介绍。

（1）一维数组的切片。切片操作标准格式为 vndarray[start:stop:step]，其中 vndarray 是一维数组，这个切片操作从 vndarray 数组中切出一个新数组，这个新数组是从原数组索引值为 start 的元素开始切取，到索引值为 stop 的元素终止，但不包括这个 stop 索引值对应的元素，step 为步长，默认为 1，表示每经 step 个元素取一个数组元素，也就是每隔 step-1 个元素取一次数。样例代码如下所示。

```
import numpy as np
a=np.arange(10)
'''
 a 是一维数组，如下所示
 [0 1 2 3 4 5 6 7 8 9]
'''
print(a)
b=a[2:8:3]
'''
 b 是切出来的新数组，其值为 [2 5]，
 切片不包含最后一个元素，即不包括索引为 8 的那个元素
'''
print(b)
```

切片操作中有个冒号（:），它在切片操作中有以下规则。

● 如果中括号中没有冒号，只放置一个参数，如[6]，它将返回与索引值相对应的一个元素。

● 如果中括号中只有冒号，如[:]，它将返回与原数组一样的数组。

● 如果中括号中是一个数字后跟一个冒号，如[2:]，表示以该数字为起始索引，从这个索引向后把数组所有的项都切取出来。

● 如果中括号中使用了两个参数，如 [2:8]，那么切取两个索引之间的元素，包括开始索引对应的元素，但不包括结束索引对应的元素，所谓"取头不取尾"；负数表示从后往前，如-1 表示最后一个元素。

样例代码如下所示。

```
import numpy as np
# a 是一个从 0 到 9 的数组
a=np.arange(10)
b=a[6]
# 打印出 6，索引为 6 的元素值，注意索引值是从 0 开始
print(b)
c=a[2:]
'''
 c 是一个一维数组,如下所示
```

```
 [2 3 4 5 6 7 8 9]
从索引值为 2 的元素切取，一直取到最后，包括最后一个元素
'''
print(c)
d=a[3:-1]
'''
 d 是一个维数组，如下所示
 [3 4 5 6 7 8]
从索引值为 3 的元素切取，一直取到最后，不包括最后一个元素，
因为-1 代表最后一个元素，切片规则是"取头不取尾"
'''
print(d)
e=a[::-1]
'''
 e 是一个一维数组,如下所示
 [9 8 7 6 5 4 3 2 1 0]
因为步长为-1，得到一个把原数组倒排的数组
'''
print(e)
```

（2）多维数组切片操作的语法形如 vndarray[一维上的切片操作,二维上的切片操作，三维上的切片操作,...]，在每维上的切片格式与一维格式是一样的。样例代码如下。

```
a=np.array([[ 0,  1,  2,  3],
        [ 4,  5,  6,  7],
        [ 8,  9, 10, 11]])
print(a)
# 取数组的第一维的索引 0～2 之间的元素，也就是第一行和第二行
# 取数组的第二维的索引 1～3 之间的元素，也就是第二列和第三列
# 对第二维的操作是在第一维操作完成后的结果上进行的
b=a[0:2,1:3]
'''
 b 是一个二维数组,如下所示
 [[1 2]
 [5 6]]
'''
print(b)
```

2. 数组的变形与旋转操作

（1）本节编程实例中利用了数组变形的方式来改变图片，数组变形函数的调用格式是 new_array=numpy.reshape(array, newshape)，该函数在不修改原数组数据的情况下生成一个新形状的数组。参数 array 是原数组；参数 newshape 表示新数组的形状，例如(3,6)表示 3 行 6 列。

📢 提示

新数组的形状应该与原数组形状兼容，即新数组各维度的长度数相乘等于原数组中元素的个数；参数 newshape 是元组类型，这个元组中有一个数值可以为-1，这样函数会根据 newshape 中其他数值判断出-1 对应维度上的数值；返回值 new_array 是一个新的数组，它的形状由 newshape 决定。样例代码如下所示。

```
import numpy as np
# 生成一个由 18 个数值组成的一维数组
a=np.arange(18)
# 对数组 a 变换形状，并赋值给 b
b=np.reshape(a,(2,3,3))
'''
 b 的样式如下所示，它是一个三维数组，
 第一维长度为 2，第二维长度为 3，第三维长度为 3
 [[[ 0  1  2]
  [ 3  4  5]
  [ 6  7  8]]

 [[ 9 10 11]
  [12 13 14]
  [15 16 17]]]
'''
print(b)
```

（2）在本节编程实例中还利用了改变数组元素位置的方式来使图片发生旋转，这就用到了 transpose()函数，该函数的调用格式为 new_array=numpy. transpose(array,axes=None)，功能是生成一个改变了原数组元素序列的数组。参数 array 表示原数组，注意原数组必须大于一维；参数 axes 是一个元组类型参数，元组中的元素是整数类型，原数组有几维，axes 就有几个元素。也可以这样理解，数组中每个元素下标有几个数值，axes 就有几个元素，并且这些元素是数组每个元素下标的索引值，即 0 对应数组中元素的第 1 个下标，1 对应数组中元素第 2 个下标，以此类推，原数组未发生变化前，axes 中元素按 0、1、2、…从小到大排列，如果改变参数 axes 中元素位置顺序，原数组中每个元素位置会发生变化，变化规律是数组每个元素的下标位置随着 axes 中对应元素的位置变化，如图 11.1（a）所示。如果数组中有一个元素下标为[1,1,0]，也就是这个元素第 1 个下标值是 1，对应 axes 的数值是 0；元素的第 2 个下标值是 1，对应 axes 的数值是 1；第 3 个下标值是 0，对应 axes 的数值是 2。如果设置了 axes=(2,0,1)，这个元素下标变成了[0,1,1]，由于元素下标变化，这个元素在数组的位置也发生了变化，这个过程可参考图 11.1（b）所示；返回值 new_array 是改变了序列的新数组。

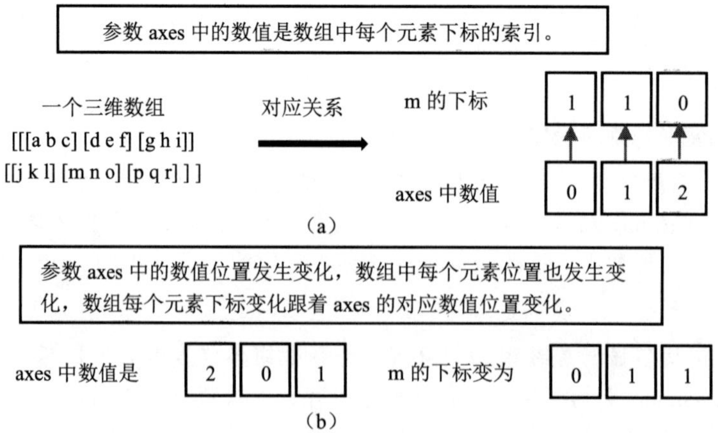

图 11.1　参数 axes 中数值位置对数组中元素位置的影响

　　利用 transpose()函数改变数组中每个元素的位置的原理需要理解，下面利用 transpose()函数调换数组元素的位置。样例代码如下所示。

```
a=np.arange(18)
# 对数组 a 变换形状，并赋值给 b
b=np.reshape(a,(2,3,3))
'''
 b 的样式如下所示，它是一个三维数组，
 第一维长度为 2，第二维长度为 3，第三维长度为 3
[[[ 0  1  2]
  [ 3  4  5]
  [ 6  7  8]]
 [[ 9 10 11]
  [12 13 14]
  [15 16 17]]]
'''
print(b)
# 进行数组序列转换
c=np.transpose(b,axes=(1,0,2))
'''
 c 的样式如下所示，它是一个三维数组，
 形状（shape）与数组 b 一样，只是每个元素的位置发生了变化
[[[ 0  1  2]
  [ 9 10 11]]
 [[ 3  4  5]
  [12 13 14]]
 [[ 6  7  8]
  [15 16 17]]]
'''
print(c)
```

　　以上代码中，根据数组 b 中的元素 9 来分析，9 的原下标是[1,0,0]，通过在 transpose()函数中设置 axes=(1,0,2)，9 的下标变成了[0,1,0]，查看 9 在新数组 c 的位置，9 的新位置验证了这一结果。

3．数组的拼接

　　在本节编程实例中，利用数组拼接实现两个图片拼接效果，这就用到 Numpy 的拼接函数 concatenate()，函数的调用格式为 new_array=numpy.concatenate([array1,array2,...], axis=None)，该函数将多个数组拼接成一个新的数组。参数 array1,array2,...表示要拼接的数组；axis 表示拼接的方向，axis=0 表示在纵向上进行拼接，axis=1 表示在横向上进行拼接。

　　（1）对于一维数组拼接，无须设置 axis，因为拼接后的数组还是一维的。样例代码如下所示。

```
a=np.array(['a','b','c'])
b=np.array(['d','e','f'])
c=np.array(['g','h','i'])
# 对三个数组 a,b,c 进行拼接
d=np.concatenate([a,b,c])
'''
```

```
    d 的样式如下所示，
    ['a' 'b' 'c' 'd' 'e' 'f' 'g' 'h' 'i']
    '''
print(d)
```

（2）对于二维数组拼接，axis=0 时数组进行纵向拼接，这要求拼接的数组列数一致；axis=1 时数组进行横向拼接，这要求拼接的数组行数一致。样例代码如下所示。

```
a=np.array([['a','b','c'],['d','e','f']])
b=np.array([['g','h','i'],['j','k','m'],['1','2','3']])
# 数组进行拼接，axis=0 在纵向上进行拼接
d=np.concatenate([a,b],axis=0)
'''
 d 的样式如下所示，
 [['a' 'b' 'c']
  ['d' 'e' 'f']
  ['g' 'h' 'i']
  ['j' 'k' 'm']
  ['1' '2' '3']]
 '''
print(d)
a1=np.array([['a','b'],['c','d']])
b1=np.array([['g','h','i'],['j','k','m']])
# 数组进行拼接，axis=1 在横向上进行拼接
d1=np.concatenate([a1,b1],axis=1)
'''
 d1 的样式如下所示，
 [['a' 'b' 'g' 'h' 'i']
  ['c' 'd' 'j' 'k' 'm']]
 '''
print(d1)
```

11.1.3   补充说明

本节编程实例中，用 mathplotlib 库中的相关函数显示图片，函数分别是 imshow()和 show()。

（1）imshow()函数调用格式是 matplotlib.pyplot.imshow(img_array)，功能是在图表中导入图片转换成的数组，为显示这张图片做准备。参数 img_array 是由图片转换成的 Numpy 的数组。

（2）show()函数的调用格式是 matplotlib.pyplot.show()，功能是在屏幕上显示图片。

11.1.4   多维数组与图像文件操作

本节程序基本思路是把一个图片转化成 Numpy 的多维数组（ndarray），通过对这个数组操作实现对图片进行旋转、缩小、剪切、拼接以及颜色变换等操作。由于涉及不同操作，这里对代码进行分段介绍，第一段代码如下所示。

```
# 第一段代码
# 导入相关库模块
import numpy as np
from PIL import Image
import matplotlib.pyplot as plt
# 读入图片文件
flower=Image.open('./flower.jpg')
# 把图片文件转换成 Numpy 数组格式
flower_np=np.array(flower)
# print(flower_np.shape)
while True:
    print('1.显示原图 2.色彩反转 3.转成灰度图 4.图片倒放 5.旋转 90 度 6.左右拼接 7.图片缩小
q.退出系统')
    voper=input("请选择操作类型：")
    print('正在生成图像，请稍等...')
```

（1）以上代码通过 Pillow 模块的 image 把一个图片文件读入内存，然后用 np.array()函数转换为 Numpy 数组。这个数组是三维数组，第一维代表图片的高度，第二维代表图片的宽度，第三维代表每个像素点的 RBG(红蓝绿)的值。

（2）代码还建立了一个循环，列举了操作图片的各类动作选项，并通过 input()函数接收用户的选择值。

第二段代码根据用户选择，显示图片原图，代码如下所示。

```
# 第二段代码
# 显示原图
if voper=='1':
    # 把图片转换成的数组导入 pyplot，就可以在图表中显示图片
    plt.imshow(flower_np)
    # 显示在屏幕上
    plt.show()
    continue
```

pyplot 的 imshow()函数可以把表示图片的数组以图像的形式显示在图表中，以上代码先将图片生成的数组传给该函数，然后调用 show()函数将图片显示出来，如图 11.2 所示。

图 11.2　原图样式

第三段代码把图片颜色反转，通过对数组的操作实现，代码如下所示。

```
# 第三段代码
if voper=='2':
    # 对数组的第三维中的数进行倒排，
    # 数组的第三维每一行存放着一个像素的 RGB 三个值，
    # 让这三个值倒排就实现了图片颜色反转
    flower_reverse = flower_np[:, :, ::-1]
    plt.imshow(flower_reverse)
    plt.show()
    continue
```

图片转换成数组后是三维的，数组第三维的每一行代表一个像素点，行中的三列分别代表像素的 RGB 三个值，也就是红色、绿色和蓝色值，这三个值通过不同的值相互搭配形成图片的各种颜色，利用数组切片功能在数组第三维上设置切片步长为-1，这就使得每个像素点的三个颜色值倒排，也就从 RGB 排列顺序变成 BGR 排列顺序，使得图片颜色反转。

第四段代码生成图片的灰度图，代码如下所示。

```
# 第四段代码
if voper == '3':
    # 对数组的第三维每一行只取一列，就形成灰度图，这里不仅可取 0 列，
    # 还可以取 1 列，2 列，只要是取单列数据就可形成灰度图
    plt.imshow(flower_np[:,:,0])
    plt.show()
    continue
```

以上代码也是对数据的第三维进行操作，第三维每个像素由三原色（RGB）值组成，正是由于这三原色取值不同，才形成图片的彩色效果，如果只取一列，那么图片就变成单色，就变成了灰度图，对应代码语句为 plt.imshow(flower_np[:,:,0])，实际上 plt.imshow(flower_np[:,:,1]) 和 plt.imshow(flower_np[:,:,2]) 语句也可以实现单色效果。

第五段代码将图片倒放，代码如下所示。

```
# 第五段代码
if voper=='4':
    # 对数组的第一维进行倒排，第一维表示图像高，
    # 它反映了在纵向上的排列顺序，倒排就实现了图片倒放的效果
    plt.imshow(flower_np[::-1])
    plt.show()
    continue
```

以上代码将图片数组第一维通过切片功能进行倒排，对应代码为 plt.imshow(flower_np[::-1])，第一维反映了像素在纵向上的排列顺序，将纵向排列颠倒一下，就实现了图片倒放，如图 11.3 所示。

11

图 11.3 图片倒放

第六段代码实现了图片旋转 90°的功能，代码如下所示。

```
# 第六段代码
if voper == '5':
    # 数组第一维和第二维交换位置，
    # 相当于把图像高变成了宽，宽变成了高，
    # 实现了图片旋转 90°的效果
    flower_90=np.transpose(flower_np,axes=(1,0,2))
    plt.imshow(flower_90)
    plt.show()
    continue
```

图片转化成数组后，第一维反映了像素在纵向上的排列顺序，第二维反映了像素在横向上的排列顺序，通过函数将第一维与第二维交换，相当于把图片横纵向各像素的位置做了交换，可以理解为每个像素的 X 坐标与 Y 坐标互换，也就实现了图像旋转 90°的效果，如图 11.4 所示。

图 11.4 图片旋转 90°

第七段代码把图片左右两端各剪切一块，然后把这两块拼接成一张图，代码如下所示。

```
# 第七段代码
if voper == '6':
    # 对数组第二维进行切片，取 0～400 的列数，
    # 也就是在横向上从第 1 个像素点切到第 400 个像素点的位置，
    flower_left=flower_np[:,0:400]
    # 对数组第二维进行切片，取 1000～1400 的列数
    flower_right=flower_np[:,1000:1400]
    # 对两个数组（flower_left 和 flower_right）进行拼接，
    # 就把左右两端剪切出的图片拼接在了一起，
    # 这个拼接是横向的，由 axis=1 指定，当 axis=0 时是纵向拼接
    flower_un=np.concatenate([[flower_left,flower_right],axis=1)
    plt.imshow(flower_un)
    plt.show()
    continue
```

以上代码在数组第二维上从 0 到 400 做了切片，第二维是反映像素的横向排列情况，这相当于横向 0～400 点这一块图片在 400 点的这个位置上被纵向裁剪下来，裁下的部分是一个数组，代表图片左端的一部分；接着又裁下一块从 1000 到 1200 点的图片，然后通过数组合并函数，把这两个数组拼接在一起，相当于两个裁剪下来的图片合成一张图，如图 11.5 所示。

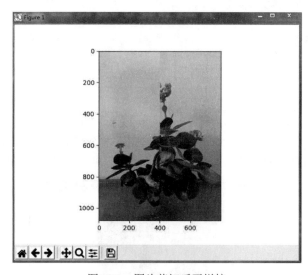

图 11.5　图片剪切后再拼接

第八段代码实现图片缩小功能，代码如下所示。

```
# 第八段代码
if voper == '7':
    # 将数组在第 1 维（高度这一维）进行步长为 2 的切片操作，相当于高度缩小 1/2，
    # 在第 2 维（宽度这一维）进行步长为 2 的切片操作，相当于宽度缩小 1/2
    plt.imshow(flower_np[::2,::2,])
    plt.show()
```

```
        continue
# 录入 q 后退出循环
if voper=='q':
    break
# 录入其他键退出循环
else:
    break
```

（1）以上代码在数组第一维上进行切片，每 2 个步长取一个值，同时在第二维上进行切片，也是每 2 个步长取一个值，这相当于图片在纵向上每两个像素点取一个点，使得图片在纵向缩小了 1/2，同理在横向也是每两个像素点取一个点，也是缩小了 1/2。

（2）代码最后还实现了录入 q 或其他键退出循环的功能。

11.2 实例 76 图像的匹配与标注

扫一扫，看视频

11.2.1 编程要点

本节编程实例代码用到 OpenCV 库模块中的相关函数，其中 matchTemplate()和 cv2.minMaxLoc()两个函数较为关键，现介绍如下。

（1）matchTemplate()函数的调用格式为 result = cv2.matchTemplate(img,template,method)，该函数的功能是在某个大图中找出与某一特定的图片（模板图片）相似的部位（区域），并返回该部位的图像，其中 cv2 是 OpenCV 库模块在 Python 中的别名；参数 img 表示原始图片，要在这个图片中找到与模板图片相似的部分；参数 template 表示模板图片，这个模板图片要求不大于原始图片，并且要与原始图片的类型相同；参数 method 表示进行匹配时采用的匹配模式；返回值 result 表示匹配完成后，在大图上找到的与模板图片相似部分的图像，这部分图像用数组表示相似度，采用不同的匹配方式，数组中的值不同，意义也不同，其意义可以参考参数 method 的说明。

这里对参数 method 进行说明。method 取值不同会采用不同方式进行匹配，不同方式的匹配准确度也是不同的，一般来说采用平方差匹配的准确度要比采用相关性匹配的准确度差一些，简介如下。

- cv2.TM_SQDIFF：采用计算平方差方式进行匹配，计算出来的值越小越相似。
- cv2.TM_SQDIFF_NORMED：采用计算标准平方差方式进行匹配，计算出来的值越接近 0 越相似。
- cv2.TM_CCORR：采用计算相关性方式进行匹配，计算出来的值越大越相似。
- cv2.TM_CCORR_NORMED：采用计算标准相关性的方式进行匹配，计算出来的值越接近 1 越相似。
- cv2.TM_CCOEFF：采用计算标准相关性系数的方式进行匹配，计算出来的值越大越相似。
- cv2.TM_CCOEFF_NORMED：采用计算标准相关性系数的方式进行匹配，计算出来的值越接近 1 越相似。

（2）min_val,max_val,min_loc,max_loc = cv2.minMaxLoc(result)语句中 minMaxLoc()函数的功能是找出数组（result）中的最大值和最小值，并给出它们的位置，该函数要求参数（result）必须是一维数组。参数 result 是一个一维数组，在计算机中图像可以用三维数组表示，灰度图是一维数组；返回值 min_val 是数组中的最小值；返回值 max_val 是数组中的最大值；返回值 min_loc 是数组中最小值的位置（坐标）；返回值 max_loc 是数组中最大值的位置。

11.2.2　在图中找出相似部分

本节编程实例的业务逻辑是在一个大图中找到一个与给定的小图相似的部分，并把相似的部分用矩形框标注出来，代码如下所示。

```
# 导入相关模块
import cv2
# 读入一个大图，在该图中找到相似部分
img = cv2.imread('sample.png')
# 取得一个大图的灰度图
img_gray=cv2.cvtColor(img,cv2.COLOR_BGR2GRAY)
# 读入一个小图（匹配模板），在大图上找到与这个小图相似的部分，
# 第二个参数为 0 表示读入的是灰度图
template = cv2.imread('template.png', 0)
# 取得匹配模板的图片的高与宽，用像素数计量
height, width = template.shape[:2]
# 在大图上根据匹配模式(cv2.TM_CCOEFF_NORMED)找到与匹配模板相似的部分，
# 并把这部分信息(主要是像素的信息)返回给 result
result=cv2.matchTemplate(img_gray,template,cv2.TM_CCOEFF_NORMED)
# 取得相似部分的最小值、最大值、最小值坐标和最大值坐标
min_val,max_val,min_loc,max_loc=cv2.minMaxLoc(result)
# 因为用 cv2.TM_CCOEFF_NORMED 算法匹配，
# 所以最大值的位置就是所找到相似部分的左上角坐标
top_left=max_loc
# 根据匹配模板的宽与高，取得相似部分的右下角坐标
bootom_right=(top_left[0]+width,top_left[1]+height)
# 在大图上用矩形框标识出相似部分
cv2.rectangle(img,top_left,bootom_right,(0,255,255),2)
# 在屏幕上显示
cv2.imshow('result',img)
# 一直显示图片直到按任意键退出
cv2.waitKey(0)
```

（1）以上代码首先读入了两个图片，一个是大图，一个是模板图片。两个图都是读入它们的灰度图，因为匹配函数 cv2.matchTemplate()要求参与匹配的图像是单通道的（代表图形的数组是一维的），灰度图恰好是单通道的图像。

（2）result=cv2.matchTemplate(img_gray,template,cv2.TM_CCOEFF_NORMED)语句是用标准相关性系数（cv2.TM_CCOEFF_NORMED）进行匹配，在该匹配模式中，如果原图中某个区域各像素

与模板图片相对应像素间的相关性系数越接近于 1，那么这个区域与模板图片相似性越高，即匹配度越高；这个区域中每个像素的相关性系数都保存在返回值 result 中， result 是个一维数组，排在前面最大值的坐标就是原图中相似部分左上角的坐标，因此要用 cv2.minMaxLoc(result)取得 result 中的 max_loc 值，max_loc 就是原图中最匹配模板图片的区域的左上角坐标。

（3）代码最后通过 cv2.rectangle(img,top_left,bootom_right,(0,255,255),2)语句把相似部分用黄色的矩形框标注出来，并通过 cv2.imshow('result',img)显示出来。

11.2.3 测试程序

在程序目录中放置一个如图 11.6 所示的图片，并命名为 template.png，这个图片就是一个模板图片，另外在目录中放置了一个名字为 sample.png 的图片，程序要在这个图片中找到与 template.png 相似的部分。

启动程序后，经过模式匹配相关操作，在 sample.png 图片中找到与模板图片相似的部分并用框线标识出来，说明程序运行正常，如图 11.7 所示。

图 11.6　要匹配的图片　　　　　　　　　图 11.7　在图中找到与模板相似的部分

11.3　实例 77 截取图片

扫一扫，看视频

11.3.1 编程要点

本节编程实例主要用到一个较为特别的函数 selectROI()，该函数可以与用户交互，让用户在图片上选择自己感兴趣的部分，选中后该函数会自动弹出一个窗口显示用户选中的图像部分，现介绍如下。

函数 selectROI()调用格式是(x,y,w,h) = cv2.selectROI(windowName,img, showCrosshair, fromCenter)，该函数的主要功能是对图片进行选择并获取选中的局部图像。

- 函数返回一个矩形的图片区域，x 和 y 代表矩形左上角坐标，w 和 h 是矩形的宽度和高度。
- 参数 windowName 是字符类型，用来设置图片显示窗口的名称。
- 参数 img 表示要进行选择的原图片。
- 参数 showCrosshair 是 Boolean 类型，当值为 True 时选择框显示为十字准线，当值为 False 时选择框为矩形。
- 参数 fromCenter 是 Boolean 类型，当值为 True 时设置第一次在图片上点击的点为选择框的中心，当值为 False 时设置第一次在图片上点击的点为选择框的左上角。

当 selectROI()函数开始运行时，会出现用户交互的界面，这时用户可以在图片上进行选择，操作方法是用按鼠标左键，在图片上拖动形成一个矩形区域，这个矩形区域就是用户将要选中的部分，接下来需要确认选中的部分是否需要，如果选中部分正确，按 Enter 键或者 Blank 空格键确认选中；如果想重新选择，只需在图片其他地方点一下即可。

11.3.2　剪切图片并保存

本节编程实例定义了一个函数，通过调用这个函数，用户可以在图片上选择自己感兴趣的部分并保存到文件中。样例代码如下所示。

```python
import cv2
# 定义在图片上进行选择的函数
def select_ROI(img_name,save_name):
    # 读入图片
    img = cv2.imread(img_name)
    # 用鼠标选择图片上的区域，
    # showCrosshair=False 设置选择框为矩形，
    # fromCenter=False 设置点击的第一个点为选择框的左上角
    (x, y, w, h) = cv2.selectROI('abc', img, showCrosshair=False, fromCenter=False)
    # 利用切片将选中的部分剪切出来，赋值给 select_part
    # 切片时一定要注意，第一维指行数，第二维指列数
    select_part = img[y:y + h, x:x + w]
    # 在窗口显示选中的部分
    cv2.imshow("select", select_part)
    # 将选中的部分保存在指定的文件夹中
    cv2.imwrite(save_name, select_part)
    # 按任意键关闭窗口
    cv2.waitKey(0)
# 主函数 main
if __name__ == '__main__':
    print('=' * 66)
    print('操作指南：在打开的图片中，用鼠标左键拖动选择相关区域后，'
          '\n 按 Enter 键或 Blank 空格键，弹出窗口显示选中区域的图像，'
          '\n 再按任意键，选中部分将保存在指定文件中。')
    print('='*66)
    img_name=input('请录入要打开的图片：')
    save_name=input('在选中图片相关区域后，请选择保存选中区域的文件名：')
```

```
    # 调用函数在图片中进行选择，并保存选中的部分
    select_ROI(img_name,save_name)
    # 关闭所有窗口
    cv2.destroyAllWindows()
```

代码中 select_ROI()函数的流程是：利用 cv2.selectROI()取得用户在图片上选中区域的左上角坐标、高度和宽度，然后按图片数组的结构形式，用 cv2.selectROI()返回值计算出选中区域在数组中的起始点和结束点的索引值，通过切片取得这部分的像素点的集合（对应语句为 select_part = img[y:y+h, x:x+w]），最后用一个窗口将选中的部分显示出来，并将该部分保存到文件中。程序运行效果如图 11.8 所示。

图 11.8 选中图片相应区域并显示

11.4 实例 78 调整图片的外观

扫一扫，看视频

11.4.1 基本知识

在计算机中每张图片都可以用三维数组表示，第一维表示图像的高度，第二维表示图像的宽度，第三维表示每个像素，由颜色通道的三个值组成，这是图片数据化的表现，由此可以推测出调整图片的性质，例如调整对比度和亮度都可以通过调整表示图片的数组中的值来实现。下面以代码进行说明，样例代码如下所示。

```
import cv2
import numpy as np
# 调整对比度
# 参数 img 是图片对象
# 参数 contrast 表示对比度数值
def update_contrast(img,contrast):
    # 通过 contrast 乘以图片数组中每一个值，
    # 增大或减小像素中各通道值的差距来实现对比度变化，
```

```
        # np.clip((contrast*img),0,255)语句将数组中各值控制在 0～255 之间，
        # 也就是小于 0 的值设为 0，大于 255 的值设为 255，在 0～255 之间的值保持原值
        ret_img=np.clip((contrast*img),0,255)
        return ret_img
# 参数 img 是图片对象
# 参数 brightness 表示亮度数值
def update_brightness(img,brightness):
        # 通过 brightness 加上图片数组中的每一个值，来提高每个像素的亮度
        return np.clip((img+brightness),0,255)
# 主函数 main
if __name__=='__main__':
        # 原图片
        imgname='./test2.png'
        # 读入原图片
        img_origin=cv2.imread(imgname)
        # 显示原图片
        cv2.imshow('origin image',img_origin)
        # 调用函数调整对比度和亮度
        img_adjust=update_contrast(img_origin,3)
        img_adjust = update_brightness(img_adjust, 6)
        # 显示调整后图片
        cv2.imshow('adjust image',img_adjust)
        cv2.waitKey(0)
cv2.destroyAllWindows()
```

以上代码说明通过改变代表图片的三维数组中每个元素的值便可以简单调节图片的对比度和亮度；通过倍乘每个数组中每个元素的值可以增大或减小各像素点颜色通道值的差距，从而调节对比度；通过将每个元素值加上一个数值，使得每个像素点颜色值增加，从而调节亮度。代码运行效果如图 11.9 所示。

图 11.9　调整前后的图片对比

以上代码调用两个函数经过两个步骤分别调整了图片的对比度和亮度，另外还可以同时调节，这就要用到 OpenCV 的图片的线性融合函数 addWeighted()来实现同样的功能。样例代码如下所示。

```
import cv2
import numpy as np
# 简单调整对比度和高度的函数
# 参数 img 是图片对象
# 参数 contrast 是调节对比度权重数值
# 参数 brightness 是调节亮度数值
def simple_adjust(img,contrast,brightness):
    # 通过图片的 shape 属性取得图片高、宽和颜色通道
    height,width,channel=img.shape
    # 建立一个与图片结构相同的数组，数组所有值为 0
    img_zero=np.zeros([height,width,channel],np.uint8)
    # 调用 addWeighted()函数实现图片的线性融合，
    # 该函数的第 2 个参数可以调节 img 图片上的颜色通道值，
    # 通过 img 每个像素值乘以这个参数，使得各颜色通道上各值差距发生变化，
    # 一定程度上调节了对比度，
    # 该函数的第 4 个参数设为 1，
    # 因为 img_zero 的图片（实现上是数组）上各值为 0，这个参数值的大小无所谓，
    # 该函数的第 5 个参数是让融合后图片中的每个像素值加上它，一定程度上增加了图片的亮度
    ret_img=cv2.addWeighted(img,contrast,img_zero,1,brightness)
    return ret_img
# 主函数 main
if __name__=='__main__':
    # 原图片
    imgname='./test2.png'
    # 读入原图片
    img_origin=cv2.imread(imgname)
    # 显示原图片
    cv2.imshow('origin image',img_origin)
    # 调用函数调整对比度和亮度
    img_adjust=simple_adjust(img_origin,3,6)
    # 显示调整后的图片
    cv2.imshow('adjust image',img_adjust)
    cv2.waitKey(0)
    cv2.destroyAllWindows()
```

addWeighted()函数的调用格式是 dst=addWeighted(img1, weight1, img2, weight2, beta)，该函数的功能是将两张图片融合成一张图片，也就是将代表 img1 的数组中的各元素值乘以 weight1，img2 的数组中的各元素值乘以 weight2，将两个乘积相加再加上 beta，最后形成一个新的图片。返回值 dst 是新数组表示的图片；参数 img1 表示输入图片 1；参数 weight1 表示图片合成后 img1 所占的比例；参数 weight2 表示图片合成后 img2 所占的比例；参数 beta 是调整参数，与图片亮度有关。

11.4.2 利用滑动条调整图片的外观

本节编程实例实现对图片的色度、饱和度和色调进行调节的功能，调节的方式是通过拖动滑动条对相关的值进行设置，代码如下所示。

```python
import numpy as np
import cv2
#对图片色度、饱和度(对比度)、色调（亮度)进行调整
# 参数 HSV_img 是一个颜色通道为 HSV 格式的图片
# 参数 H_percent 是色度设置值
# 参数 S_percent 是饱和度设置值
# 参数 V_percent 是色调设置值
def image_adjust(img,H_percent,S_percent,V_percent):
    # 将 BGR 图像转化为 HSV 图像
    HSV_img = cv2.cvtColor(img, cv2.COLOR_BGR2HSV)
    # 将图片中三个颜色通道值分别取出来
    H_oldvalue, S_oldvalue, V_oldvalue = cv2.split(HSV_img)
    # 修改图片颜色通道的值
    adjust_image = cv2.merge([np.uint8(H_oldvalue * float(H_percent/100)),
                              np.uint8(S_oldvalue * float(S_percent/100)),
                              np.uint8(V_oldvalue * float(V_percent/100))])
    # 将 HSV 图像转化为 BGR 图像
    adjust_image=cv2.cvtColor(adjust_image,cv2.COLOR_HSV2BGR)
    # 返回修改后的图片
    return adjust_image
# 滑动条调用的函数，未定义任何功能，
# 因为 cv2.createTrackbar()需要这个参数，必须给出
def fun(event):
    pass
if __name__=='__main__':
    # 读入图片
    img = cv2.imread("./test.jpg")
    # 定义显示窗口
    cv2.namedWindow('adjust_window')
    # 生成滑动条
    cv2.createTrackbar("H_percent", 'adjust_window', 50, 150, fun)
    cv2.createTrackbar("S_percent",'adjust_window', 50, 150, fun)
    cv2.createTrackbar("V_percent", 'adjust_window',50, 150, fun)
    # 设置滑块条初始值
    cv2.setTrackbarPos("H_percent", 'adjust_window',100)
    cv2.setTrackbarPos("S_percent", 'adjust_window',100)
    cv2.setTrackbarPos("V_percent", 'adjust_window',100)
    while True:
        # 读取滑动条现在的 HSV 信息
        H_percent = cv2.getTrackbarPos("H_percent", 'adjust_window')
        S_percent = cv2.getTrackbarPos("S_percent", 'adjust_window')
        V_percent = cv2.getTrackbarPos("V_percent", 'adjust_window')
        # 调用函数调节图片的色度、饱和度和色调
        adjust_img = image_adjust(img, H_percent, S_percent, V_percent)
        # 显示图片
        cv2.imshow('adjust_window', adjust_img)
        # 按下 Esc 键退出
```

```
        if cv2.waitKey(6) == 27:
            print("退出图片调整...")
            break
    cv2.destroyAllWindows()
```

（1）image_adjust()函数实现图片色度、饱和度和色调的调节，主要业务流程是首先将颜色通道是 BGR 的图片转换成颜色通道为 HSV 的图片，接着把每一个通道的值分离出来（每个通道是一个数组），将表示每个颜色通道的数组的值乘以一个调整系数，然后将各通道再合并起来，这样就形成了一个调整好的 HSV 图片，最后将 HSV 图片转换成 BGR 的图片。

（2）主函数的业务流程是将图片读入，建立一个显示窗口，在显示窗口上建立三个滑动条，分别用于调整色度、饱和度和色调的系统。显示图片调节后的样子是通过循环代码块，在该代码块中取得滑动条的值，然后调用 image_adjust()函数取得调整后的图片并显示到窗口上。代码运行效果如图 11.10 所示。

图 11.10　利用滑动条调节图片外观

11.5　实例 79　视频录制保存

扫一扫，看视频

11.5.1　编程要点

本节编程实例把摄像头录下的视频保存到磁盘上，采用 OpenCV 库模块相关的函数进行处理，现将相关函数的调用格式介绍如下。

（1）cap = cv2.VideoCapture(0)语句中当参数为 0 时打开计算机本地摄像头；当参数为视频文件路径时，例如 cap = cv2.VideoCapture("./test.avi")，则打开这个文件，其中 cv2 表示 OpenCV 的模块名；返回值 cap 是视频对象的句柄。

（2）ret,frame = cap.read()语句的功能是按帧读取视频，函数中的 cap 为视频对象句柄。该函数返回值有两个：ret 和 frame，其中 ret 是布尔类型，表示读取视频帧是否成功，如果读取成功则返回 True，如果读取不成功或者已读到视频文件的结尾时则返回 False；参数 frame 就是每一帧的图像，是个三维数组。

（3）key=cv2.waitKey(i)语句中 waitKey()函数的功能是在指定的时间内不断刷新图像。参数 i 表示延迟时间，单位是 ms，对于视频而言表示切换到下一帧图像的等待时间，对于图片而言表示图片显示时间。

📢 **提示**

当 i 设置为 0 时，函数会持续刷新图像，直到用户按下某个键。返回值 key 是用户所按键的 ASCII 码值。

（4）vwriter = cv2.VideoWriter(filename, cv2.VideoWriter_fourcc(args), frame_rate, (width, height))语句的功能是生成一个视频文件写入器。参数 filename 是文件路径；参数 cv2.VideoWriter_fourcc(args)是编码器函数，由它生成视频文件编码格式，该函数参数是 4 个英文字符，这 4 个英文字符决定视频文件的编码类型；参数 frame_rate 是视频帧率，用来设置每秒写入多少个视频帧，一个视频帧可理解为一张图片；参数 width 和 height 分别设置视频的宽度（帧宽）与高度（帧高）；返回值 vwrite是一个视频文件写入器。

下面列举一下视频编码格式与视频类型的对应关系。

● cv2.VideoWriter_fourcc('P','I','M','1')：MPEG-1 编码类型，文件扩展名为.avi。
● cv2.VideoWriter_fourcc('X','V','I','D')：MPEG-4 编码类型，文件扩展名为.avi。
● cv2.VideoWriter_fourcc('I','4','2','0')：未压缩的 YUV 颜色编码，文件扩展名为.avi。
● cv2.VideoWriter_fourcc('F','L','V','1')：FLV 流媒体格式，文件扩展名为.flv。
● cv2.VideoWriter_fourcc('T','H','E','O')：音频压缩格式，文件扩展名为.ogv。

（5）cap.release()语句的功能是释放摄像头。

（6）cv2.destroyAllWindows()语句的功能是关闭所有图像窗口。

11.5.2　利用 OpenCV 库实现视频录制保存

本节编程实例主要实现视频的录制和保存功能，功能的实现主要应用了 OpenCV 库模块（在 Python 中用 cv2 表示这个库模块）的函数，代码的主要业务逻辑是通过循环取得摄像头捕获的每一帧图片，显示在屏幕上，同时写入指定的文件。样例代码如下所示。

```python
# 导入相关模块
import cv2
# 参数是 0 调取本地摄像头
cap = cv2.VideoCapture(0)
# 取得摄像视频的宽与高，通过 cv2 的属性取得，宽与高必须是整数类型，所以进行转换
width = int(cap.get(cv2.CAP_PROP_FRAME_WIDTH))
height = int(cap.get(cv2.CAP_PROP_FRAME_HEIGHT))
# 设置视频写入对象的属性
vwriter = cv2.VideoWriter('./record_test.avi', cv2.VideoWriter_fourcc ('X','V',
'I','D'), 16, (width, height))
# 循环读取摄像头捕获的图像
while cap.isOpened():
    # 读取摄像头捕获的一张图片，flag 为 True 表示读取成功
```

11

```
flag, rd_img = cap.read()
if flag == False:
    break
# 利用 cv2 库中的字体设置字体
font = cv2.FONT_HERSHEY_COMPLEX
# 在图像上写入提示信息
cv2.putText(rd_img, 'Recording ...', (200,20), font, 0.8, (0, 0, 255), 1, cv2.LINE_AA)
cv2.putText(rd_img, 'Press "s" to save the video and exit',
            (20,height-20), font, 0.8, (0, 0, 255), 1, cv2.LINE_AA)
# 写入文件
vwriter.write(rd_img)
# 显示取自摄像头的图像
cv2.imshow('record', rd_img)
# 按 S 键退出视频采集
if ord('s') == cv2.waitKey(20):
    break
# 关闭所有显示窗口
cv2.destroyAllWindows()
# 释放摄像头
cap.release()
# 关闭视频写入对象的写进程
vwriter.release()
```

（1）代码首先打开本地摄像头，通过 cv2.CAP_PROP_FRAME_WIDTH 和 cv2.CAP_PROP_FRAME_HEIGHT 两个属性取得摄像头捕获图像的高度与宽度，高度与宽度作为参数传给 cv2.VideoWriter()函数，同时将视频的编码格式和帧率（每秒的帧数）也传递给该函数，对应语句为 vwriter = cv2.VideoWriter('./record_test.avi', cv2.VideoWriter_fourcc('X','V','I','D'), 16, (width, height))。

（2）代码建立了一个循环，在循环代码块中，每次取出一张摄像头捕获到的图像，用 cv2.putText() 在这张图片上写上提示信息后显示在计算机屏幕上，同时调用视频写入进程，将图片写入视频文件中，对应语句为 vwriter.write(rd_img)。在循环中每次做完图像的保存和显示后，都等待 20ms，判断用户是否按了 S 键，对应 if ord('s') == cv2.waitKey(20):语句，如果是，就退出循环。

🔊 提示

在退出程序前关闭正在运行的进程和释放资源是良好的编程习惯，本程序在退出前关闭了所有打开的窗口、释放了占有的摄像头以及关闭了视频写入进程。

11.6 实例 80 录屏程序

扫一扫，看视频

11.6.1 编程要点

本节编程实例用到 Pillow、pyaudio 和 moviepy 等库模块，Pillow 库主要用来处理图像；pyaudio 用来处理音频；而 moviepy 是一个用于视频和音频编辑的 python 模块，可以实现视频剪辑、视频拼接、音频加入和特效处理等功能。这些库模块都可以通过 pip install moviepy 命令进行安装。

在本节录屏程序中主要用到 Pillow 库和 moviepy 库的相关函数，简要介绍如下。

（1）Pillow 库中的 grab()函数可以截取当前屏幕的图像，其调用格式为 vscreen=ImageGrab.grab (bbox=None)，该函数返回指定大小的屏幕截图。参数 bbox 表示一个元组，如 bbox=(100,200,300,600)，这四个数字指定截取屏幕图像左上角的坐标与右下角的坐标。如果不指定 bbox 参数，则截取整个屏幕图像；返回值 vscreen 是屏幕截图。样例代码如下所示。

```
# 导入库模块
from PIL import ImageGrab
# 截取整个屏幕
vscreen=ImageGrab.grab()
# 显示截取的图像
vscreen.show()
# 以下代码语句打印出内容：屏幕的尺寸：(1366, 768)，屏幕的颜色通道模式：RGB
# vscreen.size 显示截图的尺寸（size），也就是表示截图的数组的大小，
# 这是一个二维数组，宽为1366像素，高为768像素，
# vscreen.mode 显示截图的颜色通道，这时是红绿蓝（RGB）模式
print('屏幕的尺寸：'+str(vscreen.size)+"，屏幕的颜色通道模式："+vscreen.mode)
# 截取屏幕中从左上角为(100,200)到右下角为(300,600)的矩形框中的图像
vscreen2=ImageGrab.grab(bbox=(100,200,300,600))
# 显示截取的图像
vscreen2.show()
# 以下代码语句打印出内容：屏幕的尺寸：(200, 400)，屏幕的颜色通道模式：RGB
print('屏幕的尺寸：'+str(vscreen2.size)+"，屏幕的颜色通道模式："+vscreen2.mode)
```

（2）moviepy 库函数 VideoFileClip()，其调用格式为 clip = VideoFileClip(path)，该函数读取一个视频文件到内存。参数 path 为要读取的视频路径，返回值 clip 是读入内存中的视频对象。

（3）moviepy 库函数 subclip()，其调用格式为 clip1=clip.subclip(time1, time2)，该函数剪取 time1 和 time2 两个时间点中间的视频并返回，其中 clip 是读入内存的视频对象。参数 time1 和 time2 为要剪切视频时长的两个时间点，这两个参数只是数字时，它的单位就是秒，例如 clip.subclip(10, 20)表示从视频中剪取 10 秒至 20 秒这一段时间的视频片段，参数也可以用"小时:分钟:秒"的形式表示，例如 clip.subclip(01:06:6.6, 01:07:6.6) 表示从视频中剪取 1 小时 6 分 6.6 秒到 1 小时 7 分 6.6 秒这一时间段的视频片段；返回值 clip1 是剪切取得的视频片段。

（4）moviepy 库函数 concatenate_videoclips ()，其调用格式为 vclip=concatenate_videoclips ([vclip1,vclip2...], method='compose')，该函数将多个视频片段合并到一个视频中。参数 vclip1,vclip2 表示各视频片段，这些视频片段要求尺寸一致，即各个视频的每一帧图片宽与高一样。

🔊 提示

vclip1,vclip2 等要合并的视频片段名字应放到中括号中，也就是这些视频片段要组成一个列表。参数 method 默认值为 chain，表示编码、尺寸一致的视频片段可以直接连接起来，当设置 method="compose"，可以使编码方式不同的视频片段连接起来；返回值 vclip 是合并后的视频对象。

（5）moviepy 库函数 resize ()，该函数的功能是改变视频分辨率。函数的调用格式有两种，一种是 vclip=clip.resize(newsize=(width, height))，参数 width 是视频每帧图片的宽度（也可以理解为

在宽度方向的像素数），改变它可以改变视频在横向上的分辨率，例如 width 由 640 改成 320，宽度方向上的分辨率降低 50%；参数 height 是视频中每帧图片的高度；返回值 vclip 是改变分辨率后的视频。另一种调用格式是 vclip=clip.resize(decimal)，参数 decimal 是小数，表示分辨率等比缩小到原值的比例。

（6）moviepy 库函数 write_videofile()，函数调用格式是 clip.write_videofile(path, audio=False)，该函数保存视频文件。参数 path 是视频的保存地址；参数 audio 默认为 True，表示保存时要一并写入音频，当设为 False 时表示保存时去掉音频。

（7）moviepy 库函数 speedx ()，函数调用格式是 vclip = clip.speedx(i)，该函数设置视频的播放速度。参数 i 设置以视频正常速度的 i 倍播放视频，返回值 vclip 是倍速后的视频对象。

（8）moviepy 库函数 write_videofile()，函数的调用格式是 clip.save_frame(filename,t=None)，该函数保存视频的某一帧图片到磁盘。参数 filename 是要保存的图片文件名；参数 t 指定保存哪一秒的图片，例如 t=8 则保存视频第 8 秒的图片，当 t 不指定时，保存视频第 1 帧的图片。各函数有关的样例代码如下所示。

```
# 导入模块
from moviepy.editor import VideoFileClip,concatenate_videoclips
# 读入文件，sample.mp4 是保存当前目录下 mp4 格式的视频文件，
# 该文件是一个测试用文件
v=VideoFileClip('./sample.mp4')
# 从视频 v 中剪出第 18～58 秒的视频片段
vclip1=v.subclip(18,58)
# 保存视频
vclip1.write_videofile('./clip1.mp4')
# 从视频 v 中剪出倒数第 18 秒到倒数 8 秒之间的视频片段
vclip2=v.subclip(-18,-8)
# 将 vclip1 和 vclip2 两个视频片段合并成一个视频片段 vclip
vclip=concatenate_videoclips([vclip1,vclip2],method='compose')
# 保存视频
vclip.write_videofile('./clip.mp4')
# 取得视频每帧图片的尺寸
vsize=vclip.size
# 以下语句打印出每帧图片的尺寸：(640, 360),
# 表示在宽度为 640 像素，高度为 360 像素
print(vsize)
# 把视频分辨率变成原来的 1/2
vclip_resize=vclip.resize(0.5)
# 保存视频
vclip_resize.write_videofile('./clip_resize.mp4')
# 把视频分辨率变成原来的 1/2，因为原视频尺寸为(640, 360)
vclip_resize2=vclip.resize(newsize=(320,180))
# 保存视频
vclip_resize2.write_videofile('./clip_resize2.mp4')
# 把视频播放速度改为正常播放的两倍
vclip_speed=vclip.speedx(2)
# 保存视频
```

```
vclip_speed.write_videofile('./clip_speed.mp4')
# 保存第 3 秒的那一帧图片
vclip.save_frame("test.png", t=3)
# 得到 vclip 的帧率，即每秒钟播放几帧图片
vfps=vclip.fps
# 以下语句打印出：29.97002997002997，表示每秒播放近 30 帧图片
print(vfps)
```

（9）moviepy 库函数 ImageClip()，函数的调用格式为 img_clip=ImageClip(fname,duration=None)，该函数生成一个视频片段，这个视频片段在一段时间内只显示一张图片。参数 fname 指定图片文件的地址；参数 duration 指定显示图片的时间，单位是秒；返回值 img_clip 是一个视频片段。

（10）moviepy 库函数 concatenate_videoclips()，函数的调用格式为 v_video= concatenate_videoclips(clips_list)，该函数把一个列表中的视频片段合并成一个较大的视频片段。参数 clips_list 是列表类型，其中的元素是一个个的视频片段；返回值 v_video 是合并后的视频片段。

11.6.2 录音与录屏文件的合并与保存

本节代码业务流程为建立两个线程，同时进行录音和录屏，即并行生成音频和视频文件，然后通过音视频编辑函数，把音频与视频按照时间同步合并成一个文件。这里将分段介绍这段代码。第一段代码如下所示。

```python
# 第一段代码
import wave
import pyaudio
from PIL import ImageGrab
from time import sleep
import threading
from moviepy import editor
import os
import shutil
# 设置 PyAudio 内置缓存大小
chunk = 2048
# 音频取样频率，每秒采样 48000 个点
sampling_rate = 48000
# 音频量化位数，这里设置为 2 字节
sampwidth = 2
# 设置声道数
channels = 1
# 设置录屏标志
record_flag=True
# 设置音频文件位置
audio_file='./audiotest.wav'
# 录音函数
def record_audio():
    # 生成 PyAudio 对象
```

```
    pa = pyaudio.PyAudio()
    # 打开一个 PyAudio 对象, 并设置相关参数, 如量化位数、声道、采样率和缓存大小
    # 参数 input=True 表示为录音状态, stream 作为数据流对象读入声音数据
    stream = pa.open(format=pyaudio.paInt16,
                     channels=channels,
                     rate=sampling_rate,
                     input=True,
                     frames_per_buffer=chunk)
    # 打开文件, 开始写入
    wf = wave.open(audio_file, 'wb')
    # 设置 wave 文件的声道数
    wf.setnchannels(channels)
    # 设置 wave 文件的量化位数
    wf.setsampwidth(sampwidth)
    #设置 wave 文件的采样率
    wf.setframerate(sampling_rate)
    # 当录屏标志 record_flag 为 True 时, 开始录音
    while record_flag:
        # 从数据流 (stream) 读取音频数据块
        data = stream.read(chunk)
        # 将音频数据写入文件
        wf.writeframes(data)
    # 关闭文件写进程
    wf.close()
    # 关闭 stream 数据流对象
    stream.stop_stream()
    stream.close()
    # 停止 PyAudio 对象进程
    pa.terminate()
```

（1）代码开头导入相关库模块，并设置 PyAudio 内置缓存大小、量化位数、采样率和声道数等常量。

（2）代码定义了一个函数 record_audio()，该函数主要业务逻辑是：建立一个音频输入流（stream），并设定这数据流对象的量化位数、声道数、采样率、录音状态和内置缓存等属性，其中通过设置 input=True 把数据流对象设为输入模式，也就是录音模式，对应语句为 stream=p.open(format=FORMAT, channels=CHANNELS, rate=RATE, input=True, frames_per_buffer=CHUNK)，然后通过一个循环语句依次把音频输入流的数据写入文件中。

第二段代码定义一个录屏的函数，代码如下所示。

```
# 第二段代码
def capture_screen():
    index=0
    # 当录屏标志 record_flag 为 True 时, 开始循环,
    # 每隔 0.03 秒保存一张屏幕图片, 这些图片被依次编上序号
    while record_flag:
        # 将当前屏幕保存为一张图片
```

```
ImageGrab.grab().save('./img/test'+str(index)+'.jpg',quality=95, subsampling=0)
sleep(0.03)
index=index+1
```

以上代码将图片保存到一个文件下，这些文件按时间编写序号，也就是采用"test＋序号.jpg"（如 test0.jpg）的形式给图片命名。

第三段代码是主函数，它建立两个线程，实现保存屏幕图片与录音同时进行，录制结束后，把所有图片合成一个视频的中间文件，然后将这个文件与音频文件合并形成一个音视频都包含的 MP4 文件，代码如下所示。

```python
# 主函数 main
if __name__=="__main__":
    # 对文件夹进行相关处理
    if os.path.exists('./img'):
        shutil.rmtree('./img')
    if not os.path.exists('./img'):
        os.mkdir('./img')
    # 建立一个进程，调用 record_audio() 函数录制声音
    thread1=threading.Thread(target=record_audio)
    # 建立一个进程，调用 capture_screen() 函数依次保存屏幕图片
    thread2 = threading.Thread(target=capture_screen)
    # 提示信息
    vv=input('按 S 键开始录屏:')
    if vv=='s':
        # 提示信息
        print('已开始录屏，按 Q 键退出录屏...')
        # setDaemon() 将线程变成守护线程，这样就可以在主进程中结束线程
        thread1.setDaemon(True)
        # 启动线程
        thread1.start()
        thread2.setDaemon(True)
        thread2.start()
    # 用户没按 Q 键时，继续进行录制，即让两个线程继续运行
    while input()!='q':
        pass
    # 用户按 Q 键后，设置录屏标志 record_flag 为 False
    record_flag=False
    print('已退出录屏，正合成录屏文件...')
    # 导入音频文件
    vaudio=editor.AudioFileClip('./audiotest.wav')
    # 将保存屏幕图片的文件名加入到列表中
    imgs=[fname for fname in os.listdir('./img')]
    # 通过 lambda 函数选出文件名中的数字，再通过 sort 按这个数字对文件名进行排序
    imgs.sort(key=lambda fname:int(fname[4:-4]))
    # 根据音频文件时长，求出每张图片在合成的视频文件中应占有的显示时间
    t_img=round(vaudio.duration/len(imgs),4)
    img_clips=[]
```

```
for img in imgs:
    img_pathfile='./img/'+img
    # 把一张图片文件转换成一个视频剪辑，并设置显示时间为 t_img
    img_clip=editor.ImageClip(img_pathfile,duration=t_img)
    # 把生成的视频剪辑加入列表中
    img_clips.append(img_clip)
# 将列表中的视频剪辑连接在一起，形成一段连续的视频
v_video=editor.concatenate_videoclips(img_clips)
# 在视频中加入音频
v_video=v_video.set_audio(vaudio)
# 把合并后的视频和音频写入文件中，并设置了文件格式 codec='mpeg4'，
# 也设置了每秒播放的帧数 fps=30
v_video.write_videofile('./screen.mp4', codec='mpeg4',fps=30)
v_video.close()
# 删除音频中间文件
os.remove('./audiotest.wav')
```

（1）以上代码是主函数，这段代码首先建立两个线程，然后启动两个线程任务，这两个线程分别调用了 record_audio()和 capture_screen()函数，采用线程的方式可使录音和录屏同时进行，主程序通过 setDaemon(True)函数将两个线程转换成守护线程，这样就可以在主进程（主函数）中终止线程任务，即主进程有了可以终止线程的控制权，常规主进程无法决定线程何时运行何时停止。

（2）当用户按 Q 键后停止录屏和录音，进入视频和音频合成阶段。首先把保存在 img 文件夹下屏幕截图的文件加入列表中；然后对列表中的各元素进行排序，排序方式依据文件名字中的数字大小进行操作，对应语句是 imgs.sort(key=lambda fname:int(fname[4:-4]))；然后以音频文件的时长为标准，用这个时长除以图片文件的个数得到每张图片要显示的时间，对应语句为 t_img=round(vaudio.duration/len(imgs),4)；然后通过一个循环代码块，把每张图片转换成视频剪辑（ImageClip），并设置显示时长（duration），对应语句是 img_clip=editor.ImageClip(img_pathfile,duration=t_img)；接着把这个视频剪辑加入列表中。循环完成后，程序把列表中的视频剪辑连接在一起，形成一个连续的视频片段，通过 v_video=v_video.set_audio(vaudio)语句把音频加入这段视频，最后保存为一个 MP4 文件，这个 MP4 文件就是录屏形成视频文件（包含音频）。

11.7　实例 81 视频结尾特效

扫一扫，看视频

11.7.1　编程要点

本节编程实例再次用到 moviepy 功能模块相关的函数，可以说这个库模块功能强大，它对音频和视频的操作是通过 FFmpeg 软件与 Python 数学处理库和图像处理库相结合进行的，并且对各类处理功能进行归纳和封装，使得对音视频的处理更加简单和易用。

moviepy 库有一个重要理念，就是把音视频相关的对象视作一个一个的小片段，因此该库模块中有一个叫 clip（片段）的核心类，它把视频、音频和文字等对象都分成不同性质的 clip，分别划归

到不同的 clip 子类。通过操作这些 clip 类对象完成不同的操作、实现不同的功能，例如对 clip 类对象进行剪切、混合拼接、改变颜色通道、加字幕和加遮罩等操作，产生不同特效。下面简要介绍 clip 的主要子类。

（1）视频片段（片段也可称为剪辑）类 VideoClip：这个类的实例对象可以由视频文件、图像、文本和动画生成。与视频片段对象操作相关的函数较多，这些函数之间还有关联关系，因此大部分情况下采用代码加注释的形式进行介绍。

下面程序样例的主要功能是将多个视频片段组合在一张画面上，使它们可以同时播放，其代码如下所示。

```python
# 导入相关模块
from moviepy.editor import VideoFileClip, clips_array, vfx
# 利用级联操作取得视频前 10 秒的片段，并设置视频边框为 10 像素：margin(10)
clip1 = VideoFileClip("sample1.mp4",audio=False).subclip(0,10).margin(10)
# 取得视频片段 X 轴方向镜像，参数：vfx.mirror_x 指定镜像为 X 轴方向
clip2 = clip1.fx(vfx.mirror_x)
# 取得视频片段 Y 轴方向镜像，参数：vfx.mirror_y 指定镜像为 Y 轴方向
clip3 = clip1.fx(vfx.mirror_y)
# 把视频片段每一帧图片尺寸等比缩小为原来的 4/5（即 0.8）
clip4 = clip1.resize(0.8)
# clips_array()函数将视频片段以数组的形式组合在一起，这个数组是二维数组（两行两列），
# 即把这四个视频片段以两行两列形式组合在一个画面上，同步播放
clip_array = clips_array([
    [clip1, clip2],
    [clip3, clip4]
    ])
# 保存视频到磁盘文件
clip_array.write_videofile('testarray.mp4')
```

程序运行后，生成一个视频文件，该文件将多个视频的帧按一定方式布局在一个播放画面上，其播放效果如图 11.11 所示。

图 11.11　视频片段组合后的效果

视频片段叠加合成函数 CompositeVideoClip()可以实现将多个视频片段按照一定的格式进行合成。这个函数调用格式较多，现分别介绍如下。

- 该函数的第一种调用格式为 clip = CompositeVideoClip([clip1, clip2, clip3], size=(640,480)), 函数功能是将视频片段叠加在一起形成一个新的视频片段，也就是将各个视频每一帧堆叠在一起播放，堆叠规则是：列表中后面的视频片段堆压在列表前面的视频片段上，即播放时后面视频片段覆盖在前面的视频片段上。函数的第一个参数是一个列表类型的参数，列表中的每一个元素是一个视频片段对象；参数 size 是设置合成后的视频片段的尺寸，这个参数如果没有给出，默认用列表中第一个视频片段的尺寸为合成后视频片段的尺寸。

- 该函数的第二种调用格式为 clip = CompositeVideoClip([clip1, clip2.set_pos((20,20)), clip3.set_pos ((60,60))]), 这种函数调用格式与第一种调用格式的不同之处是给视频片段加上播放位置，也就是通过 set_pos()函数设定视频片段在合成后视频画面上的位置。set_post()函数有几种设置形式，这里简单介绍一下，set_pos((x,y))设置视频片段的左上角坐标为 x 和 y，注意这里是用了两层括号；set_pos("center") 设置视频片段居中播放；set_pos(("center", "top")) 设置视频片段在水平方向居中、垂直方向靠近顶部处播放；set_pos(("left","center")) 设置视频片段在水平方向居左、垂直方向居中处播放；set_pos((0.6,0.8), relative=True) 设置视频片段向右移动到合成后视频宽度的 60%处、向下移动到合成视频高度的 70%处播放。

- 该函数的第三种调用格式为 video = CompositeVideoClip([clip1, clip2.set_start(6).crossfadein(1), clip3.set_start(10).crossfadein(2)]), 这种调用格式与第一种调用格式不同之处是用 set_start()函数设置了视频片段开始播放的时间，例如用 clip2.set_start(6)表示视频片段 clip2 在合成后的视频的第 6 秒时开始播放；crossfadein()函数设置了渐进特效，例如 crossfadein(1)表示视频片段在开始播放时有 1 秒的渐进时间。

下面代码主要演示 CompositeVideoClip()函数的应用，主要功能是将两个视频叠加合并后在一个画面上播放。样例代码如下所示。

```
# 导入相关库模块
from moviepy.editor import VideoFileClip,CompositeVideoClip
# 通过级联操作取得视频文件中前 10 秒的片段，
# 提示：进行视频操作时，如果视频文件中包含音频部分，有时会出现错误，
# 一般在进行视频文件操作时，先去掉音频部分（audio=False）
clip1 = VideoFileClip("sample3.mp4",audio=False).subclip(20,30)
# 通过级联操作取得视频文件中前 10 秒的片段，并将播放画面缩小为原视频尺寸的 1/2（即 0.5）
clip2 = VideoFileClip("sample1.mp4",audio=False).subclip(0,10).resize(0.5)
# 将视频前后叠加，按照列表中视频片段后面叠加到前面片段的规则，clip2 图像会在 clip1 前面
# 合成之后的视频尺寸以第 1 个视频片段的尺寸为准
# clip2 通过 set_post()函数确定它在 clip1 的显示位置
composite_clip =CompositeVideoClip([clip1,clip2.set_pos((10,6))])
# 播放合成的视频
composite_clip.preview()
```

以上代码是播放合成的视频函数，要想正常调用这个函数，需要安装 pygame 模块，可通过命令 pip install pygame 进行安装。以上代码运行后把两个视频合并生成为一个视频，其中一个视频叠加在另一个视频指定的位置上，其播放效果如图 11.12 所示。

图 11.12　视频片段叠加合并效果

（2）图片片段类 ImageClip：继承于 VideoClip，这个类的实例对象是由一组图片生成的视频片段。函数的调用格式为 clip = ImageSequenceClip(pic_list, fps=fps)，该函数的功能是将一组图片依次加入视频片段。参数 pic_list 是一个保存图片文件名的列表；参数 fps 设置合成后的视频的帧率，即每秒播放几帧视频图像；返回值 clip 是一个合成后的视频片段对象。

（3）音频片段类 AudioClip：这个类的实例对象由音频文件生成。这里介绍一个音频拼接函数，函数的调用格式为 clip = concatenate_audioclips([clip1, clip2, clip3])，该函数功能是将列表参数中各个音频片段按顺序连接起来，形成一个连续播放的较大的音频片段。

（4）文字片段类 TextClip：这个类继承于 ImageClip，它的实例对象生成过程可分为两步，第一步用 ImageMagick 软件将文本生成图片，第二步使用 ImageClip 类函数对生成的图片进行处理，生成视频片段。因此要使用 TextClip，需要安装 ImageMagick 软件，到 ImageMagick 官网下载与操作系统相对应的软件，采用默认安装方式将软件安装好，然后在 python 安装目录下找到\Lib\site-packages\moviepy\config_defaults.py 文件，在这个文件中修改 IMAGEMAGICK_BINARY 配置，将 magick.exe 文件的地址赋值给 IMAGEMAGICK_BINARY，修改情况如下所示。

```
import os
FFMPEG_BINARY = os.getenv('FFMPEG_BINARY', 'ffmpeg-imageio')
# 以下是 IMAGEMAGICK_BINARY 原值
# IMAGEMAGICK_BINARY = os.getenv('IMAGEMAGICK_BINARY', 'auto-detect')
# 将 magick.exe 执行文件的地址赋值给 IMAGEMAGICK_BINARY
IMAGEMAGICK_BINARY ='C:\Program Files\ImageMagick-7.0.10-Q16\magick.exe'
```

经过以上配置，就可以使用文本片段（TextClip）的相关函数了，这里用一个简单的样例介绍一下 TextClip 文本片段的使用方法，由于原生 TextClip 类不支持中文，该代码同时给出了在视频中显示中文的解决方案。

```
# 导入模块
from moviepy.editor import VideoFileClip,CompositeVideoClip,TextClip
# 读入文件，sample1.mp4 为测试用视频文件，可选任意 mp4 格式文件进行代码测试
v=VideoFileClip('. /sample1.mp4')
```

```
# 取得该视频文件中音频部分
v_audio=v.audio
# 再次读入视频，这次不含音频部分，主要原因是对含有音频的视频进行操作常会出现错误，
# 一般采用的方式是先将音频去掉，做完相应的视频处理后再将音频加入，
# 把音频重新加入这一步放在最后
v_video=VideoFileClip('./ sample1.mp4',audio=False)
# TextClip()函数不支持中文，显示中文时，需要指定中文字体库的地址
font_path= './font/msyh.ttf'
# 生成文本显示片段，指明了中文字体(font=font_path)，字体大小(fontsize=60)，字体颜色
(color='white')
txt = TextClip("两个可爱的孩子在吃饭",font=font_path,fontsize=60,color='white')
# 设置文本在屏幕正中显示，并且显示时间为 10 秒
txt = txt.set_pos((20,20)).set_duration(10)
# 把文本显示片段合成到视频中
video = CompositeVideoClip([v_video, txt])
# 最后将音频加入到视频片段中
video=video.set_audio(v_audio)
# 保存文件
video.write_videofile('./test_text.mp4')
```

11.7.2　视频遮罩原理简介

　　视频遮罩层一般是图片，颜色选黑白灰的情况较多。当在一个视频上加一个遮罩层时，如果遮罩层与视频每帧图片的大小一样，视频一般会被遮罩层完全遮挡，但是遮罩层白色区域盖住的部分会被看到，黑色区域盖住的部分看不到，这部分只能看到遮罩层，灰色区域盖住的部分可以模糊看到。可以这样理解，遮罩层相当于一层蒙在上面的玻璃，相对下层，白色区域是透明的，黑色区域是不透明的，灰色区域是半透明的。

　　对于三层视频叠加的情况，例如视频 1 上面覆盖了视频 2，视频 2 上面有一个遮罩层，会出现这样的状况：遮罩层白色区域能看到它盖住的视频 2 的区域，看不到视频 1 对应的区域；遮罩层黑色区域不能看到它盖住的视频 2 的区域，但能看到视频 1 对应的区域；灰色区域盖住视频 1 和视频 2 的部分，一般来说都可以模糊看到。视频 1 能否看到，还要看盖在它上面视频 2 的颜色，如黑色看不到，白色看得到。

11.7.3　视频特效

　　本节编程实例业务逻辑是把一个圆形图片覆盖上视频，使得视频影像只能在圆中显示，随着圆的缩小，看到的视频越来越少，直到全部消失，这时显示"谢谢观赏"文字，形成一种视频结尾的效果。样例代码如下所示。

```
# 导入相关模块
from moviepy.editor import VideoFileClip,TextClip,CompositeVideoClip
# 导入画圆的模块
from moviepy.video.tools.drawing import circle
```

```
# 通过级联操作方式取得一个视频片段，
# 取得过程是：先将 clip.mp4 文件读入内存，然后剪取 0～10 秒的视频，
# 最后需要加一个遮罩层(add_mask())，
# 这个遮罩层可以通过属性 mask.get_frame 进行设置，遮罩层一般是图片
# 其中 sample1.mp4 可以任选一 mp4 格式的视频文件进行测试
vclip = VideoFileClip("./sample1.mp4", audio=False).subclip(0, 10).add_mask()
# 取得视频段每一帧的宽和高
vwidth, vheigth = vclip.size
# 这里设置的遮罩层是一个圆，圆所在画布宽和高与 vclip 的宽和高是一致的，
# 圆心在画布中间，半径按照公式 vwidth - 100 * t 计算，随着时间减少，圆的面积也逐渐缩小并消失，
# col1=1 设置圆内部是白色，col1=2 设置圆外部背景黑色，blur 设置圆边缘的模糊度，
# 通过 lambda 函数设置圆随时间缩小，
# radius=max(0, int(vwidth - 100 * t)) 取两值中的大值，是为了防止圆的半径变为负数
vclip.mask.get_frame = lambda t: circle(screensize=(vwidth, vheigth),
                                center=(vwidth / 2, vheigth / 2),
                                radius=max(0, int(vwidth - 100 * t)),
                                col1=1, col2=0, blur=4)
# 设置中文字体路径
font_path= './font/msyh.ttf'
# 生成文本片段，set_duration(vclip.duration) 设置文本显示时间与视频片段时长一致
txt = TextClip("谢谢观赏",font=font_path,fontsize=60,color='red').set_duration
(vclip.duration)
# 通过 CompositeVideoClip() 把文本片加入视频中
end_videoclip = CompositeVideoClip([txt.set_pos('center'), vclip],
                        size=vclip.size)
# 保存视频
end_videoclip.write_videofile("./end.mp4")
```

（1）以上代码首先剪取了一个视频片段，这个片段通过 add_mask() 函数在视频上面预设一个遮罩层，这样这个视频片段就有了一个属性 mask.get_frame，可以用属性指定该视频的遮罩对象。

（2）代码通过设置 vclip 的 mask.get_frame 属性指定视频片段的遮罩层为一个圆，通过给 circle() 函数传递参数指定了圆的画布大小（screensize）、圆心（center）、半径（radius）、圆内颜色（col1）、圆外颜色（col2）和边缘的模糊度（blur）等属性；在设置圆时用了 lambda 函数，使时间 t 与圆的半径大小发生关联，这样圆会随着时间的增加而逐渐缩小直至消失；设置圆内部为白色，外部为黑色，使得被遮罩的视频在圆中间显示，而在圆的外部视频图像都被遮盖住。

（3）代码还通过 TextClip() 函数生成了一段可以显示文本的片段，这个文本显示时间设为与视频片段时长一样（set_duration(vclip.duration)），接着代码通过 end_videoclip = CompositeVideoClip ([txt.set_pos('center'), vclip], size=vclip.size) 语句将文本加入视频中，在 CompositeVideoClip() 函数中文本片段对象 txt 是第一个参数(这个参数是列表对象)中的第一个元素（[txt.set_pos('center'), vclip]），根据规则，这个文本片段对象在视频片段下面，算上遮罩层，它是在最下面第三层，这样只有遮罩层黑色部分覆盖的区域对应到第三层上的图像部分才能显示，也就是说遮住了第二层图像的部分却遮不住第三层，第二层能显示出来的部分遮住了第三层对应的部分。启动程序后，视频运行效果如图 11.13 所示。

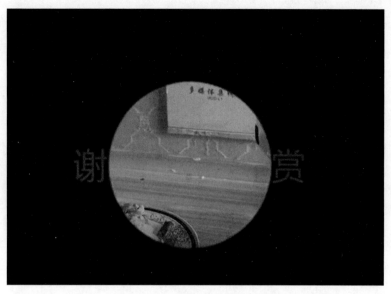

图 11.13　在视频结尾加特效

（4）以上代码运行时，可能要报 TypeError: 'NoneType' object is not subscriptable 的错误，这时找到 Python 安装目录下的\lib\site-packages\moviepy\video\tools\drawing.py 文件,将该文件的第 140～142 行的代码修改一下便可正常运行，修改情况如下所示。

```
# 以下三行是原代码
# if vector is None and p2:
#     p2 = np.array(p2[::-1])
#     vector = p2-p1
# 将以上三行代码修改为以下四行
if vector is None:
    if p2:
        p2 = np.array(p2[::-1])
        vector = p2-p1
```

11

扫一扫，看视频

第 12 章　数据结构与算法

在 IT 界许多人都认同数据结构加算法就是程序，可以看出数据结构与算法在软件开发中具有较高的地位，每一位程序员都应该具备利用数据结构去实现高效算法的能力和思想。本章将介绍部分数据结构和算法的实现和应用，使读者对数据结构和算法有个基础的认识，逐步培养用数据结构优化计算机软、硬件资源和用算法提升程序运行效率的能力。

扫一扫，看视频

12.1　实例 82　二分查找法

二分查找法是一种必须在有序的数据集中进行查找的算法，其原理是每次分割出一半的数据进行查找，这样极大地提高了查询速度。开始查找时，先定位数据集的中间位置，这样以中间位置为界把数据集分成两个半区，一个是数值较大的半区，一个是数值较小的半区；用中间位置的数值与要查找的数值进行比较，如果大于要查找的数值，就在数值较小的半区内查找，否则就在数值较大的半区内查找。在半区内查找也是定位到半区的中间位置，也就是把这个半区再分成两个半区，再取中间位置的数值与要查找的数值进行比较；按照这种方式不断二分数据集，不断取中间位置的数值与要查找的数值进行比较，直到中间位置的数值与要查找的数值相等为止，或者直到数据集不能再分割后也没有找到。二分查找法不只局限于数值型集合，它也适用于按照某种规则进行排序的任何数据类型的集合。

二分查找法主要业务逻辑是建立起始与终止索引，并根据中间位置上的数值与要查找的数值的大小关系，调整起始或终止索引，以便在新的分区中继续查找。样例代码如下所示。

```
# 执行二分查找法的算法函数
# 二分法查找的对象必须是一个有序的集合，
# 如果找到相应的元素则返回其索引位置，否则返回 None
def binsearch(list, search_value):
    # 指定查找数据集的起始索引
    low_index = 0
    # 指定查找数据集的结束索引
    high_index = len(list) - 1
    # 当起始索引小于结束索引时，表示数据集中数据还可二分，
    # 提示：将每次二分后得到的两个半区称为分区
    while (low_index <= high_index):
        # 取出当前查找数据集中间位置的索引值，round()取得整数
        mid_index = round((low_index + high_index) / 2)
        # 取出当前分区的中间位置的数值
        mid_value = list[mid_index]
```

```
                # 如果中间位置的数值等于要查找的数值
        if (mid_value == search_value):
                # 返回找到数值的索引值
                return mid_index
                # 如果中间位置的数值大于要查找的数值
        if (mid_value > search_value):
                # 将查找范围的结束索引值设为原分区中间位置的索引值-1
                high_index = mid_index - 1
        else:
                # 如果中间位置的数值小于要查找的数值
                # 将查找范围的起始索引值设为原分区中间位置的索引值+1
                low_index = mid_index + 1
    return None


# 提供一个用于测试的有序列表
test_list = [1, 2, 3, 5, 8, 33, 55, 67, 88, 99, 203, 211, 985]
# 录入要查找的数值
search_value = int(input('请录入要查找的数值：'))
vret = binsearch(test_list, search_value)
if vret:
    print('你在', test_list, '中查找:', search_value)
    print('查找结果:', search_value, '在数据集中索引值是', vret)
else:
    print('你在', test_list, '中查找:', search_value)
    print('查找结果:未查到')
```

以上代码的解释注释中已经给出，这里不再赘述，代码运行效果显示在命令行终端中，如下所示。

```
请录入要查找的数值：88
你在 [1, 2, 3, 5, 8, 33, 55, 67, 88, 99, 203, 211, 985] 中查找：88
查找结果：88 在数据集中索引值是 8
```

12.2　实例 83 常规排序

扫一扫，看视频

　　常规的排序主要有冒泡排序、选择排序和插入排序三种，这三种排序算法虽然效率不是最高的，但它们是较为经典的排序算法，是排序算法的基础。其他高级排序算法主要是由这三种排序算法演变而来的。

12.2.1　冒泡排序

　　冒泡排序是一种交换排序的方法，完成这种排序需要采用循环遍历的方式。具体做法：第一次循环时，从列表或数组等可迭代的数据序列中选出第一个元素，让它与第二个元素比较，如果两个元素的排列顺序与排序方向不一致（发生逆序），就让这两个元素交换位置。如果两个元素没有发生逆序，则不交换位置。比较或交换后用两个元素中位置在后的元素再与其相邻的下一个元素比较，按照数值大小确定是否交换，直到最后一个元素，完成第一次循环。这样在数据序列最后位置上的数值就是最大值（正向排序）或最小值（反向排序）。第二次循环时，还是从第一个元素开始比较，这次参与比较的数值不包括第一次循环后找出的最大值或最小值，经过比较，最后把第二大值排在最大值前面（正向排序时），或者第二小值排在最小值前面（反向排序时），由以上介绍可知经过几次循环，就会在数据序列尾部产生几个已排好序的数据元素，因此经过 n-1 次循环就完成了排序（假设数据序列中有 n 个元素）。冒泡排序代码如下所示。

```python
# 导入相关模块
import numpy as np
# 定义冒泡排序
def bubble_sort(vlist):
    # 取得数组的长度
    n = len(vlist)
    # 设置循环次数，注意 range() 函数的取值范围，取到的值是 0~n-2，不会取到 n-1
    for i in range(0, n - 1):
        # exchange_counter 用来统计内层循环中，数组元素两两交换的次数
        exchange_counter = 0
        # 通过内层循环进行两两比较，当遇到比当前值小的数时，进行位置交换，
        # 然后用这个大值与后面的值继续比较，遇到小值再交换位置，
        # 这样每次循环都将一个大值选出来排在后面
        for j in range(0, n - i - 1):
            if vlist[j] > vlist[j + 1]:
                # 遇到较小的值时，交换位置，大值向后排，继续与后面的值比较
                vlist[j], vlist[j + 1] = vlist[j + 1], vlist[j]
                # 每交换一次计数器 exchange_counter 加一次 1
                exchange_counter += 1
        # 如果交换次数为零，说明数组元素已排好序，无须再继续循环，直接退出
        if exchange_counter == 0:
            break
    # 返回排好序的数组
    return vlist

# 主函数，生成一个随机的数组，然后传给排序函数进行测试
if __name__ == '__main__':
    # 生成随机顺序的一维数组
    vlist = np.random.randint(0, 1000, size=66)
    print('排序前: ', vlist)
    # 转换成列表类型
    vl = vlist.tolist()
    vlist_result = bubble_sort(vl)
    print('排序后结果:', vlist_result)
```

（1）以上代码实现了将列表的数据由小到大的排序功能，它包含两个循环，外层循环主要根据数据元素的个数确定循环次数，内层循环从序列的第一个数值开始，两两比较，如果前面的值比后面的值大，两个值交换位置，小值向前，大值向后继续进行比较，这样就会使大值向数组的尾

部移动。

（2）在第一层循环代码块中设定了一个计数器 exchange_counter，这个计数器在进入内部第二层循环代码块前初始值为 0，在内部第二层循环中，如果两个数据比较后要交换位置，exchange_counter 就加 1。由此可以推导出，如果某次循环后 exchange_counter 仍为 0，说明数据元素已经完全排好序了，无须进行下次循环，可以直接退出循环。

📢 **提示**

代码有两层循环，在内层循环 for j in range(0,n-i-1)语句中，range()函数指定参与冒泡排序的范围并不是列表数据的全体，不包括已经经过排序被放到列表末尾的数据。

12.2.2　选择排序

为方便介绍，后续在讲解排序方式时，如果不特别说明，默认以正向排序为例讲解。

选择排序的基本思路是通过循环取得最小值，然后通过交换位置的方式把这个最小数放在数据序列的前面。具体做法：第一次循环取得数据序列的第一个元素，用这个元素与它后面的元素比较，遇到比它小的值就记下这个小值的下标，并用这个新的小值继续与后面的数据比较，遇到更小值则用这个更小值下标替换小值下标，重复以上过程直到第一次循环结束，循环后得到的最小值下标所指向的数值与第一个元素交换位置；第二次循环取数据序列的第二个元素与它后面的元素比较，取得循环遍历到的数据最小值，用这个最小值与第二个元素交换位置；依照这种方式重复多次。由此推导出，经过几次循环就可以在数据序列开头生成几个排好序的数据元素，如果有 n 个数据，那么这些数据排好序需要 n-1 次循环。选择排序代码如下所示。

```python
import numpy as np
# 选择排序
def select_sort(vlist):
    n = len(vlist)
    for i in range(0, n - 1):
        # 取得数组一个数值的下标，并把它的下标保存起来，暂时作为最小值下标
        min_index = i
        for j in range(i + 1, n):
            # 由外层循环取得数值与数组中排在它后面的数值比较，
            # 如果有比它小的数值，保留这个较小值下标，并用这个较小值再与后面的数值比较
            # 再遇到比它小的值，继续保留较小值下标，
            # 再用新的较小值与后面的数值比较，如此循环，直到循环结束，
            # 就取得本次循环中所遍历到数据中最小数值的下标
            if vlist[min_index] > vlist[j]:
                # 如果找到一个较小的值，把它的下标保存下来
                min_index = j
                # 用内层循环保留下来的下标取得对应的数值，
                # 用这个数值与外层循环中下标为 i 的值交换位置
        vlist[i], vlist[min_index] = vlist[min_index], vlist[i]
    # 返回列表
    return vlist
```

```
# 主函数用来测试排序函数是否正确
if __name__ == '__main__':
    vlist = np.random.randint(0, 1000, size=100)
    print('排序前: ', vlist)
    vl = vlist.tolist()
    vlist_result = select_sort(vl)
    print('排序后结果:', vlist_result)
```

以上代码通过两层循环将一组数据序列从小到大进行了排序，外层循环按照数据下标从 0 开始依次取得一个数，作为一个"临时最小数"，取得该数下标作为"最小数下标"，然后在内层循环中与排在它后面的数据进行比较，每次用两两比较的方式取得较小的数值，用这个较小的数值下标替换"最小数下标"数值，并用这个较小的数值再与后面的数据继续比较，直到比较到最后一位数值；退出内层循环后，用"最小数下标"指向的数值与外层循环设置的"临时最小数"交换位置。

12.2.3 插入排序

插入排序的基本思路是从数据序列中取得一个数据，按照其数值大小放到已经排好序的数据序列的合适位置上，直到把所有数据都取完并插入已经排好序的数据。插入排序与打扑克牌时的抓牌过程相似，每抓取一张牌，需把这张牌插到手上牌中合适的位置，手上牌相当于已经排好序的数据序列。

插入排序的实现方式是首先将数据序列的第一个数值作为已经排好序的元素，然后取第二个数值元素，用这个元素与这第一个元素比较，比它小就通过交换位置的方式排在它的前面，比它大就保持原来的位置，这是第一次循环；下次循环是取序列的下一个元素，这个元素取出来通过比较和交换位置等方式插入到已排好序的数据序列中的合适位置。

```
import numpy as np
# 插入排序
def insert_sort(vlist):
    n = len(vlist)
    # 从数组的第二个数开始取，提示：range()取值从 0 开始
    for i in range(1, n - 1):
        # 下标为 i 的数据是都已排序的数据个数，j 跟在排好序的数据后面的第一个数索引
        j = i + 1
        # 从已排好序的数据后面取出一个数值（下标为 i+1 数），
        # 依次与前面的已排好序的数值比较，插入到比其大的数值前面
        while j > 0:
            # 如果取出的数值比它前面的数值小，交换位置，比它前面的数值大，退出当前 while 循环
            if vlist[j] < vlist[j - 1]:
                vlist[j], vlist[j - 1] = vlist[j - 1], vlist[j]
                j -= 1
            else:
                break
    return vlist

# 主函数用来测试排序函数是否正确
```

```
if __name__ == '__main__':
    vlist = np.random.randint(0, 1000, size=66)
    print('排序前: ', vlist)
    vl = vlist.tolist()
    vlist_result = insert_sort(vl)
    print('排序后结果:', vlist_result)
```

以上代码默认第一个元素为已排好序的数据序列，这里称它为有序数集，然后从数据序列中的未排好序的元素中取一个数据，通过内层循环，依次与有序数集的每个元素比较大小，比较顺序从有序数集尾部开始，如果遇到序数集某个数值比它大，就与这个数值交换位置，然后继续与前面数值进行比较，遇到较大值就继续交换位置，直到遇到比它小的数值才退出循环。经过多次循环，有序数集中数据元素会逐渐增加，直到数据序列全部加入有序数集。

12.3　实例 84 改进的排序

扫一扫，看视频

这一节介绍另外三种排序方法，这三种排序方法是在常规排序的基础上进行了改进，或者总结常规排序经验演化而来，这三种排序方法在一定程度上提高了排序的效率。

12.3.1　希尔排序

希尔排序是由插入排序改进、完善而成的，它的基本思路是采用先分组再进行插入排序的方式来排序，即把数据序列分成几组，对每一组进行插入排序；分组次数一般有多次，分组的数量从多到少，最后一次分组数量必定为一，也就是整个数据序列作为一个组；在每一次分组时设立一个间隔值，数据序列中两个间隔距离数等于间隔值的数据分在一组，举例说明，如果设置间隔数为 3，那么数据序列中第 1、4、7、…为一组，第 2、5、8、…为一组；然后对每一组进行插入排序，完成后减少间隔值再进行插入排序，直到最后一次将间隔值设为 1，也就是把整个数据序列作为一个整体进行最后一次插入排序，完成整个排序工作。这样看起来排序的步骤变多了，但实际上效率提高了很多，因为每次排序都使整个数据序列向着"越来越有序"的方向迈进，而且分组后使得参与排序的数据变少，每组完成排序的时间变短；数据量越大，这种排序方式的效率提高得越明显。希尔排序的代码如下所示。

```
import numpy as np
# 希尔排序是先把序列分成几组，分组的方式是把间隔数相同的数值分在一组上，
# 然后在每组上进行插入排序，完成后，下次把间隔数调小再分组，再在每组上进行插入排序，
# 重复以上分组排序步骤，直到间隔数为 1，这时进行最后一次插入排序，完成全部排序工作
def shell_insert_sort(vlist):
    n = len(vlist)
    # 第一次设置分隔数为数组长度的一半，用整数除法运算（//）取得不大于商的最大整数
    dk = n // 2
    while dk >= 1:
        for i in range(dk, n - 1):
```

```
        # 当前组（间隔数相同的数值属于同一组）中，
        # 选取一个数值（已排序的数后面第一个元素）参与插入排序
        j = i + 1
        # 通过循环对每一组进行插入排序
        while j > 0:
            # 选中的数值小于它前面同属于本组的已排好序的数的值，交换位置
            if vlist[j] < vlist[j - dk]:
                vlist[j], vlist[j - dk] = vlist[j - dk], vlist[j]
                # 向前移动 dk 个位置
                j -= dk
            else:
                break
        # 通过整数除法运算逐渐减小间隔数 dk 的值
        dk = dk // 2
    return vlist


# 主函数用来测试排序函数是否正确
if __name__ == '__main__':
    vlist = np.random.randint(0, 1000, size=66)
    print('排序前：', vlist)
    vl = vlist.tolist()
    vlist_result = shell_insert_sort(vl)
    print('排序后结果:', vlist_result)
```

（1）以上代码采用三层循环实现排序，在外层循环中每次用上次分组的间隔数的 1/2 作为新的间隔数，把数据序列中间隔数相同的数据归为一组。外层循环每次使间隔数缩小 1/2 取整，使得分组的间隔数越来越小，最后间隔数为 1，也就是把整个数据序列视为一组。

（2）内层的两个循环完成对分隔后的各组进行插入排序，由于间隔数决定数据在哪个组（间隔数相同的数同属于一组），下标为 n*dk+i（n，i 都是整数）的数据属于第 i+1 个数组中第 n+1 个数据（n 和 i 都是从 0 开始计数）；数据间比较和位置交换都在本组内进行操作。

（3）在内层的循环中，虽然比较和插入排序操作限定在本组内，但在程序中从第二层循环中取出每组组数，第三层循环中对一组数据进行插入排序，这样通过内层两个循环会依次对各分组进行排序。

（4）假定间隔数为 dk，这里对希尔排序中的插入排序过程举 2 个例子，说明如下。

- 当 j=6*dk+1 时，程序用下标为 j 的数据与同属第 2 组（组数是从 0 开始计数）前面已排好序的数据进行插入排序操作，该数与本组中已排好序的最后一个数据的间隔是 5 个 dk 的距离，也就是下标为 6*dk+1-dk 的数据就是本组已排好序的数据中最后一个，这样程序让下标为 j 的数据与下标为 5*dk+1、4*dk+1、3*dk+1、2*dk+1、dk+1 和 1 的数据进行插入排序操作。

- 当 j=6*dk+2 时，程序用下标为 j 的数据与同属第 3 组的前面已排好序的数据时进行插入排序操作，也就是该数与下标为 5*dk+2、4*dk+2、3*dk+2、2*dk+2、dk+2 和 2 的数据进行插入排序。

12.3.2　快速排序

快速排序是在冒泡排序的基础上改进得来的，它的基本思路是在一个数据序列中找一个中间值作为比较基准，小于中间值的数据放在其左边，大于中间值的数据放在右边，然后以这个中间值为界，分成两组，分别在这两组中再找中间值，排好其左右数据，按上述方式重复进行分组，直到每组只有一个数据，就完成了排序。具体实现方法：首先采用数据序列的第一个元素作为中间值，把数据序列元素中大于中间值的数放到中间值右边，小于中间值的数放到左边；然后以中间值为界，把它左边的数据划成一组，右边划成一组，这两个组都不包含中间值，然后通过递归调用，在新分成的两组中各自取出自己组内的第一个元素作为中间值，按照前面规则把数据放在中间值左右两边，就这样递归调用下去，直到每组只有一个数据结束，完成排序工作。快速排序的代码如下所示。

```python
import numpy as np
# 快速排序函数
# 参数 vlist 是要进行排序的数据集
# 参数 first 是排在首位的数值的下标
# 参数 last 是排在末位的数值的下标
def quick_sort(vlist, first, last):
    if first >= last:
        return vlist
    # 初始化时，把第一个数据元素作为中间值
    mid_value = vlist[first]
    # 用参数 first 设置头指针
    low = first
    # 用参数 last 设置尾指针
    high = last
    # 当 low=high 时说明以中间值为界，其左右两边的数据已调整完，
    # 即左边的值比中间值小，右边的值比中间值大
    while low < high:
        # 必须先从尾指针所指向的位置开始比较
        while low < high and vlist[high] >= mid_value:
            # 如果尾指针 high 指向的数值大于等于 mid_value（中间值），
            # 就将尾指针数减 1，即向左移一位
            high -= 1
        # 退出以上循环后，如果尾指针指向的数值小于 mid_value，
        # 把尾指针 high 指向的数值移动到头指针 low 所指向的位置，
        # 这时 high 指向的位置可以理解为空，
        # 因为这个位置的数据已复制到尾指针 low 指向的位置，
        # 该位置数据只是一个占位符，无实际意义，
        # 头指针 low 指向的数值一开始是 first 指向的数值 vlist[first]，它被替换成 vlist[high] 的值，
        # 提示：前面初始化时，已把 vlist[first] 值存在变量 mid_value 中
        vlist[low] = vlist[high]
        while low < high and vlist[low] < mid_value:
            # 如果头指针 low 指向的数值小于中间值，就将头指针数加 1，即向右移一位
            low += 1
        # 退出以上循环后，如果头指针指向的数值大于 mid_value（中间值），
```

```
        # 把头指针指向的数值移动到尾指针指向位置（实际上是复制），
        # 头指针 low 指向位置的数据可以理解为是空的
        vlist[high] = vlist[low]
            # 当 low=high 时退出最外层循环后，这时它们指向的位置是可以理解为空的，
        # 这时把 mid_value(中间值) 移动到这个中间空位置（实际上是复制），
        # 这样中间值左边是小于它的数值，右边是大于它的数值
        vlist[low] = mid_value   # print(vlist)
        # 以 mid_value 所在位置为中间分界线，分成两组，
        # 对前一组进行递归调用，注意第三个参数是 low-1
        quick_sort(vlist, first, low - 1)
        # 对后一组进行递归调用，注意第二个参数是 low+1
        quick_sort(vlist, low + 1, last)
        # 递归调用后，返回排好序的数组
        return vlist

# 主函数用来测试排序函数是否正确
if __name__ == '__main__':
    vlist = np.random.randint(0, 1000, size=66)
    print('排序前：', vlist)
    vl = vlist.tolist()
    vlist_result = quick_sort(vl, 0, len(vl) - 1)
    print('排序后结果:', vlist_result)
```

（1）以上代码中 quick_sort() 函数实现快速排序功能，其主要业务流程是在一组数据中找出第一个数据，用它作为中间值（mid_value=vlist[first]），并且设置头指针、尾指针分别保存数组的第一个数值的下标和最后一个数值的下标；然后从数组尾部取数与中间值比较，如果大于等于中间值，尾指针向左移，在左移的过程中如果找到比中间值小的数据（这个数据就是尾指针当前指向的数据），就把它放到头指针指向的位置，并停止尾指针的移动；这时转到数组的头部取数与中间值比较，如果取出的数值小于中间值，头指针向右移动一位，在右移的过程中如果遇到比中间值大的数值，就把该数值移到尾指针指向的位置，并停止头指针的移动；这时又开始通过尾指针取数与中间值做比较，就这样尾、头两个指针交替向中间移动，当头尾指针相遇时，即 low==high 时，把中间值放到这个位置上，完成了一次循环，这时比中间值大的数都排在它的右边，比它小的数排在左边。

（2）代码还通过递归调用函数自身继续对数据进行排序，调用步骤是：以中间值所在的位置为界，将其左边和右边的数据分成两组，每组数据作为参数传递给递归的函数，开始运行（1）所述的流程。递归调用使得分组后每组的数据个数越来越少，递归调用的结束标志是每组只包含一个数据。

12.3.3　归并排序

归并排序是将两个较小的、有序的数据序列合并成一个较大的、有序的数据序列，合并过程是经过比较大小、交换位置等操作形成一个有序的数据序列。归并排序的基本思路是将一个数据序列每次一分为二进行分组，连续分下去，直到每组只包含一个数据，然后两两合并，合并过程中进行排序，经过不断合并，最终形成一个排好序的数据序列。归并排序过程可以总结为两步，先是不断

进行一分为二的分组操作，直到每组只有一个数据，然后两两合并和排序，最终合并为一个整体。归并排序的代码如下所示。

```python
# 导入相关库模块
import numpy as np
# 合并函数，将两组数据合并成一个排好序的数组
def merge(left_list, right_list):
    # 设置左边数组头指针，初始值为 0，即指向第一个数值
    left_list_index = 0
    # 设置右边数组头指针，初始值为 0，即指向第一个数值
    right_list_index = 0
    # 初始化一个空列表
    result = []
    while (left_list_index < len(left_list)) and (right_list_index < len(right_list)):
        if left_list[left_list_index] <= right_list[right_list_index]:
            # 两组数组，将左边的数组头指针指向的元素与右边数组头指针指向的元素进行比较，
            # 如果小于，就把这个元素放到 result 列表的后面，
            # 并将 left_list_index 这个左边数组的头指针加 1，即左边数组的头指针向后移一位，
            # 进入下次循环，继续取出两个分组头指针指向的元素进行比较
            result.append(left_list[left_list_index])
            left_list_index += 1
        else:
            # 如果左边数组的头指针指向的数值大于右边头指针指向的数值，
            # 就取右边头指针指向的数值加入 result 列表的后面，
            # 并将右边数组 right_list_index 头指针加 1，即右边数组头指针向后移一位，
            # 进入下次循环，继续取出两个分组头指针指向的元素进行比较
            result.append(right_list[right_list_index])
            right_list_index += 1
    # 两个数组可能不一样长度，
    # 比较完后数组中剩余数据元素都比加入到 result 列表中的数值大，
    # 直接加在 result 列表后面
    if left_list_index < (len(left_list)):
        # 将剩余的数值追加到 result 列表的后面
        result.extend(left_list[left_list_index:])
    if right_list_index < (len(right_list)):
        result.extend(right_list[right_list_index:])
    # 返回合并后列表
    return result
# 归并排序函数
def merge_sort(vlist):
    n = len(vlist)
    if n <= 1:
        return vlist
    mid_index = n // 2
    # 递归调用自身，每次将数组一分为二，直到每组只有一个数值
    left_list = merge_sort(vlist[:mid_index])
    right_list = merge_sort(vlist[mid_index:])
    # 调用 merge()函数，合并 left_list、right_list 两组数组，得到排序好的数组
    vlist = merge(left_list, right_list)
```

```
        return vlist

# 主函数用来测试排序函数是否正确
if __name__ == '__main__':
    vlist = np.random.randint(0, 1000, size=67)
    print('排序前：', vlist)
    vl = vlist.tolist()
    vlist_result = merge_sort(vl)
    print('排序后结果:', vlist_result)
```

（1）以上代码包含一个合并函数 merge()，一个归并排序函数 merge_sort()，合并函数被归并排序函数调用。

（2）合并函数 merge()的功能是将两个数组合并，这两个数组是排好序的数组（数组是从包含一个数据的数组开始经过多次两两合并和排序形成的），程序中两个数组中的每个元素依次进行比较，按照从小到大的顺序加入到一个空列表，形成一个排好序的列表。

（3）归并排序函数 merge_sort()的主要功能是通过递归调用每次将数据序列一分为二，直到每组数据只有一个数值，然后开始两两合并，每次合并都调用 merge_sort()进行排序，最后形一个整体的、排好序的数据序列。

扫一扫，看视频

12.4 实例 85 二叉树生成与遍历

12.4.1 基本知识介绍

树是一种非线性的数据结构，它有三个特点：一是只有一个根结点；二是除根结点外，每个结点仅有一个父结点；三是结点间不能形成闭环。二叉树是一种较为常用的数据结构，它是一种最多仅有两个子结点的树，二叉排序树兼有链表插入、数据项删除的高效性和数组查找速度快两方面的优势，在处理大批量的动态数据时效能明显，二叉树结构如图 12.1 所示。

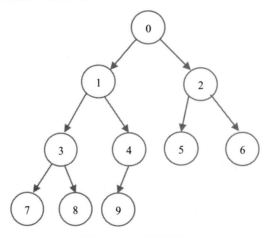

图 12.1 二叉树结构

二叉树常见的算法就是遍历，主要有广度遍历、先序遍历、中序遍历和后序遍历四种，现分别介绍如下。

（1）广度遍历：自顶层向下直到叶子结点一层层遍历，在每一层上自左向右访问。

（2）先序遍历：按照根结点、左子树、右子树的顺序访问二叉树，即先访问每棵树或子树的根结点，再用先序方式递归遍历左子树，最后用先序方式递归遍历右子树。

（3）中序遍历：按照左子树、根结点、右子树的顺序访问二叉树，即先采用中序方式递归遍历左子树，再访问每棵树或子树的根结点，最后采用中序方式递归遍历右子树。

（4）后序遍历：按照左子树、右子树、根结点的顺序访问二叉树，即先采用后序方式递归遍历左子树，再采用后序方式递归遍历右子树，最后访问树或子树的根结点。

12.4.2　二叉树遍历算法的实现

二叉树生成与遍历的程序是按二叉树定义与要求进行编写的，代码如下所示。

```python
# 二叉树中的结点类
class Btree Node():
    # 初始化结点，每个结点有三个属性：结点值、结点左孩子（左子树）、结点右孩子（右子树）
    def __init__(self, val):
        # 结点赋值
        self.data = val
        # 结点的左孩子
        self.left = None
        # 结点的右孩子
        self.right = None


# 二叉树类
class BinaryTree():
    # 初始化函数
    def __init__(self):
        # 用来保存二叉树的结构（各结点），初始化时默认为空树
        self.tree_struct = None

    # 增加结点，这个函数也是建树的过程
    def add_node(self, new_node):
        # 将树的结构放到列表中
        list_nodes = [self.tree_struct]
        # 如果是空树，直接在树上加上这个结点
        if self.tree_struct == None:
            # 在空树上加上结点
            self.tree_struct = new_node
            return
        # 在循环前 list_nodes 只有一棵树，在循环中向 list_nodes 中追加了这棵树的子树
        # 以下循环主要流程是：每次从列表中弹出最前面的一棵树，
        # 第一次弹出的是整棵树，以后弹出的是子树，
        # 先看一下这棵树的左孩子(左子树)是否为空，如果为空，
```

```python
        # 把新结点当作该树的左孩子，并退出，
        # 如果不为空，再把该树的左孩子（左子树）追加到列表后面
        # 再看一下这棵树的右孩子(右子树)是否为空，
        # 如果为空，把新结点当作该树的右孩子，并退出，
        # 如果不为空，再把该树的右孩子(右子树)追加到列表后面
        # 如果该结点左右孩子都不为空，进入下一次循环，再次从列表最前面弹出一个树（子树）
        while len(list_nodes) > 0:
            # 从列表中弹出排在最前面的树
            cur_node = list_nodes.pop(0)
            # 如果树的左孩子为空，把新结点当作该树的左孩子
            if cur_node.left == None:
                # 让新结点成为树的左孩子
                cur_node.left = new_node
                return
            else:
                # 如果树的左孩子不为空，把这棵树的左孩子（左子树）追加到列表后面
                list_nodes.append(cur_node.left)
                # 如果树的右孩子为空，把新结点当作该树的右孩子
            if cur_node.right == None:
                # 让新结点成为树的右孩子
                cur_node.right = new_node
                return
            else:
                # 如果树的右孩子不为空，把这棵树的右孩子（右子树）加到列表后面
                list_nodes.append(cur_node.right)
    # 广度遍历，从树的顶层一层层遍历，每一层从左到右取各结点数值
    def breadth_travel(self):
        # 如果是空树，就直接返回
        if self.tree_struct == None:
            return
        # 将树的结构放到列表中
        list_nodes = [self.tree_struct]
        # 以下循环的主要流程是：
        # 每次从列表中弹出最前面的一棵树(第一次弹出的是整棵树，以后是弹出的是子树)，
        # 打印这棵树根结点的值，
        # 先看一下这棵树的左孩子(左子树)是否为空，
        # 如果不为空，把该树的左孩子（左子树）追加到列表后面，
        # 再看一下这棵树的右孩子(右子树)是否为空，
        # 如果不为空，把该树的右孩子(右子树)追加到列表后面，
        # 进入下一次循环，再次从列表最前面弹出一棵树（子树）
        while len(list_nodes) > 0:
            cur_node = list_nodes.pop(0)
            print(cur_node.data, end='')
            if cur_node.left != None:
                list_nodes.append(cur_node.left)
            if cur_node.right != None:
                list_nodes.append(cur_node.right)
```

```python
# 先序遍历，按照根结点、左子树、右子树的顺序访问二叉树
# 第一步：访问根结点(或子树根结点)；
# 第二步：递归调用本函数遍历左子树；
# 第三步：递归调用本函数遍历右子树
def pre_travel(self, tree_node):
    # 如果树为空，就直接返回
    if tree_node == None:
        return
    # 打印出当前树根结点的值
    print(tree_node.data, end='')
    # 对左子树递归调用
    self.pre_travel(tree_node.left)
    # 对右子树递归调用
    self.pre_travel(tree_node.right)
# 中序遍历：按照左子树、根结点、右子树的顺序访问
# 第一步：递归调用本函数遍历左子树；
# 第二步：访问根结点（或子树根结点）；
# 第三步：递归调用本函数遍历右子树
def midd_travel(self, tree_node):
    # 如果树为空，就直接返回
    if tree_node == None:
        return
    # 对左子树递归调用
    self.midd_travle(tree_node.left)
    # 打印出当前树根结点的值
    print(tree_node.data, end='')
    # 对右子树递归调用
    self.midd_travel(tree_node.right)
# 后序遍历：按照左子树、右子树、根结点的顺序访问
# 第一步：递归调用本函数遍历左子树；
# 第二步：递归调用本函数遍历右子树；
# 第三步：访问根结点（或子树根结点）
def back_travel(self, tree_node):
    # 如果树为空，就直接返回
    if tree_node == None:
        return
    # 对左子树递归调用
    self.back_travel(tree_node.left)
    # 对右子树递归调用
    self.back_travel(tree_node.right)
    print(tree_node.data, end='')


# 主函数 main
if __name__ == "__main__":
    tree = BinaryTree()
    for i in range(10):
        new_node = BtreeNode(i)
```

```
        tree.add_node(new_node)
    print('广度遍历结果: ', end='')
    tree.breadth_travel()
    print('')
    print('先序遍历结果: ', end='')
    tree.pre_travel(tree.tree_struct)
    print('')
    print('中序遍历结果: ', end='')
    tree.midd_travel(tree.tree_struct)
    print('')
    print('后序遍历结果: ', end='')
    tree.back_travel(tree.tree_struct)
```

（1）代码开始定义了一个二叉树结点类 BtreeNode，这个类定义了结点的结构，主要是结点的值、结点的左孩子（左子树）、结点的右孩子（右子树）三个属性。

（2）代码还定义了二叉树类 Binary Tree，它的初始化函数__init__()首先把二叉树初始化为空树；它的 add_node()函数通过增加新结点的方式生成一棵二叉树，主要业务逻辑是：如果是空树，就将新结点作为根结点，如果不是空树，就找到第一个缺少左孩子或右孩子的结点，把新结点作为这个结点的孩子；它的 breadth_travel()函数是广度遍历的实现方法，即在循环代码块中先取得树的根结点值，接着把树拆成左子树、右子树，然后按先左子树后右子树的顺序再取出子树的根结点值，直到把树所有结点值全取出来；它的 pre_travel()函数是先序遍历的实现方法，即先取得树的根结点的值，接着对左子树递归调用本函数，最后再对右子树递归调用；它的 midd_travel(self, tree_node)函数实现中序遍历，它的 back_travel()函数实现后序遍历，这两个函数也是采用递归调用方式实现相应的业务逻辑。

（3）代码的主函数，首先生成 10 个结点，接着通过增加结点的方式（tree.add_node(new_node)）生成一个二叉树，该二叉树结构如图 12.1 所示；然后依次调用了二叉树实例化的对象的广度遍历、先序遍历、中序遍历和后序遍历方法。

程序运行后，会在命令行终端上打印出四种遍历结果，如下所示。

```
广度遍历结果: 0123456789
先序遍历结果: 0137849256
中序遍历结果: 7381940526
后序遍历结果: 7839415620
```

12.5 实例 86 堆的生成与排序

扫一扫，看视频

12.5.1 基本知识介绍

堆是一种特殊的完全二叉树。堆有两种，一种是大根堆，即堆的任何一个结点都比该结点的孩子结点大，另一种是小根堆，即堆的任何一个结点都比该结点的孩子结点小。堆在数据结构上有 2 种存储形式：链式存储方式和顺序存储方式。

这里以大根堆的顺序存储方式为例介绍一下堆的存储方式，如图 12.2（a）所示。堆的存储顺序是由根结点开始，从最上层到最底层、每一层从左到右依次将结点保存；图 12.2（b）所示可以看出如果父结点的索引值是 i，该结点左孩子结点的索引值是 2i+1，右孩子结点索引值是 2i+2，这种父结点与子结点的关系对建堆和排序很重要。

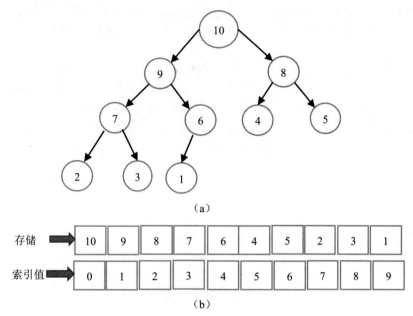

（a）

存储 ▶ | 10 | 9 | 8 | 7 | 6 | 4 | 5 | 2 | 3 | 1 |

索引值 ▶ | 0 | 1 | 2 | 3 | 4 | 5 | 6 | 7 | 8 | 9 |

（b）

图 12.2　大根堆的存储示意图

"向下调整"是建堆和堆排序都要用到的操作，是堆应用中一个非常重要的操作过程。下面以把一个二叉树调整为大根堆的过程为例，说明"向下调整"操作过程的具体步骤。为了突出说明"向下调整"这个主要的操作，这里做了简化，假定例子中的二叉树根结点的左右子树都是一个大根堆，只是加上根结点后不再是一个大根堆，如图 12.3 所示。

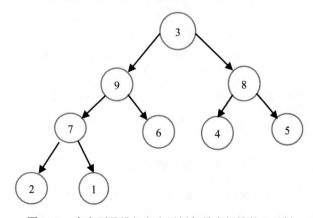

图 12.3　本身不是堆但左右子树都是大根堆的二叉树

　　"向下调整"的过程是：首先看一下根结点的值是不是比其左右孩子结点大，这里 3 显然小于左右孩子结点，这就需要调整 3 的位置，调整方式取子结点中值较大的结点与 3 交换，因此 3 与 9 进行了位置交换，这时 9 成为根结点，3 到了 9 的原位置，3 在新位置继续与其下的左右孩子结点 7 和 6 比较，发现还是需要交换位置，那么值较大的 7 与 3 当前位置交换，这时 3 在新的位置上比左右孩子结点的值都大，这样 3 就在这个位置上稳定下来。"向下调整"的过程示意图如图 12.4 所示，其中虚线箭头是 3 向下调整经过的路径，实线箭头是子结点向上移动的过程。

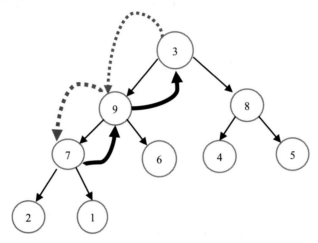

图 12.4　向下调整的过程示意图

　　经过一次"向下调整"的过程，二叉树形成一个大根堆，如图 12.5 所示。实际的建堆过程中不会经过一次调整就能形成堆，这里只进行一次向下调整就可形成堆的原因是根结点下的左右子树都是堆，只有加上根结点后在整体上不是堆，所以只经过一次"向下调整"操作即可完成建堆。

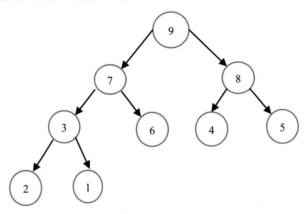

图 12.5　向下调整后形成大根堆

　　了解了"向下调整"的操作过程，那么把一棵二叉树调整为堆的思路就清晰了，就是从最末端的子树进行"向下调整"操作，这末端的子树只有叶子结点，可以把它看作是除了根结点外，左右子树都是堆的树。先把这棵子树调整为堆，然后把倒数第二棵子树、倒数第三棵子树……调整为堆，直到把一个层级子树依次调整成堆后，再调整其上一层级的子树（它包含的下层子树已调整为堆），这样一层层往上走，直到包含根结点在内的整棵树都调整为堆。

堆排序的过程可以总结为依次出数的过程，即每次把堆的根结点拿出来，把堆最末一个叶子结点放到根结点位置，这时堆的结构被破坏（已不是堆），需要通过"向下调整"操作重建堆，建好堆后再次把根结点拿出；重复拿出根结点、重建堆（向下调整建堆）的过程，直到把所有结点都拿出来，这些依次拿出来的结点形成一个排好序的数据序列。

12.5.2　大根堆的生成与排序

本节编程实例以大根堆为例，实现建堆与堆排序的功能。样例代码如下所示。

```python
import random
# 向下调整操作的函数 downward_adjustment(),
# 参数 li 是一个列表，按照二叉树的结构排列，并且这棵二叉树根结点下的左右子树都是大根堆，
# 参数 root_index 是根结点的索引，
# 参数 last_index 是二叉树的最后一个结点的索引
def downward_adjustment(li, root_index, last_index):
    # parent_index 与 cur_child_index 在本函数中成对出现，
    # 这两个变量代表结点索引，它们从根结点开始沿着树的层次向下遍历，
    # 当 parent_index 指向一个结点时，cur_child_index 一般指向该结点的左孩子结点，
    # 可以理解为 parent_index 是父结点的指针，cur_child_index 是其孩子结点的指针
    # 将 parent_index 变量初始化，开始先取得根结点的索引值，
    # 在本函数中，parent_index 为当前父结点索引
    parent_index = root_index
    # 取得 parent_index 左孩子结点索引值作为 cur_child_index 当前值，
    # 在本函数中，cur_child_index 为当前孩子结点索引
    cur_child_index = parent_index * 2 + 1
    # 把根结点值存在一个变量中，
    # 这为根结点位置可以被其子结点替换做准备，
    # 这里用"可以"一词表示，具备条件就换（其子结点值大于根结点的值时交换位置），
    # 不具备条件就不替换（其左右孩子结点值都小于根结点的值）
    root_value = li[root_index]
    # 循环条件是 cur_child_index 的值不超过二叉树的最大索引值，
    # 也就是这个代表子结点的指针不越界就继续循环
    while cur_child_index <= last_index:
        # 取得右孩子结点的索引值
        right_child_index = cur_child_index + 1
        # 如果右孩子结点存在(也就是右孩子结点的索引值不大于最末一个结点的索引值)，
        # 并且右孩子结点的值大于左孩子结点（cur_child_index）时，
        # 把右孩子结点的索引值赋值给 cur_child_index
        if right_child_index <= last_index and li[right_child_index] > li[cur_child_index]:
            # 把当前孩子结点索引指向右孩子结点
            cur_child_index = right_child_index
        # 如果当前孩子结点的值大于根结点的值（root_value）
```

```
        if li[cur_child_index] > root_value:
            # 将子结点中值较大的结点赋值给父结点，
            # 可以理解为将这个有较大值的子结点移动到父结点的位置
            li[parent_index] = li[cur_child_index]
            # 将子结点中值较大的结点的索引值赋值给当前父结点索引，
            # 相当于当前父结点索引指向的位置下移一层，
            # 移动到了其子结点（值较大的子结点）位置上
            parent_index = cur_child_index
            # 当前父结点的索引有了新值后，
            # 重新计算其左孩子结点的索引，并赋值给当前孩子结点索引，
            # 相当于当前孩子结点索引指向的位置也下移了一层，
            # 移动到刚下移了一层的父结点的左孩子结点的位置
            cur_child_index = parent_index * 2 + 1
        else:
            # 如果当前孩子结点索引指向的结点的值小于根结点的值（root_value），
            # 将根结点值赋给 parent_index 指向位置的结点
            li[parent_index] = root_value
            # 退出循环
            break
    # 退出循环时，如果当前孩子结点索引（cur_child_index）的值超过最后一个叶子结点的索引值，
    # 可以推导出根结点的值（root_value）小于最后一个叶子结点的值或倒数第二个叶子结点的值
    # 这时当前父结点索引(parent_index)指向的位置就是这两个叶子结点中较大值的那一个，
    # 因为在每次循环中当前父结点索引(parent_index)会向下移一个层级，
    # 指向其子结点中值较大的那一个结点的位置
    if cur_child_index > last_index:
        # 将根结点的值赋给 parent_index 指向的结点，
        # 也就是给最后两个叶子结点中值较大结点赋值，
        # 可以理解为将根结点移动到这个叶子结点的位置上
        li[parent_index] = root_value
# 建立大根堆的函数
# 参数 li_random 是一个列表，按照满二叉树结构排列
def create_big_heap(li_random):
    # 先获得列表变量的长度
    list_length = len(li_random)
    # 如果父结点的索引值是 i，它的左孩子结点的索引值是 2*i+1，右孩子结点的索引值是 2*i+2，
    # 由此推出，如果左孩子结点的索引值是 n，可以推出其父结点的索引值是(n-1)/2，
    # 如果一棵二叉树的长度是 list_length，根据索引从 0 开始的规则，
    # 这棵二叉树最后一个结点索引值是 list_length-1，
    # 那么这个结点的父结点索引值是(list_length-2)//2，
    # 而且这个结点是最末端的子树的根结点，这棵子树只有叶子结点
    last_tree_index = (list_length - 2) // 2
    # 通过循环，从最末端的子树进行向下调整操作，把这棵子树调整为堆，
    # 然后把倒数第二棵子树、倒数第三棵子树……调整为堆，直到把一个层级的子树都调整完成，
    # 再调整上一层级子树（它的下层子树已调整成堆），
    # 直到包括根结点在内整棵树都调整为堆
    for i in range(last_tree_index, -1, -1):
        # 调用函数对每棵子树进行向下调整操作
```

```
        downward_adjustment(li_random, i, list_length - 1)
    # 返回这已按大根堆进行排列的列表变量
    return li_random
# 对大根堆排序
# 参数 li_heap 是一个列表变量，按照大根堆结构进行排列
def heap_sort(li_heap):
    # 取得堆中结点的个数
    heap_length = len(li_heap)
    # 堆排序流程就是每次取走堆顶的结点，然后把堆的最末一个结点放到堆的顶部，
    # 这时在结构上已不是堆了，通过"向下调整"操作将其重新调整为堆，
    # 再次将堆顶结点取走，并把堆的最末一个结点放到堆的顶部，
    # 就这样进行循环操作直到把堆中所有结点都取走，就完成了堆排序
    # i 是最后一个结点的索引，它的值随着最后一个结点的位置前移而变化
    for i in range((heap_length - 1), -1, -1):
        # 0 是指向当前堆顶结点的索引值
        # 以下语句将堆顶结点与最末一个结点位置进行交换
        li_heap[0], li_heap[i] = li_heap[i], li_heap[0]
        # 索引为 i 的结点(原最末结点)上移到堆顶后，
        # 最末一个结点的索引值变为 i-1 了
        # 注意：原堆顶结点交换到结点最末的位置，不能参与"向下调整"操作
        downward_adjustment(li_heap, 0, i - 1)
    # 返回排好序的堆
    return li_heap


# 主函数 main
if __name__ == '__main__':
    random_list = list(range(30))
    random.shuffle(random_list)
    print('建堆前排列顺序: ', random_list)
    heap_list = create_big_heap(random_list)
    print('建成大根堆后的排列顺序: ', heap_list)
    sort_heap = heap_sort(heap_list)
    print('经过堆排序的大根堆排列顺序: ', sort_heap)
```

（1）downward_adjustment()函数是本程序最主要的函数，它通过"向下调整"操作将一棵二叉树调整为一个堆，这里的二叉树要满足两个条件，一是这棵二叉树是满二叉树；二是这棵二叉树的根结点下的左右子树都是堆。这个函数业务逻辑有点复杂，现将其业务流程说明如下。

● 函数首先定义两个变量代表要调整的二叉树结点的索引值，这两个变量分别是 parent_index 与 cur_child_index，它们在函数中存在关联关系，如果 parent_index 指向某一个结点，cur_child_index 就指向这个结点的左孩子结点，在初始化工作中 parent_index 指向根结点，cur_child_index 指向根结点的左孩子，另外函数还将根结点的值保存在变量 root_value 中。

● 为了实现"向下调整"操作，在代码中建立了一个循环，首先判断 cur_child_index 指向的结点是否有兄弟结点，如果有，则判断这两个兄弟结点哪个值大并把值大的结点的索引赋值给 cur_child_index，接着再判断这个较大值与根结点的值（root_value）哪个大，如果 cur_child_index 指向的结点值大，通过 li[parent_index]=li[cur_child_index]语句把该结点的值

赋给 parent_index 指向的结点，相当于子结点的值替换父结点的值，同时通过 parent_index=cur_child_index 语句将父结点的索引值变为子结点的索引值，相当于将 parent_index 的指向下移一个层级，即指向其子结点的位置，相关联的 cur_child_index 通过计算向下移了一个层级，指向了 parent_index 指向的新结点的左孩子结点，然后进入下一次循环，这个过程如图 12.6 所示。

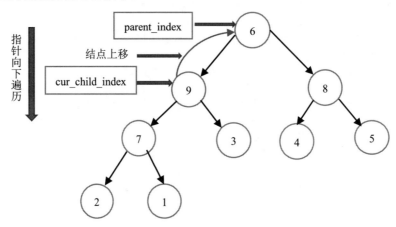

图 12.6　通过 parent_index 和 cur_child_index 两个索引实现向下遍历

- 当 cur_child_index 指向的结点值小于根结点值时，说明根结点应放置在 cur_child_index 指向的结点的父结点位置，代码通过 li[parent_index]=root_value 语句将根结点的值赋给 parent_index 指向的结点，并退出循环。

- 根据 while cur_child_index<=last_index 语句，当 cur_child_index 指向的结点索引值超过最末一个结点的索引值（超界）时，说明循环完成也没有为根结点找到合适的位置，也说明二叉树最后一个叶子结点的值或者倒数第二个叶子结点的值（如果最末端的子树有两个孩子结点的话）大于根结点的值，这个结点的索引值就是 parent_index。因为在最后一次循环，cur_child_index 指向的结点值大于根结点值，这个结点值就传给了 parent_index 指向的结点，同时 parent_index 的指向下移一个层级(parent_index=cur_child_index)，并且 cur_child_index 的指向下移了一个层级（cur_child_index=parent_index*2+1），这时 cur_child_index 的值已越界，退出循环，通过 li[parent_index]=root_value 语句将根结点值放到叶子结点。

（2）create_big_heap()是一个建大根堆的函数，它通过调用 downward_adjustment()函数建堆，而 downward_adjustment()函数要求二叉树满足两个条件（见前文所述），这种情况下一棵普通的二叉树的最下层只包含叶子结点的子树才符合这两个条件，因此该函数的逻辑思路就是从最末端只包含叶子结点的子树开始进行"向下调整"操作，将这棵子树调整为堆，接着把倒数第二棵子树、倒数第三棵子树……调整为堆，直到最下面的一个层级子树全部调整成堆后，再对其上一层级的子树进行"向下调整"操作（此时该层级下面的子树已调整为堆了），如此重复直到包括根结点在内的整棵树都调整为堆。代码的业务流程是：取出二叉树的结点数保存到 list_length 变量，通过 last_tree_index=(list_length-2)//2 语句求得二叉树中只包含叶子结点的最末一棵子树的根结点索引值，然后在循环中从最末子树开始向左把同一级的子树进行"向下调整"操作，再向上对上一层级子树进行"向下调整"操作，直至对整棵树完成"向下调整"操作，这样就建成了堆。

（3）heap_sort()函数是一个对堆进行排序的函数，这个函数的逻辑思路较为明了，就是通过循环每次将堆顶结点与堆末端结点交换，当堆末端的结点放到堆顶的位置时，这堆已不再是堆结构，这时调用 downward_adjustment()函数进行"向下调整"操作重新生成堆，重复取出堆顶的结点值、将堆末端结点放到堆顶、"向下调整"等操作，直到把所有结点都从堆顶取出来，就完成堆排序。

（4）主函数的流程是通过对建堆、堆排序的函数进行调用，在终端上打印出信息验证程序的运行是否正确。

12.6　实例 87　用哈夫曼编码对文件内容编码解码

扫一扫，看视频

12.6.1　基本知识介绍

本节编程实例要用到哈夫曼树，哈夫曼树是带权路径长度最短的二叉树。图 12.7 所示就是一棵哈夫曼树形成的示意图，左边是带权重的结点，右边是由这些结点组合形成的二叉树，这棵树的路径长度 WPL=9*1+8*2+2*3+3*3=40，这个计算公式中每一个乘法项左边的数字是结点的权重，右边的数字是由根结点到该结点经过的边（连接两个结点的线）数，可以验证在这四个结点能够组成的所有二叉树中，图中的树路径长度最短，因此这棵树是哈夫曼树。由图 12.7 可以推导出哈夫曼树有以下特点。

● 哈夫曼树每个结点的度数（孩子结点数）不是 0 就是 2，即哈夫曼树不一定是满二叉树。

● 哈夫曼树中叶子结点权重越大离根结点越近。

● 如果哈夫曼树有 n 个叶子结点，那么哈夫曼树共有 2n - 1 个结点。

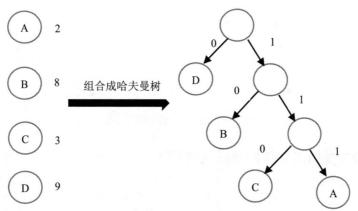

图 12.7　哈夫曼树

利用哈夫曼树取得的由 0 和 1 组成的编码称为哈夫曼编码，取得该编码的方式是：从树的根结点出发到叶子结点经过一条路径，这条路径由多个连接结点的边组成，按照约定一条向左的边表示为 0，一条向右的边表示为 1，这样将从根结点到叶子结点路径上由边代表的 0 或 1 组成的编码就是这个叶子结点对应字符的编码，也就是哈夫曼编码。图 12.7 中 A、B、C、D 的哈夫曼编码分别是 111、10、110、0。

建立哈夫曼树是取得哈夫曼编码的前提，其建立过程如图 12.8 所示。现介绍如下。

（1）假设用若干带权重的结点建树，首先把这些结点（每个结点是一棵树）组成一个森林。

（2）在森林中选取根结点的权重最小的两棵树构造一棵二叉树，并且将根结点权重最小的两棵树作为该二叉树的左右子树。

（3）将新生成的二叉树加入到森林中，并删除组成新二叉树的那两棵根结点权重值最小的树。

（4）重复（2）（3）两步，直到森林中只剩一棵树为止，这棵树就是哈夫曼树。

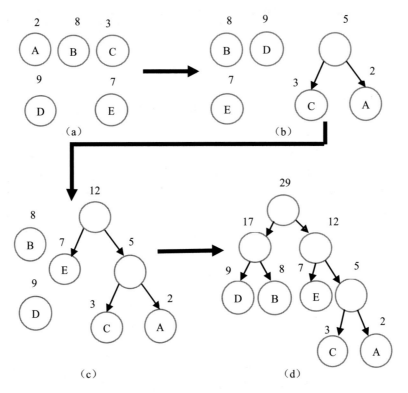

图 12.8　哈夫曼树的形成过程

12.6.2　利用哈夫曼树对文件内容编码解码

本节编程实例通过建立哈夫曼树取得针对一个文件内容的编码表，然后用这个编码表对文件进行编码。这里对代码进行分段介绍，第一段代码如下所示。

```
# 第一段代码
# 结点类
class NodeClass:
    # 初始化函数
    # 参数 match_code 是结点对应字符
```

```
    # 参数 weight 是结点的权重
    def __init__(self, match_char=None, weight=None):
        # 设置结点对应的字符
        self.match_char = match_char
        # 设置结点的权重
        self.weight = weight
        # 初始化当前结点的左孩子结点
        self.left_child = None
        # 初始化当前结点的右孩子结点
        self.right_child = None
        # 初始化当前的父结点
        self.parent = None


# 哈夫曼树类
class HuffmanClass:
    # 初始化函数
    # 参数 node_list 是 NodeClass 类的实例化对象的列表
    def __init__(self, node_list):
        # 设置存放叶子结点的列表变量
        self.leafs = node_list
        # 保存生成哈夫曼树过程中用到的树和生成的中间树
        # 保存最终生成的一棵哈夫曼树
        self.sub_tree = []
        # 设置存放哈夫曼编码的列表变量, 每个列表成员是一个元组,
        # 元组第一个元素是结点对应的字符, 第二个元素是字符的哈夫曼编码
        self.code_table = []
    # 建立哈夫曼树
    def creat_huffmantree(self):
        # 将 self.leafs 赋值给 self.sub_tree,
        # 这种赋值方式实际上将 self.leafs 中各棵树的(单结点也是树)地址赋值给了 self.sub_tree,
        # 即 self.leafs、self.sub_tree 中的对应树在内存中是同一地址
        self.sub_tree = self.leafs[:]
        while len(self.sub_tree) > 1:
            # 用 sort()函数进行排序, 通过 lambda 函数指定按树的根结点的权重从小到大排序
            self.sub_tree.sort(key=lambda item: item.weight)
            # 从当前列表 self.sub_tree 中弹出 (pop) 排在最前面的一棵树
            # 提示: 只包含一个结点也是一棵树
            # 以下两句代码从当前列表中弹出根结点权重值最小的两棵树
            left_tree = self.sub_tree.pop(0)
            right_tree = self.sub_tree.pop(0)
            # 将弹出的两棵树根结点的权重值之和作为参数,
            # 生成一棵以这个和为权重值的新树
            new_tree = node_class(weight=(left_tree.weight + right_tree.weight))
            # 以下两句代码将两棵根结点权重值最小的树作为 new_node 的左、右子树
            new_tree.left_child = left_tree
            new_tree.right_child = right_tree
            # 以下两句代码把 new_node 设为两棵树 (从 self.sub_tree 弹出的两棵树) 的父结点
```

```
        # 这样就建立了从父结点到子结点以及从子结点到父结点的双向链路
        left_tree.parent = new_tree
        right_tree.parent = new_tree
        # 将新生成的树加入列表 self.sub_tree
        self.sub_tree.append(new_tree)
    # 经过循环后，多次弹出两棵树，加入一棵树，最后列表 sub_tree 中只有一个成员，
    # 这个成员就是一棵哈夫曼树，将这棵哈夫曼树的父结点设为空
    self.sub_tree[0].parent = None
# 根据哈夫曼树生成哈夫曼编码
def get_code(self):
    # 通过循环取出每个结点（叶子结点）
    for one_node in self.leafs:
        # 用每个结点的 match_char 作为字典的键名
        key = one_node.match_char
        # 初始化每个字符的哈夫曼编码为空字符串
        char_codes = ''
        # 循环代码块，循环成立的条件是结点不能是根结点，
        # 判断方式是结点的起始地址不能与哈夫曼树的起始地址 (根结点) 相同，
        # 在循环中通过遍历叶子结点到根结点的路径形成哈夫曼编码，
        # 可以看出这是倒着遍历，因为这样代码简洁
        while one_node != self.sub_tree[0]:
            # 如果当前结点是其父结点的左孩子结点，就在哈夫曼编码前面加 0
            if one_node.parent.left_child == one_node:
                char_codes = '0' + char_codes
            # 如果当前结点是其父结点的右孩子结点，就在哈夫曼编码前面加 1
            else:
                char_codes = '1' + char_codes
            # 将父结点的地址赋给当前结点，让遍历过程倒着做，
            # 即由叶子结点向根结点方向遍历，这样做是为让代码流程直观简洁
            one_node = one_node.parent
        # 将形成哈夫曼编码以元组的形式加入列表变量 self.code_table
        self.code_table.append((key, char_codes,))
    # 返回编码列表
    return self.code_table
```

（1）这段代码生成两个类，一个是结点类 NodeClass，一个是哈夫曼树与编码相关的类 HuffmanClass。NodeClass 类的实例化对象将成为 HuffmanClass 类实例化对象中哈夫曼树的结点。

（2）结点类 NodeClass 只有一个初始化函数，这个函数定义了结点的各种属性，可以看到函数中每个结点都有一个权重属性，这个属性值是生成哈夫曼用到的重要指标，还可以看到每个结点既有 self.left_child 和 self.right_child 属性，也有 self.parent 属性，这样就为每个结点建立了双向链路，使得从父结点可以找到孩子结点，从孩子结点也可以找到父结点，为哈夫曼树正向遍历与反向遍历提供了条件。

（3）哈夫曼树与哈夫曼编码相关的类 HuffmanClass 有三个函数，实现与哈夫曼树有关的三个功能，现分别介绍如下。

● __init__()函数是初始化函数，该函数用 self.leafs 变量保存由 NodeClass 类实例化生成的结

点对象集合；用 self.sub_tree 保存在生成哈夫曼树过程中用到的树和生成的中间树，保存最终的哈夫曼树；用 self.code_table 保存基于哈夫曼树生成的编码，是一个列表变量，列表成员是元组，元组第一个元素是结点对应的字符，第二个元素是字符的哈夫曼编码。

- creat_huffmantree()函数是生成哈夫曼树的函数，其业务流程是：将 NodeClass 实例化对象放到 self.sub_tree 中，也就是最初把单结点的树放到 self.sub_tree 中，接着根据每棵树根结点的权重值从小到大排序，排序完成后从 self.sub_tree 中弹出两棵根结点权重值最小的树，将这两棵树根结点权重值的和作为参数，由 Node Class 实例化生成一个新的结点，然后将两棵树作为新生成结点的左右子树，这样组合成了一棵新树，将新树追加到 self.sub_tree 中。重复进行排序、弹出树和组合新树、加入列表三个操作，直到 self.sub_tree 中仅有一棵树，这棵树就是哈夫曼树。

- get_code()函数实现通过哈夫曼树获得哈夫曼编码的功能。由于从根结点到叶子结点遍历得到哈夫曼编码的方式较为复杂，本函数采用倒序遍历的方式取得编码，主要业务流程是：首先从叶子结点开始，如果叶子结点是其父结点的左孩子结点，就在编码前缀上加 0，如果是其父结点的右孩子结点，就在编码前缀上加 1，然后上移一层将当前结点设为其父结点。重复上述判断，在编码前缀上加 0 或 1，如此重复循环直到当前结点为根结点为止，这样就取得了一个字符对应的编码。函数还在上述的循环中加了一个外循环，外循环主要从 self.leafs=node_list 取得每个叶子结点，然后进入内层循环取得这个叶子结点对应字符的哈夫曼编码，这样就取得了所有叶子结点对应字符的哈夫曼编码。

第二段代码主要建立了三个功能函数，如下所示。

```
# 第二段代码
# 统计字符出现的次数
# 参数 str 是要进行字符出现次数统计的字符串
def count_char(str):
    # 生成一个列表变量
    char_weight = []
    # 利用 set()函数统计出字符出现的次数
    chars = set(str)
    for char in chars:
        # 将由字符与字符出现的次数组成的元组加入列表 char_weight
        char_weight.append((char, str.count(char)))
    return char_weight
# 用哈夫曼编码对字符串进行编码
# 参数 str 是将要进行编码的字符串
# 参数 code_table 是哈夫曼编码表
def str2code(str, code_table):
    # 从编码表取出每一个成员，这个成员是一个元组，
    # 元组第一个元素是字符，第二个元素是字符的哈夫曼编码
    for code in code_table:
        char = code[0]
        code = code[1]
        # 将字符串中的字符用编码来替换
        str = str.replace(char, code)
```

```
        return str
# 将哈夫曼编码的字符串还原
# 参数 codes 是将要还原成字符串的编码
# 参数 code_table 是哈夫曼编码表
def code2str(codes, code_table):
    ret_str = ''
    # codes 中保存的编码由 0 和 1 组成，每个编码没有明显的分界，
    # 用 replace() 函数进行替换，容易出错和出现混乱，
    # 这里采用每次只将开头的编码转换为字符的方式，一个编码一个编码地还原成字符
    while codes != '':
        for code in code_table:
            char = code[0]
            code = code[1]
            # 如果开头的哈夫曼编码匹配到某个字符，就将这个字符加到 ret_str 变量中
            if codes.find(code) == 0:
                ret_str += char
                # 将已转过的编码从 codes 中删除，采用切片的方式
                codes = codes[len(code):]
    return ret_str
```

（1）count_char()函数的功能是统计字符串中各字符出现的次数，流程较为简单。首先通过 set() 函数去重，取得每个字符，然后通过 count() 统计出每个字符出现的次数。

（2）str2code()函数的功能是利用哈夫曼编码表找到对应关系，将字符转换成哈夫曼编码，流程较为简单。首先从哈夫曼编码表中取出字符和编码，这样也就获得了字符与编码的对应关系，然后通过 replace() 函数将字符串中的字符替换为哈夫曼编码。

（3）code2str()函数的功能是将哈夫曼编码处理的字符串还原回来，由于要处理由 0 和 1 组成的字符串，这是由每个字符的哈夫曼编码连在一起形成的字符串，没有明显的分界，如果采用 replace() 函数进行替换的方式会产生混乱。函数采用的流程是：通过循环从哈夫曼编码表中取出字符和编码，然后找出编码字符串（codes）的第一个哈夫曼编码，将这个编码对应的字符追加到一个字符串变量（ret_str）中，然后将编码字符串通过切片去掉第一个哈夫曼编码，进入下一次循环，直到编码字符串变为空，这时变量 ret_str 中保存的字符串就是由编码转换回来的字符串。

第三段代码是主函数，主要是对文本文件内容先进行哈夫曼编码，然后解码以验证哈夫曼相关类的设计是否正确。样例代码如下所示。

```
# 第三段代码
# 主函数 main
if __name__ == '__main__':
    # 打开文件，将其内容读入，
    # 其中 test.txt 是当前目录下一个文本文件，可包含汉字、字母、符号
    fp_rd = open('test.txt', 'r', encoding='utf-8')
    file_content = fp_rd.read()
    fp_rd.close()
    # 调用函数统计出文件内容中各字符出现的次数
    char_weight = count_char(file_content)
    # 用字符（node[0]）和字符出现的次数（node[1]）实例化 NodeClass 类，
```

```
# 然后用列表表达式将这些类对象放到列表变量中
node_list = [NodeClass(node[0], node[1]) for node in char_weight]
# 实例化 HuffmanClass，生成一个类对象 huffman_obj
huffman_obj = HuffmanClass(node_list)
# 通过类对象 huffman_obj 生成一棵哈夫曼树
huffman_obj.creat_huffmantree()
# 生成一个哈夫曼编码表
code_table = huffman_obj.get_code()
# 调用函数将文件内容进行哈夫曼编码
huffman_txt = str2code(file_content, code_table)
# 将编码后的文件内容写入一个新文件
fp_wr = open('test_code.txt', 'w', encoding='utf-8')
fp_wr.write(huffman_txt)
fp_wr.close()
# 将用哈夫曼编码处理过的文件内容读出来
fp_rd = open('test_code.txt', 'r', encoding='utf-8')
file_code = fp_rd.read()
fp_rd.close()
# 调用函数，将编码还原成字符串
origin_txt = code2str(file_code, code_table)
# 将还原出来的字符串写到一个文件中
fp_wr = open('test_origin.txt', 'w', encoding='utf-8')
fp_wr.write(origin_txt)
fp_wr.close()
```

  主函数的业务流程是先打开一个文本文件，将其内容读入一个变量，然后调用 count_char()函数统计出文件内容中各字符出现的次数，用这个统计结果生成结点列表 node_list（node_list=[NodeClass(node[0],node[1]) for node in char_weight]），这些结点带着字符出现的次数信息（对应结点的权重属性），接着用这个结点列表变量作为参数实例化 HuffmanClass 类，生成一个对象 huffman_obj；然后通过这个对象生成哈夫曼树，再基于哈夫曼树生成哈夫曼编码表（code_table）；最后执行编码和解码两步，第一步调用 str2code()函数对文件内容进行编码并保存到一个文件中，第二步从编码处理的文件中读出其内容，调用 code2str()函数对内容解码并保存到另一个文件中。

  运行程序后，打开原文件，将其与解码还原的文件内容进行比对，发现内容一致，证明代码编写是正确的。

第 13 章　数据分析

简单地说, 数据分析就是收集大量数据后, 通过一定的手段对数据进行清洗、加工和分析, 最后获取分析结果, 这个结果可以用数据报表展示, 也可以用图表展示。数据分析的最终目的是帮助人们做出判断与决策, 以便采取正确的行动。本章通过一些编程样例介绍用 Numpy 或 Pandas 两个库进行数据分析的步骤和方法, 部分编程样例还演示了用 Matplotlib 库生成图表的过程。

13.1　实例 88 带注释的数据图形

13.1.1　Matplotlib 相关知识介绍

Matplotlib 在 Python 中是一个较为强大的画图工具, 是数据分析的可视化工具。通过 Matplotlib 可以很容易地生成折线图、饼图、直方图、条形图和散点图等, 它是 Python 中最常用的数据展示模块。

1. 生成 Matplotlib 图形

（1）显示图形。matplotlib.pyplot 可以读入图片并显示。样例代码如下所示。

```
import matplotlib.pyplot as plt
# 读入图片, test6.jpg 可用任意的 jpg 格式的文件放在当前目录下进行测试
img=plt.imread('./test6.jpg')
# 把表示图片数组的第三维取出最大值加上 100, 形成新的图片
img=img.mean(axis=2)+100
# 设置要显示的图片
plt.imshow(img)
# 显示图片
plt.show()
```

代码运行效果如图 13.1 所示。

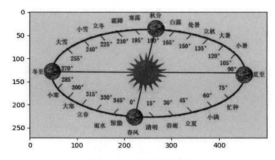

图 13.1　显示的图片

（2）根据数据和数学公式生成图形。下面的代码演示了根据数学公式画出正弦曲线和余弦曲线的过程，这个样例用到的许多 matplotlib.pyplot 设置都是数据可视化展示经常用到的。样例代码如下所示。

```python
import matplotlib.pyplot as plt
# 导入设置属性的模块
from matplotlib import rcParams
import numpy as np
# 设置 X 为 0～2π 之间的数值
X=np.linspace(0,2*np.pi)
# 设置 Y1 为 sin(X) 的函数值
Y1=np.sin(X)
Y2=np.cos(X)
# 设置字体为 KaiTi 显示中文
rcParams['font.sans-serif']='KaiTi'
# 以下设置可以正常显示字符，防止汉字变成方框
rcParams['axes.unicode_minus']=False
# 设置画板大小，设置画板宽为 12，高为 5，单位为 inch
plt.figure(figsize=(12,5))
# 将画板区域分成 1 行 3 列，
# 也就是画板区域可以放 1*3 个图形，
# 第三个参数 1 表示第一个图形
ax1=plt.subplot(1,3,1)
# 画出正弦和余弦曲线，
# 可以在一个 plot 函数中传入多对 X,Y 值，实现在一个图中绘制多个曲线，
# marker 设置曲线上的点型
ax1.plot(X,Y1,X,Y2,marker='*')
# 设置图表的标题
plt.title('双曲线图形',fontsize=20)
# 设置图例标题，loc 指定图例标题的位置
plt.legend(['正弦曲线','余弦曲线'],loc='lower left')
# 使用 grid(True) 函数为图表添加网格线，
# lw 设置网格线的粗细，alpha 设置网络线的透明度，
# color 设置网格线的颜色，ls 设置网格线的线型
ax1.grid(lw=1,alpha=0.2,color='gray',ls='dashed')
# 将画板区域分成 1 行 3 列，
# 第三个参数 3 表示第三个图形
# facecolor 设置背景色
ax2=plt.subplot(1,3,3,facecolor='white')
# 画出正弦曲线，color 设置线的颜色，ls 设置线型
ax2.plot(X,Y1,color='green',ls='--')
# xticks() 设置 X 轴上刻度值，
# 第一个参数是 x 轴上刻度对应数值的列表，
# 第二个参数是将第一个参数中每个值对应转换成的内容，
# 这些值要放置在 X 轴上显示
```

```
plt.xticks(np.arange(0,2*np.pi+0.03,np.pi/4),
          ['0','$\pi/4$','$\pi/2$','$3\pi/4$','$\pi/2$','$5\pi/4$','$3\pi/2$',
           '$7\pi/4$','$2\pi$',], fontsize = 10)
# 设置 X 轴标签
plt.xlabel('数值',color='red',fontsize=16)
# 设置 Y 轴的标签
plt.ylabel('正弦',fontsize=16,rotation=90,color='red')
# 设置图形标题
plt.title('正弦曲线图',fontsize=20)
# 保存图形，dpi 设置分辨率
plt.savefig('./figtest.pdf',dpi = 500)
# 显示
plt.show()
```

- 当要在图形中显示中文时需要导入 rcParams 模块，并通过 rcParams['font.sans-serif']语句设置字体，另外要通过设置 rcParams['axes.unicode_minus']=False 保证汉字正常显示。

- subplot()函数把一个画板（figure）分成几个区域，在每个区域中可以生成一个图形。subplot()函数一般有三个参数，例如 subplot(2,3,5)把画板分成 2 行，每行 3 列，也就是 6 个区域，第三个参数是表示第几个区域，这些区域编号从 1 开始，这里的 5 表示第 2 行第 2 列的区域块。

- plot()是生成图形的函数，一般需要传入 X 和 Y 的值，对应的数据是坐标系的位置。另外，还可以设置其他属性，如 color 设置线条的颜色、linestyle 设置线型、marker 设置线上点的形状和 alpha 设置线条的透明度。

- grid()函数可以为图形添加网格线，通过传入的参数可以设置网格线的属性，如 lw 可设置网格线的粗细、alpha 可以设置网格线的透明度、color 设置网格线的颜色。

- legend()函数设置图例的样式，参数 loc 设置图例的摆放位置，主要有 best、upper left、upper right、upper center、lower left、lower right、lower center、center left、center right 和 center 等选项，这几个选项指定的摆放位置与其英文意义相同；参数 ncol 用来控制图例摆放时一行可以摆放几个图例。

- xlabel()和 ylabel()两个函数分别设置横轴和纵轴的标签，title()函数设置图形的标题，xticks()和 yticks()两个函数分别设置 x 轴和 y 轴刻度标签。

- Savefig(filename,dpi=None,facecolor=None)函数保存图形到磁盘，参数 filename 是字符串变量，指定文件路径；参数 dpi 图像分辨率（每英寸点数），默认为 100；参数 facecolor 指定要保存图像的背景色，默认为 w（白色）。

以上代码运行效果如图 13.2 所示。

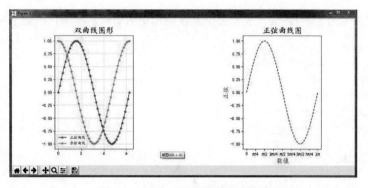

图 13.2　显示正弦曲线和余弦曲线

2．Matplotlib 常用图形介绍

（1）饼图只有一个参数，主要用于展示各部分在总体中的占比。样例代码如下所示。

```
import matplotlib.pyplot as plt
from matplotlib import rcParams
# 设置字体为 SimHei，显示中文
rcParams['font.sans-serif']='SimHei'
# 设置正常显示字符，防止汉字变成方框
rcParams['axes.unicode_minus']=False
# 设置图形的尺寸
plt.figure(figsize=(5,3))
# pie()函数的第一个参数是列表类型，设置每块扇形的占比，
# 参数 explode 是列表类型，与第一个参数对应，设置每块扇形的圆心与饼图圆心的距离（是比例值），
# 参数 labels 是列表类型，设置每一块扇形的标签，
# 参数 autopct 设置比例值的显示格式，
# 参数 shadow 为布尔值，设置饼图是否有阴影效果
plt.pie([0.3,0.42,0.28],explode=[0,0.1,0],
    labels = ['销售部','产品部','管理部'],autopct='%0.1f%%',shadow=True)
# 设置图形标题
plt.title('各部门费用显示')
# 显示图形
plt.show()
```

代码运行效果如图 13.3 所示。

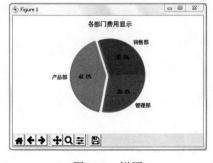

图 13.3　饼图

（2）散点图需要两个参数 x,y，表示每个点在图形中的坐标。样例代码如下所示。

```
import matplotlib.pyplot as plt
from matplotlib import rcParams
import numpy as np
# 设置字体为 SimHei，显示中文
rcParams['font.sans-serif']='SimHei'
# 设置正常显示字符，防止汉字变成方框
rcParams['axes.unicode_minus']=False
# 设置图形的尺寸
plt.figure(figsize=(6,3))
# np.random.randn()函数生成 100 个标准正态分布数值，
# scatter()函数中第一、二个参数分别表示坐标 X 和 Y，color 指定每个点颜色值，
# marker 指定点的外形，这里是圆点
plt.scatter(np.random.randn(100),np.random.randn(100),
            color = np.random.rand(100,3),marker = 'o')
plt.show()
```

代码运行效果如图 13.4 所示。

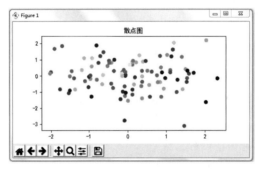

图 13.4　散点图

（3）条形图和直方图。条形图需要两个参数（X,Y），X 相当于标签，Y 是对应标签的数值。条形图有两个生成函数，bar()函数生成垂直条形图，barh()函数生成水平条形图。直方图主要统计样本数据在某个区间出现的频次，即由参数 bins 划分出不同的区间，直方图展示在这个区间中样本数据有多少个。直方图函数 hist()中有一个参数 orientation 指定直方图的方向，当 orientation 是 vertical 时创建垂直直方图，是 horizontal 时创建水平直方图，其他参数在代码中进行了说明。样例代码如下所示。

```
import matplotlib.pyplot as plt
from matplotlib import rcParams
import numpy as np
#设置字体为 SimHei，显示中文
rcParams['font.sans-serif']='SimHei'
#设置正常显示字符，防止汉字变成方框
rcParams['axes.unicode_minus']=False
#生成 10 个值
```

Python 编程实战 100 例（微课视频版）

13

```
#X=[10,20,30,36,50,66,77,87,97,100]
X=['a','b','c','d','e','f','g','h','i','j']
#对应生成 10 个 Y 值
#Y=np.random.randint(1,30,size=10)
Y=[70,120,30,36,52,66,77,57,97,100]
#设置画板尺寸
plt.figure(figsize=(9,5))
#设置一个 1 行 2 列区域块，第一块区域
ax1=plt.subplot(1,2,1)
#画出条形图，width 设置条形的宽度，color 设置颜色
ax1.bar(X,Y,color='green')
#figtext()函数在图上放置文本，第一、二个参数代表相对坐标（相对整个画板的比值），
#参数 s 设置要在图上放置的文本，color 设置颜色，fontsize 设置字体大小
plt.figtext(0.3,0.6,s='条形图例',color='red',fontsize=12)
#设置当前区域中图形的标题
ax1.set_title('条形图',fontsize=16)
#划分出第二个区域
ax2=plt.subplot(1,2,2)
#随机生成 1～2000 中的 600 个整数
X1=np.random.randint(1,2000,600)
#第一个参数提供样本数据，参数 bins 表示生成几个区间，直方图显示样本数据在区间中出现的次数，
#color 设置直方图的颜色，参数 rwidth 设置直方图中柱子宽度
ax2.hist(X1,bins = 9,range = [0,360],color ='red',rwidth=0.6)
#在图形上放置文本
plt.figtext(0.7,0.65,s='直方图例',fontsize=12)
ax2.set_title('直方图',fontsize=16)
#设置整个图形标题，x 设置横向的位置（从左到右），是一个比值，
#y 设置纵向上位置（从下到上），也是一个比值
plt.suptitle('条形图和直方图',fontsize=20,x=0.5,y=1)
plt.show()
```

代码运行效果如图 13.5 所示。

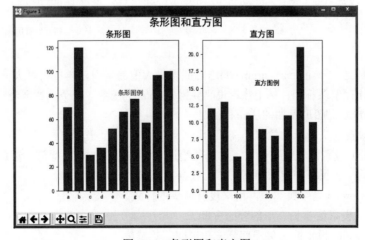

图 13.5 条形图和直方图

13.1.2　为折线图的最大值添加注释

在数据可视化过程中，有时会将图形重要的部分标识出来，起到强调作用。本节编程实例在折线图上标识出最大值的位置并加以注释。样例代码如下所示。

```python
import numpy as np
import matplotlib.pyplot as plt
# 引入参数设置模块
from matplotlib import rcParams
# 设置字体为 SimHei, 显示中文
rcParams['font.sans-serif']='SimHei'
# 设置正常显示字符，防止汉字变成方框
rcParams['axes.unicode_minus']=False
# 生成 X 值
x=np.array([1,2,3,4,5,6,7,8,9,10])
# 生成 10 个 Y 值，这 10 个值是随机整数
y=np.random.randint(1,100,size=10)
print(y)
# 取出 y 中最大值的索引值
y_index=y.argmax()
# 通过索引值取出 y 值中最大值
y_max=y[y_index]
# 设置尺寸
plt.figure(figsize=(9,6))
# 画出折线
plt.plot(x,y,color='green')
# 设置 X 轴的坐标值为-1~15, Y 轴的坐标值为 1~100
plt.axis([-1,15,1,100])
# 标识出最大值位置
plt.annotate(s= '这个点数值最大,最大值为: '+str(y_max),
             xy = (y_index+1,y_max+1),xytext = (y_index+2,y_max+3),
             arrowprops={'width':10,'headwidth':15,'headlength':6,'shrink':0.1,
             'color':'red'})
# 显示图形
plt.show()
```

（1）以上代码通过 y_index=y.argmax()语句取得最大值的索引，再取得最大值。

（2）在图形上用箭头标识并标上注释说明要用 annotate()函数，这个函数需要传递一系列参数。

● 参数 s 指定要在图形添加的注释和说明。

● 参数 xy 设置箭头指示的位置，需要给这个参数提供一个坐标值。

● 参数 xytext 设置注释文字的位置，需要给这个参数提供一个坐标值。注意：它的坐标要与参数 xy 的坐标保持一定的距离，防止重合在一起。

● 参数 arrowprops 是字典类型，用来设置箭头的样式。

● 参数 width 设置箭头长方形部分的宽度。

● 参数 headwidth 设置箭头尖端部分三角形底部的宽度。

- 参数 headlength 设置箭头尖端部分的长度。
- 参数 shrink 设置箭头顶点与指示点、箭头尾部与注释文字的距离，这个值是比例值。
- 参数 color 设置箭头颜色。

以上代码运行效果如图 13.6 所示。

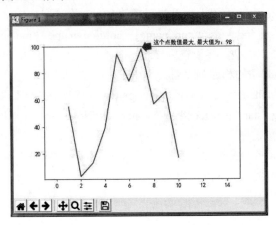

图 13.6　在折线图上添加注释

13.2　实例 89 根据数据生成图表

13.2.1　DataFrame 相关内容介绍

本节编程实例用到 Pandas、Numpy 和 Matplotlib 三个库模块，因此需要安装这三个库，安装方式通过 pip 命令安装，这里不再赘述。

本节代码主要用 Pandas 的 DataFrame 模块进行数据操作，这里简单介绍一部分常用函数。

（1）time_series=pandas. to_datetime(arg,format=None, errors ='raise')语句的功能是：把一个数据类型为字符串的序列或 Series 对象转换成一个 Pandas 的时间类型的 Series，这个字符串必须是时间格式的。

- 参数 arg 是一个时间格式的字符串序列或 Series 对象。
- 参数 format 是时间的格式化方式，与参数 arg 中的每一个字符串所表示的年月日的位置相对应，一般情况 format 参数无须指定，只要 arg 参数形式与时间显示格式一致，就能转换成时间类型。
- 参数 errors 指定时间格式转换失败时的处理方式，这个参数有三种值：ignore、raise 和 coerce，默认为 raise。参数设置为 raise 时表示转换失败后抛出异常，设置为 coerce 时表示转换失败后返回 NaT，设置为 ignore 时表示转换失败后则返回原值。
- 返回值 time_series 是一个 Series 类型的变量。
- 函数的调用格式如 df['时间']=pandas.to_datetime(df['时间'], format='%Y/%m/%d %H:%M', errors='ignore')语句，其中 df 为 DataFrame 对象，这个语句的功能是把 df 中的"时间"列的

字符串转换成 Pandas 时间类型。时间日期的操作处理是数据分析工作中经常涉及的内容，以上函数需要熟练掌握。

（2）df.set_index('column_name',inplace=False)语句的功能是：设置 DataFrame 对象的某一列或者多列作为 DataFrame 对象索引，其中 df 为 DataFrame 对象。

- 参数 column_name 为要设置为索引的列标签名，当设置多列为索引时需将列标签名放到中括号内，例如 df.set_index(['column_name1', 'column_name2'],inplace=False)。
- 参数 inplace 是布尔类型，当设置为 False 时不会真正在 df 中把列设置为索引，当设置为 True 时会立即把 df 中的相应列设置为索引。
- 该函数调用格式如 df.set_index('时间',inplace=True)语句，该语句把"时间"列设置为 df 索引。

（3）pandas.date_range(start=None, end=None, periods=None, freq='D')语句的功能是：按照一定频率生成时间类型的数据组成的序列。

- 参数 start 是与时间类型显示格式相似的字符串（string 类型），表示日期的起点。
- 参数 end 是与时间类型显示格式相似的字符串，表示日期的终点。
- 参数 periods 是 int 类型，表示生成多少个时间类型数据值，如果该值为 None，那么 start 和 end 就不能设置为 None。
- 参数 freq 是 string 类型，表示生成的时间数据序列的各个数据的间隔频率，默认值是 D，表示以自然日为间隔频率。freq 可以设置的值有 D、B、M、BM、MS 和 BMS 等，值与说明的对应关系如表 13.1 所示。

表 13.1　freq 参数值与说明的对应关系表

freq 的值	说　　明
D	自然日
B	工作日，如周一到周五
H	小时
T	分钟
S	秒
M	每个月最后一个日历日
BM	每个月最后一个工作日
MS	每个月第一个日历日
BMS	每个月第一个工作日

该函数的样例代码如下所示。

```
import pandas as pd
# 从 2019 年 1 月 1 日起，生成 10 个月份的每月第一天工作日的日期数据的集合
vseries=pd.date_range('20190101',periods=10,freq='BMS')
print(vseries)
```

以上代码生成了 10 个工作日数据，这 10 工作日是每月的第一个工作日，vseries 的值如下所示。

```
DatetimeIndex(['2010-01-01', '2010-02-01', '2010-03-01', '2010-04-01',
               '2010-05-03', '2010-06-01', '2010-07-01', '2010-08-02',
```

```
                    '2010-09-01', '2010-10-01'],
                   dtype='datetime64[ns]', freq='BMS')
```

13.2.2 生成图表

本节程序要从一个 CSV 文件中读取数据，这个文件部分内容如下所示。

```
省,城市,县,时间,温度,风向,风力,降雨量,湿度
辽宁,沈阳,辽中,2014/8/1 0:00,24,203,2,0,87
辽宁,沈阳,辽中,2014/8/1 1:00,24,188,2,0,88
辽宁,沈阳,辽中,2014/8/1 2:00,24,190,2,0,90
辽宁,沈阳,辽中,2014/8/1 3:00,24,182,1,0,92
辽宁,沈阳,辽中,2014/8/1 4:00,23,172,1,0,93
辽宁,沈阳,辽中,2014/8/1 5:00,23,186,1,0,96
...
辽宁,沈阳,康平,2014/8/1 0:00,24,230,2,0,78
```

本节程序主要是从某市下辖的两县中取得温度变化数据，并根据数据画出两县的温度变化典型图形。样例代码如下所示。

```python
# 导入相关库模块
import pandas as pd
import matplotlib.pyplot as plt
# 指定文件路径，其中 sy.csv 文件内容与结构参考本小节前文介绍
file_path='./shenyang/sy.csv'
# 读入 CSV 文件，注意在 Windows 系统中编码格式一般为 gbk
df=pd.read_csv(file_path,encoding='gbk')
# 将 "时间" 这列的数值转换成时间格式
df['时间']=pd.to_datetime(df['时间'])
# 设置 "时间" 这一列的数据作为 DataFrame 的行索引标签
df.set_index('时间',inplace=True)
#print(df)
# 设置 "县" 这一列值为 "辽中" 数据，并存在变量 df1 中，df1 为 DataFrame 类型的变量
df1=df[df['县']=='辽中']
# 对 df1 进行重样，也就是每隔两小时采一次样（取一条记录），
# 后面 mean() 函数表示对两个小时内各条记录的数值求平均值，并把平均值作为一条采样数据
df1=df1.resample('2H').mean()
# 对另一个县的数据进行采样
df2=df[df['县']=='康平']
df2=df2.resample('2H').mean()
# 取出 "温度" 这一列的数据给 data1 变量，这个变量是 Series 类型
data1=df1['温度']
# 取得 x 轴刻度上所需要的数据
xtime1=data1.index
# 取得温度数据
ytemperature1=data1.values
# 取得另一县的温度数据
data2=df2['温度']
```

```
xtime2=data2.index
ytemperature2=data2.values
# 设置图形中能够显示汉字
plt.rcParams['font.sans-serif'] = ['Microsoft YaHei']
# 设置图形宽和高以及清晰度
plt.figure(figsize=(10,6) , dpi=80)
# 设置折线图的 x,y 值，由于显示两个县的温度数据，因此有两套 x,y 值
plt.plot(xtime1,ytemperature1,xtime2,ytemperature2)
# 设置 x 轴上刻度的内容
plt.xticks(xtime1,xtime1.strftime('%Y-%m-%d:%H'),rotation=45,ha='right')
# 设置标题
plt.title('温度变化图',loc='center')
# 给图加上图例
plt.legend(('辽中','康平'),loc='best')
# 显示折线图
plt.show()
```

（1）代码通过 df=pd.read_csv(file_path,encoding='gbk')语句将一个 CSV 文件中的数据读入一个 DataFrame 类型的变量 df，在读取文件时，指定了所读文件的汉字编码格式为 GBK，在 Windows 操作系统下的编码格式一般是 GBK。

（2）代码语句 df['时间']=pd.to_datetime(df['时间'])表示将文件中"时间"列的字符串转换成 Pandas 的日期时间格式，一般导入数据后，先要对带时间格式的字符串列进行转换。

（3）代码在取得数据后首先设置"时间"列作为 DataFrame 类型 df 对象的索引，对应语句为 df.set_index('时间',inplace=True)，参数 inplace=True 表示在 DataFrame 对象上进行修改并生效；接着按 DataFrame 的条件选择方式选取"辽中"这个县的数据，对应语句为 df1=df[df['县']=='辽中']。由于每个县的数据较多，可以采用降采样的方式进行数据采样，即每隔两个小时采一次样本，并对这两个小时内的温度数据取平均值，对应语句为 df1=df1.resample('2H').mean()，其中 2H 指定采样频率为 2 小时。

（4）代码通过 data1=df1['温度']语句取得一个县的温度数据，data1 是包含温度数据的 Series 类型的变量，这个变量保存着 df1 的"时间"列的数据。因为前面已通过 df.set_index('时间',inplace=True)语句指定了索引，由于 data1 是 DataFrame 对象的一列形成的 Series 类型的对象，所以它的索引自然引用了 DataFrame 对象 df1 的索引数值，data1 是 Series 类型，那么就可以用 data1.index 和 data1.values 为图形上各点提供坐标值（x 值和 y 值）。

（5）代码最后用取得的值生成折线图，代码中设置了折线图形的宽、高、标题、折线上各点坐标值和图例名称等属性。

13.2.3 运行程序

启动程序后，程序从 CSV 文件中取出数据，经过一系列的数据处理，提取出两个县在不同时间点的温度数据，并用折线的形式展现出来，让人们直观看到两个县在某段时间上的温度变化情况，如图 13.7 所示。

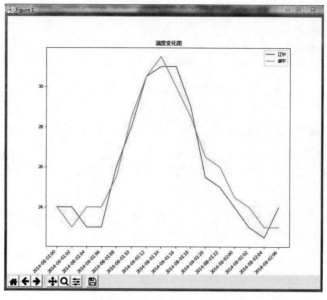

图 13.7　根据两个县的数据生成温度变化折线图

13.3　实例 90　统计毕业生所占比率

扫一扫，看视频

　　统计分析主要包括数据获取、数据处理（数据合并、拆分、删除和填充等）和数据统计分析等步骤，这几个步骤需要大量的实际操作才能灵活掌握。

　　本节实例代码的功能是将某地区每年的大学毕业生人数与当地全部人数进行比较，统计出该地区每年的毕业生人数占当地人数的百分比。这段程序代码量虽不多，但涉及了数据分析的一些主要步骤，需要分段介绍，第一段代码如下所示。

```
# 第一段代码
import numpy as np
import pandas as pd
# 该函数给传入参数加上前缀:co_
def maper(x):
    x='co_'+x
    return x
# 主函数 main
if __name__=='__main__':
    # 将地区人口数据读入，由于包含中文，所以要指定 encoding="gbk"，
    # Windows 操作系统下 csv 文件的编码格式是 gbk。
    person_num=pd.read_csv('./地区人口数据.csv',encoding="gbk")
    # 将各地区每年的毕业生数据读入
    college_num=pd.read_csv('./地区大学生.csv',encoding='gbk')
    # 通过 rename() 函数将各字段名加上前缀，加前缀的方式是通过调用函数 maper()，
    # 调用格式是 columns=maper,inplace=True 表示在原 DataFrame 对象上修改并立即生效
```

```
college_num.rename(columns=maper, inplace=True)
# 合并两个 DataFrame
college_student = pd.merge(person_num, college_num, how='outer',
                          left_on='地区', right_on='co_地区')
```

（1）代码开头导入 numpy 数学计算模块和 pandas 模块，定义一个函数 maper()，这个函数给传入的参数加上 co_前缀。

（2）代码读入"地区人口数据.csv"文件，其中的人口数据单位为万，这个文件内容如图 13.8 所示。

（3）代码中还读入另一个文件"地区大学生.csv"，其中的大学生数据单位为万，这个文件的内容如图 13.9 所示。

地区	2019年	2018年	2017年	2016年	2015年
北京		1375.8	1359.2	1362.86	1345.2
天津		1081.63	1049.99	1044.4	1026.9
石家庄		981.6	973.29	1038	1028.84
太原		376.72	369.17	370.25	367.39
呼和浩特		245.85	242.85	240.97	238.58
沈阳		745.99	736.95	734.4	730.41
大连		595.21	594.89	595.63	593.56
长春		751.29	748.92	753.43	753.83
哈尔滨		951.54	955	962.05	961.37
上海		1462.38	1455.13	1450	1442.97
南京		696.94	680.67	662.79	653.4
杭州		774.1	753.88	736	723.55
宁波		602.96	596.93	590.96	586.57
合肥		757.96	742.76	729.83	717.72

图 13.8　地区人口数据

地区	2019年	2018年	2017年	2016年	2015年
北京		59.4933	59.2878	59.9188	60.3557
天津		52.3349	51.4669	51.3842	51.2854
石家庄		0	46.0695	44.1812	41.9787
太原		44.4121	44.0173	43.2234	42.1429
呼和浩特		24.0266	23.933	23.7734	23.5188
沈阳		39.1152	39.7776	40.3589	40.4032
大连		27.9945	28.4856	29.0217	29.0025
长春		44.7156	43.7812	43.4366	42.6081
哈尔滨		50.4194	50.8884	63.624	66.3749
上海		51.7796	51.4917	51.4683	51.1623
南京		72.6728	72.154	82.7773	81.2619
杭州		43.1965	42.5769	42.7978	47.5558
宁波		14.9804	15.611	15.5144	15.5767
合肥		49.7131	50.2943	49.9515	52.7104

图 13.9　地区大学生数据

（4）以上代码通过调用 rename()给 dataframe 对象 college_num 的每一个列名加上 co_前缀，接着通过 merge ()函数将 person_num 和 college_num 合并为一个大的 dataframe 对象 college_student。

第二段代码主要演示了对数据进行清洗、填充的处理过程，代码如下所示。

```
# 第二段代码
# 取得 DataFrame 对象 college_student 的行数
row_len = len(college_student)
# 循环取得每一列
for column_name in college_student:
    # 取得指定列上有空值的行数
    len_null = len(college_student[college_student[column_name].isna()])
    # print(column_name, len_null)
    # 如果这一列上的空值数超过总行数的 80%，就删除这一列
    if len_null / row_len >= 0.8:
        college_student.drop([column_name], axis=1, inplace=True)
# 取得 college_student 的所有列名
column_name_college=college_student.columns.values.tolist()
# 生成一个列表类型变量
column_num=[]
# 通过循环将表示大学生(每年)数量的列名加到列表 column_num 中
for col_name in column_name_college:
    if col_name.startswith('co') and col_name.endswith('年'):
        column_num.append(col_name)
```

```
print(column_num)
# 将列名为 co_2018 年且数值为 0 的单元格赋值为各年平均值，
# 也就是给该列所赋的值是：其他各年数量合计除以年数（不包含为数值为 0 的这一年）
college_student.loc[college_student['co_2018 年']==0,'co_2018 年']=\
    round(college_student[column_num].sum(axis=1)/(len(column_num)-1),4)
# 删除名为 co_地区 的列，它与名为"地区"的列内容重复
college_student.drop('co_地区', axis=1, inplace=True)
# 求出各地区大学生占人口的比率(百分比)
 college_student['2015_percent']=(round(college_student['co_2015 年']
                                /college_student['2015 年']*100,2))
college_student['2016_percent']=(round(college_student['co_2016 年']
                                /college_student['2016 年']*100,2))
college_student['2017_percent']=(round(college_student['co_2017 年']
                                /college_student['2017 年']*100,2))
college_student['2018_percent']=(round(college_student['co_2018 年']
                                /college_student['2018 年']*100,2))
# 按照某列进行排序
college_student.sort_values(by="2018_percent", ascending=False,inplace=True)
# 保存文件
college_student.to_csv('college_percent.csv',index=False,header=True, encoding='gbk')
```

（1）第二段代码通过一个循环将每一列列名取出来，然后通过 dataframe 对象的条件表达式取得在这列上是空值的行数，对应 len_null = len(college_student[college_student[column_name].isna()])语句，如果空值率超过 80%就删除这一列。

（2）代码通过 column_name_college=college_student.columns.values.tolist()语句将 dataframe 对象 college_student 中的列名放到列表中，然后通过循环将名字前缀为 co 并且后缀为"年"的列加到列表变量 column_num 中，这些列保存着当地每年毕业生的数量，程序用当地其他年份毕业生数量的平均值填充 2018 年当地大学生数值为 0 的单元格。

（3）代码按年度求出每年大学生占当地总人数的百分比，并为这些百分比数值序列建立新列加入 college_student，接着按 2018 年大学生占比值进行了排序，最后将处理完成的数据保存到 college_percent.csv 文件中，这个文件的内容形式如图 13.10 所示。

地区	2018年	2017年	2016年	2015年	co_2018年	co_2017年	co_2016年	co_2015年	2015_percent	2016_percent	2017_percent	2018_percent
太原	376.72	369.17	370.25	367.39	44.4121	44.0173	43.2234	42.1429	11.47	11.67	11.92	11.79
广州	927.69	897.87	870.49	854.19	108.6407	106.7335	105.7281	104.3221	12.21	12.15	11.89	11.71
郑州	863.9	842.25	827.06	810.49	99.3479	93.5332	88.9329	82.4152	10.17	10.75	11.11	11.5
南昌	531.88	524.66	522.79	520.38	61.0624	60.9801	61.1819	58.7368	11.29	11.7	11.62	11.48
武汉	883.73	853.65	833.85	829.27	96.9323	94.7651	94.8768	95.6789	11.54	11.38	11.1	10.97
南京	696.94	680.67	662.79	653.4	72.6728	72.154	82.7773	81.2619	12.44	12.49	10.6	10.43
兰州	328.48	325.55	324.23	321.9	33.6867	40.6279	42.4842	41.6438	12.94	13.1	12.48	10.26
济南	655.9	643.62	632.83	625.73	66.1571	54.4448	72.6301	71.3965	11.41	11.48	8.46	10.09
呼和浩特	245.85	242.85	240.97	238.58	24.0266	23.933	23.7734	23.5189	9.86	9.87	9.86	9.77
长沙	728.86	708.79	696	680.36	70.3519	61.0379	59.002	56.94	8.37	8.48	8.61	9.65
乌鲁木齐	222.26	222.62	267.87	266.83	21.3306	19.3853	17.3847	18.0484	6.76	6.49	8.71	9.6
昆明	571.67	562.99	559.79	555.57	54.7277	50.3538	46.5464	43.6436	7.86	8.31	8.94	9.57
贵阳	418.45	408.31	401.35	391.79	37.8986	34.9952	40.4401	36.8536	9.41	10.08	8.57	9.06
海口	177.61	171.05	167.03	164.8	15.1485	12.7323	13.2514	15.0559	9.14	7.93	7.44	8.53
西安	986.87	905.68	824.93	815.66	71.281	72.6752	83.1569	84.8958	10.41	10.08	8.02	7.22
厦门	242.53	231.03	220.55	211.15	16.2459	14.2948	14.3992	14.3992	6.82	6.48	6.07	6.7
合肥	757.96	742.76	729.83	717.72	49.7131	50.2943	49.9515	52.7104	7.34	6.84	6.77	6.56
长春	751.29	748.92	753.43	753.83	44.7156	43.7812	43.4366	42.6081	5.65	5.77	5.85	5.95
南宁	770.82	756.86	751.75	740.23	44.8999	42.5726	40.0531	37.5192	5.07	5.33	5.62	5.82
成都	1476.05	1435.3	1398.9	1228.1	84.0297	81.7432	79.1593	75.5767	6.15	5.66	5.7	5.69
拉萨	55.44	54.36	53.78	53.03	3.1149	2.0404	3.7205	2.1358	4.03	6.92	3.75	5.62
杭州	774.1	753.88	736	723.55	43.1965	42.5769	42.7978	47.5558	6.57	5.81	5.65	5.58
银川	193.42	188.59	184.04	179.23	10.3989	10.1919	9.8912	9.7996	5.47	5.37	5.39	5.38
哈尔滨	951.54	955	962.05	961.37	50.4194	50.8884	63.624	63.3749	6.9	6.61	5.33	5.3

图 13.10 college_percent.csv 文件数据

13.4 实例 91 显示股票价格波动

13.4.1 编程要点

本节编程实例的核心是重采样，因为股票经过多年运行，其各类价格记录数量巨大，为了较明显地显示股票波动的大趋势，需要按照日期进行采样，减少记录数量，提高数据分析的效率。需要注意的是本节的股票数据存放在一个 CSV 文件中，这个文件中有一列是日期列，这一列的数值是日期格式的字符串，在读入 pandas 的 dataframe 后，该列还是字符串，需要进行数据转换，将其转换成 datetime 类型才能进行下一步工作（针对时间进行采样）。

在讲解代码前，先简单介绍一下采样函数的用法。Pandas 在时间序列上的重采样函数是 DataFrame.resample()，这个函数根据 DataFrame 对象中时间类型的行索引进行重采样，采样的方式是根据时间粒度变大还是变小分为降采样和升采样。降采样表示将时间粒度变大，例如把按小时统计的数据转换成按天或周统计，降采样将涉及数据的聚合，聚合的方式为求和和求平均值等方式；升采样表示将时间粒度变小，例如把按天统计的数据转换成按小时或分钟统计，升采样将涉及数据的填充，会根据不同填充方法在新增样本的空值位置填充数据。

采样函数调用格式为 df.resample(rule, axis=0, closed=None, label=None)，其中 df 为 DataFrame 对象。参数 rule 表示采样频率，其值用大写字母表示，如 M 表示按月采样，D 表示按天采样，5H 表示每 5 个小时采一次样；参数 axis 设置采样方向，默认 axis=0，即在纵轴方向上进行采样，当 axis=1 时在横轴方向上进行采样，axis=1 的情况用得不多；参数 closed 设置采样的时间区间哪一侧是关闭的，取值有 left 和 right；参数 label 设置采样后每行记录的索引值用采样的时间区间哪一侧的值，取值有 left 和 right。

（1）首先介绍一下降采样的用法。样例代码如下所示。

```
import pandas as pd
import numpy as np
# 从 2019 年 8 月 8 日起，生成 15 天的日期数据
vdaterange=pd.date_range('20190808',periods=15,freq='D')
'''
 以下语句打印出 vdaterange 内容如下所示。
DatetimeIndex(['2019-08-08', '2019-08-09', '2019-08-10', '2019-08-11',
               '2019-08-12', '2019-08-13', '2019-08-14', '2019-08-15',
               '2019-08-16', '2019-08-17', '2019-08-18', '2019-08-19',
               '2019-08-20', '2019-08-21', '2019-08-22'],
               dtype='datetime64[ns]', freq='D')
'''

print(vdaterange)
# 生成一个 DataFrame 对象，这个对象有一列，列标签名为 "温度"，
# 这列的数据是随机生成的 10~20 之间的整数，共有 15 个数据，
# 这个 DataFrame 对象索引为 vdaterange 中的时间数据
```

13

```
df=pd.DataFrame(data={'温度':np.random.randint(10,20,size=15)},index=vdaterange)
'''
```
df 的内容如下所示。
```
            温度
2019-08-08  18
2019-08-09  13
2019-08-10  16
2019-08-11  14
2019-08-12  19
2019-08-13  17
2019-08-14  15
2019-08-15  15
2019-08-16  13
2019-08-17  18
2019-08-18  12
2019-08-19  17
2019-08-20  16
2019-08-21  14
2019-08-22  16
'''
print(df)
# 对数据进行重采样，每 5 天生成一行数据,
# 采样的值是通过聚合函数 mean() 取得平均值,
# 也就是把 5 天内所有记录的温度取平均值
df1=df.resample('5D').mean()
'''
```
df1 的内容如下所示。
```
            温度
2019-08-08  16.0
2019-08-13  15.6
2019-08-18  15.0
'''

print(df1)
```

以上代码显示，经过降采样，数据减少，但这少量的数据是经过聚合平均计算出来的，数据在整体上还保存原数据的一些属性与特征，对于数据分析影响不会太大。

（2）降采样过程中有时会用到 closed 参数，代码如下所示。

```
# 用到 closed 参数
df2=df.resample('5D',closed='right').sum()
'''
```
df2 内容如下所示
```
            温度
2019-08-03  18
2019-08-08  67
2019-08-13  72
2019-08-18  52
```

```
'''
print(df2)
```

以上代码中的 **df** 是上一段代码生成的 DataFrame 对象，对它进行采样处理时，加入 closed='right' 参数，可以看到采样生成的 df2 变量的第一行数据日期变成了 2019-08-03，而 **df** 中的时间是从 2019-08-08 开始，也就是原始数据就没有 2019-08-03 这个日期，出现这样的结果是因为当设置 closed = 'right' 表示设置采样的时间区间左开右闭，那么 df 中的日期索引数据就会分成(2019-08-03, 2019-08-08]、(2019-08-08, 2019-08-13]、(2019-08-13, 2019-08-18]、(2019-08-18, 2019-08-23]四个区间，而第一个 5 天是从 2019-08-08 到 2019-08-13，但由于是左开区间，所以在该区间内就取不到 2019-08-08，就要往前补足，因此增加了(2019-08-03, 2019-08-08]这个区间，由于采样函数 sample()默认参数 label='left'，所以第一行日期要取第一个区间左边的日期，也就是 2019-08-03；同理最后一个区间也要向后补足 5 天的时间段，即第四区间是(2019-08-18, 2019-08-23]。

（3）升采样不会用到参数 closed 和 label，但面临增加的采样数据行中空值的填充问题，这个填充方式与 resample()函数后面级联函数有关，当级联函数为 asfreq()时，在增加的采样行中无值的地方填充 NaN；当级联函数为 ffill()或者 pad()时，无值的地方用前面的值（上一行同列的值）填充；当级联函数为 bfill()时，无值的地方用后面的值填充。

```
# 采样频率变成 12 小时，而原始数据是以天为索引值，
# 所以以下都是升采样
# 级联函数为asfreq()时，用 NaN 填充空值
df3=df.resample('12H').asfreq()
'''
 df3 内容如下所示
                        温度
 2019-08-08 00:00:00  18.0
 2019-08-08 12:00:00   NaN
 2019-08-09 00:00:00  16.0
 2019-08-09 12:00:00   NaN
 2019-08-10 00:00:00  16.0
 2019-08-10 12:00:00   NaN
 ...
'''
print(df3)
# 级联函数为pad()时，用前面的值填充空值
df4=df.resample('12H').pad()
'''
 df4 内容如下所示
                        温度
 2019-08-08 00:00:00  18
 2019-08-08 12:00:00  18
 2019-08-09 00:00:00  16
 2019-08-09 12:00:00  16
 2019-08-10 00:00:00  16
 2019-08-10 12:00:00  16

 ...
'''
```

13

```
print(df4)
# 级联函数为 bfill() 时，用后面的值填充空值
df5=df.resample('12H').bfill()
'''
 df4 内容如下所示
                       温度
 2019-08-08 00:00:00  18
 2019-08-08 12:00:00  16
 2019-08-09 00:00:00  16
 2019-08-09 12:00:00  16
 2019-08-10 00:00:00  16
 ...
'''
print(df5)
```

以上代码通过不同级联函数对空值采用不同填充方式，具体情况可以参考代码注释。

13.4.2　画出股票价格波动图像

本节代码实例按月取得股票开盘价的最低价和收盘价的最高价，以这两个价格画出股价波动图像。样例代码如下所示。

```
import matplotlib.pyplot as plt
from  matplotlib import rcParams
import pandas as pd
# 设置字体为 SimHei，显示中文
rcParams['font.sans-serif']='SimHei'
# 设置正常显示字符，防止汉字变成方框
rcParams['axes.unicode_minus']=False
# 读入股票数据，文件中含有中文，指定 encoding='gbk'
stock=pd.read_csv('./stock.csv',encoding='gbk')
# 把"日期"这一列转换成日期时间型
stock['日期']=pd.to_datetime(stock['日期'])
# 将日期列设为索引
stock.set_index('日期',inplace=True)
print(stock.head())
# 重采样：根据时间进行重采样，当参数为 D 时按天采样，M 按月采样，Y 按年采样
# stock1 是按月采样，各数值取最小值
stock1=stock.resample('M').min()
# stock2 是按月采样，各数值取最大值
stock2=stock.resample('M').max()
# 图形展示
plt.figure(figsize=(9,6))
# 取每月开盘价的最小值
plt.plot(stock1.index,stock1['开盘价'])
# 取每月收盘价的最大值
plt.plot(stock1.index,stock2['收盘价'])
```

```
plt.legend(('开盘价','收盘价'),loc='best')
plt.show()
```

（1）代码从一个 CSV 文件取得数据，这个文件的内容如图 13.11 所示。

日期	开盘价	最高价	最低价	收盘价	交易量
1986/1/2	0.392857	0.397321	0.388393	0.397321	29648752
1986/1/3	0.397321	0.399554	0.395089	0.399554	61147016
1986/1/6	0.399554	0.399554	0.390625	0.397321	46724216
1986/1/7	0.397321	0.410714	0.395089	0.410714	118809936
1986/1/8	0.410714	0.419643	0.40625	0.408482	153419000
1986/1/9	0.408482	0.410714	0.390625	0.404018	112927696
1986/1/10	0.404018	0.412946	0.404018	0.40625	38692696
1986/1/13	0.40625	0.412946	0.401786	0.410714	54393752
1986/1/14	0.410714	0.424107	0.401786	0.415179	68856144
1986/1/15	0.415179	0.428571	0.412946	0.426339	106926680
1986/1/16	0.426339	0.441964	0.426339	0.4375	135031344
1986/1/17	0.4375	0.441964	0.426339	0.428571	87209864
1986/1/20	0.428571	0.428571	0.417411	0.426339	32171328
1986/1/21	0.426339	0.430804	0.424107	0.428571	38370304
1986/1/22	0.428571	0.430804	0.399554	0.417411	36107904
1986/1/23	0.417411	0.419643	0.40625	0.410714	39495848
1986/1/24	0.410714	0.417411	0.404018	0.404018	28274344

图 13.11　包含股票价格走势的 CSV 文件内容

（2）代码中把文件内容导入 dataframe 对象（stock=pd.read_csv('./stock.csv',encoding='gbk')），由于"日期"这一列是 object 型，对应 Python 的数据类型是字符型，这里要进行转换，用 pandas 模块 to_datetime()函数将其转换成日期类型。代码还将"日期"这一列通过 set_index()函数转换索引列，这样就不能通过 stock['日期']获取这列的内容了，只能通过 stock.index 取得。

（3）代码通过 resample()函数对数据进行重采样，这样可实现数据按照采样粒度进行聚合计算，如 mean()、max()和 min()等，使数据特征更加明显或者改变数据的数量。

（4）完成数据相关操作后，代码最后取出每月开盘价最低值和收盘价的最高值，通过折线展示在图形上，这个图形基本上能反映股票价格的大体走势，如图 13.12 所示。

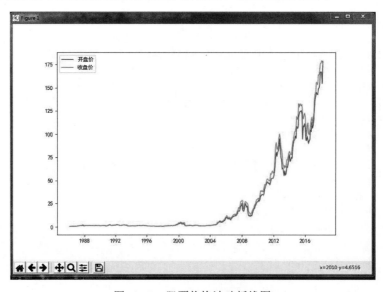

图 13.12　股票价格波动折线图

第 14 章　人工智能

本章主要介绍一部分与人工智能相关的编程实例，如车牌识别、人脸识别、语音识别和图文识别等，这些内容涉及人工智能。人工智能研发需要投入大量的人力、物力和时间，非一己之力所能为之。好在有许多大公司把人工智能的成果共享出来，这无疑是程序员的福音。程序员可以通过调用接口在自己的程序中实现人工智能的某些功能，这好似站在巨人肩膀上，事半功倍。

14.1　实例 92　语音识别

本节编程实例实现的功能是当人们对着麦克风说一句话后，程序对这句话进行语音识别，并把这句话的内容翻译成一句文本返回。

14.1.1　准备工作

本节编程实例涉及录音、播放和生成 wav 文件等功能，所以要用 pyaudio 库实现音频操作的主要功能。pyaudio 库是一个跨平台的音频 I/O 库，在命令行终端通过 pip 命令安装该音频库，如下所示。

```
pip install pyaudio
```

本节编程实例还需要以发送 URL 请求的方式调用百度语音识别相关的接口，这里用 requests 库实现该功能，主要因为 requests 库是 Python 的 HTTP 库，简单易用，安装命令如下所示。

```
pip install requests
```

14.1.2　音频编程基础

音频编程需要了解采样率、量化位数和声道数等概念。
- 采样率：录制音频时录音设备在 1 秒钟内对声音信号的采样次数，采样频率越高，声音还原得就越真实自然，它用赫兹（Hz）来表示。
- 量化位数：表示音频每个采样用几字节表示，比如 1 字节是 8bit，2 字节是 16bit。
- 声道数：表示声音录制时的音源数量或回放时相应的扬声器数量。

这个编程实例采用 pyaudio 库，本节将介绍用 pyaudio 库进行音频编程的两个要点，分别为音频播放与录制。

播放音频文件的代码如下所示。

```
# 导入音频相关模块
```

```
import pyaudio
import wave
# 音频播放函数
def play_wave():
    # 通过 wave 对象打开一个音频文件
    # test.wav 是一个测试文件，可以是任意的 wav 格式文件
    wf=wave.open("test.wav",'rb')
    # 建立一个 PyAudio 对象
    p=pyaudio.PyAudio()
    # 打开一个数据流对象，设置参数 output=True,
    # 可以使解码形成的音频直接通过 stream 播放出来，这样就可以听到声音
    stream=p.open(format=p.get_format_from_width(wf.getsampwidth()),
                channels=wf.getnchannels(),rate=wf.getframerate(),output=True)
    # 播放音频，使用 while 循环连续读取音频帧并播放
    while True:
        # 从文件中读取 1024 帧
        oneframe=wf.readframes(1024)
        # 当读到了空的帧，退出循环，前面用 b 作前缀，指明后面为二进制空串
        if oneframe==b'':
            break
        # 把帧写入数据流，因为这个数据流是输出的（output=True），所以能立刻听到声音
        stream.write(oneframe)
    # 停止数据流
    stream.stop_stream()
    # 关闭数据流
    stream.close()
    # 关闭 PyAudio 对象
    p.terminate()
    print('播放结束!')
# 调用播放函数
play_wave()
```

（1）代码开头导入 pyaudio 库模块，因为程序需要使用该库的 PyAudio 对象进行相关操作。在 play_wave()函数中利用 PyAudio 对象生成一个音频数据流对象，并设置这个数据流对象参数 output=True，实现了音频播放功能。这里对音频数据流参数进行简单说明，参数 output 用来指定数据流模式是录音还是播音，当设置参数 output=True 可用于音频播放，设置参数 input=True 时可用录音；参数 format 用来设置音频的量化位数；channels 用来设置声道数；rate 用来设置音频的采样率；这些参数可以从打开的 wave 文件中取得，如 stream=p.open(format=p.get_format_from_width (wf.getsampwidth()),channels=wf.getnchannels(),rate=wf.getframerate(),output=True) 语句中分别从文件取得音频的量化位数、声道数和音频采样率。

（2）代码还导入 wave 模块，该模块主要操作 wave 文件，例如 wf=wave.open("test.wav",'rb')语句打开 test.wav 文件，并把操作文件的句柄传给 wf；oneframe=wf.readframes(1024)语句从文件读取 1024 帧数据传给 oneframe 变量。该模块还能取得 wave 文件的属性，例如 wf.getsampwidth()返回音频文件量化位数；wf.getnchannels()返回音频文件的声道数；wf.getframerate()返回音频文件的声道数。

（3）播放 wave 文件中的声音流程是：通过 wave 对象打开音频文件并取出其中的音频帧数据，然后把这些音频帧数据写入 PyAudio 对象生成的音频数据流对象（stream.write(oneframe)）语句，当这个音频数据流是输出流时（其参数 input=True），就能立即听到声音了。

（4）play_wave() 函数的主要业务逻辑是：用 wave 对象打开音频文件，用 PyAudio 对象生成一个音频数据流对象（stream），并设置这个数据流对象的属性 output=True；通过循环语句，连续从文件读出数据帧并写入音频数据流中，这样就不间断地播放音频了，当读到文件末尾，也就是数据帧为空时（if oneframe==b":），结束播放。

◁» 提示

程序结束前，要停止并关闭数据流，并且关闭 PyAudio 对象的运行。

录制音频代码如下所示。

```python
# 导入音频相关模块
import pyaudio
import wave
# 设置录音时间
RECORD_SECONDS = 8
# 设置 PyAudio 内置缓存大小
CHUNK = 1024
# 设置量化位数，这里设置量化位数是16bit，2 字节
FORMAT = pyaudio.paInt16
# 设置声道数
CHANNELS = 1
# 设置采样率
RATE =16000
# 生成 PyAudio 对象
p = pyaudio.PyAudio()
# 打开一个 PyAudio 对象，并设置相关参数如量化位数、声道、采样率和缓存大小
# 参数 input=True 表示为录音状态，stream 作为数据流对象读入声音数据
stream = p.open(format=FORMAT,
                channels=CHANNELS,
                rate=RATE,
                input=True,
                frames_per_buffer=CHUNK)
print("开始录音...")
frames = []
# 通过循环方式读入传入的声音
for i in range(0, int(RATE / CHUNK * RECORD_SECONDS)):
    # 数据流对象把录制的声音转化成数据保存在 data 中
    data = stream.read(CHUNK)
    # 把声音数据加入列表 frames
    frames.append(data)
print("结束录音")
# 关闭 stream 数据流对象
stream.stop_stream()
stream.close()
# 停止 PyAudio 对象
```

```
p.terminate()
# 以下语句把列表 frames 中的数据写入文件 test1.wav
wf = wave.open('test1.wav', 'wb')
# 设置 wave 文件的声道数
wf.setnchannels(CHANNELS)
# 设置 wave 文件的量化位数
wf.setsampwidth(p.get_sample_size(FORMAT))
# 设置 wave 文件的采样率
wf.setframerate(RATE)
# 把列表中数据写入文件
wf.writeframes(b''.join(frames))
wf.close()
```

（1）代码开头设置了录音时间、PyAudio 内置缓存大小、量化位数、声道数和采样率这几个常量，这种通过变量保存各种参数的数值，然后通过变量进行参数设置的方式，可有效防止在代码量过多、多处用到参数设置时出现数据出错、数据不一致、维护量变大等问题。

（2）在 stream=p.open(format=FORMAT, channels=CHANNELS, rate=RATE, input=True, frames_per_buffer=CHUNK)语句中通过设置 input=True 把音频数据流对象设置为输入模式，也就是录音模式，其他参数可参考前面的介绍。

（3）音频文件播放或录制过程中，每秒钟产生的字节数等于采样率、声道数和量化位数三个数值的乘积；音频文件的帧记录了一个声音单元，其长度（字节数）等于量化位数和声道数的乘积。如果每次读取（或录制）X 帧数据，那么读完一个 Y 秒长度的音频所需次数的表达式为（采样率/X）*Y，所以代码中用（RATE / CHUNK）* RECORD_SECONDS 计算循环次数。

（4）以上代码的主要逻辑是：通过 PyAduio 生成一个音频数据流对象（stream），并通过传递参数设定数据流对象的量化位数、声道数、采样率、录音状态和内置缓存等属性，然后按照录制时间大小确定循环次数，在每次循环中通过数据流把录音读入并存放到变量中（data = stream.read(CHUNK)），然后依次存放到列表变量 frames 中，最后通过 wave 对象把列表中数据保存在文件中。

14.1.3 URL 请求编程基础

requests 库是 Python 的第三方库，它几乎封装了所有能够用到的 HTTP 请求，并且其使用非常简单。requests 库请求方式主要有 get、post、put、delet、head 和 option，这几种请求方式的函数调用格式非常相似，这里重点介绍一下 get 与 post 的应用。

requests 的 GET 请求函数分为带参数和不带参数两种形式。

（1）get()函数不带参数的调用格式为 resp = requests.get('URL 地址')，get()函数返回一个 HTTPresponse 对象，可以通过这个对象取得 URL 地址返回的响应。这里假设 resp 保存响应对象，以下语句可以取得不同结果。

● resp.status_code：返回响应的状态码。例如状态码 200 表示成功，404 表示找不到相应的网址。
● resp.url：返回请求的 URL 地址。
● resp.headers：返回响应的头信息。

- resp.cookies：返回 cookie 相关的信息。
- resp.text：返回所请求的网址响应内容的文本形式。
- resp.content：返回所请求的网址响应内容的字节流形式。

（2）get()函数带参数的调用格式为 resp = requests.get('URL 地址', **kwargs)，这里**kwargs 表示参数是字典形式，形如 resp = requests.get('URL 地址', params={'q': 'language', 'content': 'python'})；返回值 resp 是所请求网址根据传入的参数生成的 HTTPresponse 响应。

retquests 的 POST 请求函数调用格式与 GET 请求相似，POST 请求函数大多带参数，形式为 resp = requests.post('URL 地址', **kwargs)，这里**kwargs 表示参数是字典形式，函数返回值 resp 是所请求的 URL 地址的响应。

📢 提示

requests 对于特定类型的响应如 JSON 可以直接获取。例如 resp = requests.post('URL 地址', params={'q': 'language', 'content': 'python'})语句执行后，如果响应的内容是 JSON 类型，可以通过 resp.json()取得返回的 JSON 对象的内容。

14.1.4　调用百度语音识别的准备工作

百度语音识别 API 是可以免费试用的，通过百度账号登录到百度智能云，在语音技术页面创建应用，生成一个语音识别的应用，这个应用会给你一个 API Key 和一个 Secret Key，如图 14.1 所示。

	应用名称	AppID	API Key	Secret Key	创建时间	操作
1	语音测试	18135424	KMl9yd0d3wX4fe4QePEWXyez	s4LqxjmuTHOVVgEy45rR8Cf SwGrsEzvk　隐藏	2019-12-29 22:52:18	报表　管理　删除

图 14.1　语音识别应用列表

我们在自己的程序中用 API Key 和 Secret Key 这两个值获取 Token，然后再通过 Token 调用语音识别接口，因此需要经过两次 URL 请求才能实现语音识别功能，第一次请求获得 Token，第二次请求调用语音识别功能。

14.1.5　语音操作类

为了使得音频操作代码可以通用和复用，新建一个文件 create_audio.py，在文件中生成一个音频操作类 TestAudio，这个类实现对音频参数的初始化、录音和保存音频文件等功能。样例代码如下所示。

```
import wave
import pyaudio
# 定义一个语音操作类
class TestAudio:
    # 初始化
    def __init__(self,fname):
        # 设置 PyAudio 内置缓冲大小
        self.chunk=2048
        # 设置采样频率，每秒采样 16000 个点
        self.sampling_rate=16000
        # 设置量化位数
        self.sampwidth=2
        # 设置声道数
        self.channels=1
        # 录制时间这里设定了 6 秒
        self.record_time=6
        # 保存音频的文件名
        self.filename=fname
    # 把音频保存到文件，这里 data 为列表类型
    def save_file(self,data):
        # 打开文件
        wf = wave.open(self.filename, 'wb')
        # 设置声道数
        wf.setnchannels(self.channels)
        # 设置量化字节数
        wf.setsampwidth(self.sampwidth)
        # 设置采样率
        wf.setframerate(self.sampling_rate)
        # 以二进制方式写入文件
        wf.writeframes(b"".join(data))
        wf.close()
    # 进行录音的函数
    def record(self):
        pa = pyaudio.PyAudio()
        # 用 PyAudio 对象生成一个数据流对象，
        # 并通过参数确定这个数据流对象的功能与属性
        stream = pa.open(format=pyaudio.paInt16,
                    channels=self.channels,
                    rate=self.sampling_rate,
                    input=True,
                    frames_per_buffer=self.chunk)
        print("开始录音，请讲话...")
        mybuf = []
        # 用循环的方式开始录音
        for i in range(0, int(self.sampling_rate/self.chunk * self.record_time)):
            # 数据流对象录制声音并转换为数据字节
            data = stream.read(self.chunk)
            # 把数据加入列表变量
```

```
            mybuf.append(data)
        stream.stop_stream()
        stream.close()
        pa.terminate()
        print("录音结束!")
        self.save_file(mybuf)
# 测试 TestAudio 类运行情况, 实际应用中可以去掉以下代码
if __name__=="__main__":
    test = TestAudio('test.wav')
    test.record()
```

（1）TestAudio 类包括了三个函数：__init__()、record()和 save_file()，这个类还可以增加一个播放函数，这个播放函数代码与前面介绍的播放代码相似，为了节省篇幅，在以上代码中没有列举出来，读者可参考前文。

（2）__init__()函数主要设置音频相关的缓存大小、采样率和声道数，还定义了录音时长和保存音频的文件名。

（3）record()函数主要通过音频数据流把声音读入并转换成数据，接着将这些数据依次保存到列表变量中，然后调用 save_file()函数把录制的声音保存到文件中。

（4）save_file()函数把录制的声音通过 wave 对象保存到文件中。

🔊 提示

百度语音识别接口默认采样率为 16000。

14.1.6　语音识别函数

本节编程实例的语音识别是通过调用百度 AI 的语音识别接口进行识别的，主要流程是：把声音文件上传到平台，平台识别后返回 JSON 类型数据，从 JSON 数据中取出识别出来的文本，完成语音识别。样例代码如下所示。

```
import requests
import base64
# 导入 TestAudio 类, 这个类是自建的（参考上一小节）
from create_audio import TestAudio
# 根据百度语音识别相关文档要求, 组装 url 获取 token,
# 用 vhttp 存放 URL 前缀
vhttp="https:// "
# 地址中有三个参数: grant_type、client_id 和 client_secret, grant_type 必须为
  client_credentials;
# client_id 要用百度 AI 中创建的应用中的 APIKey; client_secret 要用应用中的 SecretKey。
vurl="openapi.baidu.com/oauth/2.0/token?grant_type=client_credentials&client_
id=%s&client_secret=%s"
# 这里 APIKey、SecretKey 没有给出实际值,
# 请读者自行在百度 AI 平台上申请 APIKey 和 SecretKey, 然后应用到程序中
APIKey = "KMl9yd***********PEWXyez"
SecretKey = "s4Lox*******************wGrsEzvk"
```

```
base_url= vhttp + vurl % (APIKey, SecretKey)
# 获取 token
def getToken(base_url):
    res = requests.post(base_url)
    return res.json()['access_token']
# 语言识别函数 SpeechTOText()需传入语音二进制数据、token 和语音的类别（dev_pid），
# 其中 dev_pid 用来指定用哪类别语系进行识别；百度语音识别提供的几种语言选择，如下所示，
# 1536：普通话(简单英文)，1537：普通话(有标点)，1737：英语，1637：粤语，1837：四川话
def SpeechTOText(speech_data, token, dev_pid=1537):
    FILETYPE = 'wav'
    RATE = 16000
    CHANNEL = 1
    # CUID 主要作为唯一识别，尽可能用一个不重复的字符串
    CUID = '12345678python12345678'
    # 语音识别要求音频默认采用 Base64 编码格式
    SPEECH = base64.b64encode(speech_data).decode('utf-8')
    # requests 的 POST 请求所需要的参数是字典类型，
    # 一定要遵循语音识别接口所要求的格式
    data = {
        # 音频文件的类型
        'format': FILETYPE,
        # 采样率
        'rate': RATE,
        # 声道数
        'channel': CHANNEL,
        # 唯一识别标志
        'cuid': CUID,
        # 音频的长度
        'len': len(speech_data),
        # 音频数据
        'speech': SPEECH,
        'token': token,
        # 语言类型
        'dev_pid':dev_pid
    }
    # 拼接 URL 地址
    url = vhttp+'vop.baidu.com/server_api'
    # 在请求头中设置数据类型为 JSON
    headers = {'Content-Type': 'application/json'}
    print('正在识别...')
    # 发送请求，传递参数，用 r 接收响应
    r = requests.post(url, json=data, headers=headers)
    # 返回的响应是 JSON 类型
    Result = r.json()
    # JSON 对象包含 result，说明能够正常识别，不包含 result 表示未能识别出来
    if 'result' in Result:
        return Result['result'][0]
    else:
```

```
        return Result
# 该函数把音频文件读入，并将其保存到变量中
def get_audio(file):
    with open(file, 'rb') as f:
        data = f.read()
    return data
#主函数
if __name__ == '__main__':
        message=input("按任意键开始录入")
        # 初始化 TestAudio 类
        test = TestAudio('test.wav')
        # 初始化 TestAudio 类
        test.record()
        # 取得 TOKEN
        TOKEN = getToken(base_url)
        # 读入音频文件
        speech = get_audio('test.wav')
        # 进行语音识别
        result = SpeechTOText(speech, TOKEN, 1537)
        print(result)
```

（1）getToken()函数利用 grant_type、client_id 和 client_secret 合成一个 URL 地址，并向这个地址发送请求取得 Token，注意这个请求是一个 requests 的 POST 请求。

（2）SpeechTOText()函数的主要业务逻辑是：先定义一个 data 字典型变量，这个变量的内容是按照语音识别接口要求的形式组织的，然后通过 requests 的 POST 请求向 URL 地址发送请求，接着接收网站响应（JSON 类型）并解析，如果对声音识别成功，则返回声音内容的文本；如果不能识别，则返回错误信息。

（3）语音识别后返回的响应是 JSON 格式，如下所示。语音识别出来的内容文本存放在 result 键值中，因此可以通过 return Result['result'][0]语句将这个内容取出来。

```
{'corpus_no': '6781258933754474863', 'err_msg': 'success.', 'err_no': 0,
'result': ['只有努力才能取得成功，加油吧兄弟。'], 'sn': '2354778966631578884881'}
```

（4）主函数（main）业务流程是：首先初始化 TestAudio 类对象，通过这个对象进行录音并生成文件；然后通过 get_audio()函数读入音频文件、通过 getToken()取得 Token；接着把读入的音频数据通过 SpeechTOText()函数向百度 AI 语言识别接口发送请求，接收语音识别接口返回的数据并进行解析，最后提取出识别结果并打印到终端上。

14.1.7 测试

在命令行终端启动程序，根据提示说一段话，等待程序执行，程序返回这段话的内容，说明语音识别程序运行成功，如下所示。

```
按任意键开始录入
开录音，请讲话...
```

录音结束！
正在识别...
只有努力才能取得成功，加油吧兄弟。

扫一扫，看视频

14.2　实例 93　图形中的文字识别

有些文字资料嵌入图形中或者以 PDF 的形式存放，如果想引用这些文字，往往需要对照图文进行手动录入，很浪费时间。本节编程实例将实现识别图形中的文字并将其生成文本的功能。

14.2.1　准备工作

使用一个名为 Tesseract 的 OCR 库对图片中的文字进行识别，OCR 被称为光学文字识别（Optical Character Recognition）。Tesseract 软件可以到其官网上下载，下载完成双击该文件进行安装，程序会默认安装到 C:\Program Files (x86)目录下。

本节编程实例是在 Windows 操作系统环境中利用图片文字识别库进行程序设计，需要进行相应环境的配置，在用户变量 path 值的后面添加 Tesseract 的执行文件存放目录和文字识别库数据文件存放目录这两个地址，如下所示。

```
C:\Program Files (x86)\Tesseract-OCR;C:\Program Files (x86)\Tesseract-OCR\tessdata;
```

还需要添加一个系统变量 TESSDATA_PREFIX，并设置其值为 Tesseract 安装目录下的 tessdata 目录，如下所示。

```
C:\Program Files (x86)\Tesseract-OCR\tessdata
```

因为要识别中文，还需到 github.com/tesseract-ocr/tesseract/wiki/Data-Files 下载与 Tesseract 版本相对应的中文识别数据文件 chi_sim.traineddata（简体中文识别）和 chi_tra.traineddata（繁体中文识别），并把这两个文件放到 Tesseract 安装目录下的 tessdata 目录中。

设置完成后，在命令行终端录入 tesseract－v 命令，如果显示版本号 tesseract 4.00.00alpha，说明 Tesseract 安装成功。

安装图文识别相关的 Python 库 pytesseract，这个库对 Tesseract 的 API 进行了封装，安装命令如下所示。

```
pip install pytesseract
```

由于涉及图形操作，还需要安装 Pillow 库，命令如下所示。

```
pip install pillow
```

14.2.2　图文识别程序

图文识别的程序代码较为简单，如下所示。

```
# 导入相关库模块
import pytesseract
from PIL import Image
# 打开一个有文字的图形
im=Image.open('test3.png')
# 进行识别，lang='chi_sim'指定用中文简体库识别图片上的中文
vtext=pytesseract.image_to_string(im,lang='chi_sim')
print(vtext)
```

以上代码主要逻辑是：打开一个含有文字的图片，然后调用 pytesseract 库中的图文识别函数 image_to_string()进行文字识别，由于图中有中文，应设置参数 lang='chi_sim'。程序最后在命令行终端上打印出识别出来的文本。

14.2.3 测试

打开一个 PDF 文件，用截图工具把一段文字截成图片进行测试，通过对比，全部文字都能被正常识别出来。

通过多种图片测试可以发现，Tesseract 对常规的字体、清晰的字体和排列整齐的字体识别率高，对背景稍微复杂一点的文字、贴近图片的边缘文字、有痕迹或污点的文字等识别率较低，说明这个识别程序还是有局限性的。

14.3　实例 94 标识车牌

扫一扫，看视频

车牌识别首先要在相关的图像中找到车牌，也就是能定位到图像中的车牌位置，本节编程实例实现这一功能。

14.3.1 准备工作

车牌标识要用到图像处理功能，在本节实例中用 OpenCV 视觉库进行图像读写与处理，因此要安装 Python OpenCV 视觉库，命令如下所示。

```
pip install -U opencv-python
```

之所以加上-U 参数，因为直接用 pip install opencv-python 命令安装有时会报错。

为了不重复造轮子，我们用一个训练好的特征数据模型生成分类识别器来实现车牌定位，这需要到 github.com/zeusees/HyperLPR 下载 HyperLPR 源码，并把源码中 model 目录下的 cascade.xml 复制到编程实例所在的目录下，这个 cascade.xml 是已经训练好的特征数据模型。

📢 提示

在本编程实例中只用到 cascade.xml 文件。

14.3.2　OpenCV 基本用法

图片文件实际上是以数组的形式保存，OpenCV 操作的图像对象或文件都可以理解为对数组进行操作与转化。所有图形对象都能被转化为 NumPy 数组或从 NumPy 数组转化过来，因此 OpenCV 视觉库与 NumPy 库经常联合使用，下面介绍 OpenCV 基本用法。

（1）cv2.imread()：函数调用格式为 cv2.imread(img,flag)，实现读取图片文件的功能。参数 img 是文件名。flag 取值有 cv2.IMREAD_COLOR、 cv2.IMREAD_GRAYSCALE 和 cv2.IMREAD_UNCHANGED 三种方式，cv2.IMREAD_COLOR 是默认值，表示读入彩色的图片，这个值可以用整数 1 代替；cv2.IMREAD_GRAYSCALE 表示以灰度方式读入图片，这个值可以用整数 0 代替；cv2.IMREAD_UNCHANGED 表示以原图的方式读取图片，这个值可以用-1 代替。

（2）cv2.imshow()：函数调用格式为 cv2.imshow('name',img)，实现在窗口中显示图片的功能。第一个参数 name 为显示图片的窗口名，第二个参数 img 指读入内存的图片对象，一般是 cv2.imread() 函数返回值，例如 img= cv2.imread()语句中的 img。

（3）cv2.imwrite()：函数调用格式为 cv2.imwrite('filename' ,img)，实现保存图片功能。第一个参数为图片要保存的文件名，第二个参数 img 是读入内存的图片对象。

（4）cv2.waitKey()：函数调用格式为 key=cv2.waitKey(i)，设置刷新图片的时长（即图片显示时间）。参数 i 是整数类型，单位为微秒（μs）。当 i 为 0 也就是 key=cv2.waitKey(0) 时，表示一直显示图片直到按下任意键退出显示。该函数返回值 key 是键盘按键的 ASCII 码，例如 Esc 键对应的 ASCII 码是 27。

（5）cv2.CascadeClassifier()：函数调用格式为 obj=cv2.CascadeClassifier(filename)，实现的功能是把一个训练好的模型文件导入 OpenCV 的级联分类识别器，级联分类识别器通过这个模型生成一个识别器对象 obj，对相应的检测目标进行识别。参数 filename 表示训练好的特征数据的文件名。

（6）detectMultiScale()：函数调用格式为 objects =detectMultiScale(image_gray, scaleFactor, minNeighbors, minSize, maxSize)。这个函数是识别器对象的功能函数，实现的功能是对要检测的目标对象进行多尺度检测，并返回识别出的对象 objects。返回的对象是一个集合，其中每个对象的属性中包含框住识别目标的矩形框的左上角的坐标和矩形框的宽与高等信息。参数 image_gray 表示待检测图片，一般用灰度图像，这样识别率较高，检测速度较快；参数 scaleFactor 表示在前后两次相继的扫描中被搜索的图片缩放比例，默认为 1.1，即每次将图片扩大 10%；参数 minNeighbors 表示识别过程中（识别是采用多次扫描方式）最少有几个矩形框（默认为 3 个）标识出检测目标，才能算是正确识别，如果组成检测目标的矩形的个数小于 min_neighbors 会被排除；minSize 和 maxSize 用来限制得到的检测目标区域的范围。

（7）cv2.rectangle()：函数调用格式为 cv2.rectangle(img, (x1, y1), (x2, y2), (0, 0, 255), 2)，实现的功能是在图像上画出矩形框。参数 img 指明要操作的图片对象；参数(x1, y1)表示矩形框左上角的位置；参数(x2, y2)表示矩形框右下角的位置；参数(0, 0, 255)表示颜色，这里表示红色，这个参数是按 BGR 格式设置颜色；参数 2 表示线条类型。

（8）cv2.destroyAllWindows()：实现的功能是关闭所有显示框。若只关闭一个，可以用 cv2.destroyWindow()函数。

14.3.3　标识车牌程序

本节编程实例利用训练好的模型 cascade.xml 对图片中的车牌进行识别，并用矩形框把车牌标识出来。样例代码如下所示。

```python
# 导入视觉库
import cv2
# 车牌识别函数
def detect(img):
    # 设置分类器数据模型的文件（已训练好的）
    cascade_path = 'cascade.xml'
    # 用数据模型生成分类器
    cascade = cv2.CascadeClassifier(cascade_path)
    # 设置图片要转换的高度，为改变图片大小做准备
    resize_h = 400
    # 图片在计算机中的存储形式是三维数组，
    # img.shap[0]取得矩阵的第一维，第一维的度数（成员数量）决定图片高度，
    # 所以可以理解为获取图片高度
    hh = img.shape[0]
    # 取得图片宽度
    ww=img.shape[1]
    # 取得原始图片宽与高的比值
    ratio = float(ww)/float(hh)
    # 重置图片的大小
    img = cv2.resize(img, (int(ratio * resize_h), resize_h))
    # 转为灰度图，更便于识别
    image_gray = cv2.cvtColor(img, cv2.COLOR_RGB2GRAY)
    # 车牌定位
    car_plates = cascade.detectMultiScale(image_gray, 1.1, 3, minSize=(20, 10),
    maxSize=(20 * 30, 10* 40))
    print("检测到车牌数", len(car_plates))
    if len(car_plates) > 0:
        for car_plate in car_plates:
            # 取得矩形框左上角的坐标、宽度和高度
            x, y, width, height = car_plate
            # 在车牌外围用矩形框标识出来，坐标位置可以根据实际情况加以微调
            cv2.rectangle(img, (x - 8, y - 8), (x + width, y + height + 8), (255, 0, 0), 2)
    # 恢复原图片大小
    img_befor = cv2.resize(img, (ww,hh))
    # 在窗口显示出已标识车牌的图片
    cv2.imshow("image", img_befor)

# 主函数
if __name__ == '__main__':
    image = cv2.imread('test2.png')
```

```
detect(image)
cv2.waitKey(0)
cv2.destroyAllWindows()
```

（1）在 Python 中 OpenCV 视觉库的名字为 cv2，由于要用到相关函数，需要在程序首行导入这个模块。

（2）代码定义了函数 detect()，主要功能是在传入的图片中识别出车牌并标识出来。程序首先通过 cascade = cv2.CascadeClassifier(cascade_path)语句生成一个级联识别器，这个识别器是用训练好的特征数据生成的，这些特征数据以 XML 形式存放在文件 cascade.xml 中；由于特征数据采用的是高为 400 像素的图片进行训练，因此程序要对传入的图片按照高度为 400 像素进行等比缩放；接着把图片变成灰度图片以方便识别器快速识别，识别器函数 detectMultiScale()返回一个二维数组，对应的语句是 car_plates = cascade.detectMultiScale(image_gray, 1.1, 3, minSize=(20, 10), maxSize=(20 * 30, 10* 40))，返回的数组包含着车牌的左上角坐标、

宽和高；用循环语句可以取出每一辆车牌的坐标，在循环代码块中通过 cv2.rectangle()函数在车牌周围画上一个蓝色的矩形框，最后还原图片大小（对应 img_befor = cv2.resize(img, (ww,hh))语句）并显示在窗口上。

（3）主函数 main 的主要业务逻辑为首先读入一个图片，接着调用 detect()函数进行车牌识别、车牌标识和在窗口显示等操作，最后等待用户按任意键关闭图片显示窗口。

（4）启动程序后传入一辆汽车图片，发现程序能够很准确地识别出车牌，如图 14.2 所示。

图 14.2　识别并标识车牌

扫一扫，看视频

14.4　实例 95 车牌号码识别

上一节编程实例只做到了车牌定位，还未实现号码的识别。按照常规思路，再编写一个图文识别程序不就能成功地实现车牌号码识别了？其实不然，经过实践，会发现效果很差。本节编程实例改变思路，利用百度 AI 进行识别。

14.4.1　准备工作

本节编程实例利用百度文字识别接口进行车牌号码识别，这个接口可以免费试用，通过百度账号登录到百度智能云，在文字识别页面创建应用，如图 14.3 所示。

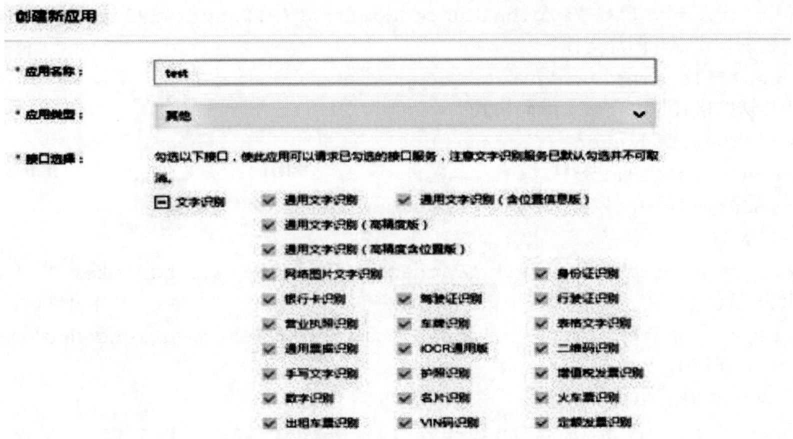

图 14.3　创建文字识别应用

生成应用后，在列表页面会看到生成的 API Key 和 Secret Key 两个键值，这两个键值是用来向网站发送请求获取 token 的参数。

14.4.2　识别车牌号码程序

本编码实例的文件名为 plate_recognition.py。样例代码如下所示。

```
# 导入所需模块
import requests
import base64
# 按照百度图文识别相关文档说明，组合 URL 获取 token，
vhttp="https://"
# 地址中有三个参数：grant_type、client_id 和 client_secret，grant_type 必须为
client_credentials；
# client_id 要用创建百度 AI 应用时生成的 APIKey；client_secret 要创建应用时生成的 SecretKey。
vurl="openapi.baidu.com/oauth/2.0/token?grant_type=client_credentials&client_
id=%s&client_secret=%s"
# 这里 APIKey、SecretKey 没有给出实际值
APIKey = "7KgVCx******pY5cxXwT7psR"
SecretKey = "FejNo******qi21hzbfbvNchILMM61zf"
base_url = vhttp + vurl % (APIKey, SecretKey)
# 获取 token
def getToken(base_url):
    # 发送 POST 请求
    res = requests.post(base_url)
    # 通过 json() 函数取得 token
    return res.json()['access_token']
# 图文识别函数
def character_recognition(filename,vtoken):
    # 针对车牌识别的 URL 请求
```

```
request_url = vhttp+"aip.baidubce.com/rest/2.0/ocr/v1/license_plate"
# 以二进制方式打开图片文件
f = open(filename, 'rb')
# 要求传送的格式是 base64 编码格式
img = base64.b64encode(f.read())
params = {"image":img}
access_token = vtoken
# 组合请求 URL
request_url = request_url + "?access_token=" + access_token
# 请求头设置
headers = {'content-type': 'application/x-www-form-urlencoded'}
print('正在识别...')
# 发送 post 请求，取得识别结果
response = requests.post(request_url, data=params, headers=headers)
# 对返回的结果进行解析
result=response.json()
#print(result)
# 从返回的结果中取出识别出的车牌号
if 'number' in result ['words_result']:
    return result['words_result']['number']
    # return Result
else:
    return result
# 上传包含文字的图片，返回识别出来的车牌号
def return_words(filename):
    # 取得 token
    vtoken = getToken(base_url)
    # 取得识别出来的文本
    result = character_recognition(filename, vtoken)
    return result
# 主函数
if __name__=="__main__":
    vtoken=getToken(base_url)
    result=character_recognition('test1.jpg',vtoken)
    print('识别出来的车牌为：\n')
    print(result)
```

（1）在程序开始时导入所需的库，并按照百度要求的格式组合成请求 token 的 URL。

（2）getToken()函数根据传入的 URL，发送 POST 请求，接收响应对象，通过 json()函数解析该对象取得 token 的值。

（3）character_recognition()函数首先读入图片文件，并将其转换成 base64 编码格式的字典形式保存到变量 params 中（params = {"image":img}）；参考百度智能云图文识别产品文档中关于车牌识别接口的描述和请求说明，函数需要采用 POST 请求方式向 aip.baidubce.com/rest/2.0/ocr/v1/license_plate 地址发送请求，接着用 params 变量和 token 值按照要求的格式组合生成请求 URL，然后通过 response = requests.post(request_url, data=params, headers=headers)语句取得响应结果，这个响应结果是 JSON 对象，结构如下所示。

```
{'log_id': 1597362897899190515, 'words_result': {'color': 'blue', 'number': '鲁
J9Z398', 'probability': [0.9015540480613708, 0.9003438353538513,
0.9023145437240601, 0.9003458619117737, 0.9008315801620483, 0.9013699293136597,
0.901316225528717], 'vertexes_location': [{'y': 847, 'x': 533}, {'y': 850, 'x':
872}, {'y': 940, 'x': 872}, {'y': 937, 'x': 533}]}}
```

从响应对象的基本结构可以看出，这个响应对象能够用 json() 函数解析字典类型变量 result，最后按照字典的层级结构发现可通过 result['words_result']['number'] 语句取得车牌号码。

（4）return_words() 函数的主要功能是根据传入的文件，调用 getToken() 和 character_recognition() 两个函数取得车牌号。

（6）主函数 main 用一个图像文件进行车牌识别测试。

14.4.3 测试

经过较多的样例测试，会发现以上代码的识别率还是非常高的，车牌号码从图片转换成文本无一出错。程序运行时，会在终端显示出识别出车牌号码的文本，如下所示。

```
正在识别...
识别出来的车牌为:

鲁 J9Z398
Process finished with exit code 0
```

14.5 实例 96 人脸检测

扫一扫，看视频

人脸检测是人脸识别的第一步，也就是能够在图像上或视频中找到人脸。本节编程实例实现的功能是从图片中找出并标注人脸。

14.5.1 准备工作

本节利用 Dlib 库进行人脸检测，因为 Dlib 包含已训练好的人脸识别模型，而且 Dlib 接口文档非常详细，安装非常简单。安装 Dlib 需要先安装 cmake 和 boost，命令如下所示。

```
pip install cmake
pip install boost
```

📢 提示

cmake 版本要与 boost 版本相匹配，否则会出现编译错误。

安装 Dlib 时要注意版本号与 Python 版本号相对应，Python 3.6 版本与 Dlib 19.8.1 版本兼容，读者可根据 Python 版本选择相应版本的 Dlib，安装 Dlib 命令如下所示。

```
pip install dlib==19.8.1
```

skimage 库的全称是 scikit-image，它提供了很多的图像处理功能，在本节编程实例中还要用到 scikit-image 库操作图像文件，skimage 安装命令如下所示。

```
pip install -U scikit-image
```

📢 提示

用 pip install scikit-image 安装会出错，如上所示加上 -U 参数安装，成功率会高一些。

14.5.2　编程要点

Dlib 库对人脸识别的相关功能进行了封装，对于人脸的检测可以应用 Dlib 正面人脸检测器进行识别，这里简单介绍相关函数。

（1）dlib.get_frontal_face_detector()：功能是生成人脸检测器，该函数无参数，返回值为人脸检测器对象。例如 facedetector=dlib.get_frontal_face_detector()，其中 facedetector 是人脸检测器对象。

（2）facedetector (img, i)：功能是对图像中检测到的人脸画矩形框。参数 img 是读入内存的图像对象；参数 i 为图像放大倍数，有时为了提高检测率，需要把图像放大；这个函数的返回值是矩形框对象。需要注意的是 facedetector 是通过 facedetector=dlib.get_frontal_face_detector()语句生成的检测器。

（3）另外 Dlib 还可以对读入的图片对象进行操作，例如 vwin = dlib.image_window()可以生成显示图片的窗口，vwin 为生成的窗口对象；vwin.set_image(img)把读入的图片对象 img 放在窗口 vwin 中；vwin.add_overlay(img2)在 vwin 窗口中的图片上层叠加一个 img2 指向的图像，这样 img2 覆盖住了下层图片的部分内容；vwin.clear_overlay()清除 vwin 窗口中原图片上面叠加的图片。

14.5.3　人脸检测程序

由于 Dlib 有详细的文档，只要参考其中关于人脸识别的说明与代码样例，就能很快编写出简洁有效的人脸检测程序。本节编程实例的主要功能是从图片中找出人脸并标注出来。样例代码如下所示。

```
# 导入相关模块
from skimage import io
import dlib
# 检测出人脸并用矩形框标注出来
def faceDetetor():
    # 生成一个正面人脸检测器
    facedetector=dlib.get_frontal_face_detector()
    # 调用 skimage 的 io 子模块读取图片文件
    img=io.imread("test1.jpg")
    # 生成图像显示窗口（Windows 窗口形式）
    vwin = dlib.image_window()
    # 清除窗口中图片上面叠加的图片
    vwin.clear_overlay()
```

```
    # 把读入的图片显示到窗口
    vwin.set_image(img)
    # 第二个参数 1 表示将图片放大一倍，便于检测到更多人脸
    dets = facedetector(img, 1)
    # 在人脸上绘制矩阵
    vwin.add_overlay(dets)
    # 打印检测出的人脸的信息
    print("共检测出人脸数:{}张".format(len(dets)))
    # 循环取得每张脸上的矩形框的坐标，提示：k 从 0 开始计数
    for k, d in enumerate(dets):
        print("第{}张脸矩形框坐标：左：{} 上：{} 右：{} 下：{}".format(k+1, d.left(),
            d.top(), d.right(), d.bottom()))
    # 等待用户按回车键，退出函数
    dlib.hit_enter_to_continue()
# 调用人脸检测函数
faceDetetor()
```

（1）faceDetetor()函数的主要流程是调用 skimage 的 io 子模块读取图片文件，并通过 Dlib 的 set_image()函数将图片放到显示窗口中；然后生成一个人脸检测器，通过这个检测器检测出人脸，并返回框住人脸的矩形框对象组 dets，对应的代码语句为 dets = facedetector(img, 1)；最后把这些矩形框放置（叠加）到图片上并框住对应位置的人脸，对应代码语句为 vwin.add_overlay (dets)。

（2）faceDetetor()函数还实现了在终端上打印出矩形框的四个角的坐标。

14.5.4 测试

选择一张含有两个人的图片放到程序所在目录下，并命名为 test1.jpg。运行程序，发现图片中的人脸都被检测到了，并且用矩形框标识出来，说明程序运行正常，如图 14.4 所示。

图 14.4 人脸检测结果

同时在终端上打印出检测出的人脸数以及各矩形框的坐标，如下所示。

```
共检测出人脸数:2 张
第 1 张脸矩形框坐标：左：129 上：378 右：204 下：453
第 2 张脸矩形框坐标：左：254 上：55 右：328 下：130
Hit enter to continue
```

14

扫一扫，看视频

14.6 实例 97 画出人脸的轮廓

本节编程样例实现的功能是在上一节检测出的人脸上画出眉毛、眼睛、鼻子和嘴的轮廓线。

14.6.1 准备工作

本节程序的功能实现还是利用 Dlib 和 scikit-image 两个库提供的接口进行编程，有关这两个库模块的安装方法可参考上一节。

要想在人脸上画出轮廓，需要用 Dlib 的人脸特征预测器提取人脸特征，然后根据特征数据在人脸上画出轮廓线条，而人脸特征预测器需要数据模型才能把人脸上的特征提取出来，好在 Dlib 提供了训练好的数据模型，其中有一个模型能够在人脸关键部位提取 68 个点的特征数据，可以直接下载这个模型进行应用，下载的地址为 dlib.net/files/shape_predictor_68_face_landmarks.dat.bz2，下载下来的文件是一个压缩文件，解压后，把其中的 shape_predictor_68_face_landmarks.dat 文件放到程序所在的目录下。

14.6.2 编程要点

本节编程的要点就是特征预测器的运用，Dlib 对此已做了很好的封装，下面简单介绍一下相关的函数调用。

（1）dlib.shape_predictor(filename)函数：实现的功能是通过一个训练好的特征模型数据生成一个特征预测器。参数 filename 是保存特征模型数据的文件；函数返回一个特征预测器对象。

（2）predictor(img, d) 函数：在人脸上画出轮廓线，这些轮廓线是通过 68 个点的特征数据生成的，由函数自动计算并画线，无须人工干预，其中的 predictor 是人脸特征预测器对象，是由 predictor = dlib.shape_predictor("shape_predictor_68_face_landmarks.dat")语句生成的。参数 img 是读入内存的图片文件，参数 d 是由人脸检测器识别出来并标识在人脸上的矩形框对象，它的属性中包含矩形框对象 4 个角的坐标；函数返回一个轮廓线对象（图层）。函数调用格式为 shape = predictor(img, d)，其中 shape 就是一个人脸轮廓线对象。

🔊 提示

特征模型文件中的特征数据的类型决定特征预测器类别，如果 filename 保存着人脸特征模型数据，那么该函数生成的是人脸特征预测器，例如 predictor = dlib.shape_predictor("shape_predictor_68_ face_landmarks.dat")语句中，名为 shape_predictor_68_face_landmarks.dat 的文件中保存着训练好的人脸 68 个点的特征数据，那么 predictor 就是人脸特征预测器。

14.6.3 画出人脸轮廓的程序

画出人脸轮廓线的程序是在上一节人脸检测程序的基础上进行编写的。样例代码如下所示。

14

```
from skimage import io
import dlib
# 检测出人脸，绘制出人脸轮廓
def facelandmark():
    # 生成dlib中正面人脸检测对象
    facedetector=dlib.get_frontal_face_detector()
    # 生成人脸特征预测器对象，进行人脸面部轮廓特征提取，
    # 运用已训练好的模型数据进行特征提取
    predictor = dlib.shape_predictor("shape_predictor_68_face_landmarks.dat")
    # 调用skimage的io子模块读取图片文件
    img=io.imread("header1.jpg")
    # 生成图像显示窗口（windows窗口形式）
    vwindow=win = dlib.image_window()
    # 把读入的图片显示到窗口
    vwindow.set_image(img)
    # 第二个参数1表示将图片放大一倍，便于检测到更多人脸
    dets = facedetector(img, 1)
    # 循环取得每张脸上轮廓特征，并在人脸上绘出轮廓
    for k, d in enumerate(dets):
        # 获取每张脸上轮廓特征，每张脸提取68个点的数据，轮廓特征由这些数据生成
        shape = predictor(img, d)
        #print(shape)
        # 在人脸上绘制轮廓
        vwindow.add_overlay(shape)
    # 在人脸上绘制矩阵
    vwindow.add_overlay(dets)
    # 等待用户按回车键，退出函数
    dlib.hit_enter_to_continue()
# 调用人脸检测函数
facelandmark()
```

以上代码把人脸检测与人脸特征预测结合起来进行编程，检测和预测都是通过调用Dlib函数实现，业务逻辑较为简单。首先通过人脸检测器识别图片上的人脸，并用矩形框标识；接着通过人脸特征预测器，使用训练好的特征数据模型在已被人脸检测器标识的矩形框范围内进行操作，用 shape = predictor(img, d)语句取得人脸轮廓线对象shape，接着将这个轮廓线通过 vwindow.add_overlay (shape)语句叠加到原图上，最终在人脸上画出了轮廓线。

14.6.4 测试

把一张带有人脸的图片放到程序所在目录下，并把文件命名为header1.jpg，运行程序，会发现在人脸上已画上轮廓线，如图14.5所示。

图14.5 在人脸上画出轮廓线

14.7 实例 98 识别人的五官

14.7.1 编程要点

本节编程还是利用 shape_predictor_68_face_landmarks.dat 这个数据模型，这个模型将人脸的各部位用 68 个特征点描述，这 68 个特征点分布在脸颊、左右眉毛、左右眼睛、鼻子和嘴巴这些部位上，用一个字典描述这些特征点索引值，如下所示。

```
face_point_68 = {
        '脸颊': (0, 17),
        '右眉': (17, 22),
        '左眉': (22, 27),
        '鼻子': (27, 36),
        '右眼': (36, 42),
        '左眼': (42, 48),
        '嘴巴': (48, 68)
    }
```

本节代码实例中用 range() 函数取得这些索引值，range() 函数的取值区间是左闭右开的，例如 range(0,17) 实际取 [0，17) 区间的值，因此在字典中设置了一个部位的索引终止值是另一个部位的索引开始值。

本节编程实例中还用到了几个 OpenCV 库的函数，现简介如下。

（1）计算凸包的函数的调用格式是 hull = cv2.convexHull(points)，该语句根据参数 points 提供的坐标点集，将这个点集最外层的点连接起来构成一个凸多边形，其中返回值 hull 是一个 n*1*2 的三维数组，n 为外围凸多边形的角的个数；参数 points 是坐标点集合。

（2）绘制轮廓函数的调用格式是 cv2.drawContours(image, contours, contourIdx, color, thickness= None)，该语句在图片上绘制轮廓线。参数 image 是要在其上画轮廓线的图片；参数 contours 表示轮廓集合，每个轮廓线以坐标点集的形式存储，是列表类型；参数 contoursIdx 指定要绘制轮廓的索引值，当值为 -1 时绘制所有轮廓；参数 color 指定要绘制轮廓的颜色，RGB 模式；参数 thickness 指定轮廓线的宽度，当值为 -1 时填充轮廓内部。

（3）图像叠加函数的调用格式是 cv2.addWeighted(src1, alpha1, src2, alpha2, gamma, dst)，该语句的功能是将两张图片叠加并实现图像的加权转换，因此两张图片要求尺寸一致。参数 src1 指图片 1；参数 alpha1 代表图片 1 各像素在叠加过程中所占的权重；参数 src2 指图片 2；参数 alpha2 代表图片 2 各像素在叠加过程中所占的权重；参数 gamma 表示亮度调节值，当不需要调节时，可将这个参数值设为 0；参数 dst 是叠加后生成的最终图片。

🔊 提示

该函数得到图片的过程可以用公式表示为 dst(结果图片)=src1(图片 1)* alpha1（权重系数 1）+ src2(图片 2)* alpha2（权得系数 2）+亮度调节量。

（4）取得最小矩形框的函数调用格式是 x,y,w,h= cv2.boundingRect(array)，该语句的功能是找到一个包含一系列点的最小矩形，或者是找到一个把图片某个部分包起来的最小矩形。返回值 x, y 表示矩阵左上角的坐标；w, h 表示矩阵的宽和高；参数 array 可以是灰度图片的某一部分区域或者是图片上的坐标点的集合。

14.7.2　五官识别程序

本节代码实例实现了五官识别的功能，主要借助于 shape_predictor_68_face_landmarks.dat 这个数据模型，提取人脸各部位上 68 个特征点的坐标，然后调用 opencv 围绕这 68 个特征点进行操作，标识出人脸各部位（五官），这里对代码进行分段说明。第一段代码如下所示。

```python
# 第一段代码
# 导入模块库
import numpy as np
import dlib
import cv2
from PIL import Image, ImageDraw, ImageFont
# 在图片上写汉字
def to_chinese_text(img,vtext,pointx,pointy):
    cv2img = cv2.cvtColor(img,cv2.COLOR_BGR2RGB)
    # 实现 array 到 image 的转换
    pil_img = Image.fromarray(cv2img)
    # 生成一个画笔对象
    draw = ImageDraw.Draw(pil_img)
    # 设置字体。参数 1：字体文件路径；参数 2：字体大小
    font = ImageFont.truetype("./方正粗黑宋简体.ttf", 38, encoding="utf-8")
    # 在图片上写汉字。参数 1：汉字的坐标；参数 2：文本；参数 3：字体颜色；参数 4：字体
    draw.text((pointx,pointy), vtext, (255, 0, 0), font=font)
    # 把图片转回 cv2 图片
    cv2_img = cv2.cvtColor(np.array(pil_img), cv2.COLOR_RGB2BGR)
    return cv2_img
# 将脸部的 68 个特征点坐标放到一个 numpy 数组中
# 参数 obj_shape 是识别出来的一张人脸对象（这个对象是用矩形框框住的人脸图像部分）
def obj_to_np(obj_shape):
    # 以下语句创建一个 68*2 的数组，这个数组中每个元素的值都是 0，
    # obj_shape.num_part 返回人脸对象包含子元素的个数，
    # 由于是基于 68 个特征点预测器生成人脸对象 obj_shape，
    # 所以 obj_shape.num_part 的返回的值是 68
    face_feature_array = np.zeros((obj_shape.num_parts, 2), dtype="int")
    # 遍历 obj_shape 中 68 个特征点，取出特征点的坐标
    for i in range(0, obj_shape.num_parts):
        # 将每个特征点的坐标值（这个坐标值是这个特征点在图像上的位置）
        # 赋值给数组 face_feature_array
        face_feature_array[i] = (obj_shape.part(i).x, obj_shape.part(i).y)
    return face_feature_array
# 在图片中将一个坐标集合中的点连接成线
# 参数 img 是图像，参数 face_obj_ndarray 是一个包含系列点坐标值的数组，
```

```
# 参数 point_start 是坐标点起始索引，参数 point_end 是坐标点终止索引
# 参数 isjaw 是 boolean 型，表示是否脸颊，
# 如果不是，就将特征点首尾相连；如果是，则不相连
def draw_line(img,face_obj_ndarray,point_start,point_end,isjaw=False):
    # 将 point_start 到 point_end 的点的坐标取出来
    points = face_obj_ndarray[point_start:point_end]
    # 循环每个坐标点，从第二个点开始循环
    for i in range(1, len(points)):
        # 取出前一个坐标点
        point_a = tuple(points[i - 1])
        # 取出当前坐标点
        point_b = tuple(points[i])
        # 在图片中将两个点连成线
        cv2.line(img, point_a, point_b, (0,0,255), 2)
    # 如果不是脸颊，将特征点首尾两个点相连
    if not isjaw:
        # 取出最后一个特征点的坐标
        p_a=tuple(points[len(points)-1])
        # 取出第一个特征点的坐标
        p_b=tuple(points[0])
        cv2.line(img, p_a, p_b, (0, 0, 255), 2)
```

（1）to_chinese_text()函数根据传入的参数在图片指定的位置上写上汉字字符串。由于 OpenCV 模块库对汉字显示支持有限，这个函数利用 Pillow 模块库对汉字支持较好的特点，先将 OpenCV 支持的图片转化成 Pillow 支持的图片，在图片相应位置写上汉字后，再将图片转换成 OpenCV 支持的模式。to_chinese_text()函数可以作为一个在图片上写汉字的通用函数进行复用。

（2）obj_to_np()函数的功能是将人脸对象的 68 个特征点（这些特征点是由基于 shape_predictor_68_face_landmarks.dat 数据模型库的预测器设置在人脸各部位上的）在原图片上的位置的坐标值放到一个列表中。

（3）draw_line()函数把人脸某个部位的轮廓用线描绘出来，也就是将这个部位的特征点对应的坐标点用线连接起来。实现思路是：顺次将一个点与前一个点相连，最后再判断一次这个部位是否是脸颊，如果不是脸颊，就将最后一个特征点坐标与第一个特征点坐标相连，实现连线闭合；如果是脸颊，则不进行首尾相连。

第二段代码介绍函数 face_mark()，该函数将人脸的各部位标识出来，如下所示。

```
# 第二段代码
# 在人脸上标识出各部分，即给人脸各部位涂上颜色
# 参数 img 是图像，参数 gray 是 img 的灰度图
# 参数 rects 是识别出来的人脸对象（这些对象是用矩形框框住范围内的人脸部分）
# 参数 alpha 指定透明度
def face_mark(img,gray, rects, alpha=0.6):
    # 对原图片进行 copy 生成图片 mark_lay
    # mark_lay 这个图片用来标识人脸各部位
    mark_lay = image.copy()
    # 设置要标识人脸部位的颜色
    color_1 = (60, 66, 168)
    # 取出每张人脸对象，rect 保存每张人脸对象
```

```
for (i_,rect) in enumerate(rects):
    # 在灰度图中将每张人脸用 68 个特征点标注,
    # 其中 predictor 是在主函数中生成的人脸特征点的预测器,
    # 参数 gray 是在主函数中生成的灰度图
    face_obj = predictor(gray, rect)
    # 将每张脸的 68 特征点的坐标放到 numpy 数组中,
    # 这些坐标值是指在原图片上的坐标
    face_obj_ndarray = obj_to_np(face_obj)
    # 循环取得字典 face_point_68 中的每个键,
    # 字典 face_point_68 在主函数中生成
    for (i, key_name) in enumerate(face_point_68.keys()):
        # 得到每一个键(人脸的一个部位)中的特征点的起始坐标与结束坐标
        (j, k) = face_point_68[key_name]
        # 根据特征起始点和结束点,取出人脸一个部位的特征点对应的坐标
        points = face_obj_ndarray[j:k]
        # 如果这个人脸部位是脸颊,就用连线标出这个部位
        if key_name == "脸颊":
            # 调用函数画连接线
            draw_line(img, face_obj_ndarray,j,k,isjaw=True)
        else:
            # 取得包含这个部位特征点对应的坐标点的凸包
            hull = cv2.convexHull(points)
            # 在图片 mark_lay 上,在凸包内部填充颜色
            cv2.drawContours(mark_lay, [hull], -1,color_1, -1)
# 将图片 mark_lay 和原图 img 进行叠加,叠加后的图像赋值给 img
cv2.addWeighted(mark_lay, alpha,img, 1 - alpha, 0, img)
# 显示图形
cv2.imshow("Image", img)
cv2.waitKey(0)
cv2.destroyAllWindows()
```

face_mark()函数先通过 for 循环语句将人脸识别器找到的每一张人脸取出来,然后用基于 68 个特征点的预测器分析这张脸,并在灰度图上将 68 个特征点在人脸上标注出来,对应语句是 face_obj = predictor(gray, rect)。接着调用 obj_to_np()函数将这些特征点转换成原图上的坐标值,再通过循环从字典中取得人脸部位的名称以及每个部位的起止坐标点,最后就是根据人脸的每个部位(除了脸颊部分)所包含的坐标点计算出凸包,然后用颜色填充这些凸包,对于脸颊部位则用连线标出轮廓。调用这个函数能把五官标识出来,如图 14.6 所示。

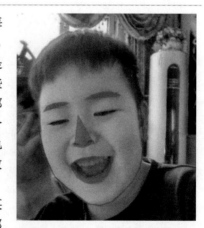

图 14.6　在人脸上标识出各部位

第三段代码介绍 get_one_part()函数,该函数根据传入人脸某部位的名称,用轮廓线标记出这个部位,并用弹出窗口将这个部位单独显示出来,代码如下所示。

```
# 第三段代码
# 取得人脸上某个部位并显示的函数
# 参数 img 是图像,参数 gray 是 img 的灰度图
```

```
# 参数 rects 是识别出来的人脸对象（这个对象是用矩形框框住的）
# 参数 part_name 人脸的部位名称，如脸颊、左眼和右眼等
def get_one_part(img,gray,rects,part_name):
    # 通过循环取每张人脸对象
    for (i_,rect) in enumerate(rects):
        # 用基于 68 个特征点的分析器，在灰度图中取出 68 个特征点保存在变量 face_obj 中
        face_obj = predictor(gray, rect)
        # 将每张脸的 68 个特征点的坐标放到 numpy 数组中，这些坐标值是在原图片上的坐标
        face_obj_ndarray = obj_to_np(face_obj)
        # 循环取得字典 face_point_68 中的人脸的部位名称、每个部位特征点的起始值
        for (name,(i,j)) in face_point_68.items():
            # 如果人脸的部位名与参数 part_name 一致
            if name==part_name:
                # 调用函数在原图上坐标为（10，30）的位置上写出这个人脸部位的名称
                img = to_chinese_text(img, name, 10, 30)
                # 循环取出这个部位每个特征点的坐标
                for (pointx,pointy) in face_obj_ndarray[i:j]:
                    # 在相应坐标上画直径为 3px 的红色圆点,
                    # 最后一个参数-1 表示用相应颜色填充几何图形
                    cv2.circle(img, (pointx,pointy), 3, (0, 0, 255), -1)
                isjaw = False
                if part_name== "脸颊":
                    isjaw=True
                #调用函数将这个部分特征点用连线连接起来
                draw_line(img, face_obj_ndarray, i, j,isjaw)
                # 取出包围这个人脸部位的最小矩形,
                # cv2.boundingRect()返回矩形左上角的坐标以及矩形的宽和高
                (x, y, w, h) = cv2.boundingRect(np.array([face_obj_ndarray[i:j]]))
    # 在图形取出这个矩形（包含人脸部位的图片部分）
    part_one = image[y:y + h, x:x + w]
    # 显示这个人脸部位
    cv2.imshow("part-one", part_one)
    # 显示原图
    cv2.imshow("Image", img)
    cv2.waitKey(0)
```

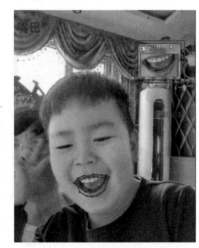

get_one_part()函数也是先通过 for 循环语句将人脸识别器找到的每一张人脸取出来，然后用基于 68 个特征点的预测器分析这张脸，并在灰度图上将 68 个特征点标注出来，并且调用函数将这些特征点转换成坐标值；最后根据传入的人脸部位名称，调用 draw_line() 函数将这个部位标识出来，并且用 cv2.boundingRect()函数将这个部位剪切出来，用一个图片显示出，如图 14.7 所示。

第四段代码是主函数，主要业务流程是调用前面所述的函数，将指定的人脸部位标识出来，代码如下所示。

图 14.7　将指定的人脸部位标识出来并单独显示

```
# 第四段代码
# 主函数 main
```

```
if __name__=='__main__':
    # 生成一个人脸识别器对象
    detector = dlib.get_frontal_face_detector()
    # 生成一个基于 68 个特征点的预测器
    predictor = dlib.shape_predictor('shape_ predictor_68_face_landmarks.dat')
    # 生成一个字典，将脸部每个部位的特征点起始值和终止值作为键值，
    # 这些键值与人脸各部位特值点相对应
    face_point_68 = {
        '脸颊': (0, 17),
        '右眉': (17, 22),
        '左眉': (22, 27),
        '鼻子': (27, 36),
        '右眼': (36, 42),
        '左眼': (42, 48),
        '嘴巴': (48, 68)
    }
    # 将一张图片读入内存
    image = cv2.imread('./test.jpg')
    # 取出图片的高与宽，因为图片在计算机中实际是以二维数据形式保存
    # 数组的第一维长度就是图片高度，第二维长度就是图片的宽度
    (h, w) = image.shape[:2]
    # 设置一个宽度值为 560
    width = 560
    # 求实际宽度与 560 的比值
    scale= width / float(w)
    # 求出按比例缩放后的宽与高
    dim = (width, int(h *scale))
    # 将图形按设置的宽和高进行缩放，interpolation 指定图像缩放时的插值法
    image = cv2.resize(image, dim, interpolation=cv2.INTER_AREA)
    # 取出图片的灰度图
    gray = cv2.cvtColor(image, cv2.COLOR_BGR2GRAY)
    # 在图片上进行人脸识别，识别结果是在图像上识别人脸并用矩形框框住人脸，
    # 矩形框内图像的各种属性作为一个对象（可以理解为人脸对象）返回
    rects = detector(gray)
    print('根据输入的五官名称，在脸上标识出来，并用图片专门显示这个人脸部位，按任意键退出图片
显示，并进入下一步')
    part_name=input('请录入要识别的五官（脸颊、右眉、左眉、右眼、左眼和嘴巴) 名称: ')
    # 根据用户提示在图像上标识出人脸的相关部位
    if part_name in ['脸颊','右眉','左眉','右眼','左眼','嘴巴']:
        get_one_part(image,gray,rects,part_name)
    else:
        print('五官名字输入错误...')
    print('在人脸上标识出五官轮廓')
    # 调用函数在人脸上标识出人脸的各个部位
    face_mark(image,gray, rects, alpha=0.5)
```

（1）主函数首先生成人脸识别器和基于人脸 68 个特征值的预测器，这两个对象具有依赖关系，首先人脸识别器识别出图片中的人脸，预测器则在识别出的人脸上设置 68 个特征点，也就是人脸识别器识别出人脸是前提。

提示

这两个识别器在灰度图下识别率高，一般情况下要把图片先转换成灰度图。

（2）主函数中建立一个字典 face_point_68，将人脸各部位的名称与特征点集合对应起来，这样预测器在图片设置的各个坐标点属于人脸的哪个部位就明确了，这样就可以基于这些坐标点画出人脸各部位的轮廓，同时人脸各部位形状和大小也确定了。

14.8　实例 99　人脸实时识别

人脸实时识别也叫人脸动态识别，这项技术应用较为广泛，是比较实用的技术手段。人脸实时识别原理就是通过视频摄像头实时捕获到人脸，取出其特征值与前期保存在硬盘中的人脸特征数据进行比对，特征值最接近的人脸可以推测为是同一个人。

14.8.1　准备工作

本节编程实例用到的第三方库较多，主要有人脸处理库 Dlib、视觉处理库 OpenCV、图像处理库 Pillow 以及数据处理库 Pandas 和 Numpy 等，Dlib 安装可参考前面章节，其他库模块的安装都可以通 pip install 命令，安装 Pillow、Pandas、Numpy 和 OpenCV 的命令如下所示。

```
pip install pillow
pip install numpy
pip install pandas
pip install -U opencv-python
```

人脸识别本质上是对比两张人脸的特征数据差别大小，差别很小的可以认为是同一个人，Dlib提供了人脸识别模型，这个识别模型对象需要一个训练好的模型数据进行初始化，Dlib 库提供了这个数据模型，名字为 dlib_face_recognition_resnet_model_v1.dat，可以从 dlib.net/files/dlib_face_recognition_resnet_model_v1.dat.bz2 页面上下载，下载下来的文件是个压缩文件。本编程实例中，建立了一个文件夹 dynamic_face_recognition，这个文件夹主要为了保存动态人脸识别的程序，把解压后的文件 dlib_face_recognition_resnet_model_v1.dat 放在 dynamic_face_recognition 文件夹下，同时把68 个点人脸特征模型数据文件 shape_predictor_68_face_landmarks.dat 也复制一份到该文件夹下。

14.8.2　编程要点

人脸识别不仅需要检测识别出人脸，还要和已有人脸特征数据进行比对。人脸识别的核心在于利用 dlib_face_recognition_resnet_model_v1.dat 这个训练好的模型提取人脸图像的 128 个维度（128D）的特征向量值，然后与前期保存的人脸的 128D 特征值进行一一比对，通过计算欧氏距离来判断是否为同一张脸。判断依据是根据设定的阈值，两者欧氏距离小于阈值的就推测为同一人。

Dlib 库对人脸识别相关功能进行了高度封装，这使得人脸识别代码的编写有较为固定的模式，主要用三步实现：第一步生成人脸检测器，检测出人脸；第二步用人脸特征预测器在检测出的人脸中取出人脸特征对象；第三步生成人脸识别模型，通过人脸识别模型对象调用相关函数，利用第二步得到的人脸特征对象参数获取人脸特征向量数据。第一、二步前面章节有所介绍，本节介绍一下人脸识别模型相关函数。

（1）dlib.face_recognition_model_v1(filepath)：功能是生成人脸识别模型对象。参数 filepath 是训练好的模型数据文件，一般为 dlib_face_recognition_resnet_model_v1.dat；返回值为人脸识别模型对象，该对象通过调用功能函数可以提取到人脸特征数据向量。函数调用格式为 facerec = dlib.face_recognition_model_v1("./dlib_face_recognition_resnet_model_v1.dat")。

（2）facerec.compute_face_descriptor(img, shape)：功能是生成人脸特征向量数据。参数 img 是读入内存的图片对象；参数 shape 是人脸特征轮廓对象，由人脸特征预测器对象取得；本函数的返回值为人脸特征向量数组。函数调用格式为 faces_feature=facerec.compute_face_descriptor(img_rd, shape)。

14.8.3 人脸图片信息采集

进行人脸识别要有人脸特征数据。首先进行人脸图片信息采集，编写一段程序从实时摄像的视频中识别出人脸，从中剪切出人脸的图片保存在相应的文件夹下，并建立人脸信息表，形成人员姓名与人脸图片文件的对应关系。

人脸图片信息采集的程序名字为 face_sampling.py，这里将分段介绍程序代码，第一段代码如下所示。

```python
# 第一段代码
# 人脸处理的库 Dlib
import dlib
# 图像处理的库 OpenCv
import cv2
# 数据处理的库 numpy
import numpy as np
# 文件系统操作的库
import os
# 读写文件的库
import shutil
# 导入 pillow 库中的相关模块
from PIL import Image, ImageDraw, ImageFont
# 导入操作 csv 文件的模块
import csv
# 设置保存从视频上获取的人脸图像的文件夹
photos_path = './photos_path'
# 在当前目录下建立文件夹 photos_path，如果文件夹不存在，就新建
def mkdir_path():
    # 判断文件夹是否存在
    if not os.path.isdir(photos_path):
        os.mkdir(photos_path)
```

```python
# 初始化，删除 ./photos_path 下的各个文件夹，主要为了重新采集人脸数据，
# 该函数一并删除保存人员的文件 name.csv
def clear_sub_photos_path():
    # 取得 photos_path 文件下的子文件夹
    sub_folder=os.listdir(photos_path)
    # 通过循环把子文件删除
    for i in range(len(sub_folder)):
        shutil.rmtree(photos_path+'/'+sub_folder[i])
    if os.path.isfile('./name.csv'):
        os.remove('./name.csv')
# 建立一个新文件夹，保存从视频中获取的人脸图片，
# 文件夹名以 photo0、photo1、photo2、...形式命名
def add_sub_photos_path():
    sub_path=os.listdir(photos_path)
    # 取得子文件夹数
    sub_path_num=len(sub_path)
    # 新建的文件夹名依次用 photo 加数字，其中数字为已存在文件数，形如 photo3
    current_path=photos_path+'/photo'+str(sub_path_num)
    os.mkdir(current_path)
    return current_path
# 在视频中显示汉字
def to_chinese_text(img,vtext,pointx,pointy):
    # 转换格式，使得 OpenCV 图片转换为 Pillow 可以使用
    # 由 BGR 格式转为 RGB 格式，返回值 cv2img 实际是数组格式
    cv2img = cv2.cvtColor(img,cv2.COLOR_BGR2RGB)
    # 实现数组（array）到 image 的转换
    pil_img = Image.fromarray(cv2img)
    # 通过参数 pil_img 建立一个画布，返回一个绘画对象 draw
    draw = ImageDraw.Draw(pil_img)
    # 生成一个字体对象，参数 1：字体类型；参数 2：字体大小；参数 3：编码格式 utf-8
    font = ImageFont.truetype("simhei.ttf", 20, encoding="utf-8")
    # 在图片上写入汉字字符串，
    # draw.text()函数参数 1：字体在图片上的坐标；参数 2：汉字字符串，
    # 参数 3：字体颜色；参数 4：字体
    draw.text((pointx,pointy), vtext, (255, 0, 0), font=font)
    # 把 Pillow 格式图片转回 OpenCV 格式图片
    # 先转成数组 np.array(pil_img)，再改变颜色格式 COLOR_RGB2BGR
    cv2_img = cv2.cvtColor(np.array(pil_img), cv2.COLOR_RGB2BGR)
    return cv2_img
# 在视频窗口上添加汉字提示信息
def chinese_title(img):
    cv2img = cv2.cvtColor(img,cv2.COLOR_BGR2RGB)
    # 实现 array 到 image 的转换
    pil_img = Image.fromarray(cv2img)
    # 在图片上写入汉字字符串
    draw = ImageDraw.Draw(pil_img)
    # 生成一个字体对象，参数 1：字体文件路径；参数 2：字体大小；参数 3：编码格式
```

```
font = ImageFont.truetype("simhei.ttf", 20, encoding="utf-8")
# 通过 draw.text 写提示信息,
# draw.text()函数参数 1:文字坐标;参数 2:文本;参数 3:字体颜色;参数 4:字体
draw.text((280,40),'人脸图像采集', (255, 0, 0), font=font)
draw.text((20, 400), 'S:保存当前人脸图片', (255, 0, 0), font=font)
draw.text((20, 450), 'Q:关闭摄像头', (255, 0, 0), font=font)
# 将 Pillow 格式图片转回 OpenCV 格式图片
cv2_img = cv2.cvtColor(np.array(pil_img), cv2.COLOR_RGB2BGR)
return cv2_img
```

(1)代码开头导入相关的库模块,Dlib 是人脸识别的模块库,OpenCV、Pillow 是图形操作库。在计算机中图片实际上是以数组的形式保存的,导入 numpy 库的原因是 OpenCV 操作图片的颜色通道是 BGR,Pillow 操作的图片颜色通道是 RGB 格式,两者格式略有不同,要用 numpy 库中数组类型作为中间转换类型来完成两种图片格式的转换。另外,导入 os 和 shutil 主要为了完成磁盘文件操作功能,其中 shutil 是功能较强大的文件、文件夹和压缩包处理模块。

(2)mkdir_path()函数建立一个人脸图片的总文件夹 photos_path;add_sub_photos_path()函数是在总文件下建立保存每个人员人脸图片的子文件夹,这个文件夹名字最后是数字,使得这类子文件夹名字与 name.csv 中的人员姓名有对应关系;clear_sub_photos_path()函数用在初始化上,它删除所有保存人脸图片的子文件夹。

(3)to_chinese_text()函数根据传入的参数在图片指定的坐标处写上汉字字符串,主要业务逻辑是:先通过 cv2img = cv2.cvtColor(img,cv2.COLOR_BGR2RGB)语句转换一下图片颜色通道的顺序,这里 cv2img 是数组形式,需要 Image.fromarray(cv2img)函数把它从数组转换成 Pillow 可操作的图片,这样 Pillow 可以通过绘画对象在图片上写汉字了。写完汉字后再把图片转换成 OpenCV 可操作的格式,对应代码为 cv2_img = cv2.cvtColor(np.array(pil_img), cv2.COLOR_RGB2BGR)。

(4)chinese_title()函数实现在图片上写提示信息的功能,与 to_chinese_text()业务逻辑有相似之处。

第二段代码是 main 主函数开始部分,主要进行初始化工作和人员姓名录入等功能,代码如下所示。

```
# 第二段代码
# 主函数 main
if __name__=='__main__':
    voprate=input('1.录入 1 是初始化后打开摄像头\n2.录入 2 是打开摄像头\n 请选择:')
    if voprate=='1':
        mkdir_path()
        clear_sub_photos_path()
    if voprate=='2':
        mkdir_path()
    current_path=add_sub_photos_path()
    vname=input('请录入当前人员的姓名:')
    with open("./name.csv", "a", newline="",encoding='gbk') as csvfile:
        writer=csv.writer(csvfile)
        writer.writerow([vname, current_path.split('/')[-1]])
```

（1）以上代码首先通过 input()函数给出两个选择，当选择 1 时，则进行初始化，调用 mkdir_path()函数建立保存人脸图片的总文件，并调用 clear_sub_photos_path()函数删除总文件夹下所有子文件夹；当选择 2 时，也是调用 mkdir_path()函数建立保存人脸图片的总文件，但不调用 clear_sub_photos_path()函数。

（2）代码接着使用 current_path=add_sub_photos_path()语句生成一个新的子文件夹，并返回文件夹名；然后调用 input()让用户录入将来要用于识别的人员姓名，并将人员姓名与文件夹的对应关系写入 CSV 文件。

📢 提示

在 Windows 系统下，CSV 文件的编码格式为 GBK。

第三段代码是主函数后半部分，如下所示。

```python
# 第三段代码
# 调用 Dlib 函数生成正向人脸检测器
detector=dlib.get_frontal_face_detector()
# 打开摄像头
cap=cv2.VideoCapture(0)
# 设置视频帧的宽度为 640
cap.set(3,640)
# 设置视频帧的高度为 480
cap.set(4,480)
# 初始化保存的次数变量
save_num=0
# 循环检测摄像头是否打开
while cap.isOpened():
    # 从摄像头连续读取图片
    flag, img_rd = cap.read()
    kk = cv2.waitKey(1)
    gray = cv2.cvtColor(img_rd, cv2.COLOR_RGB2GRAY)
    # 检测到的人脸对象集合
    faces = detector(gray, 0)
    # 如果检测到人脸
    if len(faces) != 0:
        # 取出人脸对象外面的矩形框
        # d 取得矩形框对象
        for k, d in enumerate(faces):
            # 计算矩形大小
            pos_start = tuple([d.left(), d.top()])
            pos_end = tuple([d.right(), d.bottom()])
            # 计算矩形框大小
            height = d.bottom() - d.top()
            width = d.right() - d.left()
            hh = int(height / 3)
            ww = int(width / 4)
            # 如果框住人脸的矩形框超出指定的范围
            if (d.right() + ww) > 640 or (d.bottom() + hh > 480) or (d.left() -
            ww < 0) or (d.top() - hh < 0):
```

```
                    # 显示提示信息"超出识别范围!!!"
                    img_rd=to_chinese_text(img_rd,'超出识别范围!!!',200,100)
                    # 设置颜色为红色,用于矩形边框颜色
                    color_rectangle = (0, 0, 255)
                    # 设置保存标志为0,表示无法保存当前人脸对象图片
                    can_save = 0
                else:
                    # 设置颜色为黄色,用于矩形边框颜色
                    color_rectangle = (0, 255, 255)
                    # 设置保存标志为1,表示可以保存当前人脸对象图片
                    can_save = 1
            # 在识别出来的人脸上用矩形框标识出来
            cv2.rectangle(img_rd,
                        tuple([d.left() - ww, d.top() - hh]),
                        tuple([d.right() + ww, d.bottom() + hh]),
                        color_rectangle, 2)
            # 根据人脸大小生成空的图像(用元素全部为0的数组表示)
            im_blank = np.zeros((int(height + hh*2), width + ww*2, 3), np.uint8)
            if can_save:
                # 按下s键保存摄像头中的人脸到本地
                if kk == ord('s'):
                    save_num += 1
                    #通过两个循环,将矩形框中各像素复制到im_blank中
                    for ii in range(height + hh*2):
                        for jj in range(width +ww*2):
                            im_blank[ii][jj] = img_rd[d.top() - hh + ii][d.left() -
                            ww + jj]
                    cv2.imwrite(current_path + "/face_" + str(save_num) + ".jpg",
                    im_blank)
                    print("保存在本地: ", str(current_path) + "/face_" + str(save_num) +
                    ".jpg")
        # 调用了函数chinese_title(img_rd),添加提示信息
        img_rd = chinese_title(img_rd)
        # 按下q键退出
        if kk == ord('q'):
            break
        # 设置窗口大小可调
        cv2.namedWindow("camera", 0)
        # 显示摄像头捕获的图片
        cv2.imshow("camera", img_rd)
# 释放摄像头
cap.release()
cv2.destroyAllWindows()
```

（1）第三段代码开头在摄像头打开时初始化了一些参数，调用 dlib.get_frontal_face_detector()语句生成人脸检测器，设置了视频帧宽度与高度，其中 cap=cv2.VideoCapture(0)语句中 VideoCapture()函数的参数为 0 时表示调用本地摄像头。

（2）代码通过 while cap.isOpened()循环判断摄像头是否打开，然后通过 flag, img_rd = cap.read() 语句连续读取摄像头录制的图像，img_rd 表示保存读到的图片，flag 表示是否读到图片，当为 True 表示正确读入图片，False 表示未读到图片。读入图片后先进行灰度处理，方便人脸检测器进行快速处理；检测到人脸后，通过循环把每一张检测到的人脸进行处理，重新设置了标识人脸的矩形框的大小，将矩形框稍微加大一些，然后通过 cv2.rectangle()函数用设置好尺寸的矩形框框住视频中的人脸。

（3）要注意在生成标识人脸的矩形框时，首先进行判断，对应语句为 if (d.right() + ww) > 640 or (d.bottom() + hh > 480) or (d.left() − ww < 0) or (d.top() − hh < 0):。如果矩形框超出设定的范围，就把矩形框设成红色，通过 img_rd=to_chinese_text(img_rd,'超出识别范围!!!',200,100) 语句调用 to_chinese_text()函数，实现在视频窗口中提示"超出识别范围!!!"。当矩形框在合适的范围内，就把矩形框设成黄色，另外通过 img_rd = chinese_title(img_rd)在图片显示"S: 保存当前人脸图片"等提示信息。以上代码只是在内存中对视频中的图片进行修改操作，还未显示在视频播放中，也就是还未显示在计算机屏幕上，最后用 cv2.imshow("camera", img_rd)语句把标识人脸的矩形框、提示信息显示在视频中。

（4）第三条中如果矩形框在合适的范围内，程序会在内存生成一个与矩形框大小相同的空白图片，实际上是生成一个元素全为 0 的数组，对应语句为 im_blank = np.zeros((int(height + hh*2), width + ww*2, 3), np.uint8)。当用户按下 S 键，就通过循环语句把矩形框中人脸的各个像素按顺序写入空白图片 im_blank，并保存在磁盘上。

（5）kk = cv2.waitKey(1)语句表示停顿 1 微秒，返回值 kk 是接收到的按键的 ASCII 值，有了这个键值，就可以通过编程实现按 S 键进行保存、按 Q 键退出的功能。例如，代码中用 if kk == ord('s'): 语句判断用户是否按了 S 键，然后决定是否进行保存。

🔊 提示

程序结束前要释放摄像头，对应语句为 cap.release()；还要关闭视频播放窗口，对应语句为 cv2.destroyAllWindows()。

14.8.4 提取人脸特征数据

提取人脸特征数据的程序名字为 face_data.py，主要把各子文件夹中的每张人脸特征提取出来形成 128 维度的人脸特征向量数据，然后以每个分文件为一组求出人脸特征向量数据平均值保存到 CSV 文件中。这里将分段介绍这个程序的代码，第一段代码如下所示。

```
# 第一段代码
# 导入相关库模块
import cv2
import os
import dlib
from skimage import io
import csv
import numpy as np
# 要读取人脸图像文件的路径
```

```
photos_path = "./photos_path/"
# 生成 Dlib 正向人脸检测器对象
detector = dlib.get_frontal_face_detector()
# 生成 Dlib 人脸预测器对象
predictor = dlib.shape_predictor("./shape_predictor_68_face_landmarks.dat")
# 生成 Dlib 人脸识别模型对象,这个模型对象可以提取一个 128 维度（128D）的人脸特向量征数据
face_rec = dlib.face_recognition_model_v1("./dlib_face_recognition_resnet_model_
v1.dat")
```

（1）第一段代码主要进行了初始化，给出了保存人脸图片的总文件夹，生成了三个对象：正向人脸检测器对象、人脸特征预测器对象和人脸识别模型对象。

（2）生成正向人脸检测器函数无参数，而生成人脸特征预测器对象的函数和生成人脸识别模型对象的函数都需要相应的数据模型进行初始化。

第二段代码有两个函数，主要实现提取人脸特征数据以及按人脸求得特征数据平均值，如下所示。

```
# 第二段代码
# 返回单张图像的 128D 特征
# 参数 face_img 是保存人脸图片的文件名
def get_face_features(face_img):
    # 把图片文件读入内存
    img_rd = io.imread(face_img)
    # 把图片的颜色通道由 BGR 转换为 RGB
    img_rgb = cv2.cvtColor(img_rd, cv2.COLOR_BGR2RGB)
    # 对图片中的人脸进行识别
    faces = detector(img_rgb, 1)
    print("%-20s %-20s" % ("检测到人脸的图像:", face_img), '\n')
    # 要确保检测到的是人脸图像，取得相应的特征
    if len(faces) != 0:
        # 通过人脸特征预测器取出人脸的特征,
        # 由于每个图中确定只有一张人脸，所以用 faces[0]取得这个人脸对象
        shape = predictor(img_rgb, faces[0])
        # 通过人脸识别模型 compute_face_descriptor()函数取得 128D 人脸特征向量数据
        face_feature_data = face_rec.compute_face_descriptor(img_rgb, shape)
    else:
        # 如果图片中无人脸，设置特征值为 0
        face_feature_data = 0
        print("没有检测到人脸")
    return face_feature_data
# 将文件夹中人脸照片中的人脸特征值提取出来，求出人脸特征的平均值
# 参数 photo_path 是保存人脸图片的子文件夹
def face_features_mean(photo_path):
    faces_features_list = []
    # 取得文件夹下人脸图片集合
    faces_list = os.listdir(photo_path)
    if faces_list:
        for i in range(len(faces_list)):
```

```
                    # 在终端打印出读取的图片文件路径
                    print("%-20s %-20s" % ("正在读的人脸图像:",photo_path+'/'+ faces_list[i]))
                    # 调用 return_128d_features()函数得到 128D 特征值
                    features_data = get_face_features(photo_path+'/'+ faces_list[i])
                    # 遇到没有检测出人脸的图片跳过
                    if features_data == 0:
                        pass
                    else:
                        # 将特征值数组依次加入数组 faces_features_list，形成一个两层级列表
                        faces_features_list.append(features_data)
        else:
            print("此文件夹内图像文件为空: " + photo_path+ '/', '\n')
    # 计算人脸 128D 特征值的均值
    if faces_features_list:
        # 先把两层级的列表转换为二维数组，用 np.array(faces_features_list)转换
        # 计算二维数组每一列的平均值，mean(axis=0)表示按列求平均值
        face_features_mean = np.array(faces_features_list).mean(axis=0)
    else:
            #无人脸特征值，生成一个有 128 个 0 的数组
        face_features_mean =np.zeros(128,dtype=np.int)
    return face_features_mean
```

（1）get_face_features()函数的主要功能是提取一张人脸特征向量数据，每张人脸图片产生 128 个数据，主要过程是：首先通过人脸检测器识别出图片中的人脸，对应的代码语句是 faces = detector(img_rgb, 1)；接着用人脸特征预测器取出人脸特征轮廓，对应语句是 shape = predictor(img_rgb, faces[0])；然后用人脸识别模型调用函数 compute_face_descriptor()进行计算，把人脸轮廓转化成包含 128 个数值的数组。

（2）face_features_mean()函数的主要功能是计算出每个人的人脸特征向量数据的平均值（一般一个子文件夹下保存着针对一个人采集的多张人脸图片），主要过程是：建立一个列表类型的变量 faces_features_list，把一个子文件夹下的所有图片取出来，传给 get_face_features()函数计算出每张图片人脸特征数据并生成数组，代码将这个数组依次加入 faces_features_list 变量，这样 faces_features_list 就形成一个两层级列表，然后通过 Numpy 的函数把这个二级列表转换为二维数组，接着对数组中的数据按列求平均值，生成一个含 128 个数值的一维数组。

第三段代码主要调用第二段代码中的函数，把每个人的人脸特征平均值写入文件，如下所示。

```
# 第三段代码
# 把保存人脸图片的各个子文件夹取出来
photo_path = os.listdir(photos_path)
# 按文件夹名字进行排序
photo_path.sort()
with open("./face_features_data.csv", "w", newline="") as csvfile:
    writer = csv.writer(csvfile)
    for photo_i in photo_path:
        print("打开文件夹 " + photo_i + " 开始提取数据...")
        # 每个人的人脸图片所在文件夹传给函数 return_face_features_mean，取得人脸特征平均值
```

```
        face_features_mean_data = face_features_mean(photos_path + photo_i)
        # 向 CSV 文件写入一行数据
        writer.writerow(face_features_mean_data)
        print("人脸特征均值:", list(face_features_mean_data))
        print('\n')
    print("人脸数据已存入当前目录的 face_features_data.csv 文件中")
```

（1）代码首先把保存人脸图片的各子文件夹取出来，原则上一个子文件夹保存一个人员的多张人脸图片，不同文件夹保存不同人的人脸图片，然后按子文件夹名进行排序，这样就可以使文件夹与 name.csv 文件中人员姓名的顺序保持一致。

（2）这段代码的主要功能是调用 face_features_mean()取得每个人的人脸特征值，然后按顺序保存到名为 face_features_data.csv 文件中。

14.8.5　动态人脸识别

通过程序采集了人脸图片，通过计算得出了人脸特征数据，就可以再通过比对特征数据进行人脸识别了，以下是动态人脸识别代码，这里采用分段介绍，第一段代码如下所示。

```
# 第一段代码
# 人脸处理的库 Dlib
import dlib
# 数据处理的库 Numpy
import numpy as np
# 图像处理的库 OpenCV
import cv2
# 数据处理的库 Pandas
import pandas as pd
from PIL import Image, ImageDraw, ImageFont
# 在图片上写汉字
def to_chinese_text(img,vtext,pointx,pointy):
    cv2img = cv2.cvtColor(img,cv2.COLOR_BGR2RGB)
    # 实现 array 到 image 的转换
    pil_img = Image.fromarray(cv2img)
    # 在图片上写上汉字
    draw = ImageDraw.Draw(pil_img)
    # 参数 1：字体文件路径；参数 2：字体大小；参数 3：编码格式
    font = ImageFont.truetype("simhei.ttf", 20, encoding="utf-8")
    # 参数 1：坐标；参数 2：文本；参数 3：字体颜色；参数 4：字体
    draw.text((pointx,pointy), vtext, (255, 0, 0), font=font)
    # 将图片转化为 cv2 格式图片
    cv2_img = cv2.cvtColor(np.array(pil_img), cv2.COLOR_RGB2BGR)
    return cv2_img
# 在视频窗口上添加提示信息
def chinese_title(img,face_num):
    cv2img = cv2.cvtColor(img,cv2.COLOR_BGR2RGB)
    # 实现 array 到 image 的转换
```

```
    pil_img = Image.fromarray(cv2img)
    # 在图片上写入汉字
    draw = ImageDraw.Draw(pil_img)
    # 参数 1：字体文件路径；参数 2：字体大小；参数 3：编码格式
    font = ImageFont.truetype("simhei.ttf", 20, encoding="utf-8")
    # 参数 1：坐标；参数 2：文本；参数 3：字体颜色；参数 4：字体
    draw.text((280,40),'人脸识别', (255, 0, 0), font=font)
    draw.text((20, 400), '当前检测出人脸数'+face_num, (255, 0, 0), font=font)
    draw.text((20, 450), 'Q：关闭摄像头', (255, 0, 0), font=font)
    # 图片转为 cv2 格式图片
    cv2_img = cv2.cvtColor(np.array(pil_img), cv2.COLOR_RGB2BGR)
    return cv2_img
# 计算两个向量间的欧式距离
def get_euclidean_distance(feature_1, feature_2):
    feature_1 = np.array(feature_1)
    feature_2 = np.array(feature_2)
    # 计算公式
    dist = np.sqrt(np.sum(np.square(feature_1 - feature_2)))
    return dist
```

代码开始导入相应库模块，这段代码有三个函数 to_chinese_text()、chinese_title() 和 get_euclidean_distance()，前两个函数在 14.8.3 小节已介绍过，get_euclidean_distance()函数是计算特征向量的欧式距离。

📢 提示

欧式距离是最常见的距离度量，衡量的是多维空间中两个点之间的绝对距离。人脸识别利用欧式距离确定人脸的相似度，这种利用欧式距离进行人脸识别的方式是较为简单、常用的。

第二段代码是 main 主函数，利用人脸特征向量数值比对进行人脸识别，代码如下所示。

```
# 第二段代码
# 主函数 main
if __name__=='__main__':
    # 生成人脸识别器对象，提取 128D 的特征矢量
    facerec = dlib.face_recognition_model_v1("./dlib_face_recognition_resnet_
    model_v1.dat")
    # 处理存放所有人脸特征的 CSV
    # 其中 face_features_data.csv 是 14.8.4 小节第三段代码生成的文件，
    # 这个文件保存每个人的人脸的特征值
    path_features_known_csv = "./face_features_data.csv"
    # 读取先前存入的特征值
    csv_rd = pd.read_csv(path_features_known_csv, header=None)
    # 用数组来存放从 CSV 文件中读取的人脸特征值
    features_known = []
    # 按行读取已知的人脸数据
    for i in range(csv_rd.shape[0]):
        oneperson_features = []
        # 在每行上再按列读取数据
```

```
    for j in range(0, len(csv_rd.iloc[i, :])):
        oneperson_features.append(csv_rd.iloc[i, :][j])
    features_known.append(oneperson_features)
# 读取姓名放在数据列表中
name_list=[]
# 把人员姓名从文件中读取出来
csv_name = pd.read_csv('./name.csv', header=None,encoding='gbk')
# 通过循环把姓名追加到列表中
for i in range(csv_name.shape[0]):
    name_list.append(csv_name.iloc[i,:][0])
# print(name_list)
# Dlib 检测器和预测器
detector = dlib.get_frontal_face_detector()
predictor = dlib.shape_predictor('./shape_predictor_68_face_landmarks.dat')
# 创建 cv2 摄像头对象
cap = cv2.VideoCapture(0)
# 设置视频参数，设置窗口宽度为 640
cap.set(3, 640)
# 设置窗口高度为 480
cap.set(4, 480)
while cap.isOpened():
    flag, img_rd = cap.read()
    kk = cv2.waitKey(1)
    # 提取灰度图
    img_gray = cv2.cvtColor(img_rd, cv2.COLOR_RGB2GRAY)
    # 识别出人脸对象集合
    faces = detector(img_gray, 0)
    # 将要用 face_position 存储当前摄像头中捕获到的所有人脸的坐标
    face_position = []
    # 将要用 face_names 存储当前摄像头中捕获到的所有人脸的姓名
    face_names = []
    # 按下 q 键退出
    if kk == ord('q'):
        break
    else:
        # 检测到人脸
        if len(faces) != 0:
            # 获取当前捕获到的图像的所有人脸的特征，将其存储到 faces_features 中
            faces_features = []
            for i in range(len(faces)):
                # 先设置列表变量 face_names，各元素默认为未识别出来
                face_names.append("未识别出来")
                # 把每个捕获人脸的坐标存在列表 face_position 变量中
                vleft = faces[i].left()
                vtop = int(faces[i].top()-(faces[i].bottom()- faces[i].top())/2)
                face_position.append(tuple([vleft, vtop]))
                # 取得摄像头捕获得到人脸特征数据
                shape = predictor(img_rd, faces[i])
                # 用人脸识别模型对象提取人脸特征数据，并加入列表变量 faces_features
```

14

```
                faces_features.append(facerec.compute_face_descriptor(img_rd, shape))
                print("摄像中第", i + 1, "张人脸")
                # 用来保存进行人脸特征比对得到的欧式距离
                euclid_distance_list = []
                # 用摄像头捕获人员与 CSV 文件中每一行人员进行人脸特征比对，
                # 将比对得到的欧式距离存放到 euclid_distance_list 中，
                # features_known 中保存着从 CSV 文件中取出所有人的人脸特征数值
                for k in range(len(features_known)):
                    # 如果数据不为空
                    if str(features_known[k][0]) != '0.0':
                        print("第"+str(i+1)+"人员的特征与 CSV 文件中保存第", str(k + 1),
                            "条特征记录的欧式距离: ", end='')
                        euclid_distance_tmp = get_euclidean_distance
                            (faces_features[i], features_known[k])
                        print(euclid_distance_tmp)
                        # 将计算得到的欧式距离放到数组 euclid_distance_list 中
                        euclid_distance_list.append(euclid_distance_tmp)
                    else:
                        # 如果是空数据，设置欧式距离无限大
                        euclid_distance_list.append(999999)
                # 找出欧式距离最小的数据的特征数据的索引
                min_distance_index = euclid_distance_list.index(min
                    (euclid_distance_list))
                # 人员姓名与特征记录数据一一对应且索引顺序一致，
                # 因此可以通过索引值取得人员姓名
                cur_name = name_list[int(min_distance_index)]
                print("CSV 数据中与摄像头中人脸特征数据欧式距离最小人员，姓名: ",
                    cur_name)
                # 如果欧式距离小于 0.4，就认为是同一个人
                if min(euclid_distance_list) < 0.4:
                    # 把姓名赋值给数组中对应的索引位置
                    face_names[i] = cur_name
                    print("识别出来的人员姓名为: " + cur_name)
                else:
                    face_names[i] = "未识别出来"
                    print("未识别出来")
            # 画出矩形框，并标注上姓名
            for i, d in enumerate(faces):
                # 绘制矩形框
                cv2.rectangle(img_rd, tuple([d.left(), d.top()]),
                tuple([d.right(), d.bottom()]),(0, 255, 255),2)
                # 在人脸框上面写人脸名字
                img_rd = to_chinese_text(img_rd, "姓名: " + face_names[i],
                                face_position[i][0], face_position[i][1])
        print("\n 当前在摄像视频中有:", face_names, "\n")
        # 取得检测出的人脸数
        face_num=str(len(faces))
        # 用汉字显示人脸数值
```

```
        img_rd=chinese_title(img_rd, face_num)
        # 窗口显示
        cv2.resizeWindow("camera", 640, 480)
        cv2.imshow("camera", img_rd)
# 释放摄像头
cap.release()
# 删除所有的窗口
cv2.destroyAllWindows()
```

（1）以上代码与前面介绍的人脸图片信息采集程序的相似部分主要有：从摄像头连续读取图片，通过人脸检测器检测出人脸，并把各张人脸用矩形框标识出来。

（2）识别出人脸后，用人脸预测器取出每张人脸的特征轮廓，对应语句 shape = predictor(img_rd, faces[i])；接着用人脸识别模型对象的 compute_face_descriptor()函数取得人脸 128D 特征向量数值并加入列表变量 faces_features，对应语句是 faces_features.append(facerec.compute_face_descriptor (img_rd, shape))；然后在 for i in range(len(faces)) 循环内部再加一个循环语句 for k in range(len(features_known))，在这个循环代码块中，用当前人脸特征数据向量依次与 CSV 文件中的特征向量比对，求出当前人脸特征值与保存在文件中的所有人员的人脸特征两两之间的欧式距离，对应语句 euclid_distance_tmp = get_euclidean_distance(faces_features[i], features_known[k])，其中 faces_features[i]中的 i 是外层循环的 for i in range(len(faces))中的值，从这些欧式距离中选出最小值，并取得这个最小值所对应的特征向量的索引值（也可理解为保存特征向量数据的 CSV 文件的行号），如果小于 0.4（if min(euclid_distance_list) < 0.4:）就认为是同一个人，由其索引值找到姓名，因为 name.csv 文件中行号与 face_features_data.csv 文件中行号是一一对应关系。

（3）人员识别完成后，调用函数 to_chinese_text()和 chinese_title()把汉字信息放到视频中的图像上，并调用 cv2.imshow("camera", img_rd)进行显示。

14.8.6　测试

程序完成后必须进行测试，首先运行 face_sampling.py 程序收集人脸图片信息，运行后在终端出现提示。根据情况，选择 1 进行初始化，并在录入姓名时录入小张，如下所示。

```
1.录入 1 是初始化后打开摄像头
2.录入 2 是打开摄像头
请选择：1
请录入当前人员的姓名：小张
```

录入以上信息后摄像头就打开了，这时开始进行人脸图片收集。用户按 S 键程序将从视频中识别出人脸，并剪切出人脸部分的图片保存到文件夹中。用户可以多按几次 S 键保存多张图片，以保证获得更多的特征数据样例。程序可以通过摄像头采集更多人的人脸图片信息，采集的信息越多，可识别的人员就越多。图 14.8 中不但对小张进行了人脸信息采集，还对一个叫大张的人员进行了人脸信息采集；采集完成后，可以进行人脸特征数据提取，运行 face_data.py 程序将自动对各文件夹下的人脸图片进行 128D 特征向量提取，并计算出每个人的人脸特征向量的平均值。视频采集情况如图 14.8 所示。

图 14.8　人脸图片信息采集

最后运行 face_recogniton.py 进行人脸识别，通过一定量的测试后会发现该程序的识别率还是很高的，识别情况如图 14.9 所示。

图 14.9　人脸动态识别结果

14.9　实例 100　移动目标跟踪

扫一扫，看视频

14.9.1　编程要点

本节编程实例中目标跟踪利用 OpenCV 模块算法实现，不但需要安装 OpenCV 模块库，还要升级或安装 imutils 工具包，安装和升级的命令是 pip install --upgrade imutils。

目标跟踪需要在视频中连续不断地找到跟踪对象。按照视频实际是一张张图片连接起来显示的原理，目标跟踪的本质就是在当前的一帧图片中找到跟踪目标的位置，而这个跟踪目标是在前一帧上已确定好的目标对象。因此，要在当前帧找到目标对象的位置，就需要了解它在上一帧的运动模式的参数，拿到它在前一帧中的位置、运动方向和速度等信息，依据这些信息预测出目标对象在当前帧的新位置（算法越好越接近实际位置），这就需要算法和模型。下面简单介绍在 OpenCV 模块中

14

常见的目标跟踪算法（目标跟踪类型）。

- BOOSTING 跟踪算法：根据跟踪目标选择框的框内和框外两种区域的像素特征，进行学习、训练，形成跟踪算法。
- MIL 跟踪算法：根据跟踪目标选择框的框内、邻近区域和框外三种区域的像素特征，进行学习、训练，形成跟踪算法。
- KCF 跟踪算法：综合 BOOSTING 和 MIL 两种跟踪算法优点，并且选择预测区域重叠数量最大部分作为跟踪目标的新位置。
- MedianFlow 跟踪算法：收集跟踪目标在前面帧的运动轨迹和后面帧运动轨迹的数据，依据两个轨迹之间的差异值确定跟踪目标的位置。
- TLD 跟踪算法：收集跟踪目标在不同帧之间的运动信息，经过学习、检测和调整等过程，推算目标对象的位置。
- MOSSE 跟踪算法：通过相关卷积方差计算获得合适的滤波器进行目标跟踪。

目标跟踪算法原理非常复杂，好在 OpenCV 模块库将算法已经封装好了，只需调用即可。

14.9.2　对视频中选中的目标进行跟踪

本节编程实例是对选中的目标进行跟踪，流程是取一个视频的第一帧图片，让用户选中一个目标，之后在视频的播放过程中一直用矩形框框住这个目标，即矩形跟着目标移动。样例代码如下所示。

```python
import cv2
import numpy as np
from PIL import Image, ImageDraw, ImageFont
# 在图片上写汉字
def to_chinese_text(img,vtext,pointx,pointy):
    cv2img = cv2.cvtColor(img,cv2.COLOR_BGR2RGB)
    # 实现 array 到 image 的转换
    pil_img = Image.fromarray(cv2img)
    # 在图片上写汉字字符串
    draw = ImageDraw.Draw(pil_img)
    # 参数 1：字体文件路径；参数 2：字体大小；参数 3：编码格式
    font = ImageFont.truetype("./方正粗黑宋简体.ttf", 28, encoding="utf-8")
    # 参数 1：坐标；参数 2：文本；参数 3：字体颜色；参数 4：字体
    draw.text((pointx,pointy), vtext, (255, 0, 0), font=font)
    # 将图片转化成 cv2 格式的图片
    cv2_img = cv2.cvtColor(np.array(pil_img), cv2.COLOR_RGB2BGR)
    return cv2_img
# 建立一个跟踪器，并对视频中选定的目标进行跟踪
# 参数 video_name 是视频文件名，参数 tracker_type 是跟踪器的名称
def create_tracker(video_name,tracker_type):
    # 建立一个字典，将跟踪器的名字和创建跟踪器的函数名对应起来
    dic_create_tracker={
        "KCF": cv2.TrackerKCF_create,
        "BOOSTING": cv2.TrackerBoosting_create,
```

```
    "MIL": cv2.TrackerMIL_create,
    "TLD": cv2.TrackerTLD_create,
    "MEDIANFLOW": cv2.TrackerMedianFlow_create,
    "MOSSE": cv2.TrackerMOSSE_create
}
# 建立跟踪器，用字典 dic_create_tracker 的键值和括号组合成跟踪器的创建函数
tracker = dic_create_tracker[tracker_type]()
# 打开视频文件
video_obj = cv2.VideoCapture(video_name)
# 视频无法打开时，退出函数
if not video_obj.isOpened():
    print("无法打开视频文件!")
    return
# 读取视频的一帧图片
is_success, frame = video_obj.read()
if not is_success:
    print('不能播放文件')
    return
# 让用户选择要跟踪的目标，用矩形框选中，返回值是矩形框的左上角坐标、宽和高
x,y,w,h = cv2.selectROI('selectROI',frame, False)
# 用选中目标（在矩形框内的图像）初始化跟踪器，并用矩形框框住要跟踪的目标
ok = tracker.init(frame,(x,y,w,h))
# 关闭显示第一帧图片的窗口
cv2.destroyWindow('selectROI')
while True:
    # 读取一帧图片
    is_success, frame = video_obj.read()
    if not is_success:
        break
    # 在图片上找到跟踪目标，返回跟踪结果，当跟丢时返回值 ok 为空，
    # 并且返回框住跟踪目标的矩形框的左上角坐标、宽和高，
    # 根据图片上被跟踪目标变化情况，对跟踪器部分参数进行修正
    ok, (x,y,w,h) = tracker.update(frame)
    # 如果跟踪成功，在跟踪目标周围画出矩形框
    if ok:
        p1 = (int(x), int(y))
        p2 = (int(x + w), int(y +h))
        # 在图片上画出矩形框，框住跟踪目标
        cv2.rectangle(frame, p1, p2, (255,0,0), 2, 1)
    else:
        # 目标跟踪失败提示
        frame=to_chinese_text(frame, "跟踪器类型:"+tracker_type+"\n 目标跟踪失
        败!",120,60)
    # 显示使用的跟踪器类型和跟踪状态
    frame=to_chinese_text(frame, "跟踪器类型:"+tracker_type+'\n 目标跟踪正常',
    120, 60)
    # 在窗口显示这一帧图片
```

```
        cv2.imshow("Tracking_window", frame)
        # 等待24毫秒, 如果按了Esc键, 则退出循环
        k = cv2.waitKey(24) & 0xff
        if k == 27:
            break
    # 关闭视频流的读/写
    video_obj.release()
    # 关闭所有窗口
    cv2.destroyAllWindows()


# 主函数main
if __name__ == '__main__':
    list_tracker=["KCF","BOOSTING","MIL","TLD","MEDIANFLOW","MOSSE"]
    while True:
        tracker_index=input('请选择跟踪器（0-"KCF",1-"BOOSTING",2-"MIL",3-"TLD",4-
        "MEDIANFLOW",5-"MOSSE"）: ')
        index=int(tracker_index)
        if index in range(0,6):
            break
        else:
            print('选择错误, 请重新选择! ')
    # 根据索引取得跟踪器名字
    tracker_type=list_tracker[index]
    # 调用函数对目标跟踪
    create_tracker('test1.mp4',tracker_type)
```

（1）to_chinese_text()函数实现在图片上写入汉字字符的功能，这个函数在14.8.3小节中已介绍过，这里不再重复。

（2）create_tracker(video_name,tracker_type)函数实现对视频中选中的目标进行跟踪的功能。这个函数如果不深入探讨跟踪算法，仅是应用跟踪功能，其业务逻辑比较简单。函数的第一步生成一个 OpenCV 模块库提供的跟踪器（tracker）。第二步读取视频的一帧画面，通过 x,y,w,h = cv2.selectROI('selectROI',frame, False)语句让用户选择要跟踪的目标，然后将选中的目标的图片交给跟踪器，跟踪器按照一定的数据模型进行初始化。第三步通过循环语句从视频中一帧帧地读取图片，将每一帧图片交给跟踪器进行分析，并确定跟踪状态，如果能找到跟踪目标，就根据跟踪目标调节其外围的矩形框的大小，并且调整跟踪器的部分参数，如果跟踪不到目标，就返回跟踪失败信息。从叙述上看第三步做了许多的工作，但在代码中用 ok, (x,y,w,h) = tracker.update(frame)这一句就实现了。第四步根据跟踪情况进行相应的处理，如果跟踪成功，在跟踪目标外围画上矩形框；如果跟踪失败，在图上写上跟踪失败的提示信息，然后在窗口显示这一帧图片。第五步等待24毫秒，这时如果用户按了 Esc 键，就退出循环；如果用户没有按键动作，继续取出视频的下帧图片，开始下一轮的循环。

（3）主函数的主要功能是让用户选择不同的跟踪器，测试目标跟踪效果，在本实例给出的视频测试中，应用 MEDIANFLOW 类型的跟踪器进行跟踪效果较好。程序运行效果如图14.10所示。

图 14.10　跟踪移动的目标